桥梁墩台与基础工程

（修订版）

盛洪飞　编著

哈尔滨工业大学出版社

内容提要

　　本书根据桥梁工程专业教学大纲要求,详细介绍了桥梁工程下部结构设计理论与计算方法,其中包括:概论;桥梁墩台;天然地基浅基础;桩和桩基础的构造与施工;桩基础的设计与计算;沉井基础;桥梁大型深水特殊基础;人工地基;冻土地区地基与基础等方面的内容。其中荷载及结构设计计算结合新颁桥梁规范加以介绍并给出了相应算例。

　　本书适合大专院校桥梁、道路、交通等专业本科生作为教材使用,也可作为上述专业工程技术人员的工作参考书。

图书在版编目(CIP)数据

桥梁墩台与基础工程/盛洪飞编著. —2 版. —哈尔滨:
哈尔滨工业大学出版社,2009.1(2015.1 重印)
　(路桥结构理论与工程系列丛书)
　ISBN 978-7-5603-1770-0

　Ⅰ.桥…　Ⅱ.盛…　Ⅲ.①桥墩-结构设计-高等学校-
教材②桥台-结构设计-高等学校-教材③桥梁基础-
工程施工-高等学校-教材　Ⅳ.U443.2　U445.55

　中国版本图书馆 CIP 数据核字(2009)第 006264 号

责任编辑　贾学斌　康云霞　杨明蕾
封面设计　卞秉利
出版发行　哈尔滨工业大学出版社
社　　址　哈尔滨市南岗区复华四道街 10 号　邮编 150006
传　　真　0451-86414749
网　　址　http://hitpress.hit.edu.cn
印　　刷　哈尔滨市石桥印务有限公司
开　　本　787mm×1092mm　1/16　印张 21.25　字数 450 千字
版　　次　2005 年 10 月第 1 版　2009 年 1 月第 2 版
　　　　　2015 年 1 月第 6 次印刷
书　　号　ISBN 978-7-5603-1770-0
定　　价　38.00 元

前　言

　　墩台与基础是桥梁工程的重要组成部分，是联结紧密、受力相近、相互影响的两部分结构，习惯称为"桥梁下部结构"。所以，从教学体系上考虑，将墩台与基础作为一门课讲授，更便于体会其间的系统性，掌握其承继的特点，有利于工程实际的应用。

　　20 世纪 70 年代初期我国恢复高校招生后，根据我校专业特点，将《基础工程》课程归入到当时的桥梁工程教学组(后发展为桥梁工程教研室)，由其承担该门课程的授课任务，同时又将墩台部分纳入课程中，形成以桥梁下部结构为内容的课程体系，一直延续至今。现从教学改革的角度审视这 30 多年教学实践，通过课堂授课、生产实习和课程设计各环节的反馈效果来看，无论是对强化桥梁下部结构的计算理论，还是对上下部桥梁结构结合的实际应用性，及增强学生解决实际工程的能力方面，都符合教改中学生综合素质培养的要求，这种做法还是应当肯定的。而本书的编写正是对 30 多年教学工作的总结。

　　本教材共分九章，包括概论、桥梁墩台、天然地基浅基础、桩和桩基础的构造与施工、桩基础的设计与计算、沉井基础、桥梁大型深水特殊基础、人工地基、冻土地区地基和基础。

　　在各章的内容选取上，尽可能地将近年来由于高等级公路建设需要及大跨度桥梁建筑的发展，在墩台与基础方面出现的一些新结构形式和计算要求补充到教材中，如预制墩基础、空心高墩及大直径空心桩等。为便于使用规范，理解原理，桩基础设计计算以规范中的"m"法计算方法为主。由于作者长期在北方寒冷地区工作，对冻土地区桥涵基础设计有一些体会，所以单成一章作了较详细的介绍。书中荷载作用组合及相关的结构设计计算内容，结合新颁桥梁规范加以介绍，其中包含自己学习新规范的一点粗浅心得体会。

　　桥梁墩台与基础工程是一门理论与实践相结合的专业课，其特点是综合性强、涉及面广，所有对桥梁结构设计计算有关的课程内容，在该课程中都会有所体现和应用。学习中要注重理论、掌握方法、联系实际、突出重点，并多补充实例资料，以加深对课程内容的理解。

　　本书第二章第五节、第七章由哈尔滨工业大学王彦宇编写，第三、八章由黑龙江工程学院丁剑婷编写，第四章由哈尔滨工业大学温贵林编写，其余由盛洪飞编写并统稿。博士研究生马骏、李岩、黄新艺、孙航及硕士研究生吕丹、郭冬梅、孙飞、王培金等，协助查阅资料、编写和审核算例、编制图表等工作。本书既可作为桥梁、道路、交通等专业的本科生教材，也可供上述专业工程技术人员参考。由于作者水平所限，书中疏漏和不妥之处在所难免，恳请读者指正赐教。

盛洪飞

2005 年 6 月于哈尔滨工业大学

目　　录

第一章 概 论

第一节 墩台基础的作用与构成

桥梁建筑是一种为人类的生产和生活提供基础服务的结构设施。其承载和跨越的功能，决定了它必须具有一定的结构形式。我们一般习惯将桥梁结构划分为上部结构和下部结构两大部分，上部结构主要是指桥跨结构，下部结构则是指墩台与基础工程。

一、墩台基础的一般概念

当道路、铁路、渠道、管线等遇到障碍(如山谷、河流以及其他路线等)而中断时，所修建的用以跨越障碍和直接承受荷载(汽车、火车、人群和其他输送物等)的建筑结构称为桥梁结构。由于桥梁的上部结构是跨越结构，其总的受力体系一般为水平结构体系。

墩台支承桥梁上部结构并形成跨越空间，其中桥台是指桥梁的两端支承结构，桥墩是除桥台外的中间支承结构。基础是桥梁土中隐蔽结构，是与地基(承受人工结构物荷载的地壳表层岩土)直接接触，并把所受之荷载全部传给地基的结构部分。常用的基础类型主要依其埋置深度划分为浅基础和深基础，深基础多以桩与沉井基础为主。墩台与基础工程统称桥梁下部结构。桥台除与桥墩一样支承上部结构传递荷载外，还是桥梁与道路衔接过渡的结构物，所以它除外形复杂外，还受到路堤填土的各种土压力作用(图1.1)。

图 1.1 桥台、桥墩、基础示意图

桥梁上下部结构划分，梁式桥以支座划分，支座以上(含支座)为上部结构，支座以下为下部结构。拱桥是以拱脚划分，对其他结构桥梁，则是桥面以下的竖向结构划为桥梁的下部结构(如连续刚构桥)。斜拉桥和悬索桥加劲梁下支承索塔部分称为塔墩，其基础称为塔墩基础。

二、墩台基础受力特点

桥梁墩台与基础是一个连续一体的受力体系,上部结构传下的力和下部结构自身受到的力,由墩台顶帽至基础底面,层层平衡和传递,所以从总体概略来讲,下部结构是一个压弯体系。早期的设计多以重力式实体圬工结构为主,现今随着大跨、高桥,尤其城市宽桥的建设,墩台设计趋向纤细、美观、空透方向发展,增加了艺术处理的构思,采用众多受力复杂的梁柱构架(这在后面将专门讲述),所以设计计算要采用简化适用的分析模型,对组成构架的各构件的内力和变形加以检算和配筋,以保证对下部结构要求的整体强度、稳定性和适宜刚度。

桥梁墩台基础不仅受与上部桥梁结构同样的因素影响(如汽车和人群荷载、风力、温度影响力等),而且由于自身是水下土中的结构物,还受水流和水中的漂流物、流冰、船舶等撞击作用,这些力的作用方向,主要是横桥方向。桥梁基础还受到地基土性质变化所产生的各种因素的作用,如在冻土地区,就会受到土在冻结时产生的各种冻胀力的作用。由于上部结构体系的不同,上部结构对墩台基础的作用状态也不同,有梁式结构传下来的竖向反力,也有拱式结构产生的很大的水平推力,还能受到索吊体系桥梁(悬索桥和斜拉桥)、T型刚构桥梁等产生的正、负反力作用。

上述各种外力作用,既有顺桥方向的,又有横桥方向的,有的还是同时作用,所以墩台基础是一个空间受力结构。不同地区、不同河流,甚至同一座桥上不同位置的墩台基础,其所受到的各种力的作用状态和组合都是不同的,可能是顺桥方向控制设计,也可能是横桥方向控制设计。当两种情况不能明确判断时,则两种情况都要进行验算。

在这里还要强调一点,桥梁规范对于作用于下部结构的一部分影响很大的作用(荷载),如土压力、制动力、冰压力、船筏撞击力等,因其作用随机性较大,变化幅值大,所以计算规定与取值比较粗略。尤其是地基土,由于土体性状的复杂性,规范提供的计算参数变幅范围较大,虽然普遍应用性较强,但降低了实际应用的精确性。由于下部结构设计中考虑的各种作用的参数具有一定的粗略性,因此下部结构计算不可能有十分精确的解析结果。设计者要依据工程的重要性和对具体的自然条件、水文地质条件的了解,并考虑施工的主导工艺本质特点和影响,结合以往的经验和教训,经过分析判断,选取合理可靠的计算参数。

下部结构施工的自然和技术条件与上部结构相比,难以预计的因素多,变数较大,结构设计又不易大规模变更,必须用临时的施工措施来应对出现的问题,因此,下部结构,尤其复杂的大型基础,依据关键性自然因素和技术条件在理论及经验指导下确定主导的施工方法十分重要。实际工程中,下部结构发生意外事故和施工偏差的情况往往多于上部结构,是一个风险性很大的施工环节。统计资料表明,桥梁灾难性破坏,绝大部分是由于下部结构破坏所致。从防灾、减灾、保证桥梁安全使用的设防标准考虑,下部结构是最关键的部位之一。

第二节　桥渡设计中有关确定墩台基础位置的要求

桥渡设计不涉及桥梁结构的力学计算,主要任务是确定桥梁位置、桥长和桥高,以及桥梁的分孔和基础的埋置深度等。实际上,分孔的问题就是确定孔数及墩台位置,这是一个复杂的、涉及因素较多的问题,它不仅直接影响通航和桥梁的安全使用,而且对施工难易、桥梁造价也有很大影响。

一、跨径选择问题

在同一桥渡线上,采用大跨径将减少孔数、墩数,但增加了上部结构的工程量和施工难度,小跨径则反之。通航性河流必须满足通航净空要求,不通航河流要考虑泄洪要求的过水面积、流向的变化和桥头水位壅高程度。在大河上建桥,跨径不宜太小,各墩位的自然条件、河床标高不同,有时采用不尽相同的跨径可以获得最佳效果,但要注意分孔不宜太零乱。

另外,一些上部结构为特殊受力体系的桥梁,其对下部结构传力性质和平衡要求与一般桥梁不同,如悬索桥的主缆锚碇基础,斜拉桥的附助墩、连续梁与连续刚构兼受拉力的桥台等不能按一般墩台基础的概念布置设计,而需适应外力的有利传布和平衡,作为特殊受力结构体设计。

二、尽量避免在深水主槽中布墩

深水主槽水流流速大,修筑桥墩后阻水产生较大的冲刷,需要加深基础,这造成桥墩和基础施工上的困难。所以,对于水深流急、深泓线摆动很大的部位不易布墩。

对于在有通航要求和有漂流物、流冰的河流,由于修筑桥墩后,在桥墩附近形成旋流而对船舶等有吸引力,极易将其吸往桥墩导致撞击事故发生。由于行船在很远就要注意对中行驶,所以实践要求,一般通航河流最小跨度不宜小于 40 m。

对于通航水位时水流方向不垂直于桥孔的河流,尤其在河流转弯处,布设桥墩一定要慎重,因为此种情况船只很容易撞及桥墩。如我国长江中上游的某大桥,原设计方案为一座主孔 460 m 跨度的斜拉桥,它为航运提供了宽广的范围,后来改用了多孔预应力混凝土连续刚构,虽然桥的跨度也有 245 m(1996 年建成时位居世界同类桥型第二跨度),但有一个桥墩正好布置在水流转弯处,因而出现船撞桥墩的事故。与此相反,法国的诺曼底(Normandie)大桥位于塞纳河口,原设计为跨度 512 m 的斜拉桥,后考虑到桥塔有被船撞的危险,航运部门要求放大桥孔,经过几年的争议与研究,最后决定将一个塔移到岸边,另一个塔设在人工岛上,跨度放大到 856 m,比原来的跨度大出 344 m,并且在塔墩的脚下做了很好的防护措施,以避免 15 万 t 油轮碰撞。由此可见对大江大河中的桥梁桥孔设计布墩问题必须慎重对待。

在变迁性河流或深泓线摆动较大的游荡性河段建桥,还应考虑水流流向变化对墩身阻水和通航的影响,以免使通航孔废弃。

三、桥渡设计中的墩台基础冲刷问题

桥渡设计中的冲刷是决定桥墩基础埋置深度的关键因素。实际桥渡设计中的各方面内容,都直接或间接地影响桥渡冲刷,水毁的桥梁绝大多数最终表现为冲刷过大造成墩倾梁倒。确定桥梁长、高、深等,实质上是确定桥下过水面积的问题。要在江河上建桥,一般都需要在水中设置桥墩以支承桥梁,而桥墩的基础则需要埋置在河床以下一定的深度,于是桥墩、水流和地质条件就形成相互影响的矛盾统一体,而冲刷则是反映这种矛盾统一相互作用的体现。冲刷是引用单宽流量计算的一般冲刷、集中冲刷与局部冲刷深度的叠加总和,虽然计算粗略但影响甚大,处理不当会将基础底土层淘空,危及基础乃至全桥的安全和稳定。

冲刷的问题直接影响河道压缩(桥梁长度)、桥墩的结构形式、基础埋置深度等方面的规划设计。在规划水库上游建桥时,要考虑将来水位抬高和冬季冰塞作用;下游附近建桥要考虑将来清水泄洪和放淤冲刷的影响。桥台的布置要保证桥下有足够的泄水面积。特别对单孔桥梁,桥台类型可直接影响跨长的变化和水流的压缩程度(图1.2),实际上也直接影响桥梁的安全和造价。

图1.2　桥台类型与跨长变化

四、地质条件的要求

地质条件对桥梁的安全影响甚大。通常桥墩的基础都要设置在河床表面以下数米乃至数十米以下,因此必须通过钻探和物探的手段来探察清楚河床深处的地质情况。对于地质复杂、基础工程量较大的河流,减少桥墩数量可能得到经济孔径。

一般桥墩位置应尽量避开断层与陷穴、软弱地质夹层带或石灰岩地区的不良地质处(溶洞、溶沟等),尽量选择在岩面标高较高位置处。

在地质不稳定的山区隘口修建桥梁,一定要注意防止泥石流将桥墩撞倒而致桥毁,一般尽可能一孔跨过。在山区建桥应放大孔径减少桥墩数,尤其要避开深谷设墩。

第三节　墩台基础设计原则和影响因素

一、设计原则

根据我国的建设方针,墩台基础按照适用、经济、安全、美观的原则进行设计,主要解决结构安全与造价经济的统一,使用功能与美学造型的统一。

所谓结构安全,就是在施工和营运阶段,墩台基础本身要有足够的强度和稳定性,这是最基本的要求。结构的安全若处理不好,就会与造价经济产生矛盾。

下部工程造价通常在整个桥梁造价中占有相当大的比重。对复杂地质条件和深水大河中,有时会超过上部结构的造价。而且基础工程往往可能由于施工中遇到意外情况而使工期延长,造价增加。

实际上安全与经济统一是一个优化设计的问题。也就是在全面分析影响墩台基础设计的各种因素,因地制宜地确定合理的结构型式和尺寸、施工方案,在保证施工和营运阶段安全可靠正常使用的基础上,达到最优的经济性。

目前桥梁技术的发展,对桥梁的使用功能和跨越能力、通过能力、承载能力等要求越来越高。同时,对桥梁外形的美学要求也越来越高。由于桥梁在人们社会生活和地理环境中的特殊地位,往往会给所在城市增加景观,甚至成为该城市的标志之一。例如金门桥就是旧金山的标志;武汉长江大桥是武汉市的标志;南京长江大桥建成后,又成了南京市的标志。

若想使桥梁结构造型美观,并与周围景观协调,墩台结构造型同上部结构一样起着举足轻重的作用。

目前大量使用的梁式桥结构,如钢筋混凝土和预应力混凝土 T 梁、箱梁等,决定了其上部结构的单调平淡,作较大的变化比较困难,国内外变化多样的梁桥,实际上是在桥墩结构上采取了不少新结构形式。现在基本上破除了过去肥梁胖墩的形象,改变上小下大的线形造型。德国桥梁建筑大师雷昂哈特(Leon Hardt)在《桥梁的艺术造型》一书中指出:"在大型桥梁中,纤细性占举足轻重的地位,它既可减少压缩在河上的质量,又可增加大胆高翔的印象,还能显示出一种使人感到优美而富有生气的魄力。"如现在多采用的上宽下窄桥墩,给人以轻巧向上的感受;直线向上伸展的高墩,则又使人感到挺拔肃穆、高耸有力。

目前桥墩多采用钢筋混凝土杆、板体系,以改进结构,取得构思的多样性,向轻型化、拼装化发展。桥头的美学要求(桥台结构、端柱、上部结构、桥头堡等)应合乎比例,协调地把桥渡和引道、陆地、引桥有机地联系起来,形成一个岸景,这对城市桥梁是至关重要的。

二、墩台基础设计影响因素

影响桥梁下部结构设计的因素较多,其中主要有上部结构类型(如拱桥、梁桥、斜拉桥、T 构等)、桥位处水文地质条件、桥梁设计标准(活载标准、跨径、桥宽等)及桥梁所处地理位置和总体美学规划要求等;其次如施工机具设备和技术力量、材料供应情况、地形及相邻结构物的影响;另外其他自然条件(如冻结情况、施工水位等)也有一定的影响。

在诸多的影响因素中,一般结合桥位具体条件,抓住起主导作用的因素首先予以满足,然后再综合考虑其他因素的要求。

作为基础设计,一般优先考虑扩大基础,然后才是桩基础和沉井基础。对于管柱、沉箱和组合基础一般只在特殊情况下采用。如果条件复杂,则应拟定出几种可行的基础设计方案进行技术经济比较,择优选用。

第四节　墩台基础设计施工所需资料

桥梁下部结构设计和施工所需要的资料,基本上包括了桥梁设计中所涉及的一切有关资料。与上部结构有关的资料对下部结构同样有影响,而对地基土物理力学性质有影响的资料,也直接关系到我们对墩台基础类型的选择和尺寸的拟定。

其主要设计资料可归纳如下几部分。

一、桥位测量资料

桥位测量资料是在桥位勘测阶段形成的最主要的资料,其中包括:区域性的桥位平面图,其测量范围要能足以显示出桥位与该地区的相互关系,比例尺一般为(1∶1 000)～(1∶2 000)。桥位平面详图(或桥址地形图),反映桥位处地形地物(或街区建筑物)之间的空间关系,桥位与河道及水流流向的平面关系、与桥轴线及标高有关的里程桩及水准点位置,比例尺一般为(1:500)~(1:2 000)。桥位中线纵断面图或河床横断面图是用来进行水文计算和桥梁总体布置的,图上标明高程资料,比例尺一般为(1:100)~(1:500)。

二、自然资料

(1) 气象资料

气象资料主要包括桥位地区月平均最高最低气温、日最高最低气温、温差、热辐射强度、降雨资料(降雨强度、阴雨时间等)、风力资料(主导风向、风压强度等)、冻深资料等。

(2) 河道自然资料

河道自然资料包括桥位附近河床特征和平面形态,如滩槽宽度与深度、水流流向汇交情况、冲挟泥沙能力、洪水泛滥边界、两岸地势、冲刷情况、岸滩植被覆盖情况等。

(3) 水文资料

当有水文站实测资料时应当将资料按水文计算要求搜集全,不足的资料要实测补充。当无水文站资料时,应根据形态调查法结合外业勘测实测调查有关水位、坡降、流速、冲刷等资料,当有漂流物和流冰时,还应调查了解漂流物性质、体积和质量、流冰最高最低水位、流冰强度等资料。

对有通航要求的河流,尚应掌握航道等级、最大航运吨位、通航水位净空等资料。

三、规划资料

规划资料包括城市和桥位附近地区的人口、工农业现状和远景规划、车辆及人流现状和远景规划、城市街区和道路网远景规划、桥位处及影响桥梁设计的有关河流流域土地水利规划情况、荷载发展及可能出现的特殊车辆荷载资料等。

四、上部结构设计计算及有关设计标准的资料

上部结构类型、尺寸及计算结果是下部结构设计的依据。有关桥梁设计的技术标准及有关要求,包括:车辆荷载等级、特殊车辆的轴数、轴重及外型尺寸;桥面净宽、桥下净空要求(如立交桥与通航河流)、引道等级及桥面纵坡要求;国防及其他安全上的要求(如抗震要求);城市公共事业管线的过河要求等。

五、工程地质钻探及土质岩石鉴定、分类、物理力学指标资料

根据钻孔柱状图资料绘制地质剖面图,并结合桥梁的具体情况进行必要的土工试验和鉴定,提供基础设计时所需要的各土层物理力学指标资料、不良地段及特殊地质现象的有关详细资料。

六、建筑材料调查及供应资料

建筑材料调查及供应资料包括钢材、木材、水泥等规格、质量、数量,地产材料(砂、石等)料场情况、规格、数量等,以及单价、运输方式、费用等编制概预算所需的有关资料。

七、现场施工条件资料

现场施工条件资料包括施工用地、水电、运输条件等。

八、施工单位资质水平、技术力量、机具设备等资料

九、桥梁所处环境及对建筑艺术上的特殊要求等资料

十、同类型桥梁有关设计、施工、使用方面的资料，可供设计施工参考

第五节 墩台基础所受作用及作用效应组合

一、作用分类与作用代表值

桥梁所受到的各种作用，都会对桥梁下部结构产生直接或间接的影响，称之为作用效应。为了便于计算应用，现行《公路桥梁设计通用规范》(JTG D60—2004)(以下简称《公桥通规》)将桥梁所受各种作用，按随时间的变异分为以下三类。

永久作用：在设计使用期内经常作用，且其值不随时间变化或变化微小的作用。

可变作用：数值随时间变化的作用。

偶然作用：作用时间短暂，且发生的机率很小的作用。

各类作用具体包括的内容见表1.1。

表1.1　作用分类

编　号	作用分类	作用名称
1	永久作用	结构重力(包括结构附加重力)
2		预加力
3		土的重力
4		土侧压力
5		混凝土收缩及徐变作用
6		水的浮力
7		基础变位作用
8	可变作用	汽车荷载
9		汽车冲击力
10		汽车离心力
11		汽车引起的土侧压力
12		人群荷载
13		汽车制动力
14		风荷载
15		流水压力
16		冰压力
17		温度(均匀温度和梯度温度)作用
18		支座摩阻力
19	偶然作用	地震作用
20		船舶或漂流物的撞击作用
21		汽车撞击作用

在进行公路桥涵设计时，对不同的作用应采用不同的代表值。作用代表值就是为结构

设计而给定的量值。设计的要求不同,采用的作用代表值也不同。永久作用应采用标准值作为代表值。可变作用应根据不同的极限状态分别采用标准值、频遇值或准永久值作为其代表值。其具体规定为:当按承载能力极限状态及按弹性阶段计算结构强度时,应采用标准值作为可变作用的代表值;当按正常使用极限状态短期效应(频遇)组合设计时,应采用频遇值作为可变作用代表值;按长期效应(准永久)组合设计时,应采用准永久值作为可变作用的代表值;偶然作用取其标准值作为代表值。

作用的标准值是结构设计的主要参数,是作用的基本代表值,关系到结构设计的安全问题,其量值应为该作用参与在设计基准期内作用组合效应时最不利的值,一般取作用在设计基准期内最大值概率分布的某一分位值。

可变作用的频遇值是指在结构上较频繁出现且量值较大的作用取值,但它比可变作用的标准值小,实际上由标准值乘以小于 1 的频遇值系数 ψ_1 得到。

可变作用的准永久值是指在结构上经常出现的作用值,它比可变作用的频遇值还要小些,实际上是由标准值乘以小于 ψ_1 的准永久值系数 ψ_2 得到。

偶然作用应根据调查分析、试验资料,并结合工程经验确定其标准值。

二、作用效应组合

桥梁结构要受到多种作用的作用,它们对结构的作用效应、出现的机率各不相同,有的是同时作用,有的则不会同时出现,有的作用还具有变化特性(包括量值、作用的位置和方向),所以在设计计算时要进行作用效应组合。

所谓作用效应组合,就是在进行结构设计时,无论是承载能力极限状态还是正常使用极限状态,均须根据结构物类型、验算项目和要求的不同,选择在营运和施工中可能出现的、同时作用的各种作用因素所产生的最不利效应组合,作为结构设计和验算控制与评价的依据。

(一)承载能力极限状态设计

公路桥涵结构按承载能力极限状态设计时,应采用以下两种作用效应组合。

1.基本组合

基本组合为永久作用的设计值效应与可变作用设计值效应相组合,其效应组合表达式为

$$\gamma_0 S_{ud} = \gamma_0 \left(\sum_{i=1}^{m} \gamma_{Gi} S_{Gik} + \gamma_{Q1} S_{Q1k} + \psi_c \sum_{j=2}^{n} \gamma_{Qj} S_{Qjk} \right) \tag{1.1}$$

或

$$\gamma_0 S_{ud} = \gamma_0 \left(\sum_{i=1}^{m} S_{Gid} + S_{Q1d} + \psi_c \sum_{j=2}^{n} S_{Qjd} \right) \tag{1.2}$$

式中 S_{ud}——承载能力极限状态下作用基本组合的效应组合设计值;

       γ_0——结构重要性系数,按结构设计安全等级采用,对应于设计安全等级一级、二级和三级分别取 1.1,1.0 和 0.9;

       γ_{Gi}——第 i 个永久作用效应的分项系数,按表 1.2 采用;

       S_{Gik}, S_{Gid}——第 i 个永久作用效应的标准值和设计值;

       γ_{Q1}——汽车荷载效应(含汽车冲击力、离心力)的分项系数,取 $\gamma_{Q1} = 1.4$,当某个可变作用在效应组合中,其值超过汽车荷载效应时,则该作用取代汽车荷载,

其分项系数应采用汽车荷载的分项系数;对专为承受某作用而设置的结构或装置,设计时该作用的分项系数取与汽车荷载同值;计算人行道板和人行道栏杆的局部荷载,其分项系数也与汽车荷载取同值;

S_{Q1k},S_{Q1d}——汽车荷载效应(含汽车冲击力、离心力)的标准值和设计值;

γ_{Qj}——在作用效应组合中除汽车荷载效应(含汽车冲击力、离心力)、风荷载外的其他第 j 个可变作用效应的分项系数,取 $\gamma_{Qj} = 1.4$,但风荷载的分项系数取 $\gamma_{Qj} = 1.1$;

S_{Qjk},S_{Qjd}——在作用效应组合中除汽车荷载效应(含汽车冲击力、离心力)外的其他第 j 个可变作用效应的标准值和设计值;

ψ_c——在作用效应组合中,除汽车荷载效应(含汽车冲击力、离心力)外的其他可变作用效应的组合系数,当永久作用与汽车荷载和人群荷载(或其他一种可变作用)组合时,人群荷载(或其他一种可变作用)的组合系数取 $\psi_c = 0.80$;当除汽车荷载(含汽车冲击力、离心力)外尚有两种其他可变作用参与组合时,其组合系数取 $\psi_c = 0.70$;尚有三种可变作用参与组合时,其组合系数取 $\psi_c = 0.60$;尚有四种及多于四种的可变作用参与组合时,取 $\psi_c = 0.50$。

设计弯桥时,当离心力与制动力同时参与组合时,制动力标准值或设计值按 70% 取用。

2.偶然组合

偶然组合为永久作用标准值效应与可变作用某种代表值效应、一种偶然作用标准值效应相组合。偶然作用的效应分项系数取 1.0;与偶然作用同时出现的可变作用,可根据观测资料和工程经验取用适当的代表值。地震作用标准值及其表达式按现行《公路工程抗震设计规范》规定采用。

表1.2 永久作用效应的分项系数

编号	作用类别		永久作用效应分项系数	
			对结构的承载能力不利时	对结构的承载能力有利时
1	混凝土与圬工结构重力(包括结构附加重力)		1.2	1.0
	钢结构重力(包括结构附加重力)		1.1 或 1.2	
2	预加力		1.2	1.0
3	土的重力		1.2	1.0
4	混凝土的收缩及徐变作用		1.0	1.0
5	土侧压力		1.4	1.0
6	水的浮力		1.0	1.0
7	基础变位作用	混凝土和圬工结构	0.5	0.5
		钢结构	1.0	1.0

注:本表编号1中,当钢桥采用钢桥面板时,永久作用效应分项系数取1.1;当采用混凝土桥面板时,取1.2。

(二)正常使用极限状态设计

公路桥涵结构按正常使用极限状态设计时,应根据不同的设计要求,采用以下两种效应组合。

1.作用短期效应组合

作用短期效应组合为永久作用标准值效应与可变作用频遇值效应相组合,其效应组合表达式为

$$S_{sd} = \sum_{i=1}^{m} S_{Gik} + \sum_{j=1}^{n} \psi_{1j} S_{Qjk} \tag{1.3}$$

式中 S_{sd}——作用短期效应组合设计值;

ψ_{1j}——第 j 个可变作用效应的频遇系数,汽车荷载(不计冲击力) $\psi_1 = 0.7$,人群荷载 $\psi_1 = 1.0$,风荷载 $\psi_1 = 0.75$,温度梯度作用 $\psi_1 = 0.8$,其他作用 $\psi_1 = 1.0$;

$\psi_{1j} S_{Qjk}$——第 j 个可变作用效应的频遇值。

2.作用长期效应组合

作用长期效应组合为永久作用标准值效应与可变作用准永久值效应相组合,其效应组合表达式为

$$S_{ld} = \sum_{i=1}^{m} S_{Gik} + \sum_{j=1}^{n} \psi_{2j} S_{Qjk} \tag{1.4}$$

式中 S_{ld}——作用长期效应组合设计值;

ψ_{2j}——第 j 个可变作用效应的准永久值系数,汽车荷载(不计冲击力) $\psi_2 = 0.4$,人群荷载 $\psi_2 = 0.4$,风荷载 $\psi_2 = 0.75$,温度梯度作用 $\psi_2 = 0.8$,其他作用 $\psi_2 = 1.0$;

$\psi_{2j} S_{Qjk}$——第 j 个可变作用效应的准永久值。

3.进行作用效应组合的注意事项

(1) 当可变作用的出现对结构、结构构件或某验算项目产生有利影响时,该作用不应参与组合。实际不可能同时出现的作用或同时参与组合概率很小的作用,《公桥通规》规定不考虑其作用效应组合(表1.3)。

表1.3 可变作用不同时组合表

编号	作用名称	不与该作用同时参与组合的作用编号
13	汽车制动力	15,16,18
15	流水压力	13,16
16	冰压力	13,15
18	支座摩阻力	13

(2) 当结构或结构构件需作不同受力方向验算时,则应以不同方向的最不利的作用效应进行组合。

(3)《公桥通规》只指出了作用效应组合要考虑的范围,其具体组合内容尚需由设计者根据实际情况确定。如作用效应的偶然组合是指永久作用标准值、可变作用代表值和一种偶然作用标准值的效应组合,视具体情况,也可不考虑可变作用效应参与组合。

(4) 作用效应偶然组合用于结构在特殊情况下的设计,所以不是所有公路桥涵结构都

要采用的,一些结构也可采取构造或其他预防措施来解决。

(5) 对于专为承受某种作用而设置的结构或装置,如桥墩的防船撞装置设计,船舶撞击作用被视为主导作用,在该作用效应组合时,其分项系数可取与汽车荷载相同值。

(6) 施工阶段作用效应组合,应按计算需要及结构所处条件确定,结构上的施工人员和施工机器设备均作为临时荷载加以考虑。

(7) 多个偶然作用不同时参与组合。

三、作用量值计算

各作用量值确定计算,必须按《公桥通规》的规定和要求办理。现将直接作用于墩台基础上且影响较大的作用量值计算作一简单介绍。

(一) 汽车荷载

汽车荷载在公路工程结构中通常被视为主导和可变作用。公路桥涵设计时,汽车荷载的计算图式、荷载等级及其标准值、加载方法和纵横向折减等应符合下列规定:

(1) 汽车荷载分为公路 – Ⅰ 级和公路 – Ⅱ 级两个等级。

(2) 汽车荷载由车道荷载和车辆荷载组成。车道荷载由均布荷载和集中荷载组成。桥梁结构的整体计算采用车道荷载;桥梁结构的局部加载、涵洞、桥台和挡土墙土压力等的计算采用车辆荷载。车辆荷载与车道荷载的作用不得叠加。

(3) 各级公路桥涵设计的汽车荷载等级应符合表 1.4 的规定。

表 1.4　各级公路桥涵的汽车荷载等级

公路等级	高速公路	一级公路	二级公路	三级公路	四级公路
汽车荷载等级	公路 – Ⅰ 级	公路 – Ⅰ 级	公路 – Ⅱ 级	公路 – Ⅱ 级	公路 – Ⅱ 级

(4) 车道荷载的计算图示见图 1.3。

① 公路 – Ⅰ 级车道荷载的均布荷载标准值为 $q_K = 10.5$ kN/m;集中荷载标准值按以下规定选取:桥梁计算跨径小于或等于 5 m 时,$p_K = 180$ kN;桥梁计算跨径等于或大于 50 m 时,$p_K = 360$ kN;桥梁计算跨径在 5 ~ 50 m 之间时,p_K 值采用直线内插求得。

图 1.3　车道荷载

计算剪力效应时,上述集中荷载标准值 p_K 应乘以 1.2 的系数。

② 公路 – Ⅱ 级车道荷载的均布荷载标准值 q_K 和集中荷载标准值 p_K 按公路 – Ⅰ 级车道荷载的 0.75 倍采用。

③ 车道荷载的均布荷载标准值应满布于使结构产生最不利效应的同号影响线上;集中荷载标准值只作用于相应影响线中一个最大影响线峰值处。

(5) 车辆荷载的立面、平面尺寸见图 1.4,主要技术指标规定见表 1.5。

公路 – Ⅰ 级和公路 – Ⅱ 级汽车荷载采用相同的车辆荷载标准值。

表 1.5 车辆荷载的主要技术指标

项　　目	单位	技术指标	项　　目	单位	技术指标
车辆重力标准值	kN	550	轮　　距	m	1.8
前轴重力标准值	kN	30	前轮着地宽度及长度	m	0.3 × 0.2
中轴重力标准值	kN	2 × 120	中、后轮着地宽度及长度	m	0.6 × 0.2
后轴重力标准值	kN	2 × 140	车辆外形尺寸(长 × 宽)	m	15 × 2.5
轴　　距	m	3 + 1.4 + 7 + 1.4			

(6) 车道荷载横向分布系数应按设计车道数(图 1.5)布置车辆荷载进行计算。

(7) 多车道桥梁上的汽车荷载应考虑多车道折减。当桥涵设计车道数等于或大于 2 时,由汽车荷载产生的效应应按表 1.6 规定的多车道折减系数进行折减,但折减后的效应不得小于两设计车道的荷载效应。

(a) 立面布置

(b) 平面尺寸

图 1.4　车辆荷载的立面、平面尺寸

图 1.5　车辆荷载横向布置

表1.6　横向折减系数

横向布置设计车道数／条	2	3	4	5	6	7	8
横向折减系数	1.00	0.78	0.67	0.60	0.55	0.52	0.50

(8)大跨径桥梁上的汽车荷载应考虑纵向折减。当桥梁计算跨径大于150 m时,应按表1.7规定的纵向折减系数进行折减。当为多跨连续结构时,整个结构应按最大的计算跨径考虑汽车荷载效应的纵向折减。

表1.7　纵向折减系数

计算跨径 L_0/m	纵向折减系数	计算跨径 L_0/m	纵向折减系数
$150 < L_0 < 400$	0.97	$800 \leqslant L_0 < 1\,000$	0.94
$400 \leqslant L_0 < 600$	0.96	$L_0 \geqslant 1\,000$	0.93
$600 \leqslant L_0 < 800$	0.95		

(二)汽车荷载冲击力

汽车荷载冲击力应按下列规定计算:

(1)钢桥、钢筋混凝土及预应力混凝土桥、圬工拱桥等上部构造和钢支座、板式橡胶支座、盆式橡胶支座及钢筋混凝土柱式墩台,应计算汽车的冲击作用。

(2)填料厚度(包括路面厚度)等于或大于0.5 m的拱桥、涵洞以及重力式墩台不计冲击力。

(3)支座的冲击力,按相应的桥梁取用。

(4)汽车荷载的冲击力标准值为汽车荷载标准值乘以冲击系数 μ。

(5)冲击系数 μ 可按下式计算,即

$$
\begin{aligned}
&当f < 1.5 \text{ Hz 时,} && \mu = 0.05 \\
&当1.5 \text{ Hz} \leqslant f \leqslant 14 \text{ Hz 时,} && \mu = 0.176\,7\ln f - 0.015\,7 \\
&当f > 14 \text{ Hz 时,} && \mu = 0.45
\end{aligned} \tag{1.5}
$$

式中　f——结构基频(Hz)。

(三)汽车荷载引起的土侧压力

汽车荷载引起的土压力采用车辆荷载加载。

车辆荷载在桥台或挡土墙后填土的破坏棱体上引起的土侧压力,可按下式换算成等代均布土层厚度 h(m)计算

$$
h = \frac{\sum G}{B l_0 \gamma} \tag{1.6}
$$

式中　γ——土的重力密度(kN/m³);

　　　$\sum G$——布置在 $B \times l_0$ 面积内的车轮的总重力(kN),计算挡土墙的土压力时,车辆荷载应按《公桥通规》(图1.5)规定作横向布置,车辆外侧车轮中线距路面边缘0.5 m,计算中涉及多车道加载时,车轮总重力应按规定进行折减;

　　　l_0——桥台或挡土墙后填土的破坏棱体长度(m),对于墙顶以上有填土的路堤式挡

土墙, l_0 为破坏棱体范围内的路基宽度部分;

B—— 桥台横向全宽或挡土墙的计算长度(m)。

(四) 汽车荷载制动力

汽车荷载制动力可按下列规定计算和分配:

(1) 汽车荷载制动力按同向行驶的汽车荷载(不计冲击力)计算,并应按表1.7的规定执行,以使桥梁墩台产生最不利纵向力的加载长度进行纵向折减。

一个设计车道上由汽车荷载产生的制动力标准值按规定的车道荷载标准值在加载长度上计算的总重力的 10% 计算,但公路 – Ⅰ 级汽车荷载的制动力标准值不得小于 165 kN;公路 – Ⅱ 级汽车荷载的制动力标准值不得小于 90 kN。同向行驶双车道的汽车荷载制动力标准值为一个设计车道制动力标准值的 2 倍;同向行驶三车道为一个设计车道的 2.34 倍;同向行驶四车道为一个设计车道的 2.68 倍。

(2) 制动力的着力点在桥面以上 1.2 m 处,计算墩台时,可移至支座中心或支座底座面上。计算刚构桥、拱桥时,制动力的着力点可移至桥面上,但不计因此而产生的竖向力和力矩。

(3) 设有板式橡胶支座的简支梁、连续桥面简支梁或连续梁排架式柔性墩台,应根据支座与墩台的抗推刚度的刚度集成情况分配和传递制动力。

设有板式橡胶支座的简支梁刚性墩台,按单跨两端的板式橡胶支座的抗推刚度分配制动力。

(4) 设有固定支座、活动支座(滚动或摆动支座、聚四氟乙烯板支座) 的刚性墩台传递的制动力,按表 1.8 的规定采用。每个活动支座传递的制动力,其值不应大于其摩阻力,当大于摩阻力时,按摩阻力计算。

表 1.8 刚性墩台各种支座的制动力

桥梁墩台及支座类型		应计的制动力	符号说明
简支梁桥台	固定支座	T_1	T_1—— 加载长度为计算跨径时的制动力;
	聚四氟乙烯板支座	$0.30T_1$	
	滚动(或摆动) 支座	$0.25T_1$	
简支梁桥墩	两个固定支座	T_2	T_2—— 加载长度为相邻两跨计算跨径之和时的制动力;
	一个固定支座,一个活动支座	注	
	两个聚四氟乙烯板支座	$0.30T_2$	
	两个滚动(或摆动) 支座	$0.25T_2$	T_3—— 加载长度为一联长度的制动力
连续梁桥墩	固定支座	T_3	
	聚四氟乙烯板支座	$0.30T_3$	
	滚动(或摆动) 支座	$0.25T_3$	

注:固定支座按 T_4 计算,活动支座按 $0.30T_5$(聚四氟乙烯支座) 计算或 $0.25T_5$(滚动或摆动支座) 计算, T_4 和 T_5 分别为与固定支座或活动支座相应的单跨跨径的制动力,桥墩承受的制动力为上述固定支座与活动支座传递的制动力之和。

(五) 汽车荷载离心力

汽车荷载离心力是一种伴随车辆在弯道桥行驶时所产生的惯性力,其以水平力的形式作用于桥梁,当弯道桥的曲线半径等于或小于 250 m 时,弯道桥的墩台应计算汽车荷载引起

的离心力。汽车荷载离心力标准值为车辆荷载(不计冲击力)标准值乘以离心力系数 C。离心力系数的计算式为

$$C = \frac{v^2}{127R} \tag{1.7}$$

式中 v—— 设计速度(km/h),应按桥梁所在路线设计速度采用;

         R—— 曲线的曲率半径(m)。

离心力作用点在桥面上,计算多车道桥梁的汽车荷载离心力时,车辆荷载标准值应乘以表1.6规定的横向折减系数。

(六)土的重力及土侧压力

计算土的重力时,土的重力密度和内摩擦角应根据调查或试验确定,当无实际资料时,可按表1.9或现行的《公路桥涵地基与基础设计规范》(以下简称《公桥基规》)采用。

表1.9 土的重力密度和内摩擦角

名 称	重力密度 /(kN · m⁻³)	内摩擦角 φ/(°)
湿粘土	17 ~ 19	25 ~ 35
干粘土	16 ~ 17	40 ~ 45
湿砂砾	19 ~ 20	25 ~ 35
干砂砾	18	35 ~ 45
湿砂	17 ~ 18	40
干砂	15 ~ 17	30 ~ 35

注:外摩擦角 δ 采用 $\varphi/2$。

基础襟边上水位以下的土重力,当基底考虑浮力时采用浮重;当基底不考虑浮力时,视其是否透水采用天然重力或饱和重力。另外,还应根据验算项目要求,计入襟边土层以上水柱的重力。浮土重力密度的计算式为

$$\gamma' = \frac{1}{1 + e}(\gamma_0 - 1) \tag{1.8}$$

式中 e—— 土的孔隙比;

         γ_0—— 土的固体颗粒重力密度,一般采用 27 kN/m³。

作用于桥台台身墙背土侧压力的类型除与填土性质和土与墙背之间的接触状况有关外,主要还与台身的位移方向和位移量有关。根据台身位移方向不同,产生三种不同的土压力。

1.静止土压力

台身墙体处于固定不动状态,作用在台背上的土压力为静止土压力。

静土压力的标准值的计算公式为

$$e_j = \xi \gamma h \tag{1.9}$$

$$\xi = 1 - \sin \varphi \tag{1.10}$$

$$E_j = \frac{1}{2} \xi \gamma H^2 \tag{1.11}$$

式中 e_j—— 任一高度 h 处的静土压力强度(kN/m²);

ξ——压实土的静土压力系数；

γ——土的重力密度(kN/m^3)；

φ——土的内摩擦角(°)；

h——填土顶面至任一点的高度(m)；

H——填土顶面至基底高度(m)；

E_j——高度 H 范围内单位宽度的静土压力标准值(kN/m)。

当验算倾覆和滑动稳定时,墩、台前侧地面以下不受冲刷部分土的侧压力可按静土压力计算。拱桥桥台可能出现向路堤方向移动时,其台背土压力稳定性验算按静止土压力计算。

2. 主动土压力

台身墙体离开填土向前(桥跨向)移动,台背土体达到主动极限平衡状态,作用在台背上的土压力为主动土压力。

主动土压力的标准值可按下列公式计算(图1.6)。

图1.6 主动土压力图

(1)当土层特性无变化且无汽车荷载时,作用在桥台前后的主动土压力标准值的计算式为

$$E = \frac{1}{2} B\mu\gamma H^2 \tag{1.12}$$

$$\mu = \frac{\cos^2(\varphi - a)}{\cos^2 \alpha \cdot \cos(\alpha + \delta)\left[1 + \sqrt{\dfrac{\sin(\varphi + \delta)\sin(\varphi - \beta)}{\cos(\alpha + \delta)\cos(\alpha - \beta)}}\right]} \tag{1.13}$$

式中　　E——主动土压力标准值(kN)；

　　　　γ——土的重力密度(kN/m^3)；

　　　　B——桥台的计算宽度(m)；

　　　　H——计算土层高度(m)；

　　　　β——填土表面与水平面的夹角,当计算台后的主动土压力时,β 按图1.6(a)取正值;当计算台前的主动土压力时,β 按图1.6(b)取负值；

　　　　α——桥台台背与竖直面的夹角,俯台背(图1.6)时为正值,反之为负值；

　　　　δ——台背与填土间的摩擦角,可取 $\delta = \varphi/2$。

主动土压力的着力点自计算土层底面算起,$C = H/3$。

(2) 当土层特性无变化但有汽车荷载作用时,作用在桥台后的主动土压力标准值在 $\beta = 0°$ 时的计算式为

$$E = \frac{1}{2}B\mu\gamma H(H + 2h) \tag{1.14}$$

式中　h——汽车荷载的等代均布土层厚度(m)。

主动土压力的着力点自计算土层底面算起,$C = \frac{H}{3} \times \frac{H + 3h}{H + 2h}$。$\mu$ 计算同前。

(3) 当 $\beta = 0°$ 时,破坏棱体破裂面与竖直线间夹角 θ 的正切值的计算式为

$$\tan \theta = -\tan \omega + \sqrt{(\cot \varphi + \tan \omega)(\tan \omega - \tan \alpha)} \tag{1.15}$$

其中,$\omega = \alpha + \delta + \varphi$。

当土层特性有变化或受水位影响时,宜分层计算土的侧压力。

3. 被动土压力

台身墙体向后(路堤向)移动推压填土,并最终达到被动极限平衡状态,此时台背土压力达到最大值,称为被动土压力。在此情况下,桥台已产生结构不容许产生的过大位移量,所以一般设计验算时不使用被动土压力。

4. 桩柱式墩台土压力作用宽度确定

承受土侧压力的柱式墩台,作用在柱上的土侧压力计算宽度,按下列规定采用(图1.7)。

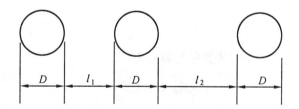

图 1.7　柱的土侧压力计算宽度

(1) 当 $l_i \leqslant D$ 时,作用在每根柱上的土侧压力计算式为

$$b = \frac{\left(nD + \sum_{i=1}^{n-1} l_i\right)}{n} \tag{1.16}$$

式中　b——土侧压力计算宽度(m);
　　　D——柱的直径或宽度(m);
　　　l_i——柱间净距(m);
　　　n——柱数。

(2) 当 $l_i > D$ 时,应根据柱的直径或宽度来考虑柱间空隙的折减。

当 $D \leqslant 1.0$ m 时,作用在每一柱上的土侧压力宽度的计算式为

$$b = \frac{D(2n - 1)}{n} \tag{1.17}$$

当 $D > 1.0$ m 时,作用在每一柱上的土侧压力宽度的计算式为

$$b = \frac{n(D + 1) - 1}{n} \tag{1.18}$$

式中各符号意义同前。

5.压实填土重力的竖向和水平压力强度标准值

竖向压力强度 $\qquad q_V = \gamma h$ (1.19)

水平压力强度 $\qquad q_H = \lambda \gamma h$ (1.20)

$$\lambda = \tan^2(45° - \frac{\varphi}{2})$$ (1.21)

式中 γ—— 土的重力密度(kN/m³);

        h—— 计算截面至路面顶的高度(m);

        λ—— 侧压系数。

(七) 水的浮力

水的浮力可按下列规定采用。

(1) 基础底面位于透水性地基上的桥梁墩台,当验算稳定时,应考虑设计水位的浮力;当验算地基应力时,仅考虑最低水位的浮力,或不考虑水的浮力。

(2) 基础嵌入不透水性地基的桥梁墩台不考虑水的浮力。

(3) 作用在桩基承台底面的浮力,应考虑全部底面积。对桩嵌入不透水地基并灌注混凝土封闭者,不应考虑桩的浮力,在计算承台底面浮力时应扣除桩的截面面积。

(4) 当不能确定地基是否透水时,应以透水或不透水两种情况与其他作用组合,取其最不利者。

(八) 流水压力

作用在桥墩上的流水压力标准值的计算式为

$$F_W = KA \frac{\gamma v^2}{2g}$$ (1.22)

式中 F_W—— 流水压力标准值(kN);

        γ—— 水的重力密度(kN/m³);

        v—— 设计流速(m/s);

        A—— 桥墩阻水面积(m²),计算至一般冲刷线处;

        g—— 重力加速度,$g = 9.81$ m/s²;

        K—— 桥墩形状系数,见表 1.10。

流水压力合力的着力点,假定在设计水位线以下 0.3 倍水深处。

表 1.10   桥墩形状系数

桥墩形状	K	桥墩形状	K
方形桥墩	1.5	尖端形桥墩	0.7
矩形桥墩(长边与水流平行)	1.3	圆端形桥墩	0.6
圆形桥墩	0.8		

(九) 冰压力

对具有竖向前棱的桥墩,冰压力可按下述规定采用。

(1) 冰对桩或墩产生的冰压力标准值的计算式为

$$F_i = mC_t b t R_{ik} \qquad (1.23)$$

式中 F_i—— 冰压力标准值(kN);

$\quad\quad m$—— 桩或墩迎冰面形状系数,可按表 1.11 取用;

$\quad\quad C_t$—— 冰温系数,可按表 1.12 取用;

$\quad\quad b$—— 桩或墩迎冰面投影宽度(m);

$\quad\quad t$—— 计算冰厚(m),可取实际调查的最大冰厚;

$\quad\quad R_{ik}$—— 冰的抗压强度标准值(kN/m²),可取当地冰温 0℃ 时的冰抗压强度;当缺乏实测资料时,对海冰可取 R_{ik} = 750 kN/m²;对河冰,流冰开始时 R_{ik} = 750 kN/m²,最高流冰水位时可取 R_{ik} = 450 kN/m²。

表 1.11   桩或墩迎冰面形状系数 m

迎冰面形状 系 数	平面	圆弧形	尖角形的迎冰面角度				
			45°	60°	75°	90°	120°
m	1.00	0.90	0.54	0.59	0.64	0.69	0.77

表 1.12   冰温系数 C_t

冰温/℃	0	− 10 及以下
C_t	1.0	2.0

注:(1) 表列冰温系数可直线内插;

(2) 对海冰,冰温取结冰期最低冰温;对河冰,取解冻期最低冰温。

当冰块流向桥轴线的角度 $\varphi \leqslant 80°$ 时,桥墩竖向边缘的冰荷载应乘以 $\sin \varphi$ 予以折减。冰压力合力作用在计算结冰水位以下 0.3 倍冰厚处。

(2) 当流冰范围内桥墩有倾斜表面时,冰压力应分解为水平分力和竖向分力。

$$F_{xi} = m_0 C_t R_{bk} t^2 \tan \beta \qquad (1.24)$$

$$F_{zi} = F_{xi}/\tan \beta \qquad (1.25)$$

式中 F_{xi}—— 冰压力的水平分力(kN);

$\quad\quad F_{zi}$—— 冰压力的垂直分力(kN);

$\quad\quad \beta$—— 桥墩倾斜的棱边与水平线的夹角(°);

$\quad\quad R_{bk}$—— 冰的抗弯强度标准值(kN/m²),取 R_{bk} = 0.7R_{ik};

$\quad\quad m_0$—— 系数,m_0 = 0.2b/t,但不小于 1.0。

受冰作用的部位宜采用实体结构。对于具有强烈流冰的河流中的桥墩,应采取必要的防护措施或防撞破冰的保护设施。

(十) 温度作用

温度对下部结构产生的作用主要集中在柔性墩上。其影响主要有以下三种。

(1) 因年温变化,桥面系发生伸缩变形在柔性墩上产生的温度应力。

(2) 因太阳辐射在空心壁板式高墩出现的不均匀温度分布时,由于墩壁内外表面温差产生的温度自约束应力和支承约束应力。

(3) 寒流降温出现不均匀温度分布时,由于墩壁内外表面温差产生的温度自约束应力和支承约束应力。

对于中小跨径采用梁墩固结的柔性排架墩，主要是第一种影响。对于应用于大跨径高桥上的空心高墩，则三种影响都要考虑。同时还要考虑由于太阳侧晒，墩身朝阳面与背阴面温差使墩身挠曲而产生的对结构影响作用。

温度对空心壁板式高墩的作用是比较复杂的，现《公桥通规》对此还没有具体规定，而其作用影响又普遍认为较大，故设计者应对此予以充分重视。

(十一) 支座摩擦阻力

支座摩擦阻力标准值的计算式为

$$F = \mu W \tag{1.26}$$

式中　　W——作用于活动支座上由上部结构重力产生的效应；

　　　　μ——支座的摩擦系数，无实测数据时可按表 1.13 取用。

表 1.13　支座摩擦系数

支　座　种　类	支座摩擦系数 μ
滚动支座或摆动支座	0.05
板式橡胶支座：	
支座与混凝土面接触	0.30
支座与钢板接触	0.20
聚四氟乙烯板与不锈钢板接触	0.06(加硅脂；温度低于 −25℃ 时为 0.078)
	0.12(不加硅脂；温度低于 −25℃ 时为 0.156)

(十二) 船舶或漂流物的撞击

位于通航河流或有漂流物的河流中的桥梁墩台，设计时应考虑船舶或漂流物的撞击作用，其撞击作用标准值可按下列规定采用或计算。

(1) 当缺乏实际调查资料时，内河上船舶撞击作用的标准值可按表 1.14 采用。

四、五、六、七级航道内的钢筋混凝土桩墩，顺桥方向的撞击作用可按表 1.14 所列数值的 50% 考虑。

表 1.14　内河船舶撞击作用标准值

内河航道等级	船舶吨组 DWT/t	横桥向撞击作用 /kN	顺桥向撞击作用 /kN
一	3 000	1 400	1 100
二	2 000	1 100	900
三	1 000	800	650
四	500	550	450
五	300	400	350
六	100	250	200
七	50	150	125

(2) 当缺乏实际调查资料时，海轮撞击作用的标准值可按表 1.15 采用。

表 1.15　海轮撞击作用的标准值

船舶吨级 DWT/t	3 000	5 000	7 500	10 000	20 000	30 000	40 000	50 000
横桥向撞击作用 /kN	19 600	25 400	31 000	35 800	50 700	62 100	71 700	80 200
顺桥向撞击作用 /kN	9 800	12 700	15 500	17 900	25 350	31 050	35 850	40 100

(3) 可能遭受大型船舶撞击作用的桥墩，应根据桥墩的自身抗撞击能力、桥墩的位置和外形、水流流速、水位变化、通航船舶类型和碰撞速度等因素作桥墩防撞设施的设计。当设有

与墩台分开的防撞击的防护结构时,桥墩可不计船舶的撞击作用。

(4) 漂流物横桥向撞击力标准值的计算式为

$$F = \frac{WV}{gT} \qquad (1.27)$$

式中　W——漂流物重力(kN),应根据河流中漂流物情况,按实际调查确定;

　　　V——水流速度(m/s);

　　　T——撞击时间(s),应根据实际资料估计,在无实际资料时,可用 1 s;

　　　g——重力加速度,$g = 9.81$ m/s^2。

(5) 内河船舶的撞击作用点,假定为计算通航水位线以上 2 m 的桥墩宽度或长度的中点。海轮船舶撞击作用点需视实际情况而定。漂流物的撞击作用点假定在计算通航水位线上桥墩宽度的中点。

对于风荷载、地震作用等的计算,可参考《公桥通规》和《公路工程抗震设计规范》(以下简称《公桥震规》)的相关规定。

四、墩台作用效应组合要点

(一)作用效应组合

作用于墩台的作用种类繁多,针对某验算项目,很难估计出哪一种组合最不利。拱桥墩台与梁式桥墩台虽有共同之处,但也具有很大的差异。所以,以下按梁式桥和拱桥分别说明其作用效应组合特点。

1.梁、板式桥墩台作用效应组合

(1)梁、板式桥桥墩

第一种组合:按在桥墩各截面和基础底面可能产生最大竖向力的状况组合。此时汽车荷载应为两跨布载,集中荷载布在支座反力影响线最大处。若为不等跨桥墩,集中荷载应布置在大跨上支座反力影响线最大处,其他可变作用方向应与大跨支座反力作用效果相同(图1.8(a))。它是用来验算墩身强度和基底最大压应力的。

图 1.8　梁板式桥桥墩荷载组合示例

第二种组合:按在桥墩各截面顺桥方向上可能产生最大偏心距和最大弯矩的状况组合。此时应为单跨布载。若为不等跨桥墩,应大跨布载。其他可变作用方向应与汽车荷载反力作用效果相同(图1.8(b)),它是用来验算墩身强度、基底应力、偏心距及稳定性的。

第三种组合:当有冰压力或偶然作用中的船舶或漂流物作用时,按在桥墩各截面横桥方向可能产生与上述作用效果一致的最大偏心距和最大弯矩的状况组合。此时顺桥向应按第一种组合处理,而横向可能是一列靠边布载(产生最大横向偏心距);也可能是多列偏向或满布偏向(竖向力较大,而横向偏心较小)(图1.8(c))。它是用来验算横桥方向上的墩身强度、基底应力、横向偏心距及稳定性的。

(2)梁、板式桥桥台

计算重力式桥台所需考虑的作用,基本与桥墩一样,只不过纵横向风力、流水流冰压力、船舶或漂流物的撞击力等可不考虑,而相应对台后填土压力等则要着重考虑。桥台只作顺桥方向验算,除作整体验算外,其各结构部分(如侧墙或耳墙)还应独立进行作用组合验算。

一般梁、板式桥重力式桥台汽车荷载可按以下三种情况布置。

第一种:汽车荷载仅布置在台后填土的破坏棱体上(图1.9(a))(此时根据《公桥通规》规定,以车辆荷载形式布载);

第二种:汽车荷载(以车道荷载形式布载)仅布置在桥跨结构上,集中荷载布在支座上(图1.9(b));

第三种:汽车荷载(以车道荷载形式布载)同时布置在桥跨结构和破坏棱体上(图1.9(c)),此时集中荷载可布在支座上或台后填土的破坏棱体上。

(a) 台后布载　　　　　(b) 桥上布载　　　　　(c) 桥上台后同时布载

图1.9　梁、板式桥桥台作用组合图示

(3)关于现《公桥通规》对桥台汽车荷载布载规定的讨论

《公桥通规》4.3.1规定:桥梁结构的整体计算采用车道荷载;桥梁结构的局部加载、涵洞、桥台和挡土墙土压力等的计算采用车辆荷载。

桥台设计布载工况一般有三种情况:一种是桥上布载台后无载;另一种是台后布载桥上无载;第三种是桥上台后同时布载。现规范车辆荷载的概念只是一辆重车,没有车距和车队的规定,而当桥上布载时,如果只布车辆荷载,则随着桥梁跨度的增大而计算的支反力要比车道荷载计算结果偏小,是不安全的。而实际上,计算桥台受力时,桥上布载与桥墩一样都是计算支反力,桥墩也存在一孔布载情况,同属整体计算,应采用车道荷载。而对台后布载,主要是计算汽车引起的土侧压力,台后路堤填土破坏棱体长度有限,应采用车辆荷载计算。对桥上台后同时布载情况,建议仍然采用车道荷载,以集中力作用在桥上或台后来寻求最不利状况。具体桥台计算汽车荷载类型的比较见表1.16。

表1.16　桥台计算汽车荷载类型比较表

跨径 / m 汽车荷载类型	20	30	45	50
车辆荷载支反力/kN	816.32	915.54	961.80	989.44
车道荷载支反力/kN	775.95	987.00	1 188.00	1 389.00

注:跨径20 m以下桥台计算,桥上可用车辆荷载。

重力式梁、板式桥桥台一般向桥孔方向偏移为不利,按上述第一、三种布载控制设计,此时台后填土按尚未压实考虑;对埋置式桥台三种情况都可能会产生不利情况,此时当验算向路堤侧偏心时,台后填土按已压实土考虑。

2.拱桥墩台作用效应组合

(1)拱桥桥墩

由于拱桥是一种超静定推力结构,所以计算拱桥墩台的各种作用和效应组合要比梁板式桥墩台复杂,需加以注意。

顺桥方向验算的作用及其组合:对于普通桥墩应为相邻两孔的结构重力,在一孔或跨径较大的一孔满布汽车荷载(集中荷载布在影响线最大处),尚可有其他可变作用中的汽车制动力、纵向风力、温度影响等参与组合,并由此对桥墩产生不平衡水平推力、竖向力和弯矩(图 1.10)。对于单向推力墩则只考虑相邻两孔中跨径较大一孔的结构重力的作用力。

图 1.10 不等跨拱桥桥墩受力示意图

图 1.10 中的符号意义如下:

G——桥墩重力(含直接作用墩上的上部结构重力);

Q——水的浮力;

V_g,V_g'——相邻两孔拱脚因结构重力产生的竖向反力;

V_P——与汽车荷载产生的 H_P 最大值相对应的竖向反力;

V_T——由桥面处制动力 H_V 引起的拱脚竖向反力,$V_T = H_V f/L$;

H_g,H_g'——不计弹性压缩时在拱脚由结构重力引起的水平推力;

ΔH_g,$\Delta H_g'$——由结构重力产生弹性压缩所引起的拱脚水平推力,方向与 H_g 和 H_g' 相反;

H_P——在相邻两孔中较大的一孔上由汽车荷载引起的拱脚最大水平推力;

H_T——制动力引起的在拱脚处的水平推力,按两个拱脚平均分配计算,$H_T = H_V/2$;

H_t,H_t'——温度变化引起的拱脚处的水平推力(图中所示为温度上升时的方向,温度降低时则方向相反);

H_r, H'_r——拱圈材料收缩引起的拱脚水平拉力；

M_g, M'_g——结构自重引起的拱脚弯矩；

M_P——由汽车荷载引起的拱脚弯矩，由于它主要按 H_P 达到最大值时的荷载布置计算，故产生的拱脚弯矩很小，一般可以忽略不计；

M_t, M'_t——温度变化引起的拱脚弯矩；

M_r, M'_r——拱圈材料收缩引起的拱脚弯矩；

W——墩身纵向风力。

对于具有受强偶然作用的公路桥梁(强流冰、通航性河流船舶撞击、强地震区)，要进行横桥方向验算，而对于大跨度拱桥，还要进行横桥方向的平面稳定性验算，其作用组合，除双跨偏载(偏向下游侧)布置汽车车道荷载外(以拱脚产生最大竖向反力为最不利)，其他作用还有风力、流水压力、冰压力、船舶或漂流物撞击、地震作用等参与组合。

(2)拱桥桥台

拱桥重力式桥台一般根据拱的跨径、矢跨比、路堤高度等情况，按以下两种状况布置汽车荷载进行作用效应组合。

第一种：桥上满布车道荷载，集中荷载布在水平推力影响线最大处，使拱脚水平推力 H_P 达到最大值，温度上升，制动力向路堤方向，台后按压实土考虑土侧压力，使桥台有向路堤方向偏转的趋势(图 1.11(a))；

第二种：台后破坏棱体上布车辆荷载，制动力向桥跨方向，桥跨上无汽车荷载，温度下降，台后按未压实土考虑土侧压力，使桥台有向桥跨方向偏移的趋势(图 1.11(b))。

(a) 向路堤方向偏转的受力图示　　　　(b) 向桥跨方向偏转的受力图示

图 1.11　拱桥桥台荷载组合图示

第六节　桥梁下部结构发展概况及展望

桥梁的发展历史是记载着人类克服艰险、战胜自然、发展进步的历史，也是展示人类征服自然所表现出的智慧的鉴证。桥梁作为一个跨越空间的结构物，必不可少地要有支承和传力的下部结构，可以说，桥梁下部结构是形成桥梁整体工程的一个最重要的部分，无法修建基础和墩台的地方就无法建设桥梁。

隋朝修建的赵州安济石拱桥,是我国古代桥梁的杰出代表,是世界上第一座敞肩式石拱桥,被评为国际土木工程里程碑建筑。建桥 1 400 多年,至今安然无恙,其根本的原因是地基基础处理非常得当。该桥桥台座落在密实粗砂土上,基底压应力约为 500~600 kPa,与现行的规范中所采用的该土层容许承载力数值(550 kPa)极为接近,至今沉降与位移甚微。公元 989 年建造开封开宝寺木塔时,建造者预见塔基土质不均会引起不均匀沉降,施工时特意将塔做成倾斜,待沉降稳定后,塔身正好垂直。我国在 1 000 年前就已采用打桩加固软土的方法,并采用砂桩、石灰桩挤密排实。这些实例均说明我国劳动人民远在 1 000 多年前就掌握了对桥梁基础和地基土相互作用的承载力与沉降变形的高深科学技术,有着极为丰富的工程实践经验。

公元 1053 年修建的泉州洛阳桥是我国第一座石梁海港桥,单孔跨径 11.8 m,共 47 孔,全长 731.29 m,至今世界上还没有发现其他有如此跨径和桥长的石梁桥。该桥在基础工程上,首创筏形基础和殖蛎固基技术。洛阳桥与赵州安济桥一样,在世界建桥史上具有极高的历史、科技和艺术价值。我国古代建筑保存至今的很多,比如公元前 2 世纪修建的万里长城,及一些宏伟的宫殿、寺院、宝塔等建筑,历经风雨震害考验仍保留至今,就是因为我们祖先顺利地解决了地基基础的问题。

改革开放以来,在经济发展的带动下,交通运输拉动经济的力度已成为人们的共识,这就为桥梁建筑发展提供了一个广阔的天地。中国的桥梁科技工作者发奋图强,锐意进取,使我国的桥梁建设进入了一个飞速发展的阶段,取得了举世瞩目的成就,建成了世界最大跨径石拱桥、钢筋混凝土拱桥、连续刚构桥,世界里程碑式的斜拉桥——现今世界最大跨径的苏通长江大桥和曾为当时最大跨径的上海扬浦大桥;跨度居世界第三位和第五位的悬索桥——润扬长江公路大桥和江阴长江大桥;还有最近建成的现世界第一跨度钢箱拱桥(550 m)的上海卢浦大桥等。仅用 20 年时间就改变了世界桥梁建设发展格局,我国就步入了世界桥梁建筑水平的前列。上述成就与我国桥梁建设中下部结构的发展是紧密相关的。

超高桥墩的建设是桥梁最复杂艰巨的工程。举世闻名的德国科赫塔尔桥桥墩(该桥1965 年建成),墩高 178 m,比著名的德国科隆大教堂还要高出近 20 m(图 1.12),保持世界第一高墩之称达 40 年。目前世界最高桥墩当属法国米约(Millau)多塔斜拉桥,该桥跨越宽阔而低洼起伏的塔恩河谷,全长 2.5 km,是一座 8 跨单索面钢箱梁斜拉桥(图 1.13),跨径布置为 204 m + 6 × 342 m + 204 m,桥面宽 27.8 m。设 7 座 A 形钢塔,塔高 87 m。该桥的 7 座混凝土(C50)桥墩的平均高度超过 75 m,其中最高墩达 244.8 m,为目前世界第一高墩(图1.14)。高墩细长,顶部要承受巨大的活动荷载,要适应上部结构伸缩变形的要求,抵抗来自桥塔的扭转力,其设计和建造要比摩天大楼复杂和艰巨得多,所以人们把桥梁喻为人类所建造的最为宏伟壮观的建筑物。

我国第一座超百米高桥墩是 1996 年建成的南昆铁路清水河大桥(墩高 100 m),当时列世界第五位。预计 2007 年建成通车的湖北省龙潭河公路大桥,墩高已达 178 m,居世界第二位。至今为止,我国超百米高墩初步统计达 9 座之多(表 1.17),为目前世界高墩最多的国家。关于我国高墩的结构形式和特点将在第二章第一节介绍。

(a)   (b)

图 1.12　德国科赫塔尔高墩

图 1.13　法国米约多塔斜拉桥

图 1.14　米约桥高墩示意图

表 1.17　我国百米高墩一览表

所在地与桥名	桥型结构	主跨跨径/m	墩高/m	建成年份	桥墩型式
湖北龙潭河大桥	连续 T 构	200	178	2007(预计)	双肢变截面空心墩
陕西黄延高速公路洛河特大桥	连续刚构	160	143.5	2005	双肢薄壁空心墩
陕西葫芦河公路大桥	连续刚构	200	138	2006	双肢矩形薄壁空心墩
云南红河大桥	连续刚构	265	123	2003	双肢变截面空心墩
湖北巴东长江公路大桥	斜拉桥	388	119.8	2003	变截面空心墩
云南内昆铁路花土坡大桥	连续梁	104	110	2000	钢筋混凝土圆端形空心墩
贵州贵阳小关桥	连续刚构	160	110	2003	双肢薄壁空心墩
贵州兴义南昆铁路清水河桥	连续刚构	128	100	1996	变截面矩形空心墩
陕西徐水河大桥	连续刚构	200	98	2005	双肢矩形薄壁空心墩

管柱基础是桩基础向大直径发展的一个里程碑,它是我国在 1953~1957 年修建武汉长江大桥时首创的一种先进的基础形式,是我国桥梁工程师和以西林为首的前苏联专家组合作研制成功的一种深基础。目前我国管柱基础直径已发展到 5.8 m。

钻孔灌注桩在我国是 1963 年在河南省首先应用,当时钻孔是使用水利部门打井用的大锅锥,用人力推磨方式钻孔,孔径只有 60~70 cm。钻孔灌注桩解决了桥梁水下深基础的施工问题,把水下作业改为水上施工,其技术经济优越性非常突出,很快被全国桥梁界所接受,成为首选基础形式。目前我国采用分级扩孔的方法,用小钻机钻大孔已完成国内最大直径 ϕ500 cm 桩的施工。通过不断的研究、试验、使用、改进,近 40 年来已经发展成一种完善、先进的基础形式,有了符合我国具体条件和成桩方法的计算理论和设计方法,为我国公路、铁路、水利、港口、建筑、环保、煤炭、电力和国防等工程系统的建设作出了重要贡献,创造了不可估量的经济效益。

我国在巨型沉井施工方面已经走在世界前列。早在 1967 年,修建著名的南京长江大桥时,正桥 1 号墩基础采用普通钢筋混凝土沉井,其平面尺寸为 20.2 m×24.9 m,下沉深度为 53.5 m,为当时亚洲之最。新近建成的江阴长江大桥,其锚固悬索的北桥塔下沉井的平面尺寸为 69 m×51 m,是世界平面尺寸最大的沉井。大直径超长桩和管柱基础、大型组合基础和特殊基础(如双承台管柱基础、锁口管桩基础、连续墙基础等)在我国大跨度桥梁建设中的广泛应用表明,在桥梁基础设计理论和施工技术方面我国已进入世界前列。

20 世纪后期,一些发达国家开始构思世界五大洲除大洋洲外的陆路相连、跨海的桥梁工程。我国在 21 世纪公路交通要实现规划布局的五纵七横共十二条国家主干线,在 20 世纪已完成二纵二横。其中南北公路主干线之一的同江至三亚线上将修建五个跨海工程,自北向南依次为渤海海峡工程、长江口越江工程、杭州湾跨海工程,珠江口伶仃洋跨海工程以及琼州海峡工程。

跨海桥梁工程首先要解决的是深水基础问题。目前国际上最深的大桥基础是日本明石海峡大桥的一号锚墩基础,水深 70 m,采用地下连续墙圆形沉井,直径为 85 m,井中填碾压混凝土形成沉井。现在有些深水基础采用先在岸上预制,然后再用浮运沉井下沉的方法或直接以大型浮吊吊装的方法,在深水中安置预制好的桥梁基础及墩身。这种方法可以用很快的速度完成深水基础施工工作。日本、丹麦、加拿大等国已开始采用此法修建深水基础。

图 1.15 为 1997 年建成的加拿大诺森伯兰海峡大桥预制深水基础和墩身的结构图,其墩座(基础)的外形由圆形锥体(下部)及圆柱形体(上部)组成,按水深不同其高度变化在 10～35 m 之间,基底直径为 22.0 m,基础顶部做成锥形平台,以便和套人的墩身密切贴合。墩身的上部是变截面的八角形空心构造,下部设有底部直径为 20 m 的圆锥体防冰体,以减小冰压力。墩座重量为 3 000～5 500 t 之间,墩身为 4 000 t,采用"Swan"浮吊,最大提升高度 76 m,最大起重质量为 8 700 t。

这种基础形式在海洋平台上已应用多次,现已在美国的墨西哥湾水深达 411 m 的深水中修建平台基础,成为世界上最深的水下建筑物,它对于修建桥梁基础也是一个很好的参考实例。

我国江河纵横,海岸线长,沿海有开发价值的岛屿很多,21 世纪将会有更多的超大跨度桥梁有待我们去建设。迎接挑战,做好准备,在桥梁基础方面应加强如下研究方向。

图 1.15 诺森伯兰海峡大桥预制墩基础构造图

(1) 超深水大型基础的结构形式的研究

我国桥梁工程界通过在长江上修建的近百座大跨桥梁,已积累了水深 30 m 左右的各类基础工程的设计和施工经验。海峡水深往往在 100 m 以上,需要借鉴海洋钻井平台的基础工程技术来创造新型的桥梁深水基础形式。

(2) 超深水基础科学智能化施工技术的研究

深水大型复杂基础的施工技术水平反映一个国家综合实力,在这方面我们与发达国家还有一定差距。要进一步加强深水自动化施工机械、大体积混凝土水下施工技术、精密检测仪器设备及采用信息化监控系统进行施工过程科学管理决策等方面进行研究。

(3) 桥梁下部结构的抗灾害能力和设防标准的研究

尤其在桥梁结构抗震设计中,对土-结构共同作用、结构的局部与整体延性、减震隔震措施等方面的研究,桥梁下部结构都是一个重要的研究对象。

(4) 超大跨度索体系桥梁塔墩的一些特殊受力及稳定性的研究

为了避免建造过深和过于昂贵的深水基础,需要修建超大跨度的悬索桥和斜拉桥,这就增加了塔墩的高度,高耸的塔墩在恶劣的使用环境中(台风、潮汐、地震等),其受力极为复杂,尤其是空间稳定性问题,用常规的方法很难解决,需要建立更为精细并能反映结构整体作用特点的理论和方法,还要对大跨复杂结构体系桥梁上部结构和下部结构协作受力优化问题进行研究,减轻上部结构,尤其索塔的负担。

(5) 索体系桥梁锚碇结构预应力可更换锚固体系的研究

目前在大跨度悬索桥锚碇结构采用的预应力锚固体系,多为有粘结不可更换结构体系。一般采用压浆防腐,在后期营运过程中无法检查和检测,也不能进行更换,给长期使用下的维护及运营状态评价带来困难。所以,预应力锚碇体系的发展趋势应是便于调节、更换、检测、维护,以保证其耐久性和可靠性。由于锚碇结构体积巨大,很难做真型试验,要进行个件研究,并结合计算机进行仿真分析计算,这是一个庞大的综合研究体系。

第七节　关于桥涵地基基础可靠性理论应用的讨论

目前我国桥梁结构设计,是以《公路工程结构可靠度设计统一标准》(GB/T 50283—1999)作为公路工程结构设计依据的,包括最近颁布的《公桥通规》和《公路钢筋混凝土及预应力混凝土桥涵设计规范》(JTGD 62—2004)(以下简称《公钢桥规》)。先期各行业规范已将桥梁上部结构设计,采用以可靠度理论为基础的极限状态设计方法(是以优化原则确定的作用或荷载的分项系数及组合系数来表达),使国内有关桥涵结构设计的规范得以统一,且在结构设计原则方面与国际先进标准衔接一致。把我国公路工程设计由长期沿用的、不甚合理的"定值设计法"转变为"概率极限状态设计法",即在度量结构可靠性上由经验方法转变为运用统计数学的方法。这无疑是设计思想和设计理论的一大进步,使结构设计更符合客观实际情况。

那么桥梁下部结构的地基基础如何考虑按可靠度理论指导下与上部结构协调一致呢?近期修订颁布的《建筑地基基础设计规范》(GB 50007—2002)(以后简称《建基规》)规定,地基基础设计时,所采用的荷载效应最不利组合与相应的抗力限值应符合下列规定。

(1)按地基承载力确定基础底面积及埋深或按单桩承载力确定桩数时,传至基础或承台底面上的荷载效应应按正常使用极限状态下荷载效应的标准组合。相应的抗力应采用地基承载力特征值(即为现《公桥通规》标准值——笔者注)或单桩承载力特征值。

(2)计算地基变形时,传至基础底面上的荷载效应应按正常使用极限状态下荷载效应的准永久组合,不应计入风荷载和地震作用,相应的限值也应为地基变形允许值。

(3)基础设计安全等级、结构设计使用年限、结构重要性系数应按规范规定采用,但结构重要性系数 γ_0 不应小于1.0。

现以该规范地基承载力验算加以比较分析。规定基础底面的压力应符合如下要求。

①当轴心荷载作用时

$$p_K \leqslant f_a$$

式中　p_K——相应于荷载效应标准组合时,基础底面处的平均压力值;

f_a——修正后的地基承载力特征值。

②当偏心荷载作用时,除应符合上式要求外,尚应符合下式

$$p_{Kmax} \leqslant 1.2f_a$$

式中　p_{Kmax}——相应于荷载效应标准组合时的基础底面边缘最大压力值。

同时规定:当基础宽度大于 3 m 或埋置深度大于 0.5 m 时,从荷载试验或其他原位测试的参数及经验值等确定的地基承载力特征值,尚应按下式修正,即

$$f_a = f_{aK} + \eta_b \gamma (b-3) + \eta_d \gamma_m (d-0.5)$$

式中 f_a——修正后的地基承载力特征值;

f_{aK}——地基承载力特征值;

η_b, η_d——基础宽度和埋深的地基承载力修正系数;

γ——基础底面以下土的重度;

γ_m——基础底面以上土的加权平均重度;

b——基础底面宽度;

d——基础埋置深度。

从以上引用现《建基规》条文规定可知,在承继以往相关规范清晰合理的表达形式和保证其应用的可靠度的基础上,修正后的地基承载力特征值也是由地基承载力特征值与宽深修正值之和构成的。

现行《铁桥基规》(TB 10002.5—99)与原《公桥基规》(JTJ 024—85)的地基承载力公式为 $[\sigma] = \sigma_0 + K_1\gamma_1(-2) + K_2\gamma_2(h-3)$,该式也是由三部分构成,则按极限状态应为

$$f_a = f_{aK} + K_1\gamma_1(b-2) + K_2\gamma_2(h-3)$$

现在的关键是岩土性能及其代表值的确定,岩土的性能系指其承载力标准值、变形模量(弹性模量)、压缩模量、粘聚力、内摩擦角等物理力学性能。各种性能应按标准试验方法试验确定。根据岩土的特点,岩土性能宜根据现场取样的试验结果,用随机变量概率模型来描述,其标准应根据概率分布的某一分位值确定。当试验数据不足时,可采用相关规定值。

公路工程结构是按承载能力极限状态和正常使用极限状态进行设计,是以结构的可靠度来确定材料性能代表值。结构和结构构件的可靠指标是根据基本变量的概率分布类型和统计参数进行计算的,当极限状态方程仅含有作用效应和结构抗力两个相互独立的综合变量时,结构和结构构件的可靠指标可用公式计算。目标可靠指标按照"极准法"并结合工程经验和经济优化原则判断确定。公路桥梁结构按持久状态进行承载能力极限状态设计目标的可靠指标如表 1.18 所示。

表 1.18　公路桥梁结构目标的可靠指标

构件破坏类型 　　 结构安全等级	一级	二级	三级
延性破坏	4.7	4.2	3.7
脆性破坏	5.2	4.7	4.2

目前,依岩土工程的条件很难确定出适用于全国的目标可靠性指标,其原因如下:

①岩土工程具有很强的区域性特点和受水文地质、温度等自然因素影响的多变性。

②一般地基土为大变形材料,当荷载增加时,随着地基变形的相应增长,地基承载力也在逐渐加大,很难界定出一个真正的"极限值"。

③从使用功能考虑,作为地下隐蔽工程,常常是承载力的安全储备大一些,但可能变形已达到或超过正常使用的限值,此时所选定的地基承载力一般多在土的压力变形曲线不超过比例界限点的地基压力值。

④在桥梁基础设计中,外荷载作用取用最不利作用组合效应,但其尺寸拟定有时采用"最小尺寸法",也可能是"适中尺寸"。采用"极准法"进行实例分析统计时,其客观和合理性

就会差一些,这也给确定目标可靠指标增加困难。

⑤对桩基础来说,在其可靠度分析中要收集较多数量的试桩资料,由于现场试桩费用较高,做的较少,加之地质条件的不同和桩径和桩长的差异,试桩实测极限承载力相差较大,要用子样统计分析确定可靠度指标,需要采取办法解决样本容量不足的问题。

由以上分析可以看出,桥涵地基基础采用可靠性理论修改规范还需做很多系统深入的研究工作,需要广大的桥梁设计研究院、高等学校等单位参加到相关的工作中来,早日编制出与桥梁上部结构相配套的桥涵地基基础新规范。

第二章 桥梁墩台

第一节 墩台类型简介

桥梁下部结构由墩台与基础组成,墩台主要由墩(台)帽、墩台身两部分组成(图 2.1)。本章介绍墩台的设计计算,各种基础将在以后章节介绍。

(a) 桥墩   (b) 桥台

图 2.1 桥梁墩台构造

一、桥墩类型

(一)梁、板式桥桥墩

桥墩的类型主要由墩身的结构形式来划分,一般可分为实体桥墩、空心桥墩、柱式桥墩、排架墩及杆式(板式)结构墩等五种类型。还可按受力后变形特征分为刚性墩和柔性墩;按建筑材料分为木桥墩、石砌墩、混凝土墩、钢筋混凝土墩、预应力混凝土墩和钢桥墩等。现按结构形式分类简介如下。

1.实体桥墩

实体桥墩是指桥墩是由实体结构组成,又称重力式桥墩。这类桥墩的特点主要是依靠自身重力(包括上部结构重力)来平衡外力保证桥墩的稳定,其体积和自重都较大,可就地取材,一般不设受力钢筋,用块(片)石、圬工砌体或素混凝土修建,是一般跨径桥梁较适宜的结构形式。

实体桥墩截面形式主要有圆形、方形、矩形、尖端形、圆端形等。圆形截面或方形截面多用于铁路桥。圆端形截面是在矩形断面两端各接一个半圆形,适合水流通过,是广泛使用的一种截面形式。为了改善重力式桥墩平淡笨拙感,可在墩身中间增加缩槽或表面加纹理处理,以增加其可视性。

为减少实体墩墩身圬工体积,常将墩帽部分悬出,墩身收缩,做成双悬臂或托盘式桥墩(图2.2)。

(a) 悬臂式桥墩   (b) 托盘式桥墩

图 2.2　悬臂式与托盘式桥墩

2.空心桥墩

空心桥墩是墩身为空腔体的桥墩,是实体墩向轻型化发展的一种较好的结构形式,多为混凝土或钢筋混凝土结构,广泛应用于较高的桥墩。

这种桥墩可大量节省墩身体积,一般混凝土墩可省 20% ~ 30%;钢筋混凝土空心高墩可节省 50% 以上。墩身壁厚混凝土不小于 50 cm;钢筋混凝土不小于 30 cm。

空心高墩的断面形式如图 2.3 所示。

(a) 圆形空心墩   (b) 双圆孔空心墩   (c) 圆端形空心墩

(d) 圆端形带纵向肋板空心墩   (e) 矩形空心墩   (f) 双矩形空心墩   (g) 塔墩

图 2.3　空心高墩断面形式

钢筋混凝土空心墩构造见图 2.4,一般要设横隔板、通风孔、检查孔道及扶梯等。对于较高的空心墩,可采用预应力拼装的薄壁空心墩,它是以箱形预制块为基本构件,在四周预留孔道用以布穿垂直预应力钢筋,叠砌后张拉钢筋形成整体(图2.5)。墩柱的应力分析是将垂直预应力钢筋产生的张拉力考虑为和外力相当的轴向力,当作是空心截面的 RC 结构进行设计。悬臂墩帽梁一般也划分为预制块拼接,其应力分析作为全截面有效来设计。预制块接缝处使用树脂类粘接剂粘合,不能贯通布置抗拉钢筋,因此接缝处要按照设计荷载作用时不允许产生拉应力的全预应力条件设计。

我国最长的跨海大桥——东海大桥,在连续梁过渡孔
设计中,为了尽量减少海上施工的难度,桥墩采用整体预制
空心薄壁墩(图2.6),工厂预制,海上现场安装。预制墩柱
与承台的连接采用混凝土湿接头。墩柱吊运至承台墩座槽
内临时支承在混凝土短柱上,并用预埋钢板调整位置、标高
后,墩柱主筋与承台预埋钢筋搭焊连接,最后以C40高性能
混凝土现浇墩座。

墩柱吊装设计,没有按常规在4个角点位置设预埋钢筋
作为吊点,避免预埋件拆除形成结构钢筋锈蚀的通道。经设
计研究核算,在墩柱进人孔两侧设宽16 cm的槽口,吊具从
进人孔插入滑至槽口端点位置,最后安全起吊(图2.7)。

空心墩除按各种荷载作用下进行验算配筋外,还应考虑
墩内外温差及太阳辐射侧晒产生的影响而增加配筋,其具体
内容将在后文专门讲述。

图2.4 空心桥墩构造图

单位:mm

正面图

图2.5 预应力拼装空心墩

图 2.6　整体预制薄壁墩　　　　　　　　图 2.7　预制薄壁墩吊点布置

3.桩(柱)式桥墩

当采用桩基础时,可一桩到顶,上加盖梁作为墩帽,形成桩式桥墩。还可在其他各类基础上,设计成柱式墩身而形成柱式桥墩。柱式桥墩可根据桥宽而修筑为单柱、双柱、多柱式桥墩。当河中有漂流物或流冰时,为避免在柱间卡住而阻塞河道,宜在柱间加隔墙连接,使这部分墩身成为哑铃形,亦可与实体墩混合使用,以增加抗冲击稳定性。

在这里要说明,独柱式桥墩在城市高架桥中应用很多,在其设计中,越来越重视景观问题,从墩帽梁与柱身的连接到墩柱截面和立面的造型都作很多构思。由于圆柱墩身变化余地较少,一般多采用矩形截面墩柱,如图 2.8 所示,墩帽梁与墩身以弧形曲线相连接;墩壁角用斜面过渡;墩身壁面以凸凹变化结合纹理来增强其修饰性。图2.9为独柱式矩形墩柱壁面装饰构思例。

对于桩式墩(图 2.10),当墩柱高度大于桩的间距 1.5 倍时,为增加墩柱刚度而需在桩顶设置横系梁。但在北方寒冷地区应注意横系梁的位置,

图 2.8　城市立交独柱墩

或采用横系梁下换土的方法,避免横系梁在土冻结时受到法向冻胀力的作用。横系梁可按构造要求选取尺寸和配筋,而不作受力计算。

在城市立交桥设计中,为使桥下主梁底面积平顺整齐,减弱盖梁高度对主梁走向的干扰影响,尤其对宽桥,减小盖梁高度可使桥下净空显得通畅开阔,如图 2.11 所示,可将盖梁设计成隐式盖梁。

4.柔性墩

设计经验证明,桥墩所受水平力的大小,直接影响墩身截面尺寸。如果将刚度不等的桥

图 2.9 独柱矩形墩柱壁面构思示例

(a) 桩式桥墩　　　　　　　　　(b) 柱式桥墩

图 2.10 桩柱式桥墩

1—盖梁;2—系梁;3—桩;4—墩柱;5—基础

9φ800钻孔灌注柱
L=55 m

9φ800钻孔灌注柱
L=55 m

1—1 1:200

单位：mm

图 2.11 隐式盖梁双柱墩

墩通过主梁连为一体,这样纵向水平力就会按各桥墩的剪力刚度进行分配,大部分传向刚度大的桥墩和桥台,小部分传给刚度小的桥墩,使那些刚度小的桥墩在顺桥方向的墩身可以做得很薄,叫做柔性墩。钢筋混凝土排架墩和薄壁墩是常用的典型柔性墩。

柔性墩的组合布置有两种形式,一种是全部用柔性排架墩,由预制的单排或双排的钢筋混凝土桩上修钢筋混凝土盖梁组成(图 2.12)。整体受力的段长(或称联长)由温度墩——两排互不联系的桩墩来分割,而该段(联)中的水平力主要由刚度大的双排墩来承受。一般以每段不超过 4 孔,长度不超过 40~50 m 为宜,此种布置全部使用固定支座。

图 2.12　全部用柔性墩布置示例

另一种组合布置是刚性墩和柔性墩联合使用(图 2.13),水平力主要由段(联)内的刚性墩及桥台承受,以活动支座分割段(联)长。要求刚性墩(双排墩)布置在地面(河床)较高,地层较好的位置上。

图 2.13　柔性墩与刚性墩组合布置示例

△—固定支座;o—活动支座

柔性墩在大跨度连续刚构桥中也得到广泛应用。这种桥型是利用高墩的柔度来适应梁墩固结后由预应力、混凝土收缩徐变和温度变化引起的结构位移,一般采用双柱柔性墩。这是因为双柱提供的竖向反力能削减梁体弯矩的峰值,双柱间保持一定的距离,构成较大的整体抗弯刚度,同时其纵向抗推刚度较小,减小墩柱对梁体的约束,改善其内力分配。我国第一座预应力混凝土连续刚构桥,是 1988 年建成的广东省洛溪大桥,主跨长 180 m,4 跨相连全长 480 m,采用双柱柔性墩,墩壁厚仅为 50 cm。1997 年建成的主跨 270 m 的广东省虎门大桥辅航道预应力混凝土连续刚构桥,跨度为世界同类桥梁之首,刚构联长为 150 m + 270 m + 150 m,桥宽 33 m,为双箱分离式结构,墩高 35 m,主墩也是双柱式空心薄壁墩,墩柱平面尺寸为 2.5 m × 7.0 m,壁厚 50 cm,顺桥向柱间净距 7 m(图 2.14)。

图 2.14　虎门大桥辅航道连续刚构桥桥墩构造图

由于连续刚构适用于大跨高墩条件,现修建较多,我国 50 m 以上高墩不胜枚举。湖北省位于沪蓉国道主干线宜昌至恩施公路上龙潭河特大桥主桥为 106 m + 3 × 200 m + 106 m 的五跨预应力混凝土连续刚构桥,两主墩高度分别为 178 m 和 174 m,是目前我国最高的桥墩,居世界第二位。墩身采用双柱变截面矩形空心墩,柱间净距 9 m,墩顶截面尺寸 3.5 m × 8.5 m,壁厚 0.7 m,纵向两墩柱外侧均按 100∶1 放坡,横向从上至下分别采用 100∶1、60∶1 和 40∶1 三种坡率(图 2.15)。主墩承台厚 4 m,基础采用 12 根桩径2.4 m的钻(挖)孔灌注桩。

5.杆、板结构轻型桥墩

随着城市桥梁的建设,钢筋混凝土和预应力混凝土杆式、板式结构轻型桥墩,适应桥梁建筑艺术、桥下净空和总体布置的要求得以发展。

图 2.16 为城市桥梁中经常采用的 V 形墩、X 形墩、Y 形墩、倒 T 形薄壁墩等的示意图。

V 形墩上部结构有多种形式,可以是连续梁或其他梁式体系,此时支座布置在斜撑的顶部。V 形墩与上部结构固结则形成 V 形刚架结构。采用 V 形墩的主要优点是缩短上部结构跨径并减小支点负弯矩,造型也显得强劲美观(图 2.17)。为了减小桥墩基础尺寸或增大桥墩高

单位:m

图 2.15　龙潭河特大桥 178 m 主墩一般构造图

图 2.16　杆、板式结构轻型桥墩示意

度,可以从 V 形的交点向下延伸成 Y 形墩(图 2.18)。

图 2.17　V 形墩构造图

图 2.18　Y 形桥墩

V形斜撑与水平面的夹角,依桥下净空要求和桥梁总体布置确定,通常采用大于45°角。斜撑的受力大小依结构图和主梁与斜撑的刚度比确定。图2.19为H形桥墩,H形由承台向上逐渐展宽,转角处均以优美的弧线连接,具有挺拔而又轻盈的感觉。图2.20为L形悬臂式预应力桥墩,是一种应用于山区,有利于保护环境的桥墩形式。

图2.19　H形桥墩构造图

图2.20　L形悬臂式桥墩

6.其他类型桥墩

从桥墩的受力和设计的复杂性来说,斜拉桥和悬索桥的塔墩是比较特殊的桥墩。目前斜拉桥多采用塔墩固结体系,桥墩除要承受桥塔及上部结构的全部荷载外,还要承受塔身在各种荷载作用下传来的很大弯矩和剪力。由于一般塔和墩一体,所以塔墩的造型协调就显得很重要。丹麦在大带海峡修建的大带东桥(又译大贝尔特桥)是一座超大跨径的悬索桥,主跨为1 624 m,塔墩总高254 m,比金门大桥桥塔还高26 m,创塔墩最高世界记录。塔柱截面呈锥形变化,塔墩浑然一体,受力合理,稳定性好,造型美观(图2.21)。

目前我国是大跨斜拉桥最多的国家,世界上最高的斜拉桥塔墩为法国米约桥,为244.8 m(图1.14)。我国巴东长江公路大桥塔墩高度为119.8 m,在同类桥梁中居亚洲第一位,巴东长江公路大桥位于湖北省著名的长江三峡下峡口,为双塔双索面预应力混凝土斜拉桥,主跨388 m,最高索塔总高为212 m,其中塔墩高为119.8 m(图2.22)。塔柱为钢筋混凝土空心构造,顺桥向宽6 m,横桥向宽4 m,柱身外侧为椭圆弧柱面。塔墩上段为桥面以下两塔柱过渡内收段,其尺寸为6 m和4 m。下段塔墩在横桥向为两层门形结构,分别为单箱双室及单箱三室,其尺寸分别

图2.21　丹麦大带东桥塔墩造型

图 2.22　巴东长江公路大桥桥型布置图

为 11 m、7 m 和 14 m、10 m，横梁均为 6 m，预应力混凝土箱形结构。塔墩下座为高 6 m、长宽尺寸为 39 m×24 m 的实心承台，16 根 φ3.0 m 桩基，桩长 56 m(图 2.23)。

图 2.23　巴东长江公路大桥塔墩构造图

斜拉桥中的辅助墩和过渡墩又称拉力墩、锚固墩,是在斜拉桥设计中为了增加结构刚度而在边跨设置的中间支墩,其作用是为了防止当活载作用于中跨时边跨上拱度过大,避免边跨斜拉索可能出现松弛或退出工作的现象,故其支座能够承受负反力(拉力)。一般辅助墩不要求承受恒载反力,它还可使边跨的挠度明显地减小,当索塔刚度不大时,对中跨的受力也有明显的改善。现常用的辅助墩和边墩如图2.24所示,多为空心墩柱,用钢索将主梁端部锚固在墩柱底的横隔板上,主要承受上拔力。由于要允许有水平位移,锚固钢索要尽可能地长。墩上可设支座承受压力。

图 2.24 斜拉桥的边墩和辅助墩图

在水面辽阔,水深较深,不便在水中修筑固定的桥墩和基础时,可用钢筋混凝土浮箱作为水中的浮桥墩,在其上架设贯通的桥面系统而形成沟通两岸交通的架空桥梁结构(图2.25)。浮动支墩必要时可设锚碇以固定其位置。

钢塔架桥墩是以型钢为基本构件,在现场拼装外形呈塔架状的桥墩。一般用于地质地形条件差,又缺少施工用水的地方。其基础多为现浇混凝土,墩身与基础通过铸钢法兰盘联接,多用于较高桥墩。我国最高钢塔架桥墩为贵昆铁路北盘江大桥,墩高为43.59 m。

7.多层立体交叉桥墩

为了扩大桥下视野,减小体量少占地,同时也从美观角度考虑,城市及高等级公路立体交叉桥墩,可采用钢筋混凝土或预应力混凝土杆、板式结构,向轻型化、装配化发展(图2.16)。有时根据立交结构设计要求,桥墩布置形式除单层外,还有多层对称和非对称布置(图2.26)。这种桥墩设计时要注意在不对称荷载作用下的整体和局部抗扭验算,及在离心力、横向力矩作用下受力验算问题。

单位:mm

图2.25 浮体桥墩示意图

图2.26 多层立体交叉桥墩布置图

(二)拱桥桥墩

拱桥是一种超静定推力结构,拱圈传给桥墩的力,除了竖向力外,还会有较大的恒载(不等跨时)和活载的水平推力,这是与梁式桥最大的不同之处,所以拱桥没有柔性墩。

常用的无铰拱桥桥墩墩帽与拱圈连为整体,直接承受由拱圈传来的压力,故这部分墩帽又称为拱座。对于砌体拱桥,拱圈的拱脚与墩台连接处拱座是采用特别加工的五角石,把径向拱石转化为水平方向,(图2.27(a)),也可以现浇混凝土拱座代替五角石。对于预制安装的肋拱拱座,是在墩帽处做一预留供插入拱肋的孔槽(图2.27(b)、(c)),拱脚为增加接触面积放置平稳而放大为方头,就位后再浇注高标号混凝土封固。对于大跨度肋拱桥,还可在拱座背面和底面加设一些钢筋网。

拱桥桥墩按其构造分类有重力式墩(图2.28)和柱式墩(图2.29)。

按承受的水平力情况来分类,拱桥桥墩又可分为普通墩和单向推力墩两种。单向推力墩包括恒载单向推力墩和分段墩。桥梁规范规定,对于多跨拱桥应根据使用要求,每隔3~5孔须设置恒载单向推力墩,以免一孔受毁全桥坍塌。多孔拱桥施工时,为使拱架周转使用,亦需分段施工而设置"分段墩"。实际上"分段墩"也就是承受施工中拱结构恒载的单向推力墩。

(a) 砌体拱桥   (b) 预制拱肋拱桥   (c) 预制拱肋拱桥

图 2.27 拱肋与拱座的联接

图 2.28 拱桥重力式墩

图 2.29 拱桥柱式墩

由于单向推力墩墩身基础体积大,圬工量多,施工困难,因而一般可以尽量在非单向推力墩上采取适当措施,以减小水平推力作用效应,减小墩身体积。图 2.30 为一悬臂墩,拱脚支承在悬臂端,以较小的拱的跨度获得较大的桥的孔径,减小拱脚传来的水平推力。同时,当一孔坍塌时,悬臂又增大了邻孔竖向反力抵消水平力对墩身的作用效应,减小墩身截面弯矩,承受拱的单向恒载水平推力。

当需要增大基础底面积修筑扩大基础时,考虑美观可以将常水位以上与以下墩身设计为不同侧坡而修成变坡墩(图 2.31(a))。对于相邻两孔不等跨的桥墩,除根据跨度变更两孔矢跨比和调整拱座位置外,还可将墩身立面做成不对称布置,形成不对称墩(图 2.31(b)),使两孔作用的恒载合力接近墩身底面和基础底面的形心,尽量减小偏心距。

（a）变坡墩身　　　　　　　（b）不对称墩身

图 2.30　拱桥悬臂墩　　　　　　　　　图 2.31　变坡墩与不对称墩

二、桥台类型

桥台的主要功能,除了支撑上部结构和传递主梁自重及桥面上的活荷载外,另一重要作用是衔接引道挡土,承受很大的土压力,因而桥台的基本结构受其功能要求而比较固定。桥台处于路和桥的分界处,有时因为桥头建筑艺术要求而利用桥台修建一些标志性建筑,此时桥台要特殊设计。

（一）梁、板式桥桥台

按照桥台的结构形式,一般分为重力式、埋置式、轻型、组合式和承拉式桥台。

1. 重力式桥台

重力式桥台也称实体式桥台,又称 U 型桥台。它是由台身(前墙)、台帽、基础与两侧的翼墙(侧墙)组成,前墙与侧墙在平面上呈 U 字形。重力式桥台主要依靠自重与台腔内填土重平衡后的土压力,保持桥台的稳定性。前墙上有台帽支承桥跨结构,并承受台后土压力;侧墙后缘伸入路堤内起着衔接引道的作用,同时也参与前墙共同承受土压力(图2.32)。

图 2.32　重力式 U 型桥台

重力式桥台由石砌、片石混凝土或混凝土等圬工材料建造,并采用就地施工方法。重力式桥台构造简单,基础承压面大,应力较小,但圬工体积大,一般用于填土高度 8 ~ 10 m 的中等以上跨径的桥梁。

对于河岸稳定,桥台不高,河床不压缩(人工河道)或压缩很小的中小跨径桥梁、城市立交桥,可利用侧墙挡土而不修锥坡时,将 U 形桥台前墙与翼墙设变形缝分开,形成独立的翼墙。此时,台身与翼墙斜交时为八字式桥台;台身与翼墙在同一平面时为一字式桥台(图2.33)。

(a) 八字式桥台　　　　(b) 一字式桥台

图2.33　八字式桥台和一字式桥台

2.埋置式桥台

埋置式桥台是将台身埋在锥形护坡中,只露出台帽以安置支座及上部结构。这样桥台所受的土压力大为减小,桥台的体积相应减少,也减小了基础圬工量。

埋置式桥台将侧墙改为短小的钢筋混凝土耳墙,耳墙与路堤衔接,伸入路堤的长度一般不小于500 mm,耳墙按嵌固在台身的悬臂板计算。台帽部分的内角至护坡表面距离不应小于500 mm,否则应在台帽两侧设置挡板,防止土、雪等进入台帽支承平面上去。

埋置式桥台按台身结构形式可分为:实体直立埋置式和后倾埋置式桥台、肋墙埋置式桥台、桩(柱)埋置式桥台和框架埋置式桥台(图2.34)。

实体后倾埋置式桥台实质上属于重力式桥台,它的工作原理是依靠台身后倾,使重心落在基底截面的形心之后,以平衡台后填土的倾覆力矩而保证桥台具有较好的稳定性,可用于高达10 m和10 m以上的高桥台。

(a) 实体后倾埋置式桥台

(b) 桩(柱)埋置式桥台　　(c) 框架埋置式桥台

图2.34　埋置式桥台

肋墙式桥台是实体埋置式桥台的改进形式,可更多地减少台身圬工体积,台身两片或两片以上后倾的肋墙可用混凝土或钢筋混凝土做成,上面用盖梁做台帽,台高10 m以上应在肋墙间设撑梁,盖梁、撑梁、耳墙均用钢筋混凝土做成,台身与基础间需设置锚固连接钢筋。

桩(柱)埋置式桥台是一种应用较广的桥台形式,对于各种土壤地基都适宜。根据桥宽和地基土承载能力、基础类型可以采用双柱、三柱或多柱的型式,适用于跨径一般不超过30 m,填土高度不超过5 m的桥梁。

框架埋置式桥台比桩(柱)式桥台有更好的刚度,比肋墙式桥台挖空率更高,宜用于填土高度大于5 m,桥跨20 m以上的梁式桥,其不足之处是必须用双排基桩。

埋置式桥台的共同缺点是溜坡伸入到桥孔,压缩了河道。为了不压缩河道,要适当增加桥长。

埋置式桥台台前溜坡虽然用片石作防护,但仍存在着被洪水冲毁的可能性,规范规定,对埋置式桥台,当验算截面强度和稳定性时,可考虑来自桥台台后填土及台前溜坡的两方向土侧压力,同时,还应验算台前溜坡被冲刷时承受来自桥台台后单向主动土压力的受力情况。

3. 轻型桥台

(1) 支撑梁轻型桥台

这种桥台的特点是,台身为直立的薄壁墙,台身两侧有翼墙,在轻型桥台之间或台与墩之间设置 3~5 根水平支撑梁,上部结构与桥台通过锚栓连接,使上部结构与支撑梁共同支撑桥台承受台后土压力,形成四铰框架的受力体系。

支撑梁应设在冲刷线以下或铺砌层以下。在北方寒冷地区,要注意支撑梁底面应设在最大冻结线以下,或者将支撑梁下换为不冻胀土,一般也可用加厚河床铺砌来代替支撑梁。

轻型桥台可分为一字式轻型桥台、八字式轻型桥台、耳墙式轻型桥台(图 2.35)。一字式或八字式桥台的台身可采用圬工结构,一般当桥的跨径不超过 6 m,台高不超过 4 m 时,可用 C15 浆砌块石;当跨径大于 6 m,台高大于 4 m 时,需用 C15 混凝土浇筑,台帽用 C20 或以上的钢筋混凝土。耳墙式轻型桥台由台身、耳墙及边柱三部分组成。耳墙附于边柱上部,耳墙可视为水平土压力作用下的悬臂板计算。边柱除承受由耳墙重力产生的竖直荷载和弯矩外,尚应计算耳墙上水平土压力对柱身所产生的扭矩和剪力。

(a) 一字式轻型桥台　　　　(b) 八字式轻桥台　　　　(c) 耳墙式轻型桥台

图 2.35　轻型桥台

(2)钢筋混凝土薄壁桥台

钢筋混凝土薄壁桥台的特点是利用钢筋混凝土结构的抗弯能力来减少圬工体积而使桥台轻型化,薄壁轻型桥台适用于软弱地基条件。

钢筋混凝土薄壁轻型桥台常用的型式有悬臂式、扶壁式、撑墙式及箱式等(图 2.36)。薄壁轻型桥台可依据桥台高度、地基强度和土质等因素选定。一般常用的钢筋混凝土扶壁式桥台,由挡土墙和侧墙构成,挡土墙由厚度不小于 150 mm(一般为 150~300 mm)的前墙和间距为 2.5~3.5 m 的扶壁所组成,并支承上面台帽,以放置上部结构。两侧薄壁墙可以与前墙垂直形成 U 形薄壁桥台;与前墙斜交则形成八字形薄壁桥台。

4. 组合式桥台

为使桥台轻型化,桥台本身主要承受桥跨结构传来的竖向力和水平力,相当于桥墩的受

图 2.36 薄壁轻型桥台

力情况,而台后的土压力由其他结构来承受,形成组合式桥台。

(1) 锚碇板式桥台

锚碇板式桥台的特点是由埋于路堤土中的锚碇板、拉杆、立柱和挡土板组成配套的锚碇板结构来承受土压力,可分为分离式和结合式两种形式(图 2.37)。分离式是台身与立柱、挡土板分开,桥台与锚碇板的基础分离,互不影响,上端做成伸缩缝,台身只承受上部结构传来的竖向力和水平力,相当于桥墩的受力状态,桥台受力明确,但结构复杂,施工不方便。结合式锚碇板桥台是将锚碇板结构与台身结合在一起,台身兼做立柱或挡土板,作用于台身的所有水平力假定均由锚碇板的抗拔力来平衡,台身仅承受竖向荷载。结合式结构简单,施工方便,工程量较省,但受力不很明确,若台顶位移量计算不准,可能会影响施工和营运使用。

图 2.37 锚碇板式桥台

锚碇板式桥台构造一般要求如下:

① 锚碇板可用混凝土、钢筋混凝土制作,其形状以方形最佳,边长由计算确定,一般不宜小于 750 mm × 750 mm;

② 锚碇板的位置必须置于被动区或中性区,离主动破裂面水平距离为 $(3 \sim 5)h$ (h 为锚碇板边长)处;

③ 锚杆应具有柔性,并采取防腐措施;

④ 路堤填土夯实和碾压后的密实度直接影响锚碇板的抗拔力,因而路堤的夯实度必须满足设计要求。

锚碇板式桥台多用于台后路堤不被冲刷,路堤填土 $3 \sim 8$ m 的中小梁式桥和城市桥梁中,在简单立交桥中,也可采用加筋土挡墙结构形式,拉杆采用密排的塑料带或其他材料,形成加筋土桥台(图 2.38)。

(2)组合式桥台

梁式桥组合式桥台分为两种结构形式,桥台与挡土墙用梁结合在一起的桥台为过梁式组合桥台;当梁与桥台、挡土墙刚结,形成框架式组合桥台(图2.39)。

图2.38 加筋土桥台

图2.39 框架式组合桥台

近年在软土地基高填方的高速公路上,采用一种刚构式组合桥台,这种桥台是将钢筋混凝土桩柱式桥台和相邻引桥一小跨桩柱式桥墩,通过桥面纵梁和柱底的承台梁(沿桥横向各设两道)连成整体,在桥纵向形成"Ⅱ"型刚构的组合桥台(图2.40)。由于台后填土容许通过立柱间空间向台前放坡(坡面一般与斜撑并齐),桥台仅有后排立柱受有土压力,此压力又由前后两排桩柱共同承受,因而桥后的纵向水平位移甚小,避免了桩柱的开裂。

图2.40 刚构式组合桥台

5.承拉桥台

在连续梁桥或T构桥中,有时根据受力特点,可能出现负反力情况,要求桥台具有承压和承拉的功能,在桥台构造和设计中必须满足这种受力要求。图2.41示出了承拉桥台构造。该桥上部结构为单箱单室截面,箱梁的两个腹板呈牛腿状延伸至桥台形成悬臂腹板,它与桥台上顶帽之间设氯丁橡胶支座受拉,悬臂腹板与下台帽之间设置氯丁橡胶支座支承上部结构,并可设置扁千斤顶,以备调整用。如上拉力较大,基础可设计为抗拔桩基础。

图2.41 承拉桥台构造

预应力混凝土连续梁桥,当边孔与中孔的跨径之比小于0.3时,其受力特性近似固端梁,在恒载和活载作用下,桥台支座可能受拉,应设计成承拉桥台。沪州长江二桥由于桥位处受地形限制,主桥为一极不对称的连续刚构,跨径组合为145 m + 252 m + 49.5 m,所以在小跨岸边必须设一承受拉力的锚碇桥台(图2.42)。锚碇桥台与箱形主梁刚性连接平衡主桥反力。为保证锚固的可靠性,布置18根方形锚桩,通过设在锚桩内竖向预应力束将桥台锚于基岩中。桥台长 26 m,与箱梁结构一致,两端加隔板,箱内用浆砌片石填心。桥台设计为三向预应力结构。

尺寸单位:cm

图 2.42　锚锭桥台一般构造图

大跨度斜拉桥与自锚式悬索桥,斜索(或主缆)在施加于加劲梁很大的轴向压力外,还有一部分向上的竖向力,所以对桥台(或过渡墩)要设计成特殊形式来承受上拔力。克罗地亚布罗夫瓦克卡海峡独塔斜拉桥,不对称布索,设计者将 6 对斜索锚固在桥台上,使桥台在减小加劲梁轴力同时又受有很大的上拔力,将台身设计为大型箱形结构,箱壁施加竖向预应力,箱内填充片石,加劲梁嵌入桥台前箱壁,以加强梁、台的整体作用,同时将原设计浅板基础改为钻孔桩深基础(图 2.43)。

尺寸单位:cm

图 2.43　斜拉桥锚索拉拔桥台

(二)拱桥桥台

拱桥桥台因受到拱圈传来的较大的单向拱推力,受力复杂,体积较大,多采用刚性圬工实体式桥台。由于拱桥桥台拱座位置较低,所以拱脚以上的台身部分多以挖空来减轻自重,一般有以下几种类型。

1. 拱桥重力式桥台

拱桥重力式(U 型)桥台与梁、板式桥重力式(U 型)桥台结构形式差不多,其工作特点是以自重和土压力来平衡拱脚传来的水平推力,只不过外形尺寸更大一些,圬工量更多。拱桥重力式(U 型)桥台由前墙、侧墙、拱座等组成(图 2.44),适用于地质条件好,采用扩大基础,跨径不超过 30 m 的拱桥。

2.空腹式桥台

为减轻拱桥重力式桥台自重大对地基土的负担,将台身挖空用空腹拱代替,形成空腹式桥台。空腹式桥台是由前墙、后墙、基础板和撑墙等部分组成(图 2.45)。前墙承受拱圈传来的

图 2.44　拱桥重力式(U 型)桥台

荷载,后墙承受台后土压力,如基顶以上桥台内部挖空,拱座(前墙)与后墙间需设置撑墙以增加前后墙、拱座、基础板的整体刚度。这种桥台刚性大,整体性好、自重轻,能充分利用台后土压力,一般应用于软土地基、河床无冲刷或冲刷轻微,水位变化小的大中跨径拱桥。

3.组合式桥台

组合式桥台是由前台和后台两部分组成(图 2.46)。前台可采用桩基或沉井基础,以承受拱的竖向力为主;拱的水平推力则主要由后台基底的摩阻力及台后土侧压力来平衡。规范规定,计算时桩基础或沉井基础可承担 10% ~ 25% 的拱的水平推力,无斜桩时取低值,有斜桩时取高值。一般组合式桥台有如下构造要求:

(1) 当采用多排桩基础时,宜斜直桩结合使用,前直后斜,且斜桩多于直桩,斜直桩的交点宜接近拱脚截面中心标高,以提高基桩抵抗前台向后台转动和水平位移的能力;

(2) 前台和后台两部分之间必须密切贴合,并设置沉降隔离缝,以适应两者的不均匀沉降;

(3) 后台的基底必须放置在原状土上,且基底标高不高于拱脚截面中心标高,以使后台基底摩阻力与台后土压力尽可能与拱脚水平推 力在一个水平线上。

(4) 若地质条件较差时,应考虑后台沉降对前台基桩产生的负摩阻力作用,同时应采取措施,防止由于后台的不均匀沉降引起前台向后倾斜。

组合式桥台适用采用深基础,冲刷较大的大跨径拱桥。

图 2.45 拱桥空腹式桥台

图 2.46 组合式桥台

4.拱桥轻型桥台

拱桥轻型桥台的特点是它允许桥台在拱的水平推力作用下产生绕基底形心轴向路堤方向转动,并考虑由此而在台后产生的土抗力与静止土压力共同平衡拱的水平推力,从而使台身尺寸、圬工量大大小于重力式桥台。

拱桥轻型桥台类型主要依据台身平面形状划分,有一字形、八字形、U 形、Π 形、E 形等(图 2.47)。

拱桥轻型桥台要求基础埋置要有一定的深度,以防止基底向河中侧滑动;台后填土必须严格按照规定的密实度(大于等于 90%)分层夯实,并要切实做好台后填土防护工作,防止受水流浸蚀冲刷。

该类桥台主要适用于小跨径拱桥。

(a) 八字形　　　(b) U形　　　(c) Π形　　　(d) E形

图 2.47　拱桥轻型桥台

5.齿槛式桥台

齿槛式桥台就是在基底(又称底板)下面设置齿槛以增加其抗滑动能力(图 2.48)。齿槛式桥台由前墙、后墙、侧墙、底板和撑墙等组成,其工作原理是利用后墙墙背老土(原状土)的弹性土抗力,前墙背面填土侧压力和地基土对齿槛的抗剪强度共同平衡拱的水平推力。

齿槛的宽度和深度一般均不宜小于500 mm;在底板上后墙与拱座间需设撑墙增加刚度;后墙要靠在原状土上,可将后墙墙背设计成与土坡一致的斜板,以获得较大的土抗力。

图 2.48　齿槛式桥台

该类桥台适用于软土地基上冲刷很小,水位变化不大的中、小跨径拱桥。

第二节　墩台的构造要求和尺寸拟定

一、桥墩构造要求和尺寸拟定

(一) 梁、板式桥桥墩构造要求和尺寸拟定

1.墩帽

墩帽直接支承上部桥跨结构,是利用放置其上的支座将上部桥跨结构自重及车辆人群活载向下传递,因而墩帽受力集中,要求强度高。一般在构造方面有如下的要求:

① 一般墩帽材料采用强度等级 C25 以上的钢筋混凝土修筑,小桥亦可用不低于 C25 强度等级的混凝土修筑;

② 墩帽钢筋一般可参照图 2.49 按构造配置,为了提高支座下墩帽局部受压强度并使应力分布均匀,支座下面应设置钢筋网。根据要求,可设置一层或多层,钢筋可用 $\phi 8 \sim 10$,网格一般 70 mm × 70 mm ～ 100 mm × 100 mm,钢筋网横桥向要宽于 2 倍支座底垫板宽,顺桥

向可等于墩帽宽;

图 2.49　墩帽配筋示意图

③ 当桥墩需安置不同高度支座时,可用支承垫石的高度调整,支承垫石尺寸、配筋需根据荷载与支座底板尺寸计算确定;

④ 墩帽平面一般设置不小于 3% 的排水坡,并要使支承垫石顶面高于排水坡上棱,以防雨水侵蚀支座。

梁板式桥墩帽厚度,大跨径不小于 400 mm,中小跨径不小于 300 mm,挑檐宽一般取 50 ~ 100 mm。

墩帽尺寸拟定,除要满足安放支座的要求外,还应考虑温度影响下梁的伸缩和荷载作用下梁挠曲后引起梁端转动的要求,一般如下确定。

(1) 顺桥向墩帽(盖梁)最小宽度 b 的确定

参照图 2.50 所示,即

$$b \geq f + \frac{a}{2} + \frac{a'}{2} + 2c_1 + 2c_2 \tag{2.1}$$

式中　f——相邻两跨支座在墩帽上的中心距离(mm);

　　　a, a'——支座底垫板顺桥向宽度,根据标准图或支座设计确定;

　　　c_1——支座边缘到墩身边缘的最小距离(mm),具体尺寸按表 2.1 规定取值(参考图 2.51);

　　　c_2——墩帽挑檐宽度,一般为 50 ~ 100 mm,拟定盖梁尺寸时可不考虑。

图 2.50　墩帽尺寸拟定示意

图 2.51　支座边缘至墩台身边缘最小距离示意图

表 2.1 支座边缘至墩、台身边缘的最小距离   mm

桥向 跨径分类	顺桥向	横桥向	
		圆弧形端头(自支座边角量起)	矩形端头
大桥	250	250	400
中桥	200	200	300
小桥	150	150	200

注:①采用钢筋混凝土悬臂式墩台帽时,上述最小距离为支座至墩、台帽边缘的距离;

    ②跨径 100 m 及以上的桥梁,应按实际情况另定。

f 值应按下式确定,即

$$f = e_1 + e_0 + e_1' \tag{2.2}$$

式中 e_1, e_1'——支座中心到梁端的距离,等跨时 $e_1 = e_1'$,一般可从桥梁上部结构标准图中查出,特殊情况可通过梁端抗剪计算确定;

        e_0——相邻两跨梁端间的最小允许距离,一般称为伸缩缝,考虑温度变化、主梁挠曲变形、施工架梁可能出现的误差等根据跨度确定,中、小桥可取 20 ~ 50 mm;大跨度桥梁需经计算确定。

温度引起的主梁水平伸缩长度为

$$e_0 = l \cdot t \cdot \alpha \tag{2.3}$$

式中 l——桥跨主梁长度,为相邻两孔桥跨之和;

        t——施工温度(月平均)与当地最高、最低月平均气温差;

        α——材料的线膨胀系数,钢筋混凝土为0.000 010。

主梁受载挠曲引起梁端转动的水平位移为(图 2.52)

$$\Delta a = h \cdot K \tag{2.4}$$

式中 h——主梁高度;

        K——挠度曲线按二次抛物线计得的系数,可由表 2.2确定。

图 2.52 梁端转动位移计算

表 2.2 梁端转动位移计算系数 K 值表

l_P/δ	400	500	600	700	800	900	1 000	1 500	2 000
φ/rad	1/100	1/125	1/150	1/175	1/200	1/225	1/250	1/375	1/500
K	0.010 0	0.008 0	0.006 7	0.005 7	0.005 0	0.004 4	0.004 0	0.002 7	0.002 0

注:l_P 为桥梁的计算跨径;δ 是跨径中点的挠度;φ 为梁端部转角。

当考虑防震要求,为避免落梁设置挡块时,一般要加宽墩帽尺寸,其顺桥向梁支座边缘至墩(台)帽或盖梁边缘的最小距离 d 尚应符合表 2.3 的要求。

表 2.3 d 值表

跨径/m	10 ~ 13	16 ~ 20	25 ~ 30	35 ~ 40
d/mm	250	300	350	400

（2）横桥向墩帽(盖梁)最小宽度 B 的确定

$$B \geqslant B_1 + a(\text{或 } a') + 2c_1 + 2c_2 \tag{2.5}$$

式中 B_1——桥跨结构横桥向两边主梁中心距离；

其他符号意义同前。

对于顺桥方向按最小尺寸拟定为 b 的圆端形墩帽,则横桥向墩帽最小宽度为 $B = B_1 + a(\text{或 } a') + b$。

墩帽(盖梁)横桥向尺寸拟定,还须考虑施工架梁在墩上放置架梁设备要求的宽度。

墩帽平面尺寸的合理确定,直接影响着墩身的平面尺寸和材料的选用。例如,当顺桥向的墩帽宽度较小而桥墩又较高时,墩身就显得薄,此时可能需要采用钢筋混凝土墩身,或为了加厚墩身而加大墩帽尺寸。另一方面,如果墩身在横桥向宽度较小,或采用柱式墩身,又反过来影响墩帽(盖梁)的受力、尺寸及其配筋。因此要精心拟定墩帽尺寸,还必须考虑墩身的影响和协调一致。

2. 墩身

墩身是桥墩的主体。桥墩不仅支承上部结构传递荷载,而且在水中部分受水流冲击,船只、漂流物、流冰等的碰撞、浸蚀、磨损,所以对墩身材料有一定的要求。对石砌实体墩身,石料强度不低于 MU25,M10 以上砂浆砌筑;在低温且温度变化剧烈的地区,墩身表面应选用较好的石料。当采用混凝土时,强度等级要不低于 C20,为节约水泥,可在中间掺入不多于 25% 的片石,对轻型桥墩墩身,应采用不低于 C25 的混凝土或钢筋混凝土。

实体桥墩墩身侧面一般可设不缓于 20:1 的斜坡,亦可做成直坡。

在有流冰、大量漂流物和冲击物的河流中的石砌墩身,其表面应选择坚硬石料或强度等级不低于 C30 混凝土预制块镶面;混凝土桥墩的迎水面,应设置钢筋网(图 2.53)。

图 2.53 墩身钢筋网

具有强烈流冰的河流中的桥墩,宜在迎水面设置破冰棱。破冰棱应高于最高流冰水位 1.0 m,并低于最低流冰水位时冰层底面下 0.5 m。破冰棱的倾斜度一般为 3:1 至 10:1(图 2.54)。

墩身尺寸主要以墩帽尺寸确定。《公路砖石及混凝土桥涵设计规范》(JTJ 022—85)(以下简称《公混桥规》)还规定:实体桥墩墩身的顶宽,小跨径桥不宜小于 800 mm(轻型桥墩不宜小于 600 mm);中等跨径桥不宜小于 1 000 mm;大跨径桥梁墩身顶宽,视上部结构类型而定。

（二）拱桥桥墩构造要求和尺寸拟定

由于拱桥上部结构恒载大,因而拱桥墩帽承受由拱圈传来的较大压力,一般要采用强度等级为 C25 以上混凝土或 MU40 以上块石修筑。

按无铰拱设计的肋拱桥,为保证拱脚固结,拱肋插入拱座内的长度不宜小于拱肋高度,而且拱座预留孔要用强度等级不低于 C30 混凝土浇注。

拱桥墩帽顺桥方向宽度,要根据拱的跨度、拱圈厚度、腹拱构造(即墩上是否设置腹拱立墙)来确定。《公混桥规》规定:等跨拱桥的实体桥墩的顶宽(单向推力墩除外)混凝土墩可按拱跨的1/15～1/30;石砌墩可按拱跨的1/10～1/25(其比值随跨径的增大而减小)估算,且不宜小于800 mm。墩帽如设挑檐,其厚度不小于400～500 mm。墩帽横桥向宽度,每侧要宽于边肋宽度且不小于200 mm。

拱桥墩身尺寸主要根据墩帽尺寸拟定,其他方面的要求同梁、板式桥墩身。

图 2.54　破冰棱构造要求图

二、桥台构造要求和尺寸拟定

(一) 梁、板式桥桥台构造要求和尺寸拟定

1.台帽

台帽的配筋和材料要求同墩帽。不同之处是台帽上只设单排支座,所以台帽平面的顺桥向宽度 b 满足

$$b \geqslant e_1 + \frac{e_0}{2} + \frac{a}{2} + c_1 + c_2 \qquad (2.6)$$

式中符号意义和确定同墩帽。

台帽以上路堤侧挡土部分(台身前墙向上伸延部分)为矮雉墙,又称背墙,其顶宽对于片石砌体不得小于500 mm;对于块石、料石砌体及混凝土不宜小于400 mm。背墙一般做成垂直的,并与两侧侧墙连接。台帽横桥向宽度,考虑与引道和桥上车行道的衔接,一般要等于或大于桥面宽度,或等于引道路基宽度。

图 2.55　台帽顺桥向尺寸

2.台身

由于桥台台身受较大的路堤填土侧压力,截面受力随深度增加而加大,所以竖直剖面呈梯形变化。台身外轮廓尺寸一般确定如下:

台身横桥向宽度按台帽宽度确定。顺桥向长度为保证桥台与引道的可靠衔接,《公混桥规》规定:桥台侧墙(或耳墙)后端伸入桥头锥坡顶点以内的长度不应小于750 mm,并设1.0 m竖直段;锥坡与桥台(正交桥)两侧相交线的坡度,当有铺砌时,路肩边缘下的第一个6 m高度内不宜陡于1:1;在6～12 m高度内不宜陡于1:1.25;高于12 m的路基,其12 m以下的边坡应由计算确定,但不应陡于1:1.5;经常受水淹没部分的边坡坡度不应陡于1:2。

台身各细部尺寸,《公混桥规》规定:U型桥台的前墙,其任一水平截面的宽度,不宜小于该截面至墙顶高度的0.4倍;U型桥台的侧墙,其任一水平截面的宽度,对于片石砌体不小于该截面至墙顶高度的0.4倍;块石、料石砌体或混凝土不小于0.35倍,如桥台内填料为透水性良好的砂性土或砂砾,则上述两项可分别减为0.35倍与0.30倍(图2.56)。侧墙顶宽,对于片石砌体不宜小于1.0 m;对于块石、料石砌体和混凝土不宜小于60 cm。

U型桥台两侧墙间应填以渗水性良好的土壤,并做好排水措施。一般可在略高于高水位的平面上铺一层向路堤方向设有斜坡的夯实粘土作为不透水层,并在粘土上再铺一层碎

石,将积水引向设于台后横穿路堤的盲沟内(图 2.44)。在北方寒冷地区,为防止侧墙与前墙冻胀破坏,台腔内应填以不冻胀土。

图 2.56　U 型桥台尺寸示意图

(二)拱桥桥台构造要求和尺寸拟定

拱桥桥台台帽材料、拱座的构造要求等同桥墩。

台帽顺桥方向尺寸往往由拱脚下起拱线处桥台前墙宽度 b(又称台口宽度)控制,可按经验公式 $b = 0.15L_0$(L_0 为净跨径)估算。拱座边缘至边肋外边缘距离不小于 200 mm 或肋宽外,与梁、板式 U 形桥台一样,还要考虑桥面与引道衔接需要的宽度。

拱桥 U 型桥台前墙、侧墙构造要求和尺寸、台后填土排水等要求均同梁、板式桥 U 形桥台。

下面简单介绍几种拱桥桥台尺寸拟定的方法。

1.拱桥 U 形桥台用作图法初拟尺寸

拱桥作为推力结构,恒载所占比重大,其桥台尺寸拟定原则是尽量使台身圬工各截面和基底的应力比较均匀,尽量减少桥台转动弯矩,一般考虑使恒载压力线与各截面重心曲线尽量接近或重合,由于桥台压力曲线的位置只有在桥台形状确定后才能定出,因而可采用作图法先初步拟出桥台形状。

如图 2.57 所示,起拱线、基底埋深已定,先由拱脚截面中心点 A,用拱轴线的规律曲线向下延伸与基底线交于 B 点,由拱脚下缘作垂线交基底 D 点,以 BD 长作 $BC = BD$,采用基础高度 h,并取襟边宽 c,台口宽取 b,再取任意点 G 做垂直于 OB 的线交 AD 于 F,取 $GE = GF$,可作几条类似线后,经调整细化,即可定出前墙背坡长度。用锥坡推出桥台顺桥长度,再按细部要求定出前墙上立墙及侧墙尺寸,即可得到拱桥 U 形桥台初拟尺寸。

2.空腹桥台尺寸拟定

如图 2.58 所示,台高 $h = h_1 + h_2$,其中

$$h_1 = f + t + D \pm i \tag{2.7}$$

式中　f——主拱圈矢高;

　　　t——主拱圈厚度;

　　　D——拱上填料及路面厚度;

　　　i——桥面纵坡影响值。

根据地质条件确定 h_2,也可初估 $h_2 = (\frac{1}{2} \sim \frac{1}{3})h_1$。以拱脚上缘线作为撑墙的顶面,按 1:1 坡线推算出桥台长 a_1,桥台宽度取路基宽度,桥台高度方向在主拱圈上缘以上部分挖空,即得空腹式桥台尺寸图。

图 2.57　拱桥 U 型桥台作图法初拟尺寸示意

图 2.58　空腹式桥台尺寸拟定图

第三节　墩台验算

　　墩台作为桥梁的支承传力结构,必须具有可靠的强度和稳定性。它的受力状态不仅受到上部结构类型、跨径等影响,而且与基础连接为一体,其各种计算必然要联系基础总体考虑。如墩台身所受的各种荷载产生的内力,必然受到基础类型的影响而变化,墩台结构本身可以是圬工结构,可以是钢筋混凝土或预应力混凝土结构,这样即使同一个验算内容,其验算的方法、公式也会不同。有的涉及结构图示简化计算,例如对压弯构件的简化图示,不同的结构型式和基础连接条件,可能简化成不同的边界条件,都需要结合具体情况来加以分析考虑。

　　墩台结构验算与上部结构一样,是在初拟尺寸的基础上加以验算。验算要考虑施工状态和营运状态,验算后的修改,可以从两方面入手,一是进行尺寸的修改,一是改换材料结构。

一、墩台顶帽的验算

(一) 梁式桥重力式墩台顶帽局部承压验算

梁式桥重力式墩台顶帽局部承压验算,主要按配置间接钢筋的混凝土构件确定墩台帽支座垫板下的混凝土在支座最大竖向力作用下局部承压区的截面尺寸,其公式为

$$\gamma_0 F_{ld} \leq 1.3\eta_s\beta f_{cd}A_1 \tag{2.8}$$

式中
γ_0 ——结构重要性系数,以下公式 γ_0 皆为此;

F_{ld} ——局部受压面积上局部压力设计值;

f_{cd} ——混凝土轴心抗压强度设计值;

η_s ——混凝土局部承压修正系数,混凝土强度等级为 C50 以下时,取 $\eta_s = 1.0$;混凝土强度等级为 C50 ～ C80 取 $\eta_s = 0.76 ～ 1.0$;中间按直线插入取值;

β ——混凝土局部承压强度提高系数,按 $\beta = \sqrt{\dfrac{A_b}{A_1}}$ 计算;

A_b ——局部承压时的计算底面积,按图 2.59 确定;

A_1 —— 混凝土局部承压面积。

图 2.59 A_b 计算示意图

（二）拱桥墩台台口截面直接抗剪强度验算

当拱桥桥墩相邻两孔恒载推力不等,或施工中出现单向推力等情况,桥台承受单向推力时,需要验算台口截面的直接抗剪强度。具体计算按《公混桥规》要求执行。

（三）桩柱式墩台顶帽 —— 盖梁计算

桩柱式墩台顶帽即为盖梁,现都简化为一根钢筋混凝土梁的图示计算。

《公路钢筋混凝土及预应力混凝土桥梁设计规范》(JTG D62—2004)(以下简称《公钢桥规》)规定盖梁计算的相关内容如下:

(1)墩台盖梁与柱应按刚构计算。

(2)当盖梁与柱的线刚度(EI/l)之比大于5时,双柱式墩台盖梁可按简支梁计算;多柱式盖梁可按连续梁计算(E、I、l 分别为梁或柱混凝土的弹性模量,主截面惯性矩、梁计算跨径或柱计算长度)。

钢筋混凝土盖梁,其跨高比 $l/h > 5.0$ 时,按一般钢筋混凝土构件计算。当跨高比为:简支梁 $2.0 < l/h \leqslant 5.0$,连续梁或刚构 $2.5 < l/h \leqslant 5.0$ 时,《公钢桥规》规定,应按深受弯构件的短梁计算。由于深受弯构件的截面计算不同于一般受弯构件,根据简支梁和连续梁加载以后跨中截面和中间支座截面的应变分布和开裂后平均应变分布,以及有限元分析和结构实测数据可知,当 $l/h \leqslant 5$ 时不符合平截面假设;根据梁的受剪试验,$l/h \leqslant 5$ 的梁不会出现斜拉破坏;根据弹性分析,当 $l/h \leqslant 5$ 时,剪切变形对梁的挠度的影响仅在 7.8% 左右,可以忽略不计。基于上述原因,属于深受弯构件的短梁,应按《公钢桥规》8.2 的相关计算公式进行。

计算盖梁内力时,可考虑墩柱支承宽度的影响。

根据盖梁计算时应考虑的问题,分为以下几个方面加以介绍。

1.作用的特点及计算

作为梁式桥,上部结构的结构重力与汽车荷载是在主梁位置通过支座,以集中力的形式作用于盖梁上,所以作用的作用位置是固定的,而其作用力的大小,随着汽车横向布置不同而变化。汽车横向布置则是依据盖梁验算截面产生最大内力的不利状况而确定。这样,就涉及将汽车荷载如何在横桥向分配至各主梁上,这种横向分配与主梁结构计算时的横向分配是不同的,分配合理与否直接影响盖梁设计的安全度。

一般计算盖梁时汽车横向布置及横向分配系数计算可做如下考虑:

(1)单柱式墩台盖梁 在计算盖梁支点负弯矩及各主梁位置截面的剪力时,汽车横桥向非对称布置(即按规范要求靠一侧布置),横向分配系数按偏心受压法计算(图2.60(a))。

(2)双柱式墩台盖梁　在计算盖梁柱顶处负弯矩时,汽车横桥向采用非对称布置,横向分配系数采用偏心受压法计算;在计算盖梁跨中正弯矩时,汽车横桥向采用对称布置,横向分配系数采用杠杆法计算(图2.60(b)、(c))。

(3)多柱式墩台盖梁　汽车横桥向要按盖梁各控制截面内力影响线来布置,横向分配系数采用杠杆法计算;同时要注意由于多柱式墩台上部桥面比较宽,人行道亦相应较宽,边梁可能是在人行道下,所以应注意由于杠杆法计算横向分配系数边梁偏小,而用非对称布置偏心受压法又对边梁计算偏大的问题。

对于上部结构为桁架拱的墩台盖梁和拱上建筑横桥向为排架柱的盖梁,也应按上述要求考虑汽车荷载横向布置和分配。

2.盖梁内力计算时墩柱支承宽度影响的考虑

由于支承盖梁的墩柱面积较大,简化成点支承使盖梁内力计算偏大而显得太保守,所以规范规定应考虑支承宽度影响。

(1)负弯矩削峰　在计算盖梁柱顶截面负弯矩时,可采用负弯矩包络图在柱顶处削峰的方法减小负弯矩值。削峰宽度理论上认为方柱时为柱宽 b,圆柱时为 $0.886d$(d 为直径)。但支承宽度对内力的影响除与柱宽有关外,还与盖梁跨度、高度和宽度有关,这是一个很复杂的问题,考虑墩柱尺寸小于盖梁尺寸,建议在实际设计时,方形柱取 $0.9b$,圆形柱取 $(0.5 \sim 0.7)d$(图2.61(a))。

(a) 单柱式布载

(b) 双柱式非对称布载

(c) 双柱式对称布载

图2.60　盖梁计算汽车横向布置

(a) 负弯矩削峰

(b) 正弯矩减小跨径

图2.61　盖梁考虑支承宽度的计算

(2)正弯矩减小跨径　在计算简化为双悬臂简支梁或连续梁跨中正弯矩时,采用减小跨径的方法来考虑支承宽度的影响(图2.61(b))。

跨中跨径为
$$l' = l_0 - (0.5 \sim 0.7)d \text{ 或 } 0.9b$$
悬臂跨径为
$$l'_1 = l_1 - \frac{1}{2}(0.5 \sim 0.7)d \text{ 或 } 0.9b$$

（3）在计算盖梁正、负弯矩时，作用于支承宽度内的主梁荷载可忽略不计。

（4）对缩头墩,悬臂长按 $l' = l_1 + \Delta l_1$ 计算, l_1 为墩身范围外净悬臂长度; Δl_1 假定嵌固深度, $\Delta l_1 = \frac{1}{3}R(\text{或 } b)$（图 2.62）。

3. 盖梁计算时,主梁传下的活载均应考虑冲击系数

4. 盖梁的抗扭验算

当汽车在单孔偏载作用并制动刹车时,或桥台桥孔侧汽车刹车时,均能使盖梁悬臂端根部受到扭矩作用（图 2.63）。

图 2.62　缩头墩支承宽度示意图

图 2.63　盖梁抗扭验算图示

目前对弯扭构件,一般是分别按受弯和受扭构件计算配筋。

图 2.61 所示受力状况其扭矩组合设计值按式(1.1)要求,进行如下计算,即

$$\gamma_0 T_d = \gamma_{Gi}(R_1 e_1 - R_2 e_2) + \gamma_{Q_1} R_P e_1 (1 + \mu) + \psi_c \gamma_{Q_j} T_1 \left(d + \frac{h}{2}\right) \quad (2.9)$$

式中　　T_d——扭矩组合设计值;

　　　　γ_{Gi}——不等跨时悬臂段上部结构重力作用效应的分项系数,取 1.2;

　　　　γ_{Q_1}——汽车荷载效应的分项系数,取 1.4;

　　　　γ_{Q_j}——汽车制动力作用效应的分项系数,取 1.4;

　　　　ψ_c——一种其他可变作用(汽车制动力)参与组合时的组合系数,取 0.8;

　　　　R_1,R_2——不等跨时悬臂段主梁支座恒载反力;

　　　　e_1,e_2——不等跨时主梁支座的偏心距;

　　　　R_P——在悬臂段主梁的汽车荷载反力;

　　　　μ——冲击系数;

T_1—— 在悬臂段上主梁分配的水平力;

d—— 制动力作用点至盖梁顶面高度;

h—— 盖梁悬臂段根部的高度。

对桥台盖梁还要考虑盖梁在悬臂段受到的土压力。

5. 盖梁施工验算

当需要在盖梁上架设施工设备时,应根据施工吊装的荷载进行盖梁内力计算。

二、墩(台)身截面验算

(一) 截面强度和稳定验算

实体式墩台身一般为圬工结构偏心受压构件,其计算可按偏心受压构件计算。除一般验算顺桥方向的荷载组合外,当有较大的横桥方向水平力作用时(如流冰、风力、船只、漂流物撞击等),尚应考虑荷载横向偏载的不利情况。

计算时根据力的传递和平移原理,将所作用荷载全部换算到验算截面重心处的竖向力 N 和弯矩 M,构件正截面强度和稳定按下列公式计算

计算强度时
$$\gamma_0 N_d \leqslant 0.65 \alpha A f_{ck} \tag{2.10}$$

计算稳定时
$$\gamma_0 N_d \leqslant 0.65 \varphi \alpha f_{ck} \tag{2.11}$$

式中　N_d—— 按式(1.1)最不利荷载组合计得的荷载效应(纵向力) 组合设计值;

A—— 构件的截面面积;

f_{ck}—— 混凝土轴心抗压强度标准值;

φ—— 受压构件纵向弯曲系数;

α—— 纵向力的偏心影响系数,按下式计算

$$\alpha = \frac{1 - (\frac{e_0}{\gamma})^m}{1 + (\frac{e_0}{r_W})^2} \tag{2.12}$$

其中　e_0—— 纵向力的偏心距,其值不得超过《公混桥规》的规定值;

y—— 截面或换算截面重心至偏心方向截面边缘的距离;

r_W—— 在弯曲平面内截面(或换算截面) 的回转半径;

m—— 截面形状系数。

受压构件强度验算应考虑纵向稳定的影响,对于中心受压构件的纵向弯曲系数 φ 可按《公混桥规》规定取用。偏心受压构件弯曲平面内纵向弯曲系数 φ 按下式计算

$$\varphi = \frac{1}{1 + \alpha\beta(\beta - 3)[1 + 1.33(\frac{e_0}{r_W})^2]} \tag{2.13}$$

式中　α—— 与砂浆强度有关的系数,按砂浆标号选用,对混凝土 α 采用 0.002;

β—— $\beta = l_0/h_W$;

e_0—— 构件计算长度,按《公混桥规》规定取用;

h_W—— 偏心受压构件矩形截面在弯曲平面内的高度,对非矩形截面可查《公混桥

规》直接取用。

桥梁墩台身强度验算截面位置,常选取墩台身截面突变处和墩台身与基础界面处,采用悬臂式墩台帽的墩身,还应对与墩台帽交界的墩身截面进行验算。当桥墩较高时,由于危险截面不一定是在墩身底部,需沿墩身每隔 2 ～ 3 m 选取一个验算截面。

(二) 偏心距验算

圬工材料是一受压性能较好的建筑材料,进行偏心距验算的目的,在于控制裂缝和裂缝的开展程度及截面的稳定性,以充分发挥材料抗压性能。

其验算式为

$$e_0 = \frac{M_{max}}{N} \leqslant [e_0] \tag{2.14}$$

偏心距验算荷载组合是以产生最大弯矩 M_{max} 时与其相应竖向合力 N 来验算,其 $[e_0]$ 以大量实验为基础得到的数据,可查有关规定数值。

《公混桥规》还规定:

(1) 当混凝土结构截面受拉一边布设有不小于截面面积 0.05% 的纵向钢筋时,$[e_0]$ 可按规定提高;

(2) 当截面配筋率符合规范最小配筋率规定,按钢筋混凝土截面验算时,偏心距不受限制。

三、墩台顶水平位移的验算

过大的墩台顶水平位移,会影响桥跨结构的正常使用、行车的平顺,而对超静定结构桥梁,还要在结构内产生附加内力。

验算的基本公式 $$\Delta \leqslant [\Delta] \tag{2.15}$$

式中 Δ—— 墩台顶计算水平位移值;

$[\Delta]$—— 结构允许墩台顶水平位移值。

规范从使用要求提出对静定结构桥梁,其墩台顶允许水平位移值一般不超过下面数值

$$[\Delta]/mm = 5.0\sqrt{L} \tag{2.20}$$

式中,L 为相邻墩台间最小跨径长度,以 m 计,跨径小于 25 m 时以 25 m 计。对超静定结构桥梁(如拱桥),上述数值偏大,应以试算的方法,确定上部结构设计的安全储备所允许的墩台顶水平位移值。

墩台顶实际计算水平位移主要根据墩台身结构特点(刚度)和基础类型来分析计算。

(一) 扩大基础上的实体墩台

实体式墩台(矮墩台),由于截面尺寸较大,相对刚度大,墩台身在水平力作用下的弹性变形所产生的墩台顶位移可忽略不计,只计算由于基础转动引起的墩台顶的水平位移(图 2.64)。基础竖直方向的转动角度,可用偏心边缘与非偏心边缘沉降差来计算;也可用水平力和偏心竖向力产生的弯矩来计算

图2.64 基础转动引起的水平位移

$$\tan \varphi = \frac{12M}{ab^3 C} \tag{2.17}$$

式中　M—— 水平力与偏心竖向力对基础重心轴的弯矩；

　　　a—— 垂直验算方向基础长度；

　　　b—— 平行于验算方向基础宽度；

　　　C—— 地基土竖向地基系数(按第五章第二节有关规定计取)。

则墩台顶水平位移为 $\Delta = h \cdot \tan \varphi$，$h$ 为基底至墩台顶的高度。

(二) 实体式高墩、钢筋混凝土柔性墩

对于高度大于 20 m 的实体式高墩、钢筋混凝土柔性墩,在计算墩顶位移时,认为墩身相当于一个固定在基础或承台顶面的悬臂梁,不考虑上部结构对墩顶位移的约束作用。

实际墩身顶水平位移包括基础或承台转动引起的位移 Δ_1 和墩身的弹性变形引起的位移 Δ_2。Δ_1 的计算前面已做了介绍,Δ_2 位移计算如下

等截面时　　　　　　$$\Delta_2 = \Delta_H + \Delta_M = \frac{Hh^3}{3EI} + \frac{Mh^2}{2EI} \tag{2.18}$$

式中　Δ_H—— 水平力产生挠曲位移；

　　　Δ_M—— 弯矩产生的挠曲位移。

变截面时　　　　　　$$\Delta_2 = \int_0^h \frac{M_{(z)} \overline{M}_{(z)}}{EI_{(z)}} \mathrm{d}Z \tag{2.19}$$

式中　$M_{(z)}$—— 外力作用下任意截面的弯矩；

　　　$\overline{M}_{(z)}$—— 墩顶作用单位水平力时,任意截面的弯矩,$\overline{M}_{(z)} = Z$；

　　　$EI_{(z)}$—— 桥墩抗弯刚度；

　　　h—— 桥墩高度；

　　　Z—— 由墩顶算起的截面位置。

在具体计算中,可以采用近似的数值积分法,或简化为多段直线图形的计算方法,以代替上式积分计算。下面为变截面墩台弹性位移近似计算式

$$\Delta_2 = \frac{1}{EI}\left[Mh^2\left(\frac{1}{2} + \frac{K}{3}\right) + Hh^3\left(\frac{1}{3} + \frac{K}{6}\right) + q_1 h^4\left(\frac{1}{8} + \frac{K}{24}\right) + q_2 h^4\left(\frac{1}{30} + \frac{K}{144}\right)\right]$$

$$\tag{2.20}$$

式中　I—— 墩台身底面的惯性矩；

　　　M—— 由结构重力载、汽车荷载偏心作用及制动力等在墩台顶产生的弯矩；

　　　H—— 作用在墩台顶的水平力；

　　　K—— 惯性矩系数,$K = (I - I_{h/2})/I_{h/2}$,$I_{h/2}$ 为 $h/2$ 处墩台身截面惯性矩；

　　　q_1—— 由于风力等沿墩台高均匀分布的水平外力；

　　　q_2—— 由于风力等其他外力沿墩台高呈三角形分布的水平荷载；

　　　其他符号意义同前。

(三) 桩基础上的墩台

对于单排桩柱式墩台,其墩台顶水平位移按第五章所介绍桩顶位移推算。对多排桩基础上的墩台,按第五章中所介绍承台中心点水平位移和转角,再根据墩台身刚度情况结合本节内容进行推算,在此不做详细介绍。

四、墩台与基础需整体考虑的几项验算

(一) 墩台的沉降量验算

墩台顶沉降值是由地基土沉降量(或不均匀沉降量)计算确定,对于静定结构桥梁(如简支梁),其计算沉降值不得超过以下规定:

墩台均匀总沉降值(不包括施工中的沉降) 为 $20\sqrt{L}$ mm;

相邻墩台均匀总沉降差值(不包括施工中的沉降) 为 $10\sqrt{L}$ mm;

其中 L 为相邻墩台间最小跨径长度,以 m 计,跨径小于 25 m 时仍以 25 m 计算。对于超静定结构桥梁,墩台顶的沉降会使上部结构产生附加内力,所以限制值主要依据上部结构设计的安全储备通过试算确定。

(二) 墩台的抗倾覆和抗滑动稳定性验算

墩台的抗倾覆和抗滑动稳定性验算的具体方法,将在第三章中结合刚性扩大基础加以介绍。

五、拱桥墩台的施工验算

拱桥下部结构的设计和施工应相互结合统一考虑。拱桥出现事故多在施工阶段,而且其中一个主要原因是由于施工中对下部结构考虑不当所致。

对于多跨拱桥采用分段早期脱架施工时,分段桥孔边处桥墩则在脱架后要承受已施工拱圈传来的单向恒载及部分施工荷载的推力,所以对原来按营运阶段受力情况设计的桥墩,要验算其施工中相邻两孔允许的施工程序差,以保证桥墩在施工中的刚度和稳定性。

对重力式桥台,要根据主拱圈施工中推力的增加而确定台后填土和压实程序。组合式桥台当主拱圈尚未安砌即进行后台砌筑及台后填土时,也应进行施工中的稳定性验算。

第四节　几种桥梁墩台计算要点简介

一、带支承梁的梁桥轻型桥台计算要点

该类桥台结构特点是:上部结构与台帽锚固,下部设支撑横梁,利用上部结构和下面的支撑横梁作为桥梁墩台间的上下水平支撑,使墩台、桥跨结构、支撑横梁形成一个整体四铰刚构体系共同受力(图 2.65)。

(一) 台身作为单宽竖梁的强度验算

验算图示如图 2.65,主要验算在台后填土压力作用下台身强度。荷载布置的最不利状况是桥上无汽车荷载,台后填土破坏棱体,且上有车辆荷载。

计算跨径 $$H_1 = H_0 + \frac{d}{2} + \frac{c}{2} \tag{2.21}$$

式中　H_0—— 桥跨结构与支撑横梁间的净距(m);

　　　d—— 支承梁的高度(m);

　　　c—— 桥台背墙的高度(m)。

图 2.65　梁桥轻型桥台计算图示

跨中截面弯矩

$$M = \frac{1}{8} e_2 H_1^2 + \frac{1}{16} e_1 H_1^2 \qquad (2.22)$$

式中　e_1—— 对应计算跨径 H_1 填土产生的土压力强度；

　　　e_2—— 台后破坏棱体上车辆荷载的等代土层产生的土压力强度。

e_1 为三角分布，e_2 为矩形分布。

跨中截面竖向力

$$N = N_1 + N_2 + N_3 \qquad (2.23)$$

式中　N_1—— 桥跨结构在单位宽度桥台上的结构重力；

　　　N_2—— 单位宽度台帽重力；

　　　N_3—— 在验算截面以上单位宽度台身重力。

按以上计算的 M、N 进行截面偏心受压强度验算。

剪力验算：剪力跨径为 H_0，下端支点剪力最大

$$Q = \frac{1}{2} e_2' H_0 + \frac{1}{3} e_1' H_0 \qquad (2.24)$$

其中，e_1'、e_2' 为对应剪力跨径下端填土及车辆荷载产生的土压力强度。按直接受剪进行抗剪强度验算。

(二) 桥台自身平面内弯曲强度验算

在横桥方向把桥台连同翼墙和基础视作一根支承在弹性地基上的有限长梁，计算在自身平面内的弯矩，验算其抗弯强度。

计算中一般认为桥台和基础自重引起地基梁的弯曲在施工过程中已完成，不产生弯矩。上部结构的结构重力和汽车荷载均作为均布、连续、对称荷载作用于弹性地基梁上，在梁的中点产生的最大弯矩为

$$M/(\mathrm{kN \cdot m}) = \frac{p}{\alpha^2} \cdot \frac{B_{B1} \cdot C_{L/2} - C_{B1} \cdot B_{L/2}}{A_{L/2} \cdot B_{L/2} + 4 C_{L/2} \cdot D_{L/2}} \qquad (2.25)$$

式中　α—— 地基梁变形系数；

　　　p—— 作用桥台上的均布荷载（桥跨结构均布重力与计为均布的车道荷载）。

　　　A,B,C,D—— 双曲线函数值，式中脚标 B_1、$L/2$ 为当 $X = B_1$、$X = L/2$ 时按 αX 查得

的函数值，B_1 和 L 意义如图 2.66 所示，$\alpha L < 4$ 时桥台为支承在弹性地基上的有限长梁。

图 2.66　桥台作为弹性地基梁验算图示

$$\alpha = \sqrt[4]{\frac{K_0 b}{4EI}} \qquad (2.26)$$

式中　K_0—— 地基土弹性抗力系数，一般由试验确定，无试验资料时，可按表 2.4 查用；

　　　b—— 地基梁宽度，即桥台基础顺桥向宽度；

　　　E—— 地基梁(桥台) 弹性模量；

　　　I—— 桥台(包括基础) 顺桥向竖剖面惯性矩，假定整个地基梁的 I 值不变。

表 2.4　非岩石类的弹性抗力系数

序　号	土 的 分 类	$K_0/(\text{kN} \cdot \text{m}^{-3})$
1	流塑粘性土 $I_L \geqslant 1$,淤泥	$(10 \sim 20) \times 10^4$
2	软塑粘性土 $1 > I_L \geqslant 0.5$,粉砂	$(20 \sim 45) \times 10^4$
3	硬塑粘性土 $0.5 > I_L \geqslant 0$,细砂,中砂	$(45 \sim 65) \times 10^4$
4	坚硬、半坚硬粘性土 $I_L < 0$,粗砂	$(65 \sim 100) \times 10^4$
5	砾砂、角砾砂、圆砾砂、碎石、卵石	$(100 \sim 130) \times 10^4$
6	密实粗砂夹卵石	$(130 \sim 200) \times 10^4$

　　计算时上部结构重力均布宽度为桥跨结构横桥向宽度，车道荷载均布宽度应为车轮外边缘的间距，当设有人行道计算人群荷载弯矩时，可采用叠加原理进行计算。

二、拱桥轻型桥台的计算要点

　　轻型桥台主要用于小跨径拱桥。认为桥台在拱的推力作用下，仅发生绕基底重心轴向路堤方向的转动，实际观测的水平位移很小，可以忽略不计。此时，台后土体进入被动受压状态，土压力按静止土压力与土抗力之和计算。

(一) 计算的基本假设

(1) 桥台转动使拱背和台背产生水平位移,拱脚处水平位移最大;

(2) 认为台后填土的弹性土抗力系数为常数,土抗力最大值产生在拱脚处,以 p_k 表示,拱背和台背的土抗力按三角形上下分布;

(3) 将拱跨按三铰拱考虑,拱背部分土抗力在拱脚处单位宽度产生的水平力为 $1/3fp_k$(f 为拱桥计算矢高)。

(二) 计算方法判断

根据以上基本假设,首先要判断桥台在最不利组合作用下,是否符合向路堤方向转动的基本要求。

按图 2.67 所示,除土抗力外,计算出所有作用于桥台的外力对基底形心 C 的弯矩总和 M_C

$$M_C = Hh_1 - VX_V + M_m - M_{po} - \sum G \cdot a \tag{2.27}$$

式中　H——作用于拱座中心处的水平力(kN);

　　　V——作用于拱座中心处的竖向力(kN);

　　　M_m——作用于拱座中心处的弯矩(kN·m);

　　　$\sum G$——台身基础及其上的填土总重力(kN);

　　　M_{po}——台后静止土压力对 C 点的弯矩(kN·m);

　　　h_1, X_V, a——分别为 H、V、$\sum G$ 对 C 点弯矩的力臂(m)。

图 2.67　拱桥轻型桥台计算图示

若 $M_C \neq 0$,则桥台将产生转动。当 $M_C < 0$ 时,说明桥台向河心方向转动,此时修改桥台尺寸,减薄台身,以减小 X_V 和 a 及 $\sum G$;当 $M_C > 0$ 时,桥台向路堤方向转动,符合假设要求,可以继续进行计算。

（三）台后弹性土抗力计算

桥台绕着 C 点的转动,使基础底面也产生竖向压缩变形,产生竖向土抗力。现以 $\Delta_水$ 表示拱座中心处的水平位移,以 $\Delta_竖$ 表示基底边缘竖向位移,利用几何相似关系可得

$$\Delta_竖 = \frac{\Delta_水}{h_1} \cdot b \qquad \Delta_水 = \frac{p_k}{K}$$

$$\sigma_1 = \Delta_竖 \cdot K_0 = K_0 \cdot \frac{\Delta_水}{h_1} \cdot b = \frac{K_0}{K} \frac{b}{h_1} p_k \tag{2.28}$$

式中　　K——台后填土水平弹性土抗力系数;

K_0——地基土竖向弹性土抗力系数,一般可认为 $K_0/K = 1.25$。用 I_0 表示基底顺桥向惯性矩,则有

$$\sigma_1 = \frac{M_0 b}{I_0} \qquad 得 \qquad M_0 = \frac{K_0}{K} \cdot \frac{I_0}{h_1} p_k$$

台后土抗力和地基土竖向土抗力对 C 点的弯矩分别为 M_{Pk} 和 M_0,则有

$$M_C = M_{Pk} + M_0$$

$$M_C = \left(\frac{1}{3} f p_k h_1 + \frac{1}{2} p_k h_1 \cdot \frac{2}{3} h_1 + \frac{K_0}{K} \cdot \frac{I_0}{h_1} p_k\right) \times B =$$

$$\left[\frac{1}{3}(h_1 + f)h_1 + \frac{K_0}{K} \cdot \frac{I_0}{h_1}\right] B p_k$$

$$p_k = \frac{M_C}{B\left[\frac{h_1}{3}(h_1 + f) + \frac{K_0}{K} \cdot \frac{I_0}{h_1}\right]} \tag{2.29}$$

（四）轻型桥台验算

1. 水平位移验算

$$\Delta_水 = \frac{p_k}{K} \leqslant [\Delta] \tag{2.30}$$

2. 台口截面抗剪验算

效应组合设计值

$$\gamma_0 S_{ud} = \gamma_0\left(\gamma_{G_i} H_g + \gamma_{Q_i} \cdot H_p - \frac{1}{3}\gamma_{Q_1} f p_k - \frac{1}{3}\gamma_{G} p_{j(1)} \cdot h\right) \tag{2.31}$$

式中　　γ_{G_i}——结构重力效应分项系数;

H_g——结构重力作用在拱脚产生的水平作用值;

γ_{Q_1}——汽车荷载桥上布载时在拱脚产生的水平作用分项系数;

$p_{j(1)}$——拱座中心处静止土压力强度;

其余符号意义同前。

具体直接抗剪承载力验算按《公混桥规》规定计算。

3. 台身截面强度验算

台身截面按偏心受压构件验算。由于精确地确定最大内力截面位置很复杂,所以可近似

用最大弯矩截面代替,其误差很小。最大弯矩截面位置,可取拱脚中心为坐标原点,计出各力对任意深度 Z 截面的弯矩 M_Z,并根据 $\dfrac{\mathrm{d}M_Z}{\mathrm{d}Z}=0$,确定出最大弯矩截面位置,求出各力对 Z 处截面重心轴的弯矩和竖向力,即可进行验算。

4. 拱脚处土体稳定性验算

为了保证由于桥台转动推挤台后土体不产生被动破坏,要求拱脚中心处的静止土压力强度与土抗力强度之和不超过该处的被动土压力强度,按下式验算土体的稳定性

$$K_0 = \frac{p_{bj}}{p_{j(1)} + p_k} \geqslant 1.3 \tag{2.32}$$

式中 p_{bj}——拱座中心处被动土压力强度。

另外,从轻型桥台整体考虑,还应进行地基土的容许承载力、抗滑动与抗倾覆稳定的验算,以上验算请参考第三章有关内容。

三、柔性墩计算要点

柔性墩桥(图2.12和图2.13)是由桥台、柔性墩(有时含刚性墩)和梁组成的一联多孔或多联多孔的连续铰接(对简支梁)或连续刚接(对连续刚架)的超静定框架结构。现仅对连续铰接进行分析,连续刚接由于梁与墩无相对位移,计算原理与一般刚构相同,无需特殊考虑。连续铰接柔性墩桥是以结构联分组作整体计算。

(一) 柔性墩的计算图式

由于按节点处设水平弹簧支承的连续框架计算比较繁杂,为计算简便,一般将柔性墩简化为单墩计算(图2.68)。简化的基本假设如下:

(a) 结构图式   (b) 墩顶水平反力计算图式

图2.68 柔性墩结构简化计算图

(1) 柔性墩视为上端铰支、下端固接的超静定梁,下端固定位置按第五章桩基础考虑地基土性质确定 l_p 的要求办理。

(2) 引起墩顶位移的各种影响力分别进行力学分析计算,忽略这些力的相互作用影响,内力计算采用叠加原理。

(3) 计算制动力时,按联内各墩、台的抗推刚度(使墩(台)顶产生单位水平位移时所需在墩(台)顶施加的水平力)分配。

柔性墩顺桥向内力计算应计及下列因素:

(1) 汽车制动力；

(2) 梁受竖向荷载时下缘的伸长；

(3) 温度变化时梁的伸缩；

(4) 水平力作用时固定支座缝隙变化；

(5) 梁体混凝土收缩和徐变；

(6) 架梁时残留的墩顶位移；

(7) 支座竖向反力及其偏心力矩；

(8) 墩身风力；

(9) 墩身在日照下产生的温度力；

(10) 墩身施工偏差及架梁偏差。

一般对公路桥梁，第(2)、(4) 项可以不考虑，第(10) 项根据具体施工情况自定。

(二) 顺桥向墩顶水平位移计算

墩顶位移由上述各因素分项计算合成。

1.汽车制动力引起的墩顶位移

不考虑梁在水平力作用下的纵向变形，则一联内各墩水平位移相同，由制动力引起的墩顶位移可近似按下式计算，即

$$\Delta_1 = \frac{T}{\sum K_i} \qquad (2.33)$$

式中 Δ_1—— 汽车制动力作用下联内各墩(台) 顶水平位移；

   T—— 作用联内的制动；

   K_i—— 联内各墩(台) 的抗推刚度

$$K_i = \frac{1}{\delta_i} \qquad \delta_i = \frac{l_p^3}{3EI}$$

其中 δ_i—— 单位力作用在第 i 个柔性墩顶时产生的水平位移；

   l_p—— 第 i 个柔性墩的计算高度；

   EI—— 墩身刚度。

当桩在土中嵌固点较深需考虑桩侧土的弹性抗力时，可按第五章的内容计算 δ_i。

2.温度变化时梁的伸缩引起的墩顶位移

在架梁后，梁体会因为外界温度的升高与降低(相对架梁时温度) 而伸长或缩短，从而使柔性墩顶产生水平位移。在计算墩的位移时，首先需要确定温度变化时位移零点的位置。

按图 2.69 所示，用下式计算，即

$$X_0 = \frac{\sum\limits_0^n iK_i}{\sum\limits_0^n K_i} L \qquad (2.34)$$

式中 X_0——0 - 0线至 0 号墩的距离；

   i—— 墩的序号，$i = 0,1,2,\cdots,n$，n 为总墩数减1；

   L—— 桥梁跨径。

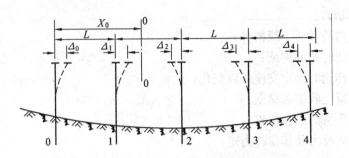

图 2.69 温度变化时柔性墩的墩顶位移

如果用 $X_1, X_2, \cdots, X_i$ 表示各墩至 0 – 0 线的距离,则得各墩顶由温度变化引起的水平位移为

$$\Delta_2 = \alpha t X_i \tag{2.35}$$

式中 Δ_2——温度变化时梁的伸缩引起的墩顶水平位移;

α——梁体混凝土线性膨胀系数;

t——计算最高(低)温度与架梁时温度的差值。

3.梁体混凝土收缩徐变产生的墩顶位移

梁体混凝土收缩徐变产生的墩顶位移,按如下两种情况计算:

(1)钢筋混凝土梁

$$\Delta_3 = n\gamma \alpha L T_s \tag{2.36}$$

式中 Δ_3——梁体混凝土收缩徐变产生的墩顶位移;

n——计算墩与联内刚性墩之间梁的孔数;

T_s——相当的温度变化幅度,架桥机架梁时可用 5 ~ 10℃;

γ——相应于梁收缩徐变时柔性墩徐变的应力效应系数,可按表2.5采用架设时梁的混凝土龄期,当 T_s = 5℃ 时按 180 d 计,当 T_s = 10℃ 时按 90 d 计;

其余符号意义同前。

表 2.5 相应于梁收缩、徐变时柔性墩徐变的应力效应系数

架设时墩的混凝土龄期 /d	架设时梁的混凝土龄期 /d											
	60				90				180			
	$\beta = 1$	$\beta = 2$	$\beta = 3$	$\beta = 4$	$\beta = 1$	$\beta = 2$	$\beta = 3$	$\beta = 4$	$\beta = 1$	$\beta = 2$	$\beta = 3$	$\beta = 4$
60	0.39	0.51	0.61	0.69	0.44	0.57	0.67	0.74	0.51	0.65	0.75	0.81
90	0.42	0.55	0.67	0.75	0.46	0.61	0.72	0.79	0.53	0.69	0.79	0.85
120	0.45	0.60	0.72	0.81	0.49	0.65	0.76	0.84	0.56	0.72	0.83	0.89
180	0.51	0.68	0.81	0.89	0.55	0.72	0.84	0.91	0.61	0.78	0.88	0.94
270	0.59	0.79	0.90	0.96	0.63	0.81	0.91	0.96	0.69	0.86	0.94	0.97
360	0.67	0.86	0.95	0.98	0.70	0.88	0.96	0.99	0.76	0.91	0.97	0.99
540	0.82	0.95	0.98	1.00	0.84	0.96	0.99	1.00	0.88	0.97	0.99	1.00
720	0.92	0.98	1.00	1.00	0.94	0.99	1.00	1.00	0.96	0.99	1.00	1.00

注:(1)预应力混凝土梁的龄期应按梁建立预应力时起算;

(2)徐变增长速度系数 β,在湿、冷地区取较小值,旱、热地区可取较大值。

(2) 预应力混凝土梁

$$\Delta_3 = n\gamma(\Delta L_1 + \Delta L_2)(1 - C) \tag{2.37}$$

式中　　C——梁体建立预加力后至架设的间隔时间；

　　　　ΔL_1——由于梁体混凝土收缩和预加力作用下徐变的轴向变形终极值，按下式计算，即

$$\Delta L_1 = 0.8(\varepsilon_\infty + 0.8\frac{\sigma_h}{E_h}\varphi_\infty)L \tag{2.38}$$

　　　　ΔL_2——由于梁体预加力作用产生的徐变拱使梁下缘缩短的终极值，按下式计算

$$\Delta L_2 = 6.4f_c y_c / L \tag{2.39}$$

其中　　ε_∞——混凝土收缩应变终极值；

　　　　σ_h——梁内预加力产生的混凝土平均应力；

　　　　E_h——梁体混凝土的弹性模量；

　　　　φ_∞——混凝土徐变系数的终极值；

　　　　f_c——徐变终极上拱度；

　　　　y_c——梁端换算截面重心轴至梁底距离；

　　　　其余符号意义同前。

4. 架梁时残留的墩顶位移

施工架梁过程中，墩顶在架梁施工荷载作用下会发生部分水平位移，由于柔性墩桥为一超静定结构，架梁后，部分位移不能自由恢复而使墩身产生内力，规范规定，通过每个柔性墩单独考虑，可采用 $\Delta_4 = 0.3$ cm。

以上四项墩顶位移为公路桥梁一般应该考虑的项目，也可结合实际情况进行取舍组合，确定墩顶发生的总水平位移 $\Delta = \Delta_1 + \Delta_2 + \Delta_3 + \Delta_4$，此后即可按图 2.70 所示计算，通过结构力学方法求得水平位移下的墩身各截面的内力。

（三）墩身内力计算

1. 墩顶水平位移产生的内力计算

前述墩顶产生的总水平位移 Δ 的水平力 T_1 按结构力学方法求出

图 2.70　最不利外力组合图

$$T_1 = -\frac{3EI}{l_p^3} \cdot \Delta \tag{2.40}$$

y 处截面弯矩为

$$M_{y1} = -\frac{3EI}{l_p^3} \cdot \Delta \cdot y \tag{2.41}$$

2. 顺桥向风力产生的内力计算

$$T_2 = \frac{3}{8}ql_p \tag{2.42}$$

$$M_{y3} = \frac{3}{8}ql_p y - \frac{1}{2}qy^2 \tag{2.43}$$

式中　q——风力强度,上式计算结果为单位墩宽的内力。

3. 墩顶偏心弯矩产生的内力计算

$$T_3 = \frac{3M}{2l_p} \tag{2.44}$$

$$M_{y3} = M - \frac{3M}{2l_p} \cdot y \tag{2.45}$$

4. 墩顶轴向力产生的内力计算

图 2.71 所示,由于墩顶有侧向约束,并已有 Δ 的水平位移,所以轴力 N 在竖直作用的同时,还会产生相应的侧向水平力,使墩身产生弯矩。设墩顶产生水平位移 Δ 后墩身挠曲曲线为

$$x = \frac{1}{2l_p^3}(2l_p^3 - 3l_p y + y^3)\Delta \tag{2.46}$$

在墩顶作用单位力时墩顶水平位移为

$$\delta_{11} = \int_0^{l_p} \frac{y^2 \mathrm{d}y}{EI} \tag{2.47}$$

由 N 作用下产生的墩顶水平位移为

$$\delta_{1N} = \int_0^{l_p} \frac{N(\Delta - X)y}{EI}\mathrm{d}y \tag{2.48}$$

图 2.71　柔性墩墩身挠曲曲线

以 X 值(式 2.46)代入式(2.48)并积分得出 δ_{1N} 值,则考虑 Δ 的存在,N 使墩顶产生的水平力 T_4 为

$$T_4 = \frac{\delta_{1N}}{\delta_{11}} = \frac{6N\Delta}{5l_p} \tag{2.49}$$

$$M_{y4} = T_4 y + N(\Delta - x) \tag{2.50}$$

5. 墩身日照产生的温度内力

该项计算请参考本节空心高墩相关内容。

将以上五项内力计算结果进行叠加,就得柔性墩的计算内力值。上述内容计算时,可参考《铁路柔性墩桥技术规范》(TB 10052—97)。

四、空心高墩的计算要点

一般较高的桥墩,墩身截面尺寸受偏心距和压应力值的控制,但当墩高超过 30 m 时,墩身的稳定和墩顶位移量成为墩身截面需要考虑的控制条件。随着我国公路交通事业的发展,山区高等级公路建设,需要修建更多的高架桥,这促使了高桥墩的修建。

高墩一般都采用混凝土或钢筋混凝土空心结构。空心墩是空间板壳结构,受力与实体墩有所不同,设计中在检算强度、纵向弯曲稳定、墩顶水平位移等项目时,应考虑固端干扰力、局部稳定、温差等影响,还应考虑脉动风载引起的动力作用,即风振问题。

(一)固端干扰力

空心墩身与基础连接处,相当于固端的边界条件,对墩壁有约束作用,因而产生局部的纵向附加力和环向力,称为固端干扰力(图 2.72)。该应力数值较大,是空心高墩自有的受力

特点所致,可用空间有限元法或壳体力学的方法计算。试验资料以应力的方式表示出固端干扰力对墩壁应力影响的示意图(图2.72(b)),现一般都采用简化方法,即用悬臂梁计算的墩身底截面内力乘以增大系数来进行强度检算和配筋。其系数分别为轴向力乘以1.25,弯矩乘以1.35。

图 2.72 固端干扰力使墩壁变形状态的示意图

σ_{X10}、σ_{X20}—— 分别为按悬臂梁方法算得的基础顶面内外壁墩高方向之正应力;

$\sigma_{X_{1\min}}^{\max}$、$\sigma_{X_{2\min}}^{\max}$—— 分别考虑壳体力学特点之后计算截面上内外壁墩高方向正应力之极值。

固端干扰区域高度 S_i 在中心受压、横力弯曲和纯弯曲状态下相差不大,现一般按下式确定,即

$$S_i = (3.9\sqrt{t/R} - 0.277)R \tag{2.51}$$

式中　　t—— 墩壁厚度(m);

R—— 墩壁轴线半径或验算方向墩壁轴距之半(m)。

(二)空心墩的温差影响

1. 温差产生的温度应力

空心墩由于墩内通风条件差,加以混凝土导热性能低,在气温突变时,墩壁内外产生温差,因而使墩壁内外变形不协调,不能按温度各部分自由变形,在墩壁产生外约束和内约束温度应力。

温度应力分别按气温温差、太阳辐射温差(侧晒)和寒潮温差进行计算。一般是日照正温差时,外壁受压,内壁受拉;当寒潮降温时为负温差,外壁受拉,内壁受压。根据计算经验,温度应力一般是日照内壁、寒潮外壁拉应力控制设计。

图 2.73 温差沿壁厚的变化

在日照侧晒作用下,温度沿壁厚方向的分布可按现《公桥通规》对混凝土箱形梁温度梯度曲线来计算,如图 2.73 所示。日照反温差乘以 - 0.5。

在温度应力计算时,往往是计算内外壁处应力,需要用内外壁温差 T_1。现《公桥通规》表 4.3.10 - 3 是对桥梁上部结构,考虑不同桥面铺装对箱梁顶板表面温度的影响,而空心墩则是日照直晒的箱壁表面温度,所以 T_1 值要大一些。一般情况可根据热传导理论,利用太阳辐射强度及表面温度计算确定。根据目前统计资料,当墩壁厚度为 0.5 ~ 0.7 m 时,建议中南、华东地区气温与最大辐射温差之和可取 $T_1 = 25℃$,计算降温温差可取 $T_1 = 10℃$;东北地区(吉林省和黑龙江省),可分别上加 5℃。

温差应力计算,对自约束应力计算方法同上部结构;对纵向外约束应力可根据桥墩支承条件,用结构力学方法或有限元分析方法求解;对横向箱形墩截面也是用结构力学方法或有限元分析方法按横向框架来计算。当太阳斜晒影响两个壁面温差时,可按叠加原理先分别计算两个方向的温差应力,然后再叠加。

2. 日照温差产生的墩顶位移

空心高墩墩顶弹性水平位移包括墩身在荷载作用下的弹性挠曲位移、地基土变形引起的墩顶位移和日照温差作用产生的偏移,前两项计算与一般桥墩相同,现简要介绍日照温差引起的位移计算。对于圆端形空心墩水平位移 Δ_R 计算式为

$$\Delta_R = H^2/2R_C \tag{2.40}$$

式中　H——墩高(m);

　　　R_C——受日照温差而产生的桥墩曲率半径(m)。

矩形空心墩,其墩顶日照水平位移 Δ_R 可近似用下式计算

$$\Delta_R = \frac{(\Delta_{l1} - \Delta_{l2})}{b} \cdot H_1 \tag{2.41}$$

式中　Δ_{l1}——空心墩向阳面伸长量(m);

　　　Δ_{l2}——空心墩背阴面伸长量(m);

　　　H_1——由水面或地面至墩顶的高度(m);

　　　b——桥墩宽度(m)。

对变截面空心墩可分段($\Delta_1 ~ \Delta_n$)计算,然后再计算其总位移量。

(三) 空心高墩的局部稳定

空心高墩是一偏心受压构件,其考虑纵向弯曲影响的整体稳定性验算,方法与一般桥墩一样。

空心高墩的局部稳定是指空心墩的薄壁在荷载作用下产生局部的屈曲失稳。模型试验表明,在中心受压和偏心受压作用下,模型发生突然的脆性破坏,在破坏前无明显预兆,试验得到这种局部失稳的临界应力比混凝土中心受压临界应力稍高,也应属于强度破坏。所以,把中心受压时的临界应力值作用局部稳定验算限值是偏于安全的。混凝土空心高墩在中心受压作用下,局部稳定弹塑性临界应力公式为

圆形空心墩　　　　　　　　$\sigma_{cr} = 0.36E_h t/R \tag{2.54}$

矩形板壁空心墩　　　　　　$\sigma_{cr} = 3.61E_h \cdot (\frac{t}{b})^2 \tag{2.55}$

式中　σ_{cr}——弹塑性阶段局部失稳临界应力(MPa);

　　　　E_h——混凝土的弹性模量(MPa);

　　　　R,b——圆形空心墩中面半径和矩形墩宽(m);

　　　　t——壁厚(m)。

　　研究空心墩的局部稳定,主要是确定墩身最小壁厚和是否需要设置纵横隔板的问题。模型试验说明有无横隔板,其破坏形态基本相同。因此,一般说来,从空心墩的局部稳定角度来看,可以不必设置横隔板,但对受扭和有横向集中力作用等情况,需另行考虑。从保证局部稳定要求考虑,根据试验资料分析,提出最小壁厚 t 应满足下式要求

$$t \geqslant (1/10 \sim 1/15)R(\text{或 } b) \tag{2.56}$$

(四)空心高墩的动力影响

　　空心高墩属高耸结构,在风力和地震作用时,必须保证桥墩具有足够的动力刚度。在高桥墩自振计算中,不考虑阻尼的影响,在计算各振型频率和振型函数时,为了保证高桥墩的动力刚度,对各种振型中的最大自振周期值仍应加以一定的限制。目前我国对高墩的振动机理还处在研究阶段,在尚未制定出具体容许限值情况下,采用下式计算自振周期限值

$$T_1 \leqslant 0.25\sqrt{H} \tag{2.57}$$

式中　T_1——桥墩自振周期(s);

　　　　H——桥墩墩顶至基础顶面的高度(m)。

　　现在一般用能量法计算高墩的自振频率,用柔度矩阵法计算频率和振型,其具体计算方法请参考有关资料。

第五节　墩台的抗震计算

　　强烈的地震会给人民生命财产和国家经济建设造成巨大损失,公路工程也会遭到不同程度的破坏。地震灾害调查表明,公路工程设施中,桥梁的破坏影响最大,修复困难,导致交通中断。调查资料说明,地震的破坏主要集中在下部结构,表现在墩台的破坏上,重点是桥墩。由于桥墩的严重破坏导致桥梁倒塌,往往在震后难以修复使用。

　　桥梁的抗震设计与一般结构设计不同,其要求是在相当的基本烈度地震作用下,容许桥梁出现一定的损坏,但不容许出现倒塌。位于抗震危险地段的高速公路、一级公路上的桥梁不发生严重破坏。在这里,抗震危险地段是指发震断层及其邻近地段,地震时可能发生大规模滑坡、崩塌、岸坡滑移等地段。

　　一般在相当的地震烈度(七、八、九度)作用下,桥梁墩台保证绝对不损坏是不可能的,也是不经济的。所以规定:对于小于 7 度的地震地区,震害一般比较轻微,可不考虑设防,但对位于 6 度地震区的重要城市的主要交通通道(出入口)的重要桥梁,要求按 7 度设防;对于 8 度、9 度地震区内高速、一级公路,在政治、经济和国防上有特别重要的意义,交通量大、技术标准高,对抗震设防的要求也高,其允许破坏程度为"经一般整修即可使用"。

一、基本要求

　　一般对桥梁抗震设计和设防的要求有以下几点。

(一) 贯彻以预防为主的方针

由于地震发生的随机性,虽然结构在它寿命期间遭遇抗震设防标准所预期的地震基本烈度总是少数,但如不对地震发生区的桥梁结构进行抗震设计和设防,将无法应对地震产生的破坏作用。所以要求根据路线等级及构造物的重要性和修复(抢修)的难易程度,按基本烈度采取必要的抗震措施。

(二) 作用组合

验算墩台基础的抗震强度和稳定性,地震作用应与结构重力、土的重力和水的浮力等永久作用相组合,其他作用可不考虑。对位于常水位水深超过 5.0 m 的实体墩、空心墩的抗震设计,还应计入地震动水压力影响。

(三) 地基条件影响的考虑

在地震作用下,地基 —— 墩台与基础实际上是一体工作,地基的变形导致墩台基础的变位,从而改变上部结构的动力特性。对于桥梁抗震分析,一般采用单墩模式,将地基变形柔度用位于桥墩基础底部的水平弹簧及转动弹簧的多质点弹性体系(图 2.74(c)、(d))。对下部结构为桩基础和沉井(箱)基础可分别按图 2.75 和图 2.76 所示来分析地震作用影响。

(a)梁式桥桥墩　(b)顺桥向上部结构弹簧约束示意　(c)顺桥向多质点弹性体系　(d)横桥向多质点弹性体系

图 2.74　桥墩基础地震作用分析图

图 2.75　桩基础地震作用分析图

图 2.76　沉井或沉箱基础地震作用分析图

(四) 地震荷载计算方法规定

一般情况下桥墩应采用反应谱理论计算,桥台采用静力法。对于结构特别复杂、桥墩高度超过 30 m 的特大桥梁,可采用时程反应分析法。

二、地震作用计算

在应用反应谱理论对梁式桥桥墩进行抗震计算时,首先确定桥墩结构计算简图为图 2.74 所示,按单墩考虑,不考虑上部结构对其产生的约束作用。

(一) 梁式桥桥墩

梁式桥桥墩顺桥向和横桥向的水平地震作用,一般按下列公式计算

$$E_{ihp} = C_i C_z K_h \beta \gamma_1 X_{1i} G_i \qquad (2.58)$$

式中　E_{ihp}—— 作用于梁式桥桥墩质点 i 的水平地震作用(kN);

　　　　C_i—— 重要性修正系数,按表 2.6 采用;

　　　　C_z—— 综合影响系数,按表 2.7 采用;

　　　　K_h—— 水平地震系数,按表 2.8 采用;

　　　　β—— 相应于桥墩顺桥向或横桥向的基本周期的动力放大系数,根据结构计算方向的自振周期或基本周期 T 和场地土的类别按图 2.77 确定,T 参照《公震规》附录一至四确定;

　　　　γ_1—— 桥墩顺桥向或横桥向的基本振型参与系数,即

$$\gamma_1 = \frac{\sum\limits_{i=0}^{n} X_{1i} G_i}{\sum\limits_{i=0}^{n} X_{1i}^2 G_i} \qquad (2.59)$$

其中　X_{1i}—— 桥墩基本振型在第 i 分段重心处的相对水平位移;

　　　　G_i—— 桥墩墩身各分段的重力(kN);

　　　　$G_{i=0}$—— 梁桥上部结构重力(kN),对于简支梁桥,计算顺桥向地震作用时为相应于墩顶固定支座的一孔梁的重力;计算横桥向地震作用时为相邻两孔梁重力的一半。

表 2.6　重要性修正系数 C_i

路线等级及构造物	C_i
高速公路和一级公路上的抗震重点工程	1.7
高速公路和一级公路上的一般工程、二级公路上的抗震重点工程、二、三级公路上桥梁的梁端支座	1.3
二级公路上的一般工程、三级公路上抗震重点工程、四级公路上桥梁的梁端支座	1.0
三级公路的一般工程、四级公路上的抗震重点工程	0.6

表 2.7　综合影响系数 C_z

桥梁和墩、台类型			桥墩计算高度 H/m		
			$H < 10$	$10 \leqslant H < 20$	$20 \leqslant H < 30$
梁 桥	柔性墩	柱式桥墩、排架桩墩、薄壁桥墩	0.3	0.33	0.35
	实体墩	天然基础和沉井基础上的实体桥墩	0.20	0.25	0.30
		多排桩基础上的桥墩	0.25	0.30	0.35
	桥　台		0.35		
	拱　桥		0.35		

表 2.8　水平地震系数 K_h

基本烈度 / 度	7	8	9
水平地震系数 K_h	0.1	0.2	0.4

图 2.77　动力放大系数 β

梁式桥柔性墩，其顺桥水平地震作用计算简图如图 2.78 所示，可采用下列简化公式，即

$$E_{htp} = C_i C_z K_h \beta G_t \qquad (2.60)$$

式中　E_{htp}——作用于支座顶面处的水平地震作用力(kN)；

　　　G_t——支座顶面处的换算质点重力(kN)；

$$G_t = G_{sp} + G_{cp} + \eta G_p \qquad (2.61)$$

其中　G_{sp}——桥梁上部结构重力，对于简支梁桥，计算地震作用时相应于墩顶固定支座的一孔梁的重力(kN)；

　　　G_{cp}——盖梁重力(kN)；

　　　G_p——墩身重力，对于扩大基础和沉井基础，为基础顶面以上墩身重力；对于桩基础，为一般冲刷线以上墩身重力(kN)；

图 2.78　柔性墩计算简图

　　　η——墩身重力换算系数，按《公震规》规定计算。

对于上部结构为连续梁采用板式橡胶支座时，上部结构对支座顶面地震作用，可取第一振型计算，并按刚度分配到各墩支座。对于一联采用一个板式橡胶支座，其余均为聚四氟乙烯滑板支座的连续梁桥，可采用单墩计算图式。

(二) 梁式桥桥台

梁式桥桥台的地震作用仍规定采用静力法计算，这是因为桥台受有三面甚至四面填土、锥坡等土体作用，对其动力特性的观测和试验资料甚少，更主要的是用静力法对桥台进行抗震计算所得结果与震害调查结果之间的差异可以接受，所以仍沿用静力法。

地震时台后填土产生的主动土压力仍按库伦公式计算，只是台后土楔块体引起的水平地震作用将参与力的平衡。地震时作用于台背的主动土压力按下式计算，即

$$E_{ea} = \frac{1}{2} \gamma H^2 K_A (1 + 3 C_i C_z K_h \tan \phi) \qquad (2.62)$$

式中　E_{ea}——地震时作用于台背每延米长度上的主动土压力(kN/m)，其作用点为距台底 $0.4H$ 处；

　　　γ——土的密度(kN/m³)；

　　　H——台身高度(m)；

　　　K_A——非地震条件下作用于台背的主动土压力系数，按下式计算，即

$$K_A = \frac{\cos^2 \phi}{(1 + \sin \phi)^2} \qquad (2.63)$$

其中　ϕ——台背土的内摩擦角(°)；

　　　C_z——综合影响系数，取 $C_z = 0.35$；

　　　其余符号同上。

桥台的水平地震作用可按下式计算，即

$$E_{hau} = C_i C_z K_h G_{au} \qquad (2.64)$$

式中　E_{hau}——作用于台身重心处的水平地震作用力(kN)；

G_{au} —— 基础顶面以上台身的重力(kN)。

考虑到修建在基岩上的桥台震害较轻这一具有普遍性的震害特点,其水平地震作用按 80% 采用。当验算设有固定支座的梁桥桥台时,还应计入由上部结构所产生的水平地震作用,此时 G_{au} 取一孔梁的重力。

(三) 拱桥地震荷载计算

单孔拱桥的地震作用应按在拱平面和出拱平面两种情况分别进行计算。

1. 在拱平面

顺桥向水平地震动所产生的竖向地震作用引起拱脚、拱顶和 1/4 拱跨截面处弯矩 (kN·m)、剪力(kN) 或轴力(kN) 按下式计算,即

$$S_{\text{ua}} = C_i C_z K_h \beta \gamma_u \psi_u G_{\text{ma}} \qquad (2.65)$$

顺桥向水平地震动所产生的水平地震作用引起拱脚、拱顶和 1/4 拱跨截面处弯矩 (kN·m)、剪力(kN) 或轴力(kN) 应按下式计算,即

$$S_{\text{ha}} = C_i C_z K_h \beta \gamma_h \psi_h G_{\text{ma}} \qquad (2.66)$$

2. 出拱平面

顺桥向水平地震动所产生的水平地震作用引起拱脚、拱顶和 1/4 拱跨截面处弯矩 (kN·m)、剪力(kN) 或轴力(kN) 应按下式计算

$$S_{\text{za}} = C_i C_z K_h \beta \psi_z G_{\text{ma}} \qquad (2.67)$$

式中　　γ_u —— 与在拱平面基本振型的竖向分量有关的系数,按表 2.9 采用;

　　　　γ_h —— 与在拱平面基本振型的水平分量有关的系数,按表 2.9 采用;

　　　　ψ_u, ψ_h, ψ_z —— 内力系数,按《公震规》附录五采用;

　　　　G_{ma} —— 包括拱上建筑在内沿拱圈单位弧长的平均重力(kN/m)。

表 2.9　系数 γ_u 和 γ_h 值

系　　数	矢　跨　比					
	1/4	1/5	1/6	1/7	1/8	1/10
γ_u	0.70	0.67	0.63	0.58	0.53	0.45
γ_h	0.46	0.35	0.27	0.21	0.17	0.12

在地震区修建有很多连续多孔拱桥,简称连拱桥。连拱桥震害一般要比同样条件下的单孔拱桥严重。当连拱桥墩与主拱圈的抗推刚度比大于 37 时,多孔连拱桥的地震作用可按单孔拱桥计算。

对于等跨连拱桥顺桥向和横桥向水平地震动所产生的地震作用引起的内力及连拱桥总地震内力的计算请参见《公震规》。

三、抗震强度和稳定性验算

地震作用是一种出现机率较少的偶然作用,为了获得经济合理的设计,需采用适当降低安全系数的方法。现仍然按钢筋混凝土及预应力混凝土和砖石及混凝土结构,采用分项安全系数的极限状态法验算;对于地基和支座等采用容许应力法验算。作用安全系数,由于地震作用不与汽车荷载相组合而为常数;材料安全系数和结构工作条件系数取值与现行桥梁设

计规范一致。

(一) 极限状态法

砖石及混凝土结构

$$S_d\left(\psi\gamma_g\sum G;\psi\gamma_q\sum Q_d\right)\leqslant R_d(R_j/\gamma_m) \qquad (2.68)$$

钢筋混凝土和预应力混凝土结构

$$S_d\left(\gamma_g\sum G;\gamma_q\sum Q_d\right)\leqslant\gamma_b R_d(R_c/\gamma_c;R_s/\gamma_s) \qquad (2.69)$$

式中　　G——非地震作用效应;

　　　　Q_d——地震作用效应;

　　　其余符号参见现行相关的公路桥涵设计规范计算确定。

(二) 容许应力法

$$\sigma\leqslant[\sigma] \qquad (2.70)$$

式中　　σ——计算应力(MPa);

　　　　$[\sigma]$——材料强度提高后的容许应力(MPa)。对于支座销钉、锚栓等验算,按现行规范规定值提高 50%;对于地基土的容许应力按表 2.10 进行提高。

表 2.10　地基土抗震容许承载力提高系数 K

地　基　土	K
岩石,密实的碎石土,密实的砾、粗、中砂,老粘性土,$[\sigma]\geqslant300$ kPa 的一般粘性土	1.5
中密的碎石土,中密的砾、粗、中砂,200 kPa$\leqslant[\sigma_0]<300$ kPa 的一般粘性土	1.3
密、中密的细砂、粉砂,100 kPa$\leqslant[\sigma_0]<200$ kPa 的一般粘性土	1.1
新近沉积的粘土,软土,松散的砂,填土,$[\sigma_0]<100$ kPa 的一般粘性土	1.0

(三) 偏心距验算

对于中小跨径拱圈和其他结构截面偏心距 e' 应按下式验算,即

$$e'\leqslant2.4\rho' \qquad (2.71)$$

式中　　ρ'——截面核心半径。

对于基础底面合力偏心距验算应符合表 2.11 的要求。

表 2.11　基底截面合力偏心距

地　基　土	e
岩石,密实的碎石土,密实的砾、粗、中砂,老粘性土,$[\sigma_0]\geqslant300$ kPa 的一般粘性土	$\leqslant2.0\rho$
中密的碎石土,中密的砾、粗、中砂,200 kPa$\leqslant[\sigma_0]<300$ kPa 的一般粘性土	$\leqslant1.5\rho$
密、中密的细砂,粉砂,100 kPa$\leqslant[\sigma_0]<200$ kPa 的一般粘性土	$\leqslant1.2\rho$
新近沉积粘性土,软土,松散的砂,填土,$[\sigma_0]<100$ kPa 的一般粘性土	$\leqslant1.0\rho$

(四) 稳定性验算

验算墩台的抗震稳定性时,抗滑动稳定系数 K_c 不宜小于 1.1;抗倾覆稳定系数 K_0 不宜小于 1.2。

四、抗震措施

(一)7度区

(1) 加大简支梁梁端至墩、台帽或盖梁边缘的距离(图 2.79) a(cm),其值可按下式确定

$$a \geqslant 50 + L \tag{2.72}$$

式中　L——梁的计算跨径,以米为单位取值。吊梁与悬臂之间的搭接长度 d 不应小于 60 cm。

(a) 梁端至墩、台帽或盖梁边缘的最小距离　　　(b) 吊梁与悬臂搭接长度

图 2.79　梁桥梁端抗震搭接长度要求

(2) 适当加强桥台胸墙,并在梁与梁之间和梁与桥台胸墙之间加装橡胶垫或其他弹性衬垫,以缓和冲击作用和限制梁的位移。

(3) 对于简支梁桥或吊梁,宜采用挡块、螺栓连接和钢夹板连接等防止纵横落梁的措施。连续梁应采取防止横向位移措施。

(4) 合理布置桥孔,使墩台避开地震时可能发生滑动的岸坡或地形突变的不稳定地段。

(5) 采取措施增强基础抗侧移的刚度和加大基础深度;对于中、小桥可在墩台基础之间设置支撑梁或采用浆砌片(块)石满铺河床。

(6) 在软弱粘性土层、液化土层和严重不均匀地层上建桥时,应根据具体情况采取下列措施:换土或采用砂桩;减轻结构自重、加大基底面积,减小基底偏心;增加基础埋置深度、穿过液化土层;采用桩基础或沉井基础。

(二)8度区

除应符合 7 度区的规定外,尚应做到如下几点:

(1) 应加强拱桥上下部连接的整体性,将主拱圈的纵向钢筋锚固于墩台拱座内,或采用其他加强措施。

(2) 桥墩(台)高超过 3 m 的多跨连拱桥,不应采用双柱式桥墩或排架桩墩;当跨数过多时,不宜超过 5 孔,且总长不超过 200 m 设一个制动墩。

(3) 连续梁桥宜采取合适的构造措施使各墩、台共同分担水平地震作用,以免固定支座墩台受力过大;连续曲梁的边墩和上部构造之间宜采用锚栓连接,防止边墩与梁脱离。

(4) 提高柱式桥墩和排架墩刚度,适当加大桩柱直径,桩与柱截面变化处宜作成渐变截面或适当增加配筋;与盖梁、承台连接处的配筋不应少于柱(桩)身的最大配筋,并根据要求加密箍筋。

(5) 石砌或混凝土墩(台)的墩(台)帽与墩(台)身、墩(台)身与基础连接处、截面突变

处、施工接缝处均应采取提高抗剪能力的措施。

（6）石砌或混凝土墩台最低砂浆标号要按规定提高一级；下部为钢筋混凝土结构时，其混凝土标号，中小跨径桥梁不低于C20，大跨径桥梁不低于C25。

（7）梁桥桥墩高度超过10 m时，应采用混凝土或钢筋混凝土结构，并宜在施工缝部位配置适量短钢筋。

（三）9度区

除应符合7、8度区的规定外，尚应做到如下几点：

（1）混凝土或钢筋混凝土无铰拱，宜在拱脚的上、下缘配置或适当增加钢筋，并按锚固长度的要求伸入墩（台）拱座内。

（2）拱桥墩、台上的拱座，混凝土标号不应低于C25，并应配置适量钢筋。

（3）桥梁墩、台采用多排桩时，宜设置斜桩。

（4）桥台台背和锥坡的填料不宜采用砂类土，填土应逐层夯实，并注意做好排水。

（5）钢筋混凝土柱式墩或排架桩墩，当墩高大于15 m时，宜采取措施控制墩顶在地震作用下产生的弹塑性位移。

第六节　墩台的维修加固和改造

一、墩台表面缺陷的维修

墩台表面的缺陷主要表现在剥蚀和裂缝两个方面。

（一）墩台剥蚀的处理

墩台剥蚀缺陷表现在墩身产生空洞、磨损、剥落等现象，其产生原因主要是水流的侵蚀及漂流物或船只的撞击等。现将常见的主要表面缺陷及产生原因列于表2.12中。

表面缺陷的修补方法视结构特点及缺陷严重程度确定。由于墩台一般处于水中，修补较困难，而且其侵害在继续发生，修补方案应慎重选择。

表面缺陷局部修补一般可用混凝土、水泥砂浆、混凝土胶粘剂、环氧树脂类有机粘结材料，采用人工压抹法处理。

表2.12　墩台表面缺陷及产生原因

缺陷类型	产　生　原　因	常见发生部位
内部空洞	①砌体结构砂浆不饱满加之水的侵蚀 ②混凝土墩身施工严重漏浆产生空洞	砌体墩身常水位以下
侵蚀剥落	①保护层不均匀且太薄钢筋锈胀 ②严寒地区水中桥墩冻融或干湿交替循环作用 ③有侵蚀性水的化学侵蚀作用	桩柱式墩台、水中墩台身
磨　损	①高速水流冲刷，水流中又挟有大量砂石等推移质 ②有流冰等漂流物磨蚀	水中墩身及常流冰水位处
撞击脱落	①通航河流船舶及立体交叉桥汽车等的撞击 ②强流冰河流中流冰的撞击	

严重的需要大面积处理时可采用喷浆修补法，或墩台身加护套的方法。

水下墩身部分的处理,要进行围水才能施工,其围水方法可参考第三章内容。护套法一般最薄厚度处应不小于 100 mm,并要配置钢筋箍,钻孔埋入一定数量的锚固钢筋(图 2.80)。

无论采用何种材料、何种方法对缺陷进行修补,都必须尽可能地把已损坏的混凝土除掉,直到露出完好混凝土为止。

图 2.80　护套法示意图

(二) 墩台裂缝的处理

墩台产生的裂缝一般可分为两类,一类是非结构受力裂缝,一类是结构受力裂缝。非结构受力裂缝多是由施工或环境原因引起的裂缝。具体裂缝分类和产生原因见表 2.13。

表 2.13　墩台裂缝分类及产生原因分析

裂缝分类	产生原因分析	常见产生部位
非结构受力裂缝	① 大体积混凝土水化热引起的裂缝 ② 周围环境温度变化剧烈,养护不当 ③ 混凝土干燥收缩引起的裂缝 ④ 混凝土浇筑不当引起的墩台水平裂缝	实体墩台身
结构受力裂缝	① 由于基础不均匀沉降引起的裂缝 ② 由于配筋不当或超荷载引起的裂缝 ③ 由于土压力引起的桥台台身、侧墙(耳墙)的裂缝	墩台身 盖梁和墩帽 桥台

一般对非结构受力裂缝,主要是消除裂缝,使其不再继续发展,可采用如下方法。

(1) 表面封闭修补法　即采用抹浆、凿槽嵌补、喷浆、填缝的方法使表面裂缝封闭。适用于封闭细小裂缝、死缝和没有结构意义的裂缝。

(2) 压力灌浆修补法　利用施加的一定压力,将某种浆液灌入结构内部裂缝中去,以达到封闭裂缝的目的,用于裂缝多且深入结构内部的情况。灌浆材料可采用水泥材料和化学浆液。

对于结构受力裂缝,要通过封闭裂缝,恢复并提高结构强度、耐久性和抗渗性,进行补强设计。

(1) 加配钢筋修补法　钻与结构面成45°并与裂缝面相垂直的交叉孔。泵送环氧填充孔洞和裂缝,并每孔插入一根钢筋(图 2.81),环氧填充钢筋孔壁和裂缝,把开裂的混凝土面粘结一起成一整体,钢筋参与结构受力,从而达到加强截面强度提高承载力的目的。

图 2.81　加配钢筋修补裂缝

(2) 粘贴修补法　粘贴法可以粘贴钢板,即按所需要的尺寸切断好钢板,经过修凿使混凝土面平整,在钢板和混凝土贴面上均匀涂刷环氧基液粘结剂,均匀加压进行压贴。目前也有采用具有高强度、高弹性模量和耐久性的树脂和碳纤维布,按设计要求粘贴于混凝土表面,以达到加固补强目的。

二、墩台基础加固

墩台基础在使用过程中,由于通车强度的增加和荷载标准提高,会使基础产生沉陷而使墩台变形,位移或裂缝过大,此时加固应将墩台和基础整体考虑。

(一)扩大基础加固

当基底承载力不足,或基础埋置太浅,此时可采用扩大基础底面积,降低地基承载力的方法来进行墩台基础加固,称为扩大基础加固法(图2.82)。

有时当对已有桥梁进行技术改造提高荷载的标准时,首先应对基础进行检算,以确定基础是否需要加固处理。对扩大基础承载能力检算主要通过墩台顶水平位移来推算。

图 2.82 扩大基础加固法

当实测水平位移 Δ 后,则 $\Delta = \tan\phi \cdot h$,$h$ 为由基底至墩台顶的高度。由于有

$$\tan\phi = \frac{12M}{ab^3 c_0} \tag{2.73}$$

式中 M—— 采用现通过的荷载最不利组合对基底重心轴弯矩的0.8倍;

a—— 垂直于验算方向基础宽度;

b—— 平行于验算方向基础宽度;

c_0—— 地基土竖向地基系数。

由于 $\tan\phi = \Delta / h$ 为已知,故可得出

$$c_0 = \frac{12hM}{ab^3 \Delta} \tag{2.74}$$

然后即可用 c_0 判断出地基承载力与超载以后的位移变形。由于旧桥地基土受长期荷载作用,沉降已经基本完成,所以其承载力提高系数可按规范要求取 $K = 1.5$。

(二)增补基桩加固

原桥为桩基础时,为提高基础承载力可采用增补基桩(钻孔桩或打入桩)并扩大原承台的方法(图2.83),使墩台的压力部分传递至新基桩。

图 2.83 增补基桩加固

对单排桩式桥墩采用增补基桩加固时,如原有桩距较大(4 ~ 5倍桩径)时,可在桩间插桩。

当桥台垂直承载力不足时,一般可在台前增加一排桩并浇筑盖梁,以分担上部结构传来的压力。

(三) 墩台身加固

当墩台损害严重,如有严重裂缝及大面积表面破损、侵蚀和剥落时,可采用前面介绍的用围绕整个墩台身设置钢筋混凝土护套的方法进行加固(图2.84)。

图2.84 墩身的护套加固

当梁式桥台台背土压力大,形成桥台向桥孔方向位移,此时可挖去台背填土,加厚台身前墙(图2.85),施工中应注意新旧混凝土结合牢固形成整体。对埋置式桥台,该种情况可在台前采用挡墙、支撑杆等形式进行加固(图2.86)。

对于多跨拱桥,为预防因其中某一跨遭到破坏使整体失去平衡,而引起其他拱跨的连续破坏,可根据具体情况,对每隔若干拱跨中的一个支墩采取加固措施。其方法可在支墩两侧加斜支撑,或加大该墩截面(图2.87),使得在一跨遭到破坏时,只影响若干拱跨而不致全桥毁坏。

图2.85 增厚台身加固

图2.86 埋置式桥台加固

(a) 加斜支撑

(b) 加大桥墩截面

图2.87 拱桥中墩加固示意

三、墩台加宽

在旧桥改造利用中,经常遇到车行道宽度不够而需进行桥体加宽的情况。如何确定加宽方案是一个涉及技术和经济的重要问题,要慎重对待。

对于加宽方案的确定,一是确定采用单侧加宽还是双侧加宽,这主要由路线走向、加宽的宽度、原有桥梁下部结构类型及承载潜力大小决定;二是确定加宽部分的结构类型,这主要是从新旧结构受力体系是否相近,变形是否协调,并是否便于整体联接等方面考虑。当然也不能忽视新旧桥结构美学造型的协调一致。

1.单侧加宽

单侧加宽一般要采用独立基础和桥梁墩台。图 2.88 是采用独立的桩柱式桥墩悬臂式盖梁进行加宽。图 2.89 则将加宽部分的盖梁与原桩柱式中墩连为整体。

图 2.88　独立柱式墩加宽

某桥采用新旧桥分离的单侧加宽方案,原桥为钢桁梁桥,重力式菱形截面墩,为与旧桥墩协调,新桥墩采用菱形截面与原桥墩造型一致的上窄下宽挑臂式混凝土墩,获得使用功能和美学造型兼顾的效果(图2.90)。

图 2.89　单侧加宽盖梁连为整体示意图

图 2.90　墩身考虑造型协调加宽图

(二)双侧加宽

双侧加宽墩台的处理方案主要由旧桥基础的承载力决定。当旧桥下部地基基础经过调查检算,不因活载等级提高与加宽后恒载的增加而出现超应力时,基础可不改造加固。

图 2.91 为一座实桥桥台采用双侧加宽示意图。原桥台为混凝土 U 型桥台,刚性扩大基础,地基土为密实砂砾。经按桥面加宽后汽 – 20、挂 100 荷载进行地基承载力、稳定性验算,原桥基础均满足要求,所以基础可不做加固处理。

在此要说明,桥台新加悬臂结构是采用在旧桥台上钻孔插入锚固钢筋连为一体,这是在旧桥改造加固中经常遇到的问题。一般计算时是以最上排钢筋所受拉力计得的粘结应力达到锚固连接钢筋粘结设计强度来控制设计,其他各排钢筋的粘结应力按三角形分布处理。锚固连接钢筋所提供的抗拔计算弯矩 M_i 采用下式计算,即

$$M_i = \frac{\gamma_b}{\gamma_c} \sum \tau_{ji} n_i \pi d_i L_i Z_i \qquad (2.74)$$

式中　　γ_b——结构工作条件系数,取 $\gamma_b = 0.95$;

　　　　γ_c——混凝土安全系数,取 $\gamma_c = 1.25$;

　　　　τ_{ji}——第 i 排钢筋的计算粘结应力;

　　　　n_i——第 i 排钢筋根数;

　　　　d_i——第 i 排钢筋直径;

　　　　L_i——第 i 排钢筋锚固长度;

　　　　Z_i——第 i 排钢筋力臂。

图 2.91　桥台双侧加宽示意图

　　根据研究提供的有关试验分析结果,对新旧结构连接钢筋的锚固计算提出以下几点要求:

　　(1)插入螺纹钢筋与混凝土间的设计粘结强度,当钻孔中填塞水泥砂浆(C12.5)时,取 $\tau_j = 1.80$ MPa;当填塞环氧砂浆时,取 $\tau_j = 2.10$ MPa。

　　(2)钢筋锚固最佳长度,当采用 Ⅱ 级钢筋,孔中填塞水泥砂浆时为 $50d$(d 为钢筋直径);填塞环氧砂浆时为 $43d$。

　　当受旧结构尺寸限制时,插入钢筋锚固长度不宜小于 $15d$,若小于 $15d$,设计粘结强度按 $0.8\tau_j$ 计,但在任何情况下不得小于 $10d$。

　　(3)钻孔直径 $D = d + (15 \sim 25)$ mm 为宜(d 为钢筋直径,毫米计)。

　　如果旧桥下部地基基础需要加固处理,可按前面介绍的基础处理方法进行。

第三章　天然地基浅基础

第一节　概　述

桥梁建筑结构修筑在地壳表层岩土中的结构称之为基础,可以这样说,基础是所有建筑结构物的"根基",起着承上启下的作用。基础是处于上部结构荷载与地基反力的共同作用之下,承受着由此而产生的各种内力(弯矩、剪力、轴力和扭矩等)。一方面,基础要根据上部结构的类型、荷载大小等选择不同的基础形式,满足使用要求(刚度、承载力、沉降、位移等);同时另一方面,基础的上述要求在设计计算时,又要考虑不同地基条件对基础产生的反力作用,来选择合理的基础尺寸、布设方案乃至结构形式,所以基础设计计算必然涉及地基条件,因而基础设计又常称为地基基础设计。

根据基础埋置于土中的深度将其分为浅基础和深基础。一般浅基础通常修建于天然地基上,称为天然地基上的浅基础,其特点是地基土保持自然形成的结构和特性。有时当地基土质较差,经过方案比较,可以采用不同的方法对地基土进行加固处理,使土的结构和性质已经不是天然状态,称为人工地基。有些局部地区天然土的性质特殊,这种特殊性质极大地影响基础的设计,如湿陷性黄土、多年冻土、压缩性极高的软土等(一般称为区域性土),这类土的地基称为特殊地基。

一般,当基础底面的埋置深度小于基础窄边宽度,或从施工角度当基础底面埋置深度不大于 5.0 m 时,可用比较简单的施工方法施工,比如明挖的方法;水中的浅基础可采用围堰围水后也采用明挖的方法施工,所以浅基础又称为明挖基础。

浅基础由于基础埋置深度较浅,在设计计算时可以忽略基础侧面土体对基础的固着影响,而使受力明确,计算简化。浅基础结构形式简单,施工简便,是桥梁建筑最常用的基础形式。

由于桥梁结构根据使用要求具有不同的结构类型、不同的跨径和宽度、不同的荷载标准,因而对地基基础的要求也不同。同时,桥梁所处的地质条件、施工环境也千变万化,因此,针对具体情况,要因地制宜的采用不同的基础形式或不同的地基(天然地基或人工加固地基),或根据不同墩台位置采用不同尺寸的基础。

在进行地基基础方案设计时,一般要考虑以下几个因素:

(1) 桥梁上部结构的类型、设计技术标准及使用要求,尤其上部结构对不均匀沉降的敏感性要求;

(2) 可做持力层的地基土的性质及地基承载力;

(3) 水中基础要考虑冲刷深度与基础的结构形式及所用材料、基础的可能埋置深度;

(4) 水中基础施工中围水挡土的可行措施及实施效果的预测(主要考虑施工水位、流

速、基坑排水等);

(5) 施工期限、施工方法及所需的施工设备等。

由此可见,地基基础设计是一项极其复杂和细致的工作,为了使设计方案更经济、安全、合理,必须综合考虑这些相互关联的因素,做到精心设计。

第二节　浅基础的分类及构造要求

浅基础根据其构造形式和尺寸大小可分为扩大基础、条形基础及筏板和箱形基础。

一、扩大基础

由于桥梁上、下部结构所用材料强度高、自重大,因而施加给地基土的荷载很大。要使地基土能够承受基础传来的桥梁恒载和活载,必须把基础底面积扩大并埋置在承载力较大的地层上,形成扩大基础。所以,扩大基础就是在墩台身底截面的基础上扩大而成的基础。

根据扩大基础受力状态及采用的材料性能可分为刚性扩大基础和柔性扩大基础(图 3.1)。

(一) 刚性扩大基础

刚性扩大基础通常是采用片石、块石砌体或混凝土等圬工结构,不配置钢筋。这就要求基础底面悬出墩台身底截面根部(图 3.1 中的 $a-a$ 截面),在地基反力作用下产生的弯曲拉应力和剪应力不超过其材料强度的设计值。这

图 3.1　刚性与柔性扩大基础

实质上就是在设计时要求基础悬出部分的宽度和基础的高度的比值限制在一定的范围之内,对于圬工结构而言,这个限制界限用角度表示称之为刚性角。

满足刚性扩大基础基本条件是使墩台身底边缘与基础边缘的连线同竖直线间的夹角 α 要满足下式要求,即

$$\alpha \leqslant \alpha_{max} \tag{3.1}$$

式中　α_{max}——圬工材料刚性角。刚性角由材料性质决定,控制圬工结构悬出部分的宽度和高度比例关系的角度,使之在外力作用下悬出部分的根部截面产生的弯拉应力和剪应力不超过材料强度设计值的最大角度,一般用 α_{max} 表示。当设计的 α 角小于或等于刚性角 α_{max} 时,则为刚性扩大基础,不配钢筋,不必对基础进行弯曲拉应力和剪应力的验算。

规范给出的常用基础材料刚性角数值如下:

砖、片石、块石、粗料石砌体,当用 5 号以下砂浆砌筑时,$\alpha_{max} = 30°$

砖、片石、块石、粗料石砌体,当用 5 号以上砂浆砌筑时,$\alpha_{max} = 35°$

混凝土浇注时,$\alpha_{max} = 40°$

为节省基础圬工量,一般当基础高度超过 1.0 m 以后可设台阶,台阶宽度为 0.2 ~ 0.5 m,高度不小于 0.5 m,一般台阶为等高,每一台阶均需满足刚性角的要求。

基础顶面要设襟边,一般与台阶同宽,用以调整墩身位置和支立墩身模板。

刚性扩大基础由于结构简单,采用明挖施工,所以一般适用于地基土强度较高,埋置较

浅,可能形成旱地施工条件(水浅、流速小、便于围水或岸上墩台)的河流上,对大中小桥均适用。只要水文地质条件允许,是优先考虑的基础形式。

(二)柔性扩大基础

柔性扩大基础是钢筋混凝土结构,当墩台身底截面边缘与基础边缘的连线同竖直线间的夹角 α 大于 α_{max}(刚性角)时,则在外力作用下地基反力在悬出部分的根部产生的弯拉应力和剪应力超过了材料强度设计值,此时基础需要配置抗拉及抗剪钢筋,形成柔性扩大基础。

当外荷载较大,地基承载力又较低时,刚性基础已经不再适用,或采用刚性基础需要大幅度加深基础而不经济时,可采用钢筋混凝土基础扩大基础底面积的方法来满足地基承载力的要求,而不必增加基础埋深。

二、条形基础

条形基础分为墙下和柱下条形基础。

(一)墙下条形基础

墙下条形基础主要用于挡土墙墙下或房屋墙下的基础。其横断面可以修成对称台阶式或不对称台阶式(图3.2)。条形基础可分为刚性与柔性条形基础,它的计算属于平面应变问题,只考虑基础横向受力发生破坏。如挡土墙很长,为避免沿墙长方向因基础沉降不均匀而开裂,可根据土质和地形情况设置沉降缝予以分段。

图3.2 挡土墙下条形基础

(二)柱下条形基础

当桥较宽,桥下墩柱较多时,有时为了增强桥墩柱下基础的整体性和承载能力,将同一排若干个柱子的基础联成整体,形成柱下条形基础(图3.3)。柱下条形基础可以是圬工刚性基础,也可以是钢筋混凝土基础。

基础顶面可以是平的,也可以局部加腋。

柱下条形基础可以将承受的集中荷载较均匀地分布到条形基础底面上,以减小地基反力,并通过形成的基础整体刚度来调整可能产生的不均匀沉降。

当柱下条形基础单方向联合仍不能解决承受上部荷载时,可把纵、横柱下基础均连在一起,成为十字交叉的条形基础(图3.4)。这是房屋建筑常用的基础形式。

图3.3 柱下条形基础　　　　　图3.4 十字交叉条形基础

三、筏板和箱形基础

当地基承载力低,上部结构的荷载又较大,以致十字交叉条形基础仍不能提供足够的底面积来满足地基承载力的要求时,可采用满铺的钢筋混凝土筏板基础,这样既扩大了基底面积又增强了基础的整体刚度,有利于调整地基的不均匀沉降,能较好地适应上部结构荷载分布的变化。筏板式基础在构造上可分为平板式和梁板式两种类型(图3.5)。

平板式　　　　　梁板式

(a) 筏板基础　　　　　　　　　(b) 箱形基础

图3.5　筏板基础和箱形基础

箱形基础是由钢筋混凝土底板、顶板和纵横内外隔墙组成,形成一个刚度极大的箱子,故称之为箱形基础(图3.5(b))。箱形基础比筏板基础具有更大的抗弯刚度,而且基础顶板和底板间的空间常可利用作地下室。

筏板基础和箱形基础是房屋建筑常用的基础形式。

第三节　基础埋置深度的确定与尺寸拟定

一、基础埋置深度的确定

确定基础埋置深度,就是选择何种土作为与基础底面接触的地基土,该土层又叫持力层,要求该层土强度高,压缩变形小。基础埋置深度确定的是否合适,直接影响整个结构物的安全和稳定性,以及施工工期和造价,所以确定基础埋置深度是地基基础设计的重要环节。确定基础埋置深度,必须综合考虑桥位处地质、地形条件、河流的冲刷程度、当地的冻结深度、上部结构形式,以及保证持力层稳定所需的最小埋置深度和施工技术条件、投资造价等因素。对于某具体工程,往往是其中的一、二种因素起决定作用,应重点分析,充分考虑加以满足,而其他因素则作为校验条件。

确定基础埋置深度的原则是"能浅则不深"。设计中一般首先确定基础的可能最小埋深,按构造要求初步拟定基础尺寸,然后进行各项验算,当不能满足要求时再加深基础埋深或增大基底尺寸进行验算,直至满足要求为止。影响基础埋置深度有以下几方面因素。

(一)桥位处地质条件

桥位处地质条件是影响基础埋置深度的主要因素。要依据桥位处地质剖面(柱状)图及所提供的各层土质的物理力学性质,来确定基础类形和选择持力层。由于地质条件千变万化,可能是多层土并软硬土层交错,因而有时要进行分析试算,才能确定合理的埋置深度。

| (a) | (b) | (c) | (d) | (e) |

图 3.6　根据地质条件确定基础埋深

如对图 3.6 所列各种情况可做如下分析:对图(a),地质条件不是主要因素,可在满足其他条件下选取最小基础埋置深度;对图(b),一般不易修筑浅基础,如若修建,需进行地基人工加固处理;对图(c),一般应穿透弱土层,或修筑深基础;对图(d),当好土层较厚时应尽量选择好土层为持力层,在满足地基土承载力的情况下基础越浅越好,并需要验算软弱土层的强度和沉降量,当好土层较薄不足以选作持力层时,应按图(b)处理;对图(e),则要根据各土层具体厚度参照前几种情况处理。

岩石地基,当基础直接置于岩层上时,要注意清除风化层。岩层倾斜时,不宜将基础部分置于岩层,部分置于土层上,以防结构物由于不均匀沉降而倾斜或破裂。

(二)河流冲刷深度的要求

在有冲刷的河流中修筑墩台基础,为防止基底以下土层被水流冲刷掏空而使墩台倒塌,基础底面必须埋置在设计洪水时的最大冲刷线(局部冲刷线)以下一定的深度。由于水文计算的经验性比较强,计算结果受自然因素的影响较大,因而基底至最大冲刷线以下的安全深度不应是一个定值,它与河段类形、最大冲刷深度、水文计算资料的可靠程度以及桥梁的重要性、破坏后修复的难易程度等因素都有关系,一般情况可按表 3.1 采用。

表 3.1　大、中桥基底最小埋置深度安全值

冲刷总深度/m		0	< 3	≥3	≥8	≥15	≥20
安全值/m	一般桥梁	1.0	1.5	2.0	2.5	3.0	3.5
	技术复杂修复困难的大桥和重要大桥	1.5	2.0	2.5	3.0	3.5	4.0

注:①冲刷总深度,即一般冲刷(不计水深)深度加局部冲刷深度,由河床面算起;
　　②表列数值为最小值,如水文资料不足,且河床为变迁性、游荡性等不稳定河段时,安全值应适当加大;
　　③建于抗冲刷能力强的岩石上的基础,不受上表数值限制。

对于小桥涵基础,基底埋深应在局部冲刷线以下不小于 1.0 m。对于建在岩石上且河流冲刷又较严重的桥梁基础,除应清除风化层外,尚应根据基岩强度嵌入岩层一定深度,或采用其他锚固措施,使基础与岩石连成整体。

在确定冲刷的安全深度时,尚应根据实际情况考虑其他因素的影响,如桥下游捞取河砂致使桥下河床降低;上游水库溃坝致使流量骤增,冲刷加剧等。

(三)季节性冻土地区考虑地基土冻胀性的基础埋置深度

在季节性冻土地区,冬季时地面表层一定厚度的土层中的水分将冻结成冰,从而将土颗粒胶结成一体,形成冻土,细粒土层在冻结过程中由于水变为冰时体积要膨胀而产生冻胀

力,对基础的强度和稳定性都会产生不利的影响,因而一般在季节性冻土地区,在确定基础埋深时应考虑冻结线的影响。

地基土的冻胀性可分为不冻胀、弱冻胀、冻胀、强冻胀和特强冻胀。不同冻胀特性的地基土,其考虑冻胀性时的基础埋置深度不同,其具体地基土的冻胀性分类和基础埋置深度确定要求,请参见第九章有关内容。

(四)上部结构类形和荷载的影响

上部结构类形不同,对地基土的变形要求就不同,因而基础的埋置深度就可能不同。例如超静定结构桥梁(拱桥、连续梁桥等),基础产生任何微小的位移,都将使上部结构增加较大的附加内力,这时与静定结构的简支梁桥相比,就要选择更好的土层作为持力层,或基础埋深相对要加大。

同样,上部结构恒载和活载的大小,也影响基础的埋置深度,甚至基础类型选择。一般情况,荷载大埋深大,荷载小就可埋的浅一些。

(五)桥位地形条件

位于较陡土坡上的墩台基础,若埋置深度较浅时,由于过大的外荷载产生的土侧压力作用,可能使基础连同侧坡土体产生滑动而丧失稳定性,因而这种情况,在确定基础埋深时要保证基底外缘至坡面要有一定的距离。

位于较陡岩石上的墩台基础,其基础可作成台阶形,同时也要注意斜坡岩体的稳定性。基础埋深与基础侧缘坡面的距离的关系,可参考表3.2取值。

表3.2 斜坡上基础埋深与侧缘坡面水平距离关系

持力层土类	h/m	l/m	示意图
较完整的坚硬岩石	0.25	0.25 ~ 0.50	
一般岩石(如砂页岩互层等)	0.60	0.60 ~ 1.50	
松软岩石(如千枚岩等)	1.00	1.00 ~ 2.00	
砂类砾石及土层	≥1.00	1.50 ~ 2.50	

在具体应用上表时,应结合桥梁荷载大小、结构类形、坡体土质情况而选定数值。一般情况应按表中 l 值适当增大。

(六)保持地基土稳定性的最小埋深

由于地面表层土容易受自然现象的影响而不稳定,如受气候条件影响的冻融,受雨雪水渗流影响而冲蚀,强度会发生很大变化。另外,人类和动物活动的影响,植物生长的作用等也会干扰破坏表层土的结构和性质,所以表层土不宜直接作为基础持力层。为了保证持力层的稳定和不受扰动,规定基础底面的埋置深度(岩石地基除外)均应在天然地面或无冲刷河流的河床以下不小于1.0 m。

(七)相邻建筑物基础埋深的影响

当两个建筑物的基础相距甚近时(如城市立体交叉建筑),较浅的基础上的荷载所产生的侧向土压力对较深的基础会产生影响;当新建基础比原基础深时,新建基础的施工又会影响原有基础的稳定性;新基础施工采用的技术措施(支挡、排水、开挖设备等)也影响其经济性,甚至影响基础结构形式,这些都是地基基础设计需要考虑的因素。

地下水的渗流情况对基础埋深也有很大影响,特别是当土质为粉、细砂时,要注意可能发生流砂的影响。另外,施工机具设备、工期等也直接影响基础类形的选择和基础埋置深度的确定。

二、基础尺寸拟定

基础尺寸一般应在满足最基本的构造要求的情况下,参考已有的设计经验,拟定出初步的较小尺寸,然后通过验算进行调整。一个经济合理的结构尺寸是需经过反复验算,综合分析才能确定。

基础立面尺寸,一般要求基础顶面标高不宜高于最低水位或地面。考虑基础扩大后阻水严重,通航性河流影响通航,所以设计中尽可能将基础顶面不露出河床。基底标高按前面要求综合分析确定,则基础高度 h 即为两者之差。如果 h 较高,在满足刚性角和构造要求的前提下做成台阶形。

图 3.7 刚性扩大基础尺寸拟定

基础平面尺寸,对于柔性扩大基础,主要通过承载力试算得到合理的平面尺寸。刚性扩大基础,则主要依据墩台身底截面和刚性角控制确定。当基础顶面标高确定以后,墩台身高度已定,就可确定出墩台身底截面尺寸。为了施工方便,基础一般都做成矩形平面(图 3.7)。刚性扩大基础平面尺寸用下式控制

$$\begin{cases} a = d + 2C_1 + 2(n-1)C_2 \leqslant d + 2h\tan\alpha_{max} \\ b = l + 2C_1 + 2(n-1)C_2 \leqslant l + 2h\tan\alpha_{max} \end{cases} \tag{3.2}$$

式中　a,b——分别为基础底平面的长度和宽度;

　　　d,l——分别为墩台身底截面的长度和宽度;

　　　C_1,C_2——分别为按构造取用的基础襟边和台阶宽度,C_1、C_2 也可相等;

　　　n——台阶层数;

　　　h——基础高度;

　　　α_{max}——基础材料刚性角。

一般扩大基础立面都设计成对称形式,但有时为改善受力状态,减小合力偏心距,亦可设计不对称襟边。如对拱桥不等跨时,为了使基底应力分布尽量均匀,有时做成如图3.8(a)所示立面不对称基础。还可根据地形和受力情况,做成基底不为平面而呈台阶状的基础(图3.8(b))。

(a) 立面不对称基础　　　　(b) 底面呈台阶状基础

图 3.8　不对称基础形式

第四节 刚性扩大基础验算

刚性扩大基础验算是在初步拟定尺寸之后,根据主要验算的内容,包括地基承载力、基底合力偏心距、地基与基础的稳定性及基础沉降等,按可能产生的最不利的作用组合进行验算,从而保证结构物的安全稳定和正常使用,并使设计经济合理。

一、地基土承载力验算

地基土承载力验算现行规范采用容许应力法,即要求基础底面作用在地基土的最大压应力不超过地基的容许承载力。其基本表达式为

$$\sigma_{max} \leqslant K[\sigma] \tag{3.3}$$

式中 σ_{max}——基础底面作用地基土上的最大压应力;

$[\sigma]$——地基土的容许承载力;

K——容许承载力提高系数。

下面分别介绍以上三个参数的确定方法。

(一)基础底面最大压应力 σ_{max} 计算

在最不利作用组合下,基础底面产生最大压应力的计算,是将作用基底重心处的竖向力和弯矩等效的用一偏心竖向力代替,其偏心矩为 e_0,基础底面核心半径用 ρ 表示,可分为以下三种情况。

(1) $e_0 = 0$,此时基础底面为中心受压,应力为矩形等值分布(图3.9(a))最大压应力为

$$\sigma_{max} = \frac{N_{max}}{A} \tag{3.4}$$

式中 N_{max}——最大竖向压力;

A——基础底面面积。

这种情况很少出现,只有验算等跨中墩仅为结构重力作用时才会产生。

(2) $e_0 \leqslant \rho$,即当作用组合的合力作用点在基底截面核心之内时,其基底应力分布为梯形($e_0 < \rho$)和三角形($e_0 = \rho$)(图3.9(b),(c)),此种情况是全截面参加工作,传递荷载,其计算式为

$$\sigma_{max} = \frac{N}{A} + \frac{M}{W} = \frac{N}{A}(1 + \frac{e_0}{\rho}) \tag{3.5}$$

在荷载组合中,由于 N、M 达到最大值时车道荷载的集中力位置不同,且 σ_{max} 值直接受 N、M 的影响,所以当无法判断不利工况时,需将 N、M 两者分别达到最大值时的组合都进行计算,以确定出最终 σ_{max} 值。

对特殊情况(城市宽桥、曲线桥、桥上设分隔带等),竖向力可能产生双向偏心距,可用下式计算,即

$$\sigma_{max} = \frac{N}{A} + \frac{M_X}{W_X} + \frac{M_Y}{W_Y} \tag{3.6}$$

(3) $e_0 > \rho$,即当作用组合的合力作用点在基底截面核心以外时,基底 σ_{min} 成为拉应力,由于基础和土不能承受拉应力,按照静力平衡考虑,基底局部受压面积应力的合力,应与基础作用的偏心竖向力 N 相等,承压部分地基土的压应力仍按三角形分布,假定其分布宽度

为 b',则 $b' = 3K$(K 为基底应力合力作用点距偏心侧基础边缘的距离)(图 3.9(d)),又知 $K = b/2 - e_0$,则有

$$\begin{cases} b' = 3(b/2 - e_0) \\ N = \frac{1}{2} \cdot ab'\sigma_{max} = \frac{1}{2} \cdot a \times 3(b/2 - e_0) \cdot \sigma_{max} \\ \sigma_{max} = \frac{2N}{3a(b/2 - e_0)} \end{cases} \quad (3.7)$$

式中 a——垂直验算平面的基础边长,其他符号如图3.9(d)中所示。

图 3.9 基底应力计算图示

(二)地基土容许承载力〔σ〕的确定

地基土的容许承载力是指在保证地基土稳定的条件下,建筑结构的沉降量(即地基土的压缩变形)不超过建筑结构物正常使用所允许沉降量时的地基承载力。所以地基土的容许承载力是一个相对的概念,它除了与土的成因、物理力学性质有关外,还与建筑物的结构性质有关(例如桥梁结构和房屋结构、静定结构与超静定结构)。

地基土容许承载力确定方法有如下几种。

1.试验法

一般用于特殊结构桥、大桥、特大桥。在现场或室内通过土工试验或触探试验来确定地基土的压缩性和承载力。

试验法能比较实际地反映地基土的强度和变形性质,但需要的人力、物力及时间较多。同时要注意,在应用试验结果时,一定要结合地基土构造、基础形式和上部结构性质综合分析确定承载力值。

2.调查法

采用调查邻近建筑结构物或其他桥梁地基基础设计和使用情况,来比较分析拟建桥梁地基承载力确定的是否合适。

该方法只能作为对其他方法确定的地基土容许承载力验证参考。

3.理论公式计算

在各种作用力作用下,建筑结构基础由于承载力不足而引起的破坏,主要是由于基底边角持力层剪切破坏所造成。

土的剪切破坏形式有整体剪切破坏、冲剪破坏和局部剪切破坏，其产生与多种因素有关。对地基土承受的最大荷载——极限荷载的计算，在塑性理论的基础上做不同程度的修正和假设，可得到不同的理论计算公式，其具体计算公式请参见土力学中的有关内容。

(4)《规范》公式计算

《规范》公式是现行《公路桥涵地基与基础设计规范》（JTJ 024—85）（以下简称《公桥基规》），根据影响地基土承载力的土的性质和基础因素，从浅基础的地基强度理论概念建立起来的一个半经验半理论的地基土容许承载力的计算公式。公式中的各项参数，是根据我国各部门收集到的大量荷载试验值与土的物理力学性质指标资料相对比，并通过对已建结构物的观测资料，及国内外有关规范和实践经验综合统计分析后建立的实用公式。当基础宽度 b 超过 2 m，基础埋置深度 h 超过 3 m，且 $h/b \leqslant 4$ 时，地基土的容许承载力计算式如下

$$[\sigma] = [\sigma_0] + k_1 \gamma_1 (b - 2) + k_2 \gamma_2 (h - 3) \tag{3.8}$$

式中 $[\sigma]$——地基土修正后的容许承载力（kPa）；

$[\sigma_0]$——当基础宽度 $b \leqslant 2$ m，埋置深度 $h \leqslant 3$ m 时，地基土的容许承载力（按《公桥基规》附录 I 中的附表结合第 2.1.2 条各表选取）；

b——基础底面的最小边宽（或直径）。当 $b < 2$ m 时，取 $b = 2$ m 计；当 $b > 10$ m 时，按 10 m 计算；

h——基础底面的埋置深度（m）。对于受水流冲刷的基础，由一般冲刷线算起；不受水流冲刷者，由天然地面算起；位于挖方内的基础，由开挖后地面算起；当 $h < 3$ m 时，取 $h = 3$ m 计；

γ_1——基底下持力层土的天然密度（kN/m³），如持力层在水面以下且为透水者，应采用浮容重；

γ_2——基底以上土的密度或不同土层的换算密度（kN/m³），如持力层在水面以下，且为不透水者，不论基底以上土的透水性质如何，应一律采用饱和容重；如持力层为透水者，应一律采用浮容重；

k_1，k_2——地基土容许承载力随基础宽度、深度的修正系数，按持力层土类别由表 3.3 取值。

表 3.3 地基土容许承载力宽度、深度修正系数

土的类别 系数	粘 性 土					黄 土			砂 土								碎 石 土			
	老粘性土	一般粘性土		新近沉积粘性土	残积粘性土	新近堆积黄土	一般新黄土	老黄土	粉 砂		细 砂		中 砂		砾砂粗砂		碎石圆砾角砾		卵 石	
		$I_L \geqslant 0.5$	$I_L < 0.5$						中	密实	中	密实	中	密实	中	密实	中	密实	中	密实
k_1	0	0	0	0	0	0	0	0	1.0	1.2	1.5	2.0	2.0	3.0	3.0	4.0	3.0	4.0	3.0	4.0
k_2	2.5	1.5	2.5	1.0	1.5	1.0	1.5	1.5	2.0	2.5	3.0	4.0	4.0	5.5	5.0	6.0	5.0	6.0	6.0	10.0

注：①对于稍松状态的砂土和松散状态的碎石土，k_1、k_2 值可采用表列中密值的 50%；
    ②节理不发育或较发育的岩石不作宽、深修正，节理发育或很发育的岩石，k_1、k_2 可参照碎石的系数。但对已风化成砂、土状者，则参照砂土、粘性土的系数；
    ③冻土的 $k_1 = 0$；$k_2 = 0$。

在计算地基土的承载力时，地基土的容许承载力 $[\sigma_0]$ 的确定是很重要的，要经过综合分

析准确地确定土的类别及土的状态,选择合适的$[\sigma_0]$值,并要留有一定的安全储备。对地质和结构复杂的桥梁地基土的容许承载力,应经现场荷载试验确定。

(三)地基土承载力提高系数 K 的确定

地基土容许承载力的提高,主要是考虑永久性作用和可变作用出现的机率,考虑作用的作用效果的可逆性(即受压边缘的互换),根据作用组合按表3.4来取用提高系数。

表3.4 地基土容许承载力$[\sigma]$的提高系数

序号	荷载与使用情况	提高系数 k
一	永久作用与汽车荷载(含汽车冲击力、离心力)	$k = 1.00$
二	以上作用组合与其他作用的组合	$k = 1.25$
三	经多年压实未受破坏的旧桥基	$k = 1.50$

注:① 施工阶段作用组合,当验算承受拱施工期间的单向恒载推力时,$k = 1.50$;
② 各项提高系数不得互相迭加;
③ 岩石旧桥基的容许承载力不得提高;
④ 容许承载力小于150 kPa的地基,对于表列第二项情况,$k = 1.0$,对于第三项及注①情况,$k = 1.25$;
⑤ 表中第一类作用组合如包括由混凝土收缩及徐变或水浮力引起的作用效应,则与第二类作用组合相同对待。

当墩台建在水中而其基底土又为不透水性土时,基底不受水浮力作用,基底以上水柱压力可视为超载看待,故规范规定地基容许承载力$[\sigma]$由平均常水位至一般冲刷线水深每米可提高 10 kPa。

(四)软弱下卧层承载力验算

当基础底面(包括群桩基础桩尖下面)受压层范围内地基土为多层土,且持力层以下有软弱土层时,需要验算作用于软弱下卧层顶面处的总应力 σ_{h+z}(包括自重应力和附加应力之和),不得超过软弱下卧层顶面处软弱土的容许承载力$[\sigma]_{h+z}$(图3.10)。表达式为

$$\sigma_{h+z} = \overline{\gamma_2}(h + Z) + \alpha(\sigma_h - \overline{\gamma_1}h) \leqslant K[\sigma]_{h+Z} \quad (3.9)$$

$$[\sigma]_{h+z} = [\sigma_0] + k_1\gamma_1(b - 2) + k_2\overline{\gamma_2}(h + Z - 3) \quad (3.10)$$

图3.10 软弱下卧层验算图示

式中 h——基底(或桩尖)埋置深度(m);

Z——从基础底(或桩尖)到软弱土层顶面的距离(m);

$\overline{\gamma_1}$——深度 h 范围内各土层的换算密度(kN/m³);

$\overline{\gamma_2}$——深度$(h + Z)$之间各土层的换算密度(kN/m³);

γ_1——软弱下卧层的天然密度(kN/m³);

α——土中附加应力系数;

σ_h——由使用荷载产生的基底压应力(kPa),当 $Z/b > 1$ 或 $Z/d > 1$ 时,σ_h 采用基底平均压力。当 $Z/b \leqslant 1$ 或 $Z/d \leqslant 1$ 时,σ_h 按基底应力图形采用距最大压力点 $b/3 \sim b/4$ 处的压力(b 为矩形基底短边长度,d 为圆形基底的直径);

其他符号意义同前。

若软弱下卧层为压缩性较大的厚层软粘土时,还须验算沉降量。

(五)桥台路基填土及锥坡对桥台基底压应力影响的计算

修建在粘土地基上的桥台,当台后路基填土高度大于 5 m 时,验算地基土压应力与变形,应考虑桥头引道路基填土及锥坡土重对桥台基底平面(包括群桩桩尖平面)产生的附加竖向压应力。对于软土地基上的桥梁,如相邻墩台的距离小于 5 m 时,尚应考虑邻近墩台对软土地基所引起的附加竖向压应力。

台背路基填土对桥台基底(或桩尖平面处)前后缘地基土上产生的附加应力 σ_1',按下式计算(图 3.11),即

$$\sigma_1' = \alpha_1 \gamma_1 H_1 \qquad (3.11)$$

对于埋置式桥台,由于台前锥体对基底(或桩尖平面处)的前边缘引起的附加压应力 σ_2' 为

$$\sigma_2' = \alpha_2 \gamma_2 H_2 \qquad (3.12)$$

式中和图中　　p_1——台背路基填土的压力(kPa);

　　　　　　　p_2——台前锥体填土压力(kPa);

　　　　　　　γ_1——路基填土的天然密度(kN/m³);

　　　　　　　γ_2——锥体填土的天然密度(kN/m³);

　　　　　　　H_1——台背路基填土的高度(m);

图 3.11　台背填土与锥坡对桥台基底附加压应力计算图

　　　　　　　H_2——基底(或桩尖平面处)的前边缘上的填土锥体高度(m);

　　　　　　　b'——基底(或桩尖平面处)的前、后边缘间的基础长度(m);

　　　　　　　h——原地面至基底(或桩尖平面处)的深度(m);

　　　　　　　α_1,α_2——附加竖向压应力系数(表 3.5、表 3.6)。

表 3.5　系数 α_1

基础埋置深度 h/m	填土高度 H_1/m	系数 α_1(对于桥台边缘)			
		后边缘	前边缘,当基底平面的基础长度为 b'		
			5 m	10 m	15 m
5	5	0.44	0.07	0.01	0
	10	0.47	0.09	0.02	0
	20	0.48	0.11	0.04	0.01
10	5	0.33	0.13	0.05	0.02
	10	0.40	0.17	0.06	0.02
	20	0.45	0.19	0.08	0.03
15	5	0.26	0.15	0.08	0.04
	10	0.33	0.19	0.10	0.05
	20	0.41	0.24	0.14	0.07

基础埋置深度 h/m	填土高度 H_1/m	系数 α_1(对于桥台边缘)			
		后边缘	前边缘,当基底平面的基础长度为 b'		
			5 m	10 m	15 m
20	5	0.20	0.13	0.08	0.04
	10	0.28	0.18	0.10	0.06
	20	0.37	0.24	0.16	0.09
25	5	0.17	0.12	0.08	0.05
	10	0.24	0.17	0.12	0.08
	20	0.33	0.24	0.17	0.10
30	5	0.15	0.11	0.08	0.06
	10	0.21	0.16	0.12	0.08
	20	0.31	0.24	0.18	0.12

表 3.6　系数 α_2

基础埋置深度 h/m	系数 α_2,当台背路基埋土高度为 H_1	
	10 m	20 m
5	0.4	0.5
10	0.3	0.4
15	0.2	0.3
20	0.1	0.2
25	0	0.1
30	0	0

二、基底合力偏心距验算

为使荷载(尤其是结构重力)作用下基底应力分布比较均匀,最大、最小应力相差不致太大,以免使墩台基础产生较大的不均匀沉降和倾斜,影响正常使用,所以需要控制不利组合产生的偏心距。尤其对非岩石类地基,要控制基底不出现拉应力。因为当出现拉应力后,将使基底部分截面参加工作,产生应力重分布,这样可能使非岩地基产生过大的塑性变形而使墩台基础倾斜。

基底合力偏心距基本验算式为

$$e_0 = \frac{M_{max}}{N} \leqslant [e] \tag{3.13}$$

容许偏心距 $[e]$ 一般用核心半径 ρ 表示(表 3.7)。实际应用时,当外力的合力不作用在对称轴上,或基底截面不对称时,其核心半径计算很麻烦,因而可采用 e_0/ρ 的系数 K 来控制合力偏心距。由于 $\rho = \dfrac{W}{A}$,因此

$$e_0/\rho = \frac{M/N}{W/A} = -\frac{A}{N}\left(\frac{N}{A} - \frac{M}{W}\right) + 1 = 1 - \frac{\sigma_{min}}{N/A} \leqslant K \tag{3.14}$$

K 值见表 3.7。

表 3.7 墩台基础合力偏心距的限制

荷载情况	地基条件	合力偏心距	$K(e_0/\rho)$	备 注
墩台仅受结构重力作用时	非岩石地基	桥墩 $e_0 \leq 0.1\rho$	0.1	对于拱桥墩台,其合力作用点应尽量保持在基底中线附近。
		桥台 $e_0 \leq 0.75\rho$	0.75	
永久作用与汽车荷载(含汽车冲击力、离心力)组合或再与其他作用组合	非岩石地基	$e_0 \leq \rho$	1.00	岩石地基上的单向推力墩,当满足强度和稳定性要求时,合力偏心距不受限制。
	石质较差的岩石地基	$e_0 \leq 1.2\rho$	1.20	
	坚密岩石地基	$e_0 \leq 1.5\rho$	1.50	

偏心距验算时应注意以下两点:

①验算偏心距的作用组合应是 M_{max} 所对应的 N_{min},与验算基底压应力的作用组合不同,不可误用;

②式(3.14)中的 N、σ_{min} 为同一种作用组合,σ_{min} 为拉应力时,计算时要代入负号。

三、基础稳定性验算

浅基础的稳定性验算,是保证墩台基础整体在最不利的作用组合作用下,不产生倾覆和滑动变形,保证下部结构的正常使用。

(一)抗倾覆稳定性验算

验算基础的抗倾覆稳定性,旨在保证桥梁墩台不向一侧倾斜(绕基底的某一轴转动)。建筑在岩层上的墩台是绕基底受压的最外边缘(以最外边缘为轴)而倾覆;建筑在一般弹性地基上的墩台基础,由于最大受压边缘可能陷入土内,此时基础的转动轴将在受压最外边缘的内侧某一线上。基底土越弱,基础转动轴越接近基底中心,基础抗倾覆的稳定性就越差。但在设计基础时,因要求基底最大压应力限制在地基土的容许承载力以内,故基础的转动轴仍假定在最大受压的外边缘,参照图 3.12 基础抗倾覆稳定示意图可知,产生倾覆作用的弯矩为

$$M_{倾} = \sum p_i e_i + \sum T_i h_i$$

抵抗倾覆的稳定弯矩为作用重心轴的竖向力对基础边缘轴的弯矩

$$M_{稳} = \sum p_i \cdot y$$

以抗倾覆稳定系数 K_0 表示,则

$$K_0 = \frac{M_{稳}}{M_{倾}} = \frac{\sum p_i \cdot y}{\sum p_i e_i + \sum T_i h_i}$$

$$e_0 = \frac{\sum p_i e_i + \sum T_i h_i}{\sum p_i}$$

则　　　　$K_0 = \dfrac{y}{e_0} \geq [K_0]$　　　(3.15)

式中　p_i——作用基底的各竖向力;

图 3.12　基础抗倾覆稳定计算示意图

e_i—— 各竖向力 p_i 对基础底面重心轴偏心距;

T_i—— 作用基底以上各水平力;

h_i—— 各水平力 T_i 对基础底面距离;

y—— 沿重心与合力作用点连线交与验算倾覆轴的距离;

e_0—— 所有偏心竖向力的合力至截面重心的距离;

$〔K_0〕$—— 容许抗倾覆稳定系数(表 3.8)。

当结构受有较大的双向偏心荷载时(即合力偏心作用点不在相互垂直的 X、Y 轴上),其 e_0、y 的取值见图 3.12(b)、(c)。

表 3.8　抗倾覆和抗滑动的稳定系数

序号	组合情况	验算项目	稳定系数
1	永久作用与汽车荷载(含汽车冲击力、离心力)组合	抗倾覆 抗滑动	1.5 1.3
2	以上作用组合与其他作用的组合	抗倾覆 抗滑动	1.3
3	施工阶段作用组合	抗倾覆 抗滑动	1.2

注:表中第一类作用组合如果包括由混凝土收缩、徐变和水的浮力引起的效应,则应采用第二类作用组合时的稳定系数。

(二)抗滑动稳定验算

当墩台基础受有较大的水平力时,有可能超过基础底面与土之间的摩阻力而产生滑动,此时滑动面为基底平面,属于桥梁墩台基础自身抗滑动验算。当桥台填土较高,地基土质较软弱,或者持力层下有软弱下卧层,或墩台修筑在陡坡上时,可能产生墩台基础连同地基土沿着深层某滑动面或软弱土层上层面的整体滑动。上述的墩台基础抗滑动验算介绍如下。

1.基础自身的抗滑动的验算

以抗滑动稳定系数 K_c 表示

$$K_c = \frac{\mu \cdot \sum p_i}{\sum T_i} \geq 〔K_c〕 \tag{3.16}$$

式中　$\sum p_i$—— 竖向力总和;

$\sum T_i$—— 水平力总和;

$〔K_c〕$—— 容许抗滑动稳定系数,按表 3.8 取用;

μ—— 基础底面与地基土之间的摩擦系数,可按表 3.9 取用。

表 3.9　基底摩擦系数

地基土分类	μ
软塑粘土	0.25
硬塑粘土	0.30
亚砂土、亚粘土、半干硬粘土	0.30 ~ 0.40
砂类土	0.40
碎石类土	0.50
软质岩石	0.40 ~ 0.60
硬质岩石	0.60 ~ 0.70

2.基础深层滑动验算

对于高桥台填土下均质粘性土上的桥台,其深层滑动失稳滑动面常常是曲面,现一般近似认为滑动面为一通过桥台基础后缘的圆形柱面(图3.13)。其引起滑动的荷载为水平外力(制动力或支座摩阻力)、路堤填土自重、结构重力、汽车荷载(包括汽车荷载产生的等代土层重力) 等。稳定安全系数是以最可能滑动面上各力对滑动中心所产生的抗滑动力矩与滑动力矩之比(具体计算请参考《土质学与土力学》教材有关内容)。当基础下地基土在深处有软弱夹层时,其滑动面也可能延续到软弱夹层顶面处(图3.13(b))。

$$K_c = \frac{抗滑动力矩}{滑动力矩} \geqslant [K_c]$$

(a) 深层圆形滑动　　　　　(b) 软弱土层顶面滑动

图3.13　桥台抗滑动稳定示意图

在这里需要说明的是,有的同一作用组合,抗倾覆与抗滑动稳定系数不一致,这是由于基础周边土的固着作用对抗滑动有一定的稳定作用,而在计算中一般是不考虑的;它对抗倾覆稳定也有一定作用,但因力臂小也未被考虑。但基础周边土对抗滑动稳定的作用相对更大一些,故抗滑动安全系数取得小,抗倾覆安全系数取得大。

(三) 增强基础稳定性措施

首先设计时要根据可能产生滑动的地质条件和倾覆的受力状态,来选择合适的基础类形、基础埋深和墩台与基础的尺寸。与此同时,还可以配合采用一定的结构措施来增加其稳定性。如对软土地基可采取换土加固措施;拱桥桥台基础可采用设防滑齿坎、斜面基础等;梁桥桥台可采用后仰埋置式桥台;对可能产生深层滑动可采用挖空台身减载等措施。

当施工中墩台基础稳定性不满足要求时,除采取适当的设计措施外,尚应在对施工各阶段受力状态下进行稳定性验算的基础上,从设计角度,提出严格的、必须遵从的施工程序要求。

当墩台使用过程有滑动时,可采用地表或地下排水措施,以增加土的内摩擦角,还可设置抗滑挡墙、抗滑桩等增强土体和墩台基础的稳定性。

四、基础沉降验算

基础沉降是由于地基土受到附加应力作用产生压缩变形而致。实际上,在确定地基土的基本容许承载力时,已包含了地基土在荷载作用下的压缩变形在结构容许范围之内的要求。但由于桥跨结构类形不同,桥梁跨径大小不同,对容许沉降量的要求不同,因而还需区别对待。

规范规定,在一般地质条件下,对中小跨径外静定体系桥梁,认为只要地基土承载力满足要求,也就间接的说明地基沉降量也满足要求,可不进行基础沉降量验算。对于大跨径外静定体系桥梁,当墩台建筑在地质情况复杂、土质不均匀及承载力较差的地基上,以及相邻跨径相差悬殊而必须计算沉降差,或跨线桥净高需预先预留沉降量时,均应计算其沉降。对于外超静定体系桥梁(连续梁、推力拱、刚构等),还应考虑由于基础不均匀沉降引起的结构附加内力。

墩台基础的沉降量,一般规定按永久作用采用分层总和法计算,不考虑汽车荷载的影响。由于现高等级公路车流量较大,汽车荷载的作用已经成为连续不间断的一种可变作用,使之作用的部分效应已具有永久性作用的性质,现《公桥通规》提出了"可变作用准永久值"的概念,所以作者建议在墩台基础沉降量计算中,还应考虑汽车荷载准永久值产生的沉降量。有些在施工期间产生的沉降量,由于墩台的高度可以在施工中得到调整,因此仅计施工后的沉降。

墩台基础总沉降量按下式计算,即

$$S = m_s \sum_{i=1}^{n} \frac{\sigma_{zi}}{E_{si}} h_i \qquad (3.17)$$

或

$$S = m_s \sum_{i=1}^{n} \frac{e_{1i} - e_{2i}}{1 + e_{1i}} h_i \qquad (3.18)$$

式中　S——地基总沉降量(mm);

σ_{zi}——第 i 层土顶面与底面附加应力的平均值(MPa);

h_i——第 i 层土的厚度(mm),土的分层厚度宜不大于基础宽度(短边或直径)的0.4倍;

E_{si}——第 i 层土的压缩模量(MPa),$E_{si} = (1 + e_{1i})/a_i$;

其中,a_i 为第 i 层土受到平均自重应力($q_{zi} + \sigma_{zi}$)时的压缩系数,即

$$a_i = \frac{e_{1i} - e_{2i}}{\sigma_{zi}}$$

式中　e_{1i}, e_{2i}——分别为第 i 层土受到平均自重应力(q_{zi})和平均最终应力($q_{zi} + \sigma_{zi}$)压缩稳定时土的孔隙比;

n——地基压缩层范围内所划分的土层数;

m_s——沉降计算经验系数,按地区建筑经验确定,如缺乏资料,可参照表3.10取用。

表3.10　沉降计算经验系数 m_s

压缩模量 E_s /MPa	1.0 ~ 4.0	4.0 ~ 7.0	7.0 ~ 15.0	15.0 ~ 20.0	大于20.0
m_s	1.8 ~ 1.1	1.1 ~ 0.8	0.8 ~ 0.4	0.4 ~ 0.2	0.2

注:① E_s 为地基压缩层范围内土的压缩模量。当压缩层由多层土组成时,E_s 可按厚度的加权平均值采用;

②表中 E_s 与 m_s 给出的区间值,采用时应对应取值。

规范规定,地基土压缩层的计算深度 Z_n 应符合下式的要求,即

$$\Delta S_n' \leq 0.25 \sum_{i=1}^{n} \Delta S_i' \qquad (3.19)$$

式中　$\Delta S_n'$——在深度 Z_n 处,向上取计算层为 1 m 的压缩量(mm);

$\Delta S_i'$——在深度 Z_n 范围内,第 i 层土的计算压缩量(mm)。

其确定方法是先按以往地基附加应力与地基自重应力之比(即 σ_{zi}/q_{zi}')等于 20% 或 10% 来确定 Z_n,然后验算是否满足式(3.19)要求。

最终验算式为 $$S \leqslant [S] \tag{3.20}$$

式中 $[S]$——墩台的容许沉降值。

墩台的容许沉降值,规范规定如下:

墩台均匀总沉降值(不包括施工中的沉降)为 $20\sqrt{L}$(mm);

相邻墩台均匀沉降差值(不包括施工中的沉降)为 $10\sqrt{L}$(mm)。

式中 L 为相邻墩台间最小跨径长度,以 m 计,跨径小于 25 m 时仍以 25 m 计算。

由于墩台基础受力基本属于偏心受压状态,当偏心荷载较大或地基土不均匀时,可能使基础前后边缘产生不均匀沉降而造成基础倾斜。在计算基础边缘下土中应力时,一般采用角点法。当相邻墩台可能产生影响时,应计入产生的附加应力。

第五节 浅基础施工

一、基础的定位放样

桥梁墩台基础位置的测设就是将设计图上的墩台基础位置,用适当的测量方法测定到地面上,以便进行施工放样。为了使墩台位置、尺寸符合设计要求,基础测设位置必须满足规定要求。桥梁施工测设,首先根据设计单位所交付的桥梁所在位置的路线中线进行复测。对起始桥台的里程桩号进行测校,并进行必要的补设、加固有关测桩,以使桥台基础位置测定准确。

(一) 直接丈量法

直线桥梁,各桥墩距离位置测定,对中小桥梁和一般跨径的大桥,当有良好的丈量条件时,均应直接丈量定位(图 3.14)。测量精度要求根据桥轴线桩间距离而定,在墩台中心位置桩上安置经纬仪,测设出墩台的纵横轴线,并设置牢固的方向桩(每端至少两个方向桩)。墩台纵横轴线的方向桩,是施工中恢复墩台中心位置与细部放样的依据。

(二) 三角网交会法

当沿桥梁中线直接丈量有困难,或不能保证必要的精度时,各墩台之间的距离和位置可根据三角网交会法测定。三角网的基线应设定 2 条,依据桥位具体条件,基线可设于河流的一岸或两岸,基线与桥位中线交角宜小于 90°(图 3.15(a),(b))。

桥长超过 500 m 时,两岸应尽可能设定基线,并布置较复杂的三角网。

对于三角网交会的具体作法和误差验算,如对斜桥、坡桥、曲线桥的墩台基础测设方法,请参考工程测量中的有关内容。

以木桩标示桥梁墩台纵、横轴线后,即可采用龙门板定出基坑外轮廓尺寸。基坑平面尺寸一般要比基础尺寸

图 3.14 直接丈量法

(a) 一岸交会   (b) 两岸交会

图 3.15   三角网交会法

$$\alpha_i = \arctan \frac{l\sin\theta_1}{d - l\cos\theta_1}; \beta_i = \arctan \frac{l\sin\theta_2}{d - l\cos\theta_2}; d, d_1—基线长度; l—B 至各墩中心距$$

离。

大 0.3 ~ 1.0 m,以便于基坑排水、坑壁支护和支立模板等。无水且土质密实的基坑,如不设基础模板时,可按基础平面尺寸开挖。

二、旱地浅基础施工

(一) 基坑开挖及坑壁围护

基坑开挖可采用人工开挖和机械开挖。人工开挖应正确地规定挖土工人数,使每个人有一个适当的工作面,注意弃土的堆放不影响坑壁稳定和妨碍施工。机械开挖生产效率高,节省劳动力,但要注意机械行走时不要引起坑壁坍塌,要距离坑缘不小于 2.0 m。机械开挖当距基底标高 0.3 ~ 0.5 m 时,余下深度应人工开挖,以免破坏基底土的结构。基坑应避免超挖,已经超挖或松动部分,应将松动部分清除。

基坑开挖后最好马上砌筑基础,如不能连续施工时,在基底标高以上应预留 0.1 ~ 0.2 m 的保护土层,待基础砌筑时再人工铲平,以免地基土长时间暴露、扰动或浸泡而削弱地基承载力。

1. 无支护基坑

在基坑开挖前,必须根据已掌握的水文地质资料来确定坑壁形式及支撑结构。一般基坑深度在 5 m 以内,施工期较短,基坑底在地下水位以上,土的湿度正常(接近最佳含水量),土层构造均匀时,基坑坑壁坡度可参考表 3.11 选取。

硬粘性土亦可采用垂直坑壁,其最大高度不得大于下式计算值,即

$$h_{max} = \frac{2C}{K\gamma\tan(45° - \varphi/2)} - \frac{q}{\gamma} \tag{3.21}$$

式中 C——坑壁土的粘聚力;

　　　　γ——土的密度;

　　　　q——坑顶护道上的均布荷载;

　　　　φ——坑壁土的内摩擦角;

　　　　K——安全系数,可采用 1.25。

表 3.11　无支护基坑坑壁坡度

坑壁土类	坑壁坡度		
	基坑顶缘无荷载	基坑顶缘有静载	基坑顶缘有动载
砂类土	1:1	1:1.25	1:1.5
碎、卵石类土	1:0.75	1:1	1:1.25
亚砂土	1:0.67	1:0.75	1:1
亚粘土、粘土	1:0.33	1:0.5	1:0.75
极软岩	1:0.25	1:0.33	1:0.67
软质岩	1:0	1:0.1	1:0.25
硬质岩	1:0	1:0	1:0

注:① 挖基经过不同土层时,边坡可分层确定,并酌设平台;
　　② 在山坡上开挖基坑,如地质不良时,应注意防止坍滑。

2.有支护基坑

当基坑边坡不易稳定,并有地下水影响;或敞坡开挖工程量过大不经济;或施工现场与邻近建筑物靠近,敞坡受限制等情况时,可采用坑壁支护结构。

(1) 木板支撑

适用于中、小桥和涵洞基坑开挖。一般采用横板支撑,可分层开挖,先挖 h_1 深度设横挡板和支撑,向下继续开挖 h_2 深再设横挡板和新竖枋支撑,撑牢后再拆先设 h_1 的竖枋支撑,以此继续,根据土质和开挖深度逐步支撑到设计标高,基坑开挖尺寸较大时可采用人字形支撑。(表 3.12 中 5、6)

当基坑宽度较宽时,由于横支撑长度太长而容易失稳,可采用锚桩法或斜撑法等来支撑坑壁(表 3.12 中 1、2、3、4)。

上述支撑方法中也可将竖枋或锚桩改为工字钢或钢轨,形成钢木结合支撑。

钢木结合支撑适用于深度 3 m 以上的基坑。其方法是在基坑周围每距 1.0～1.5 m 打入一根工字钢或钢轨(轨顶面向坑壁)至基坑底面以下 1.0～1.5 m,在工字钢上端设置支撑或拉锚,随着基坑下挖,将木挡板横置在两工字钢翼缘内,在翼缘和挡板的缝隙用木楔塞紧。遇有流砂时,可在挡板的后面贴以草袋堵住流砂。

以上支撑在施工前均需按主动、静止土压力验算支撑的稳定性。基础完成后将挡板和工字钢拔除。

(2) 板桩墙支护

当基础平面尺寸较大,深度较深,基坑底面标高低于地下水位,且渗水量较大时,可用防渗性能较好的板桩作支撑,维护坑壁的稳定性。

它的特点是在基坑开挖前即将以企口密切联接的板桩打入土中,其下端伸入到基底以下一定深度,基坑在板桩的支持下开挖,并随着基坑的开挖加深而根据需要增设支撑。

表 3.12　基坑支护主要类型表

序号	项目	适用范围	支撑简图	说明
1	锚固支撑	开挖较大基坑,使用大型挖掘机械施工而不能设置横撑时		1— 档板; 2— 桩柱; 3— 锚桩; 4— 拉杆; 5— 回填土
2	斜柱支撑	开挖较大基坑或使用机械挖土面采用锚固支撑有困难时(如近傍建筑影响等)		1— 挡板; 2— 桩柱; 3— 撑桩; 4— 斜撑; 5— 回填土
3	短桩间隔支撑	开挖宽度较大的基坑,当部分放坡不足或局部坡脚防坍		1— 短桩; 2— 回填土; 3— 挡土板
4	临时土袋护壁	基坑坡脚临时防坍或放坡不足而作局部护壁		1— 草包或麻袋、编织袋装土堆置坡脚
5	横向顶撑	基坑宽度不大于 3 m,短边横挡板支撑在长边横挡板上(或切角互相支承)只在长边上竖回林及横撑		1— 竖回林方(方木); 2— 横挡木; 3— 横撑; 4— 坑口挖土边缘
6	人字形支撑	基坑宽度较大,且需保留坑面、坑内有大的工作空间		1— 人字支撑; 2— 立木; 3— 挡板

板桩有木板桩和钢板桩,其断面形式如图3.16所示。木板桩在打入砂砾土层时,桩尖应安装铁桩靴。钢板桩由于强度大,能穿过较坚硬土层,锁口紧密不易漏水,还可焊接加长重复使用,所以应用较广。

(a)平直形
(b)槽形
(c)Z形
(d)箱形

榫槽　榫舌

(a)阴阳接口
(b)环形接口
(c)套形接口

木板桩　　钢板桩断面　　钢板桩接口

图3.16　板桩截面及接口形式

(3)喷射混凝土护壁

喷射混凝土进行基坑护壁,一般适用于渗水量不大,直径在10 m以内的圆形基坑。对于亚粘土、轻亚粘土及砂夹卵石的地质条件均可采用。其优点是施工进度较快,机械设备简单,能减少大量因放坡而增加的土方工程量。

喷射混凝土护壁的基本原理是以高压空气为动力,将搅拌均匀的砂、石、水泥和外加剂(包括速凝剂、引气剂、减水剂和增粘剂等)等干料,由喷射机经输料管吹送到喷枪,在通过喷枪的瞬间,加入高压水进行混合,自喷嘴射出,喷射在坑壁上,形成混凝土护壁层,以承受土压力(图3.17)。

喷射混凝土厚度主要取决于地质条件,渗水量大小,基坑直径及基坑深度等因素。一般可按以下公式确定,即

$$d = \frac{pD}{2[\sigma]} \qquad (3.22)$$

喷射混凝土护壁
基础混凝土
喷射防护层
浆砌片石挡水墙
坑口环圈

矩形基础圆形基坑喷射护壁

图3.17　喷射混凝土护壁示意

式中　　d——喷层厚度;

D——基坑直径;

$[\sigma]$——喷射混凝土容许压应力;

p——土侧压力,按主动土压力计。

对于地质稳定,挖土深度在5 m以内时,亦可按基础的矩形开挖。

喷射混凝土护壁要求有熟练的技术工人和专门设备,对混凝土用料要求也较严格,因而使用有其局限性,可改用一般混凝土修筑混凝土围圈护壁,可适用于各类土层。混凝土围圈护壁,也是用混凝土环形结构承受土压力,壁厚较喷射混凝土大,一般为 15 ~ 30 cm,基坑深度可达 15 ~ 20 m。

采用混凝土围圈护壁时,基坑自上而下分层垂直开挖,开挖一层后随即灌筑一层混凝土。为防止已灌筑的围圈混凝土施工时因失去支承而下坠,顶层混凝土应一次整体灌筑,以下各层均间隔开挖和灌筑,并将上下层混凝土纵向接缝错开,每层坑壁无混凝土围圈支护总长度应不大于周长的一半。分层高度以垂直开挖面不坍塌为原则,一般顶层高 2 m 左右,以下每层高 1 ~ 1.5 m。与喷射混凝土护壁一样,要防止地面水流入基坑,要避免在坑顶周围土的破坏棱体范围内有不均匀附加荷载。

目前也有采用混凝土预制块分层砌筑来代替就地灌筑的混凝土围圈,它的好处是省去现场混凝土灌筑和养护时间,使开挖和支护砌筑连续不间断地进行,且围圈混凝土质量容易得到保证。

(二) 基坑排水

当基底标高低于地下水位时,就会产生渗水现象,地下水将不断渗入基坑内。为了造成一个旱地施工条件,便于基坑开挖和基础砌筑,必须进行基坑排水。目前常用的是基坑表面排水法和井点法降低地下水。

1.表面排水法

这是最为简单,也是应用最为普遍的方法。在开挖过程或挖至标高后,在基坑四周挖好集水边沟,并根据渗水量大小在四角设集水坑,集水沟将坑壁及坑底渗水汇入集水坑,用抽水机将集水坑中的水排出(图 3.18)。

图 3.18　表面排水法示意
1— 集水沟;2— 集水坑;
3— 水泵;4— 吸水笼头

集水沟和集水坑应设置在基础范围以外,集水坑的深度要保证吸水笼头的正常工作。

这种方法适用于岩石及碎石类土,也适用于渗水量不大的粘性土基坑,对于砂土因渗水量大,易产生流砂现象而应用较困难。

抽水设备的估算主要根据基坑渗水量确定。采用集水坑排水,渗水量可用下式估算,即

$$Q = F_1 q_1 + F_2 q_2 \qquad (3.23)$$

式中　$F_1 q_1$——基坑底面积及基坑底面平均渗水量;

　　　$F_2 q_2$——基坑侧面积及基坑侧面平均渗水量。

当有不漏水的板桩墙截水时(图 3.19),按其最短渗水路线估算渗水量,为

$$Q = KHUq \qquad (3.24)$$

式中　K——渗透系数;

　　　H——地下水位距基底深度;

　　　U——板桩围堰周长;

　　　q——单位渗水量(按图 3.19 查取)。

按 $(1.5 \sim 2.0)Q$ 确定水泵数量。

图 3.19　单位渗水量曲线图

2.井点法降低地下水

在粉细砂土中,当地下水位较高时,表面排水难以防止流砂现象发生,此时可采用井点法降低地下水。井点法降低地下水,可以从根本上降低基坑下地下水位,形成稳定的降落曲线,土壤疏干,抗剪强度提高,稳定坑壁,可不必放坡或坡度改陡,减少挖方和回填土量,并降低支撑要求;因浮力减小、增大土壤压密的有效压力,有利增大地基强度。根据基坑土质、开挖深度可采用不同的井点降水方案。

轻型井点法降低地下水,其井点系统布置如图3.20所示。基坑开挖前在基坑周围打入(或沉入)井点管和集水总管组成管路系统,并与泵浦系统(包括离心泵和真空泵)相连接强制抽水,使井点管周围一定范围内的水位下降,形成降水漏斗,基坑周围井点管相互影响使坑底形成一个连续的疏干区。施工中连续抽汲,遂使水位降落曲线保持稳定,保证在基坑开挖和砌筑的整个过程中基坑始终保持无水状态。

图3.20 轻型井点法井点系统布置图
1— 井点管;2— 滤管;
3— 集水总管;4— 水泵房

一般常用钻井代替井点管,布置成环圈井点将基础围起,在每个单井抽水降低地下水位。井底达到不透水层的称为完全井;井底未达到不透水层的称为非完全井;地下水有压力的是承压井;地下水无压力的是无压井。

井点法降低地下水的主要计算内容是:计算涌水量、确定井点数量(间距)和选择抽水设备等。

无压完全井环圈井点涌水量(图3.21)

$$Q = 1.366K \frac{(2H - S)S}{\lg R - \lg X_0} \tag{3.23}$$

式中　　Q——环圈井点总涌水量(m^3/d);

　　　　K——渗透系数(m^3/d);

　　　　H——含水层厚度(m);

　　　　R——单井抽水影响半径(m),当无抽水试验资料时,可按 $R = 2S\sqrt{HK}$ 计;

　　　　S——水位降低值(m);

　　　　X_0——基坑的假想半径(m),对矩形基坑,当其长宽比不大于5时,可作为一个假想半径为 X_0 的圆形环井,由 F 式得$X_0 = \sqrt{F/\pi}$,其中 F 为环井所围面积,π 为圆周率。

无压不完全井环圈井点涌水量(图3.22)

$$Q = 1.366K \frac{(2H_0 - S)S}{\lg R - \lg X_0} \tag{3.26}$$

式中　　H_0——有效含水带深度,系经验数值,可由表3.13确定,其余符号同前。

图 3.21 无压完全井环圈井点涌水量
计算图

图 3.22 无压不完全井环圈井点涌水量
计算图

表 3.13 H_0 值表

$S'/S' + L$	0.2	0.3	0.5	0.8
H_0	$1.3(S' + L)$	$1.5(S' + L)$	$1.7(S' + L)$	$1.85(S' + L)$

根据上述算得的总涌水量的 1.2 ~ 1.5 倍为总排水量,再据单井拟定的排水量,确定井点数量和间距。

三、水中浅基础施工

在水中的浅基础施工,主要是解决围水挡水的问题。也就是在施工前先在基坑周围修筑围水挡水结构 —— 围堰,尽可能将围堰内的水排干,形成旱地施工条件,再开挖基坑修筑基础。如果排水困难,也可在围堰内形成的静水条件下进行水下挖基,达到基底标高后再灌筑水下混凝土封底,然后抽干水后再修筑基础。

(一) 改河截流法

河流较小,施工时水量不大,容易修筑临时引水渠将水绕过桥位处引出(图 3.23)。要求不能影响周围农田建设,根据河流具体可能情况采用此法。

(二) 围堰施工

围堰是临时性围水措施,其修筑要根据工程所在位置和现场条件、施工期间的各种因素的影响(如施工水位、流速、流量等)来加以考虑,其一般要求如下:

(1) 围堰顶高度应高出施工期间可能出现的最高水位(包括浪高)不小于 0.5 ~ 0.7 m;

(2) 修筑围堰将压缩河道过水面积,使流速增大引起对围堰和河床的集中冲刷,同时堵塞河道影响通航,因此要求河床断面压缩一般不超过流水断面积的 30% ;

图 3.23 改河截流法

(3) 堰内面积应满足基础施工需要的工作面(包括基坑集水沟、排水井、工作空间等必要的工作面),一般围堰坡脚距离基坑边缘的宽度,需根据土质和坑深酌定 ,但不应小于 1.0 m;

(4) 围堰结构应能承受施工期间产生的土压力、水压力以及其他可能发生的荷载,具有一定的强度和稳定性。同时具有良好的防渗性能,因此需注意堰身修筑质量,洪水期对围堰做好周密防护。

1. 土围堰与土袋围堰

土围堰宜用粘性土或砂夹粘土就地筑成,堰底河床上的树根、石块、杂物等应予清除;填土露出水面后应进行夯实;筑堰时由上游开始向下游合拢,其尺寸见图 3.24。适用于水深在 2.0 m 以内,流速小于 0.5 m/s,河床土质渗水性较小的河流中。因筑堰引起流速增大围堰坡面有受冲刷危险时,可在外坡面用土袋、柴排、片石等防护。

图 3.25 是用土袋堆码在水中形成的土袋围堰。袋中土为粘土或亚粘土,装至 1/2 ~ 2/3 体积,堆码时其上下层和内外层应相互错缝,水较深有条件时可由潜水工配合堆码,整理坡脚。适用于水深 4.0 m 以内,流速不超过 1.5 m/s,河床土质渗水性较小的河流。

图 3.24　土围堰　　　　　　　　　　　　图 3.25　土袋围堰

2. 木板桩围堰

水深在 3 ~ 4 m 时可采用单层木板桩围堰,必要时可在外围加填土堰(图 3.26),可节省部分筑堰用土量,由于支承关系,坑内工作面加大。水深在 4 ~ 6 m 时,可采用双层木板桩围堰,在双层板桩中间填以粘土或亚粘土心墙(图 3.27)。

图 3.26　单层木板桩围堰　　　　　　　　图 3.27　双层木板桩围堰

木笼(竹笼)围堰适用于岩石河床不能插打板桩,而又水深流急的河流。其结构是由内外二层装片石的竹(木)笼组成,竹(木)笼之间以铁丝成十字形连接,填以粘土心墙(图 3.28)。

3. 钢板桩围堰

钢板桩围堰本身强度大,防水性能好,打入土层时穿透能力强,适用于砂类土、粘性土、碎(卵)石土及风化岩等河床的深水基础。

插打钢板桩时,应注意下列事项:

（1）插打前一般应在锁口内涂以黄油、锯末等混合物，组拼桩时用油灰和棉花捻缝，以防漏水；

（2）插打顺序按施工组织设计进行，一般自上游分两头插向下游合拢；

（3）插打钢板桩，一般应先将全部钢板桩逐根或逐组插打到稳定深度，然后依次打入至设计深度；

（4）插打钢板桩必须备有可靠的导向设备，以保证钢板桩的正确位置和垂直下沉，并随时检查及时纠正。

当水深较大时，常用围图（以钢或钢木构成的框架）作为

图 3.28　竹（木）笼围堰

钢板桩的定位和支撑（图3.29）。围图可先在岸上或驳船上拼装，运至墩位定位后，在围图内打定位桩固定，然后在围图四周的导向框架内插打钢板桩。为了保证围堰不渗水或尽可能少渗水，在深水中修筑围堰，可采用双层钢板桩围堰（图 3.30）或钢管式钢板桩围堰。

水中的围堰还可根据具体的施工条件和要求，采用其他的结构形式，如浮运钢套箱围堰，这种围堰形式多用于桩基础修筑承台用，将在第四章第三节中介绍。现深水特大型基础，很多采用地下连续墙和锁口管柱来作为施工的支挡结构，并作为基础的一部分来应用，其具体内容请参见第七章的介绍。

图 3.29　围图法插打钢板桩

图 3.30　双层钢板桩围堰

第六节　基坑板桩支护验算

板桩支护与刚性挡墙不同，板桩墙在土压力作用下要产生一定的挠曲变形，所以它的稳定性取决于墙身下部前后土体的被动抗力。板桩墙的受力状态与板桩墙的支承方式、施工的松紧程度、支承结构的刚度及板桩入土深度等密切相关。

作用于板桩墙的外力主要是坑壁土压力、水压力及坑顶均布荷载 q。板桩的变形会使土压力大小和分布发生很大变化，这种变化又会影响板桩的变形，两者密切相关，很难精确计算。因而目前仍然是忽略板桩的实际变形，仍沿用古典土压力理论计算作用于板桩墙上的土压力。一般用朗金理论来计算某深度 z 处单位宽度内的主动土压力 E_A 和被动土压力 E_p，即

$$\begin{cases} E_A = (q + \gamma z)\tan^2\left(45° - \dfrac{\varphi'}{2}\right) \\ E_p = (q + \gamma z)\tan^2\left(45° + \dfrac{\varphi'}{2}\right) \end{cases} \tag{3.25}$$

式中　q——坑顶均布荷载；

γ——土的密度；

z——距坑面的深度；

φ'——等值内摩擦角，按表 3.14 取用。

由于计算式略去了粘聚力 C 的影响项；不考虑土与板桩间的摩阻力，而以提高后的等值内摩擦角 φ' 代入式中。

表 3.14　等值内摩擦角 φ'

土的类别 ＼ 土的潮湿程度	$0 < S_\gamma \leqslant 0.5$（稍湿）	$0.5 < S_\gamma \leqslant 0.8$	$0.8 < S_\gamma \leqslant 1.0$
种植土	40°	35°	30°
淤泥	35°	20°	15°
亚砂土、亚粘土、粘土	40° ~ 45°	30° ~ 35°	20° ~ 25°

如果基坑外有地下水或地面水时，还要根据土的透水性和施工方法考虑作用在板桩墙上的静水压力。计算土压力时，水面以下为透水性土时土的容重取浮容重，计算全部静水压力。当水面以下土质为不透水性土，且施工中也不会造成板桩后土体松动使水进入土中时，则静水压力算到此不透水土层顶面；计算此土层的土压力时，土的容重不扣浮力；土面上的水头作为满布超载考虑。对于难以判断其透水性的土，则应根据具体条件，从最不利情况考虑。

一、悬臂板桩计算

悬臂板桩墙不设支撑，因此墙身位移较大，用于粉土及粘土中支挡高度不大的临时支护。

悬臂板桩往往是绕底端以上某点发生转动破坏，板桩的稳定性取决于旋转点以上墙前的被动抗力和旋转点以下墙后的被动抗力。由于墙底端附近土压力的精确分布很难确定，现一般假设按如图 3.31 的压力分布，墙身前侧是被动土压力 E_{p1}，并考虑有除以 $K = 2.0$ 的安全系数，在墙身后方为主动土压力 E_A，另外在板桩下端还应有因旋转中心 O 以下在墙后产生的被动土压力 E_{p2}，假定作用于 b 点，以对 b 点取平衡力矩来确定板桩入土深度 t。因实际上 E_{p2} 作用位置应在 b 点之上，计算中没有考虑其影响，一般再增加 10% ~ 20% 的入土深度。最大弯矩位置按入土深度墙身所受剪力为零确定，然后计算出最大弯矩验算墙身强度。

二、单支撑板桩计算

当基坑开挖深度较大时，不能采用悬臂式板桩墙，而采用在板桩顶部附近设置水平顶撑或锚碇拉杆而成为单支撑板桩(图 3.32)。

当板桩入土较浅时，在坑壁主动土压力作用下，板桩底端有少量向前位移，入土端前侧坑底下的土压全部达到被动土压力，计算时除以安全系数 K(图 3.32(a))。

图 3.31 悬臂板桩墙压力分布

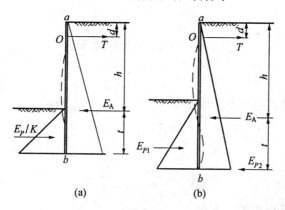

图 3.32 单支撑板桩计算图

此时,以板桩两侧土压力对支撑点 O 的力矩平衡来求出入土深度 t,为

$$E_A \left[\frac{2}{3}(h + t) - d \right] = \frac{E_p}{K}\left(h - d + \frac{2}{3}t\right)$$

由平衡条件 $\sum H = 0$,得顶撑或锚杆力 T 为

$$T = \left(E_A - \frac{E_p}{K} \right)a \tag{3.28}$$

式中,a 为顶撑或锚杆间距。

当板桩入土较深时,此时板桩底端入土部分无位移,其转动也很微小受到限制,故板桩下端可视为嵌固,其受力图示见图 3.33(a)。E_{p2} 与悬臂板相同考虑。由于板桩入土较深,板桩墙的稳定性安全度由板桩的入土深度保证,故被动土压力 E_{p1} 不考虑安全系数。

在板桩下端为嵌固支承时,土压力零点 K 与弯矩零点位置接近,假定 K 点也是弯矩零点处。这样,单支撑深板桩计算就可简化为两个相联的简支梁 AK 和 KN 的计算(图3.33(b)),此简化计算法叫做等值梁法。其具体计算步骤如下。

1.确定土压力零点 K 的位置

设 K 点距坑底深 u,则按此处墙前单位被动土压力与墙后单位主动土压力相等,则

$$\gamma u \lambda_p = (q + \gamma h)\lambda_A + \gamma u \lambda_A \tag{3.29}$$

式中,λ_A、λ_p 为主动及被动土压力系数,$\lambda_A = \tan^2(45° - \varphi/2)$;$\lambda_p = \tan^2(45° + \varphi/2)$。

图 3.33　等值梁法简化计算图示

得
$$u = \frac{(q + \gamma h)\lambda_A}{\gamma(\lambda_p - \lambda_A)} \tag{3.30}$$

2.由等值梁 AK 按力的平衡计算支撑反力 T 和 K 点剪力 Q_K

$$T = \frac{E_A(h + u - a)}{h + u - s} \tag{3.31}$$

$$Q_K = \frac{E_A(a - s)}{h + u - s} \tag{3.32}$$

3.由等值梁 KN 求出板桩入土深度

由 $\sum M_N = 0$ 可求出 $E_{p1} = 3Q_K$,同时 $E_{p1} = \frac{1}{2}\gamma(\lambda_p - \lambda_A)X^2$

$$X = \sqrt{\frac{6Q_K}{\gamma(\lambda_p - \lambda_A)}} \tag{3.33}$$

板桩下端固定时应埋入坑底以下深度
$$t = u + (1.1 \sim 1.2)X$$

按以上等值梁计算出最大弯矩 $M_{\max}$,就可进行板桩强度验算。

三、多支撑板桩计算

多支撑板桩的支撑层数及位置,要根据土质、水深、坑深、支撑结构材料及施工要求等确定。常用的一些计算方法都是采取某些假定的简化计算。前面介绍的等值梁法也可用于多支撑板桩计算。

一般先将外力近似的分配到板桩支撑上,中间支撑承受相邻上下各半跨荷载(土压力和水压力)(图 3.34)。然后对最上面的支撑点取力矩,按力矩平衡条件确定板桩的入土深度 t,其下端根据土的密实情况假定铰接或固接于基坑底以下 $t/2 \sim t/3$ 处(不小于 1.0 m)。最后板桩是按多跨连续梁来验算板桩与支撑。

一般对多支撑板桩由于支撑跨度不等,其荷载作用和计算都较复杂,可参照一些施工手册计算用表。表 3.15 为一般三角形荷载下多支撑板桩的合理间距和内力计算用表。

图 3.34 多支撑板桩计算图示

表 3.15 多支撑板桩合理间距与内力计算用表

序号	支撑方式	计算简图	系数 δ	板桩墙弯矩及支承反力			
				系数 β			
				A	E	D	B
1	下面固定,有支点和悬臂部分		0.017 53			0.283	0.217
2	三个自由支点		0.014 70	0.028		0.321	0.151
3	三个自由支点,有悬臂部分		0.006 96		0.144	0.247	0.109
4	下面固定,有两个支点		0.012 12	0.034		0.285	0.183
5	下面固定,有两个支点和悬臂部分		0.006 16		0.141	0.227	0.132
最大弯矩			$M_{max} = \delta\gamma\tan^2\left(45° - \dfrac{\varphi}{2}\right)H^3$				
支撑上的反力			$P = \beta\gamma\tan^2\left(45° - \dfrac{\varphi}{2}\right)H^3$				

检算时还应注意施工过程各阶段支撑结构的受力变化。例如在围堰内的土(或水)排除

到某支撑以下 0.75 ~ 1.0 m 尚未安设支撑,此时其上的邻撑受力或板桩所受弯矩可能达到最大值。又如水下施工时,在挖土阶段,可认为板桩只承受土压力;而在灌注了水下混凝土封底后,排除了围堰内的水,此时板桩要承受土压力与静水压力,会成为最不利受力状况。

第七节　刚性扩大基础 U 型桥台算例

一、设计资料

(1) 设计荷载:公路 - I 级人群荷载为 2.5 kN/m²。

(2) 上部结构:采用钢筋混凝土 20 m T 形梁标准图,查得:标准跨径 20 m,计算跨径 19.50 m,梁长 19.96 m,桥面净宽 7 + 2 × 0.75 m,五梁式结构,主梁中距 1.60 m。采用板式橡胶支座,支座高 4 cm,一孔上部结构重力为:$P_R = 792.9$ kN。

(3) 桥台材料:台帽用 C30 钢筋混凝土,密度 $\gamma = 25$ kN/m³,台身及基础分别用 C7.5 和 C5.0 号水泥砂浆 MU30 块片石,密度 $\gamma = 23$ kN/m³,$R_a^j = 4.8$ MPa。

(4) 标高:设计水位标高:182.93 m;现河床面标高:180.96 m;一般冲刷线标高:178.60 m。

(5) 地质资料:地基土为硬粘土,确定基本承载力 $\sigma_0 = 430$ kN/m³,密度 $\gamma = 19.5$ kN/m³,孔隙比 $e = 0.6$,比重 $G = 27.1$ kN/m²,压缩模量 $E_S = 15$ MPa,台内填土密度 $\gamma = 18$ kN/m³,内摩擦角 $\varphi = 35°$。

二、设计依据和参考资料

(1)《公路桥涵设计通用规范》(JTG D60—2004)。

(2)《公路砖石及混凝土桥涵设计规范》(JTJ022—85)。

(3)《公路桥涵地基与基础设计规范》(JTJ024—85)。

(4) 公路桥涵设计手册《墩台与基础》,人民交通出版社,1994 年。

三、桥台尺寸拟定和计算

顺桥向台帽宽度

$$b_1 = e_0 + e_1 + \frac{a}{2} + C_1 + C_2$$

式中　e_0——伸缩缝宽度,取 $e_0 = 2$ cm;

　　　e_1——支座中心至梁端距离,$e_1 = 23$ cm;

　　　a——支座顺桥向宽度,$a = 18$ cm;

　　　C_1——支座边缘到台身顶边缘距离,$C_1 = 20$ cm;

　　　C_2——台帽檐口宽度,$C_2 = 10$ cm。

计算得

$$b_1/cm = 2 + 23 + 18/2 + 20 + 10 = 64$$

横桥向台帽宽度:

桥面宽为 8.50 m,考虑与引道的衔接,一般应大于或等于桥面宽,取 $B = 8.70$ m。

桥台长度：

锥坡高度以一般冲刷线算起 $H = 6.63$ m，按 1∶1 放坡，按规范要求，桥台侧墙后端伸入桥头锥坡顶点以内长度 75 cm，推算出桥台侧墙长度为 $b = 5.89$ m。

按规范要求，取前墙顶宽 $b_2 = 80$ cm，前墙底宽 $b_3 \geq 0.4H = 0.4 \times 6.63 = 2.65$ m，根据计算调整为 $b_3 = 2.94$ m。

基础底面埋入一般冲刷线以下 2.0 m 处，取 2 个台阶，$h_1 = 0.75$ m，襟边宽 0.3 m。

桥台与基础细部尺寸详见图 3.35。

图 3.35　桥台与基础细部尺寸图

四、作用计算

(一) 结构重力计算

仅验算台身底截面和基础底截面

(1) 上部结构重力 $p_R = 792.9$ kN。

(2) 台身、侧墙及填土重力计算见表 3.16

表 3.16　台身、侧墙、填土重力及对 $O_1 - O_1$ 重心距的计算

图中序号	力 / 力 臂　　　计 算 式	垂直力 kN	力臂 m	弯矩 kN · m
①	$1/2 \times 0.5 \times 4.99 \times 8.70 \times 23$ $2/3 \times 0.5$	249.6	0.33	82.4
②	$0.74 \times 0.3 \times 8.9 \times 25$ $0.74/2 + (0.50 - 0.10)$	49.4	0.77	38.0
③	$0.8 \times 1.34 \times 8.70 \times 23$ $0.8/2 + 0.64 + 0.40$	214.5	1.44	308.9
④	$0.70 \times 0.30 \times 8.70 \times 23$ $0.70/2 + 0.64 + 0.50$	42.0	1.49	62.6
⑤	$1.34 \times 4.99 \times 8.70 \times 23$ $0.50 + 1.34/2$	1 338.0	1.17	1 565.5
⑥	$1/2 \times 1.10 \times 6.63 \times 8.70 \times 23$ $2.94 - 2/3 \times 1.10$	729.7	2.21	1 612.6
⑦	墙重：$\frac{1}{6}(1.10 + 1.05 + 2.99) \times 6.63 \times 23 \times 2$ 　近似　$2.94 - 1/3 \times 1.10$	287.4	2.57	738.6
	土重：$(1/2 \times 1.10 \times 6.63 \times 8.70 - 287.4/23) \times 18$ 　近似　$2.94 - 1/3 \times 1.10$	393.1	2.57	494.2
⑧	$A_1 = (1.05 + 0.92) \times 1/2 \times 2.59 = 2.55$ $A_2 = (2.99 + 2.86) \times 1/2 \times 2.59 = 7.58$ $1/2(A_1 + A_2) = \frac{1}{2}(2.55 + 7.58) = 5.07$ 墙重：$\frac{1}{6}(2.55 + 5.07 + 7.58) \times 6.63 \times 23 \times 2$ 　近似　$2.94 + 2.59/2$	1 545.7	4.24	6 551.6
	土重：$(2.59 \times 6.63 \times 8.70 - 1545.7/23) \times 18$ 　近似　$2.94 + 2.59/2$	1 479.5	4.24	6 274.4
⑨	$A_1 = (0.92 + 0.85) \times 1.40 \times 1/2 = 1.24$ $A_2 = (1.21 + 1.14) \times 1.40 \times 1/2 = 1.64$ 墙重：$1/2(1.24 + 1.64) \times 1.03 \times 23 \times 2$ 　近似 $2.94 + 2.59 + 1.40/2$	68.3	6.23	425.5
	土重：$0.20 \times [8.70 - (0.92 + 1.21) \times 1/2 \times 2] \times 1.03 \times 18$ 　近似 $2.94 + 2.59 + 0.10$	24.4	5.63	137.4

图中序号	力／力臂　　　计　算　式	垂直力 kN	力臂 m	弯矩 (kN·m)
⑩	墙重：$\frac{1}{6}(1.14 + 1.21 + 2.86) \times 1.40 \times (6.63 - 1.03) \times 23 \times 2$ 近似　$2.94 + 2.59 + 1.40/3$	313.2	6.00	1 879.2
	土重：$[8.70 - (1.21 + 2.86) \times \frac{1}{2} \times 2] \times 0.2 \times 5.60 \times 18$ 近似　$2.94 + 2.59 + 0.10$	93.3	5.63	525.3
	计算基底截面时 $\overline{X}/\text{m} = \dfrac{21\,091.5}{6\,780.9} = 3.11$	6 827.1		21 212.0
	计算台底截面时 $\overline{X}/\text{m} = \dfrac{16\,978.0}{5\,832.0} = 2.91 \text{ m}$	5 832.0		16 978.0

注：计算台身底截面应力时，应扣除前墙、侧墙脚以外的填土重。

(3) 基础及襟边上土重

基础重

$$p_1/\text{kN} = 6.03 \times 9.10 \times 0.75 \times 23 = 946.6$$
$$p_2/\text{kN} = 6.33 \times 9.10 \times 0.75 \times 23 = 993.7$$

台前襟边土重,由河床线计起,则

$$p_1/\text{kN} = 0.30 \times 9.10 \times (180.96 - 178.10) \times 19.5 = 152.3$$
$$p_2/\text{kN} = 0.30 \times 9.10 \times (180.96 - 177.35) \times 19.5 = 192.2$$

侧面台阶上土重数值较小,忽略不计。

(二)汽车荷载布置和支座反力、土压力计算

1.汽车荷载布置和支座反力、土压力计算

重力式墩台不计冲击系数。

(1) 台后无荷载,车道荷载作用在桥上

图 3.37　仅桥上布载

据规范知:集中荷载标准值有以下规定:l 小于等于 5 m 时,p_K 为 180 kN;l 大于等于 50 m

时，p_K 为 360 kN；当 l 等于 19.50 m 时，进行线性内插得 p_K 为 238 kN。

计算剪力效应时，$p_K/\text{kN} = 238 \times 1.2 = 285.6$，则

$$R_1/\text{kN} = \left[285.6 \times 1 + \frac{1}{2} \times 1 \times 19.50 \times 10.5\right] \times 2 = 775.95$$

相应土压力计算作如下考虑：

① 计算桥台地基承载力时，仅计算基础顶面到桥台顶面范围的土压力，基础高度内的主动土压力和被动土压力均不考虑。

② 验算桥台滑动稳定性时，主动土压力按整个桥台高度（基础底面到桥台顶面）计算。

总的主动土压力

$$E = \frac{1}{2} B \gamma H^2 \mu$$

$$\mu = \frac{\cos^2(\varphi - \alpha)}{\cos^2 \alpha \cdot \cos(\alpha + \delta)\left[1 + \sqrt{\dfrac{\sin(\varphi + \delta) \cdot \sin(\varphi - \beta)}{\cos(\alpha + \delta) \cdot \cos(\alpha - \beta)}}\right]}$$

式中　　E——主动土压力标准值(kN)；

γ——土的重力密度(kN/m^3)；

B——桥台的计算宽度(m)；

H——计算土层高度(m)；

β——填土表面与水平面的夹角；

α——桥台台背与竖直面的夹角；

δ——台背与填土间的摩擦角，取 $\delta = \varphi/2$。

$\delta = \dfrac{35°}{2} = 17.5°, \varphi = 35°, \beta = 0°, \tan \alpha = \dfrac{1.10}{6.63}$，所以 $\alpha = 9.42°$。则

$$\mu = \frac{\cos^2(35° - 9.42°)}{\cos^2 9.42° \cdot \cos(9.42° + 17.5°)\left[1 + \sqrt{\dfrac{\sin(35° + 17.5°) \cdot \sin 35°}{\cos(9.42° + 17.5°) \cdot \cos 9.42°}}\right]} = 0.545$$

所以　　　　$E/\text{kN} = \dfrac{1}{2} \times 18 \times 8.70 \times 6.63^2 \times 0.545 = 1\,875.79$

E 的着力点自计算土层底面算起为

$$C/\text{m} = \frac{H}{3} = \frac{6.63}{3} = 2.21$$

$$\begin{cases} E_H = 1\,672.52 \text{ kN} & C_H = 2.21 \text{ m} & M_H = 3\,696.27 \text{ kN} \cdot \text{m} \\ E_V = 849.27 \text{ kN} & C_V = 0.08 \text{ m} & M_V = 67.94 \text{ kN} \cdot \text{m} \end{cases}$$

(2) 台后桥上均有荷载，车辆荷载在台后，车道荷载在桥上(此时车道荷载仅考虑均布荷载)，则台后布载长度确定作如下考虑：

① 土破坏棱体长度由侧墙根算起；

② 侧墙端部的折线近似作直线处理。

布载长度　　　　　$l = b_3 - 0.50 - 0.29 + b_4 + H\tan \theta$

$$\tan \theta = -\tan \omega + \sqrt{(\cos \varphi + \tan \omega)(\tan \omega - \tan \alpha)}$$

$$\varphi = 35° \quad \delta = \varphi/2 = 17.5° \quad \alpha = 9.42°$$

$$\omega = \alpha + \varphi + \delta = 35° + 17.5° + 9.42° = 61.92°$$

$$\tan \theta = -\tan 61.92° + \sqrt{(\cos 35° + \tan 61.92°)(\tan 61.92° - \tan 9.42°)} = 0.270\,8$$

$$l/\text{m} = 2.94 - 0.5 - 0.29 + 2.59 + 6.63 \times 0.2708 = 6.54$$

荷载布置如图 3.38 所示。

图 3.38 台后桥上均布载

此时支反力为 $R_1/kN = 2 \times \dfrac{1}{2} \times 1 \times 19.5 \times 10.5 = 204.75$

土压力车辆荷载等代均布土层厚度计算式为

$$h = \frac{\sum G}{Bl_0 \cdot \gamma}$$

l_0 由前墙后缘算起 $l_0 = 6.54 - 0.25 - 0.80 = 5.49$ m

$$h = \frac{2 \times (140 + 140)}{8.70 \times 5.49 \times 18} = 0.651 \text{ m}$$

土压力为

$$E = \frac{1}{2}\gamma H(H + 2h)B\mu = \frac{1}{2} \times 18 \times 6.63 \times (6.63 + 2 \times 0.651) \times 8.70 \times 0.545$$

即 $E = 2\ 244.16$ kN

$E_H = 2\ 000.98$ kN $E_V = 1\ 016.04$ kN

$C_H = 2.391$ m $C_V = 0.05$ m

着力点 $C/\text{m} = \dfrac{H}{3} \cdot \dfrac{H + 3h}{H + 2h} = \dfrac{6.63}{3} \times \dfrac{6.63 + 3 \times 0.651}{6.63 + 2 \times 0.651} = 2.391$

$M_H = 4\ 784.34$ kN·m $M_V = -50.80$ kN·m

(3) 桥上无荷载,台后有车辆荷载

图 3.39 仅台后布载

此时支反力为 0,土压力车辆荷载等代均布土层厚度为

$$h/\text{m} = \frac{\sum G}{Bl_0 \cdot \gamma} = \frac{2 \times (140 + 140)}{8.70 \times 5.49 \times 18} = 0.651$$

土压力合力为 $E/\text{kN} = \dfrac{1}{2}\gamma H(H + 2h)B \cdot \mu =$

$$\frac{1}{2} \times 18 \times 6.63 \times (6.63 + 2 \times 0.651) \times 8.70 \times 0.545 = 2\,244.16$$

$$E_H = E \cdot \cos(\alpha + \delta) = 2\,000.98 \text{ kN}$$

$$E_V = E \cdot \sin(\alpha + \delta) = 1\,016.14 \text{ kN}$$

着力点
$$C = \frac{H}{3} \cdot \frac{H + 3h}{H + 2h} = 2.391 \text{ m}$$

$$C_H = 2.39 \text{ m} \qquad C_V = -0.05 \text{ m}$$

$$M_H = 4\,784.34 \text{ kN} \cdot \text{m} \qquad M_V = -50.80 \text{ kN} \cdot \text{m}$$

3. 人群荷载反力及其他各力计算

人群荷载反力
$$R_1/\text{kN} = \frac{1}{2} \times (20 \times 0.75 \times 3.5 \times 2) = 52.5$$

摩阻力
$$F/\text{kN} = \mu W = 792.9 \times 0.30 = 237.87$$

制动力 H_T：一行车队总重的10%，$H_T = (238 + 10.50 \times 19.50) \times 10\%$，所以 $H_T = 44.275$ kN。

因为 $2H_T = 2 \times 44.275 = 88.55$ kN < 165 kN，故制动力取 $H_T = 165$ kN。

各种荷载计算结果和组合见表 3.17。

五、台身截面强度验算

仅验算台身底截面(图 3.40)，其他截面若需验算的话，方法相同。

图 3.40　台身底截面计算图

(一) 台身底截面特征值的计算

$$A/\text{m}^2 = 2.94 \times 8.70 + \frac{1}{2} \times 2.59 \times (2.99 + 2.86) \times 2 = 40.73$$

$$X_1/\text{m} = \frac{8.70 \times 2.94 \times \frac{1}{2} \times 2.94 + 2 \times 2.59 \times 2.86 \times (\frac{1}{2} \times 2.59 \times 2.94)}{40.73} +$$

$$\frac{\frac{1}{2} \times 2.59 \times 0.13 \times (\frac{1}{3} \times 2.59 \times 2.94) \times 2}{40.73} = 2.49$$

$$I/m^4 = \frac{1}{12} \times 8.70 \times 5.53^3 + [40.73 + \frac{1}{2} \times 2.59 \times (2.98 + 2.72)] \times 0.275^2 -$$

$$[\frac{1}{12} \times 2.72 \times 2.59^3 + 2.72 \times 2.59 \times (3.04 - \frac{2.59}{2})^2] -$$

$$2 \times [\frac{1}{36} \times 0.13 \times 2.59^3 + \frac{1}{2} \times 0.13 \times 2.59 \times (\frac{2}{3} \times 2.59 + 0.45)^2] =$$

$$99.13$$

截面的回转半径 $\qquad\qquad \gamma_w = \sqrt{\frac{I}{A}} = \sqrt{\frac{99.13}{40.73}} = 1.56$

(二) 荷载组合和计算

表 3.17　台身底截面验算时的荷载组合表

序号	计算项目		荷载作用情况	公路—Ⅰ级	
			台后无荷载 车道荷载在桥上	台后、桥上均有荷载，车 辆在台后，车道在桥上	桥上无荷载 台后为车辆荷载
1	上部恒载	力 /kN	792.9	792.9	792.9
		力臂 /m	1.70	1.70	1.70
		弯矩 /(kN·m)	1 347.9	1 347.9	1 347.9
2	台身恒载	力 /kN	5 832	5 832	5 832
		力臂 /m	− 0.42	− 0.42	− 0.42
		弯矩 /(kN·m)	− 2 449.44	− 2 449.44	− 2 449.44
3	支反力	力 /kN	775.95	204.75	0
		力臂 /m	1.70	1.70	1.70
		弯矩 /(kN·m)	1 319.12	348.08	0
4	人群	力 /kN	52.5	52.5	52.5
		力臂 /m	1.70	1.70	1.70
		弯矩 /(kN·m)	89.25	89.25	89.25
5	台后土压力	力 /kN	水平:1 672.52 垂直:849.27	水平:2 000.98 竖直:1 016.04	$E_H = 2\ 000.98$ $E_V = 1\ 016.14$
		力臂 /m	$C_H = 2.21$ $C_V = − 0.08$	$C_H = 2.39$ $C_V = − 0.05$	$C_H = 2.39$ $C_V = − 0.05$
		弯矩 /(kN·m)	$M_H = 3\ 696.27$ $M_V = − 67.94$	$M_H = 4\ 784.34$ $M_V = − 50.80$	$M_H = 4\ 784.34$ $M_V = − 50.80$

序号	荷载作用情况 计算项目		公路—Ⅰ级		
			台后无荷载 车道荷载在桥上	台后、桥上均有荷载,车 辆在台后,车道在桥上	桥上无荷载 台后为车辆荷载
6	制动力	力 /kN	165	165	165
		力臂 /m	5.33	5.33	5.33
		弯矩 /(kN·m)	879.45	879.45	879.45
7	组合	$\sum P_V$/kN	8 302.62	7 898.19	7 693.44
		$\sum M$/(kN·m)	3 935.16	4 069.33	3 721.25
		$\sum P_H$/kN	1 672.52	2 000.98	2 000.98

注:(1) 该算例台后土压力垂直分力的影响很小,可以不考虑,算例计入是提醒读者在计算时,某些情况可能需要分析考虑;

(2) 台后桥上均布荷载,车道在桥上,在桥上的仅有均布荷载而无集中力。

(三) 截面强度验算

从荷载组合表中可以看出,最不利情况为车道荷载布置在桥上,车辆荷载在台后,按偏心受压构件验算,则

$$N \leqslant \alpha A R_a^j / \gamma_m$$

式中 γ_m——安全系数,块石砌体受压,$\gamma_m = 2.31$;

R_a^j——抗压计算强度,$R_a^j = 4.80$ MPa $= 0.48$ kN/cm²;

$A = 40.73$ m²;

α——纵向力偏心影响系数。

$$\alpha = \frac{1 - (\frac{e_0}{\gamma})^m}{1 + (\frac{e_0}{\gamma_w})^2}$$

其中,$e_0 = \dfrac{M}{N} = \dfrac{4\ 069.33}{7\ 898.19} = 0.515$ m,$y = 2.49$ m,$\gamma_w = 1.56$,$m = 8$。

则

$$\alpha = \frac{1 - (\frac{0.515}{2.49})^8}{1 + (\frac{0.515}{1.56})^2} = 0.902$$

所以 4 800/2.31 × 40.73 × 0.902 = 76 339.66 kN > 7 898.19 kN

故验算通过。

偏心距验算:$e_0 \leqslant 0.5 X_1$,又 $0.5 X_1 = 0.5 \times 2.49 = 1.25 > 0.515$。

施工验算时,可考虑无上部荷载,而仅有台身自重和土压力,此时有

$N = 5\ 832$ kN M/(kN·m) = $-2\ 449.44 + 4\ 784.31 - 50.80 = 2\ 284.10$

六、基础底面地基承载力验算

(一) 基础底面特征值计算

$$A/\text{m}^2 = 6.33 \times 9.10 = 57.60$$

$$w/\text{m}^3 = \frac{9.10 \times 6.33^2}{6} = 60.77$$

(二) 地基土允许承载力确定

$$[\sigma] = [\sigma_0] + k_1 \gamma_1 (b - 2) + k_2 \gamma_2 (h - 3)$$

查得亚粘土 $k_1 = 0$, $k_2 = 1.5$, 基础埋置在一般冲刷线下 $2.0\,\text{m}$, $h < 3.0\,\text{m}$。
深度项不修正, 则 $[\sigma] = [\sigma_0] = 430\,\text{MPa}$。

(三) 汽车荷载验算

1. 汽车荷载布置为台上、桥上均有荷载时

此种布载考虑台后布置车辆荷载, 一行车队不应有两辆重载车, 所以该工况桥上布置车道荷载不加集中力。有关桥台布载的讨论可参看第一章第五节有关内容。

外力对基础底中性轴的弯矩:

上部恒载 $M/(\text{kN} \cdot \text{m}) = 792.9 \times (3.17 - 1.39) = 1\,411.4$

台身及填土重 $M/(\text{kN} \cdot \text{m}) = 6780.9 \times (3.17 - 3.11 - 0.60) = -3\,661.69$

基础自重(包括台前襟边土重)

$$M/(\text{kN} \cdot \text{m}) = 946.6 \times (3.17 - 6.0312 - 0.3) + 152.3 \times$$
$$(3.17 - 0.45) + 192.2 \times (3.17 - 0.15) = 852.7$$

汽车荷载 $M/(\text{kN} \cdot \text{m}) = 204.75 \times 1.78 = 364.46$

人群荷载 $M/(\text{kN} \cdot \text{m}) = 52.5 \times 1.78 = 93.45$

土压力 $M_1/(\text{kN} \cdot \text{m}) = 2\,000.98 \times (2.39 + 1.50) = 7\,783.81$

$$M_2/(\text{kN} \cdot \text{m}) = 1\,016.04 \times 0.03 = 30.48$$

$$M_{\pm}/(\text{kN} \cdot \text{m}) = M_1 + M_2 = 7\,814.29$$

摩阻力 $M/(\text{kN} \cdot \text{m}) = 165 \times (5.33 + 1.50) = 1\,126.95$

$\Sigma p / \text{kN} = 792.9 + 6\,780.9 + 946.6 + 993.7 + 152.3 +$

        $192.2 + 2\,047.5 + 52.5 + 1\,016.04 = 11\,131.89$

$\Sigma M /(\text{kN} \cdot \text{m}) = 1\,411.4 - 3\,661.69 + 852.7 + 364.46 + 93.45 + 7\,814.29 = 6\,874.61$

$$\sigma = \frac{\Sigma p}{A} \pm \frac{\Sigma M}{W} = \frac{11\,131.89}{57.60} \pm \frac{6\,874.61}{60.77} = \begin{cases} 306.39\,\text{MPa} \\ 80.14\,\text{MPa} \end{cases} < [\sigma]$$

2. 汽车荷载布置为台后无荷载, 车道荷载在桥上时

$$M/(\text{kN} \cdot \text{m}) = 775.95 \times 1.78 = 1\,381.19$$

土压力 $M_1/(\text{kN} \cdot \text{m}) = 1\,672.52 \times (2.21 + 1.50) = 6\,205.05$

$$M_2/(\text{kN} \cdot \text{m}) = 849.27 \times 0 = 0$$

$$M_{\pm}/(\text{kN} \cdot \text{m}) = 6\,205.05$$

$\Sigma p/\text{kN} = 792.9 + 6\,780.9 + 946.6 + 993.7 + 152.3 + 192.2 +$

$$775.95 + 52.5 + 849.27 = 11\,536.32$$

$$\Sigma M/(\text{kN} \cdot \text{m}) = 1\,411.4 - 3\,661.69 + 852.7 + 1\,381.19 + 93.45 + 6\,205.05 = 6\,282.1$$

$$\sigma = \frac{\Sigma p}{A} \pm \frac{\Sigma M}{W} = \frac{11\,536.32}{57.60} \pm \frac{6\,282.10}{60.77} = \begin{cases} 303.66 \text{ MPa} \\ 96.91 \text{ MPa} \end{cases} < [\sigma]$$

综合 1、2 知,两种布载工况计算结果相差很小,算例只为读者熟悉方法。

七、稳定性验算

按设计水位考虑浮力,说明如下。

浆砌圬工体的浮力为 10 kN/m³。

土的浮容重

$$\gamma_f/(\text{kN} \cdot \text{m}^{-3}) = \frac{1}{1+e_0}(\gamma_0 - \gamma_w) = \frac{1}{1+0.6}(27.1 - 10) = 10.7$$

台内填土浮容重 $18 - 10.7 = 7.3 \text{ kN/m}^3$

设计水位高度(到基础底面)

$$H/\text{m} = 182.93 - 178.10 = 4.83$$

1.设计水位时台身及填土所受浮力计算

设计水位时台身及填土所受浮力计算见表 3.18。

表 3.18   设计水位时桥台浮力计算表

序号	垂直力 p /kN	浮力计算式	浮力 p_1 /kN	$p_2 = p - p_1$ /kN	对基底重心距 /m	对基底重心弯矩 $M = p_2 \cdot e$ /(kN·m)
①	249.6	$(0.02 + 0.50) \times 4.83 \times \frac{1}{2} \times$ 8.70×10	109.3	140.3	2.235	313.6
②	49.4			49.4	1.795	88.7
③	214.5			214.5	1.125	241.3
④	42.0			42.0	1.075	45.2
⑤	1 338.0	$1.34 \times 4.83 \times 8.70 \times 10$	563.1	774.9	1.395	1 081.0
⑥	729.7	$(0.3 + 1.10) \times 4.83 \times \frac{1}{2} \times$ 8.70×10	294.1	435.6	0.355	154.6
⑦	墙重:287.4	$\frac{1}{6}(1.61 + 1.58 + 2.99) \times$ $0.8 \times 4.83 \times 2 \times 10$	79.6	207.8	−0.005	−1.0
	土重:346.1	$(\frac{1}{2} \times 0.8 \times 4.83 \times 8.7 -$ $7.96) \times 0.73 \times 10$	64.6	281.5	−0.005	−1.4

序号	垂直力 p /kN	浮力计算式	浮力 p_1 /kN	$p_2 = p - p_1$ /kN	对基底重心距 /m	对基底重心弯矩 $M = p_2 \cdot e$ /(kN·m)
⑧	墙重:1 545.2	$A_1 = (1.58 + 1.45) \times \dfrac{1}{2} \times 2.59 = 3.92$ $A_2 = (2.99 + 2.86) \times \dfrac{1}{2} \times 2.59 = 7.58$ $\dfrac{1}{2}(3.92 + 7.58) \times 4.83 \times 2 \times 10$	555.5	989.7	-1.675	-1 657.7
	土重:1 479.8	$(2.59 \times 4.83 \times 8.7 - \dfrac{555.5}{10}) \times 0.73 \times 10$	389.0	1 090.8	-1.675	-1 827.1
⑨	墙重:68.3			68.3	-3.665	-250.3
	土重:24.4			24.4	-3.065	-74.8
⑩	墙重:313.2	$\dfrac{1}{6}(1.45 + 1.39 + 2.86) \times 1.20 \times 4.83 \times 2 \times 10$	110.1	203.1	-3.435	-697.6
	土重:93.3	$[8.70 - (1.39 + 2.86) \times \dfrac{1}{2} \times 2] \times 0.2 \times 4.83 \times 0.73 \times 10$	31.4	61.9	-3.065	-189.7
合计	6 780.9		2 196.7	4 584.2		-2 775.2

2.其他外力计算

上部恒载 $p = 792.9$ kN $M = 1\ 411.4$ kN·m

基础及襟边土重,由一般冲刷线用浮容重计算,即

$$p/\text{kN} = (0.3 \times 9.1 \times 0.5 + 0.3 \times 9.1 \times 1.25) \times 10.7 +$$
$$(6.03 \times 9.1 \times 0.75 + 6.33 \times 9.1 \times 0.75) \times 13 = 1\ 147.8$$
$$M/(\text{kN·m}) = 0.3 \times 9.1 \times 0.5 \times 10.7 \times (3.17 - 0.45) + 0.3 \times 9.1 \times 1.25 \times$$
$$10.7 \times (3.17 - 0.15) + 6.03 \times 9.10 \times 0.75 \times 13 \times (-0.15) = 69.7$$

3.设计水位时台后土压力计算

设计水位时台后土压力计算见图 3.41。

$$E_1/\text{kN} = \frac{1}{2}\gamma H_1(H_1 + 2he)\mu B =$$
$$\frac{1}{2} \times 18 \times 1.8 \times (1.8 + 2 \times 0.651) \times 0.545 \times 8.70 =$$
$$238.27$$

图 3.41　设计水位处台身尺寸与土压力

$$E_2/\text{kN} = \frac{1}{2}\gamma'H_2(2he + 2H_1 + H_2)\mu B =$$

$$\frac{1}{2} \times 10.7 \times 6.33 \times (2 \times 0.651 + 2 \times 1.8 + 6.33) \times 0.545 \times 8.70 =$$

$$1\ 803.56$$

$$C'_{1X}/\text{m} = \frac{H_1}{3} \cdot \frac{H_1 + 3he}{H_1 + 2he} = \frac{1.8 \times (1.8 + 3 \times 0.651)}{3 \times (1.8 + 2 \times 0.651)} = 0.726$$

$$C_{2X}/\text{m} = \frac{H_2}{3} \cdot \frac{H_2 + 3(he + H_1)}{H_2 + 2(he + H_1)} = \frac{6.33 \times [6.33 + 3(0.651 + 1.8)]}{3 \times [6.33 + 2(0.651 + 1.8)]} = 2.57$$

$$C_{1X}/\text{m} = 6.33 + 0.726 = 7.056$$

$$E_{1x}/\text{kN} = E_1 \cdot \cos\theta = 238.27 \times \cos 26.92° = 212.45$$

$$E_{1y} = 107.88\ \text{kN}$$

$$E_{2x} = E_2\cos\theta = 1\ 608.12\ \text{kN}$$

$$E_{2y} = E_2\sin\theta = 816.56\ \text{kN}$$

$$E_H = E_{1x} + E_{2x} = 1\ 820.57\ \text{kN}$$

$$E_V = E_{1y} + E_{2y} = 924.44\ \text{kN}$$

土压力对基底的弯矩为

$$M_1/(\text{kN} \cdot \text{m}) = 1\ 608.12 \times 2.57 + 212.45 \times 7.056 = 5\ 631.92$$

$$M_2/(\text{kN} \cdot \text{m}) = 107.88 \times 0.552 + 816.56 \times 0.056 = 105.28$$

$$M/(\text{kN} \cdot \text{m}) = M_1 + M_2 = 5\ 737.2$$

4. 抗倾覆稳定验算

最不利情况先以桥上无荷载,台后有荷载的情况验算,则摩阻力产生的弯矩为

$$M/(\text{kN} \cdot \text{m}) = 1\ 126.95$$

$$\Sigma p/\text{kN} = 792.9 + 4\ 584.2 + 1\ 147.8 + 924.44 = 7\ 449.34$$

$$\Sigma M/(\text{kN} \cdot \text{m}) = -2\ 775.2 + 69.7 + 1\ 411.4 + 5\ 737.2 + 1\ 126.95 = 5\ 570.05$$

$$e_0/\text{m} = \frac{\Sigma M}{\Sigma p} = \frac{5\ 570.05}{7\ 449.34} = 0.748$$

抗倾覆稳定系数 $\quad k_0 = y/e_0 = \dfrac{3.165}{0.748} = 4.23 > [k_0] = 1.3$

台后和桥上均有荷载时的情况,分析安全度较大,故验算略。

5. 抗滑动稳定验算

最不利情况为桥上无荷载,台后有荷载

$$\Sigma H/\text{kN} = 165 + 1\ 820.57 = 1\ 985.57$$

$$\Sigma p/\text{kN} = 7\ 449.34$$

$$k_c = \frac{f\Sigma p}{\Sigma H} = \frac{0.4 \times 7\ 449.34}{1\ 985.57} = 1.50 > [k_c] = 1.3$$

故验算通过。

6. 基底合力偏心距验算

根据规范,非岩石地基桥台基础的合力偏心距 e_0 应符合下述情况:

仅受恒载作用时,$e_0 \leq 0.75\rho$;

荷载组合作用时,$e_0 \leq 1.0\rho$。

其中,ρ 为基底截面的核心半径,即

$$\rho/\text{m} = \frac{W}{A} = \frac{60.77}{57.60} = 1.05$$

恒载设计水位时,$\Sigma p/\text{kN} = 7\ 449.34$。

计算土压力时应扣除汽车荷载等代土层在台后引起的土压力,则

$$E/\text{kN} = 1\ 820.57 - 6.386 \times 8.7 \times 8.13 = 1\ 368.86$$

力臂仍近似原力臂,则土压力对基底变弯矩为

$$M/(\text{kN} \cdot \text{m}) = 1\ 368.86 \times 5\ 737.2/1\ 820.57 = 4\ 313.72$$

$$\Sigma M/(\text{kN} \cdot \text{m}) = 4\ 313.72 + 1\ 411.4 + 69.7 - 2\ 775.2 = 3\ 019.62$$

仅受恒载时,则

$$e_0/\text{m} = \Sigma M/\Sigma p = \frac{3\ 019.62}{7\ 449.34} = 0.41\ \text{m} < 0.75 \times 1.05 = 0.7$$

荷载组合作用时

$$e_0/\text{m} = \frac{5\ 570.05}{7\ 449.34} = 0.75 < 1.05$$

故验算通过。

八、沉降量计算

桥梁墩(台)基础沉降量计算只考虑恒载的影响,用分层总和法根据压缩量计算。

(一) 基底应力计算

1. 基底恒载平均压应力计算

$$\Sigma p / \text{kN} = 792.9 + 6\ 780.9 + 946.6 + 993.7 + 152.3 + 192.2 = 9\ 858.6$$

$$\sigma / \text{MPa} = \frac{\Sigma p}{A} = \frac{9\ 858.6}{57.60} = 171.2$$

2. 台后路基填土引起的桥台基底压应力

对粘土地基,一般台后填土 $H > 5.0\ \text{m}$ 时,计算此项影响。

$\gamma = 18\ \text{kN/m}^3$,路基填土高 $H_2 / \text{m} = 184.73 - 180.96 = 3.77$,计算时按 $H_1 = 5.0\ \text{m}$ 查表,基础宽度 $b = 6.33\ \text{m}$,基础埋深 $h / \text{m} = 180.96 - 176.60 = 4.36$。

基础后边缘引起的压应力,查得 $\alpha_1 = 0.44$,则

$$\sigma'_1 / \text{MPa} = \alpha_1 \gamma_1 H_1 = 0.44 \times 18 \times 3.77 = 30.1$$

基础前缘引起的压应力,查得 $\alpha_1 = 0.06$,则

$$\sigma'_1 / \text{MPa} = \alpha_1 \gamma_1 H_2 = 0.06 \times 18 \times 3.77 = 4.1$$

在基底中心处引起的压应力为

$$\sigma'_1 / \text{MPa} = \frac{1}{2}(30.1 + 4.1) = 17.1$$

3. 桥台基底中心处的总压力

$$\sigma_2 / \text{MPa} = 171.2 + 17.1 = 188.3$$

(二) 各土层自重应力计算

一般情况薄层厚度取 $h_i \leqslant 0.4b$,$b = 6.33\ \text{m}$,在此取 $h_i = 2.00\ \text{m}$,计算时用浮容重,则

$$O \text{ 点} \quad \sigma_{cz} = \gamma_j h = 10.7 \times 4.36 = 46.6\ \text{MPa}$$

$$I \text{ 点} \quad \sigma_{cz} = 46.6 + 10.7 \times 2.0 = 68.0\ \text{MPa}$$

以此类推,各土层层面处自重应力计算见表 3.19 及图 3.42。

表 3.19 基底自重应力与附加应力分布表

分层编号	土层厚度 /m	深度 z/m	自重应力 σ_{cz}/MPa	深度比 $m = z/6.33$	应力系数 α_0	附加应力 σ_{zi}/MPa	平均附加应力 σ_z/MPa
0	2.0	0	46.6	0	1.00	141.7	134.55
1	2.0	2	68.0	0.32	0.899	127.4	110.65
2	2.0	4	89.4	0.63	0.663	93.9	78.75
3	2.0	6	110.8	0.95	0.449	63.6	53.75
4	2.0	8	132.2	1.26	0.310	43.9	37.45
5	2.0	10	153.6	1.58	0.219	31.0	27.1
6	2.0	12	175	1.89	0.164	23.2	20.65
7	2.0	14	196.4	2.21	0.128	18.1	

图 3.42　地基土应力分布曲线

（三）各土层附加应力计算

基底附加应力　$\sigma_{z0} = \sigma_\alpha - \gamma h = 188.3 - 46.6 = 141.7$ MPa
其他各点的附加应力按式 $\sigma_{zi} = \alpha_0 \cdot \sigma_{z0}$ 计算。

其中，附加应力系数 α_0 根据 $n = a/b = 9.10/6.33 = 1.44, m = \dfrac{z}{b}$ 查得。

可知各土层层面处附加应力及各土层平均附加应力，列表 3.19。

（四）压缩层厚度确定

根据《公桥基规》规定，地基压缩层的计算深度 Z_n 应符合下式的要求，即

$$\Delta S'_n \le 0.025 \sum_{i=1}^{n} \Delta S'_i$$

先按一般压缩层下限附加应力与自重应力之比来初步确定，第六层处，$\sigma_z/\sigma_{cz} = 23.2/175 = 0.133$（一般比值按 0.2 考虑，软土地基可取 0.1）。

按压缩层 $Z_n = 12$ m 计算并检验：

在第六分层底面以上取 1.0 m，则 $z/b = \dfrac{11}{6.33} = 1.74$，则 $\alpha_0 = 0.188$，附加应力 $\sigma_z = 0.188 \times 141.7 = 26.6$ MPa。

平均附加应力　$\sigma_{zi}/\text{MPa} = \dfrac{26.6 + 23.2}{2} = 2.49$

$$\Delta S'_n = \frac{\sigma_{zi} \cdot h_i}{E_i} = \frac{24.9 \times 1.0}{15\,000} = 0.166 \text{ cm}$$

$$\sum_{i=1}^{n} \Delta S'_i/\text{cm} = \frac{2 \times (134.55 + 110.65 + 78.75 + 53.75 + 37.45 + 27.1)}{15\,000} = 5.9$$

$$0.025 \sum_{i=1}^{n} \Delta S'_i = 0.025 \times 5.9 = 0.15 \text{ cm} < \Delta S'_n = 0.166 \text{ cm}$$

以上所取地基土压缩层计算深度不符合要求，需加深压缩层，第七层的深度比 $m = \dfrac{Z_n}{b} = \dfrac{14}{6.33} = 2.21$，查得 $\alpha_0 = 0.128$，附加应力 $\sigma_{z7}\text{MPa} = 0.128 \times 141.7 = 18.1$

平均附加应力　　　　　$\sigma_{zi}/\text{MPa} = \dfrac{18.1 + 23.2}{2} = 20.65$

$$\Delta S'_i/\text{cm} = \frac{\sigma_{zi}}{E_i} = \frac{20.65}{15\,000} = 0.275$$

在第七层以上取 1.0 m,则

$$m = \frac{z}{b} = \frac{13}{6.33} = 2.05 \qquad \alpha_0 = 0.143$$

$$\sigma_z/\text{MPa} = 0.143 \times 141.7 = 20.26$$

平均附加应力 $\qquad \sigma_{zi}/\text{MPa} = \dfrac{20.26 + 18.1}{2} = 19.18$

则 $\qquad \Delta S'_n = \dfrac{\delta_{zi}}{E_i} = \dfrac{19.18 \times 1.0}{15000} = 0.13 \text{ cm}$

$$0.025\Sigma\Delta S'_i = 0.025 \times (5.9 + 0.275) = 0.15 \text{ cm} > \Delta S'_n = 0.13 \text{ cm}$$

故压缩厚度 $Z_n = 14$ m 符合要求。

(五)沉降量验算

验算式 $\qquad\qquad m_s \sum_{i=1}^{n} \Delta S'_i \leqslant [s]$

根据 E_s 查得 $m_s = 0.40$,根据规范要求,上部为静定结构墩台均匀沉降总值(cm)为

$$[s] = 2.0\sqrt{L} = 2.0\sqrt{2.5} = 10$$

相邻墩台均匀总沉降差(cm)为

$$[s] = 1.0\sqrt{L} = 1.0\sqrt{25} = 5.0$$

$$m_s \cdot \sum_{i=1}^{n} S'_i = 0.40 \times 6.2 = 2.5 \text{ cm} < [s]$$

满足要求,验算通过。

第四章　桩和桩基础的构造与施工

第一节　概　述

桩基础是土木工程中经常应用的基础型式之一。当地质条件不良，可做持力层的地基土埋置深度较深，从地基强度、沉降变形、稳定性等方面考虑，采用浅基础较困难或不经济，此时应考虑采用深基础，而桩基础则是深基础中优先考虑的基础形式。

最早桩基础是采用木桩和预制的小直径钢筋混凝土桩，主要用于中小跨径桥梁。作为桩基础一种特殊结构形式的管柱基础，是 1953 年首先在中国武汉长江大桥上应用。现在普遍采有的钻孔灌注桩是 1963 年开始在我国应用，当时是采用"人工推磨"方法实现直径 60～100 cm 的钻孔灌注桩，从此揭开了钻孔灌注桩在我国飞速发展的新篇章。

目前，桩基础被广泛应用于各种类型桥梁、高层建筑、大型厂房、港口和海上平台等工程。随着现代化工程建设的需要，桩的类型和成桩工艺、桩的设计理论和计算方法、桩的可靠度及检测技术等诸方面还会不断的发展前进。

一、桩基础的功能和特点

桩是一种埋入土中，截面尺寸比其长度小得多的细长基础构件。单根桩称为基桩，若干根桩通过顶端的承台板（或盖梁）联结成整体的承（传）力结构就成为桩基础。承台上再修筑桥墩、桥台及上部结构（图 4.1）。

图 4.1　桩基础组成

桩基础的作用就是将承台（盖梁）以上结构物传来的各种荷载外力，通过承台（或盖梁）传给各根桩，再由桩传到深层的地基持力层中。

桩基础设计比较灵活，设计者可以根据上部结构型式、荷载大小、地质情况等，通过调整桩的直径、桩的布置和形式（如斜桩，扩孔桩等）、桩的长度和根数等来满足使用要求。所以桩基础具有承载能力高、沉降变形小、稳定性好、变水下作业为水上作业，适用于机械化施工和适应各种复杂的土质条件等优点，是人们广泛采用的基础形式。

二、桩基础的应用范围

桩基础通常应用于下列情况：

（1）当建(构)筑物荷载较大,地基软弱或适宜的地基持力层埋置较深,地下水位较高,采用浅基础技术上不可行或经济上不合理;

（2）结构物对基础沉降变形与水平侧向位移较敏感,或承受较大的水平力,对稳定性要求较高;

（3）河床冲刷较大,河道不稳定,采用浅基础埋置过深施工困难或不能保证基础安全;

（4）当施工水位较深,水流流速较大时,由于桩基础可避免水下作业而减少施工困难;

（5）在地震地区可液化地基中,桩基础穿越可液化土层伸入下部密实稳定土中,可增强结构物抗震能力;

（6）对湿陷性黄土、膨胀土及沿海软土地基,桩基础有利克服特殊地基的缺欠而保证使用的要求。

近年发展起来的挖孔灌注桩,在某些条件下也是一种很可行的基础形式。如对陡峻起伏的山区;地质条件良好,无淤泥流砂地区;城市跨线桥、立交桥,可避免钻机噪音及泥浆污染等。

随着大直径挖孔桩的应用,在深水中也同样可以施工挖孔桩。湖南省路桥公司施工长1 000 余米的长沙市湘江南大桥,水深 3 ~ 15 m,主墩基础采用 $\phi550$ cm 钢护筒,用振动吸泥法穿过河床厚约 15 m 的砂砾石层,进入风化岩,由潜水员在水下进行封底处理后抽水,采用人工开挖方法通过风化岩嵌入岩层,再浇筑 $\phi350$ cm 水下混凝土灌注桩。挖孔方法除用钢护筒法外,还可用钢筋混凝土套筒法和沉井法在其内进行挖孔桩施工。

长沙市湘江南大桥 40 根大直径桩同时开工,工期仅用 3 个多月时间,取得十分良好的经济效果。

三、桩基础整体设计要求

桩基础整体设计基本内容是:确定桩的类型和桩长;基桩的数量和布置;桩基础各结构部分(承台、盖梁等)尺寸拟定及进行承载力、结构强度和配筋等验算内容,这些将在以后逐一加以介绍。从结构整体要求方面要注意以下几点。

（1）在同一桩基础中,不宜采用受力不同的(如摩擦桩与柱桩)基桩,以防止基桩产生不均匀沉降而影响下部结构的正常使用。

（2）在同一桩基础中不宜采用不同直径、不同材料和长度相差过大的基桩。

（3）对于特殊大桥,或地质条件复杂,有其他特殊要求的桩基础,必要时施工前应进行现场基桩荷载试验,以校验设计参数的取值,保证桩基础设计的安全性。

（4)对于超大跨度桥梁采用超深群桩基础时,要以减小承台自重和尽可能改善群桩基础受力为目标进行优化设计。

第二节　桩与桩基础的类型及构造要求

一、桩的分类

桩就其本身分类,有以下几种。

(一)按桩的材料分

桩就其材料来分类,可分为木桩、混凝土桩、钢筋混凝土桩、管柱桩、预应力混凝土桩和钢管桩,目前我国主要采用后面四种桩。

(二)按桩截面形状分

按桩的截面形状分有圆形桩、方形桩、多边形桩等。目前在公路桥梁中,随着大直径桩的使用,按其桩中心挖空与否还可分为空心桩与实心桩。

一般空心桩在"钻"与"挖"成孔之后,可以有以下两种方法成桩:

(1) 埋设普通内模,在内模与孔壁之间沉放钢筋笼,灌注水下混凝土,这种作法在性质上相当于将一般的灌注桩中心挖空。由于水下混凝土导管直径最少需要 250 mm(过细易卡管),又要下钢筋笼,因此桩壁厚度最少需要 600 mm 以上,上段护筒加粗部分壁厚最少750 mm 以上,因此桩径需 3.0 m 以上才适宜(图 4.2(a))。

(2) 埋设预制桩壳,同时充当内模,在桩壳与孔壁之间不放钢筋笼,只埋压浆管,填石压浆。由于压浆管直径一般只有 50～70 mm,故填石压浆层壁厚 150～200 mm 即可,这是一种创新工艺(图 4.2(b))。

单位:cm

图 4.2 大直径空心桩成桩的两种基本方法

(三)按桩的轴线方向分

按桩的轴线可将桩分为竖直桩、单向斜桩和多向斜桩等(图 4.3)。

由于竖直桩所能承受的水平力很小,当基础传来的荷载水平分力较大时,则需要加斜桩来承受,如大跨度拱桥组合式桥台,当采用桩基础时宜采用前直后斜的基桩,以承受上部结构传来的较大的水平推力。当作用于桥墩上的水平力,两个方向都可能出现时,可采用双向斜桩。

斜桩的轴线与竖直线倾斜角度正切值不宜小于 1/8(图 4.3),也不宜大于 1/3,工程中常采用的斜角度正切值是 1/8～1/5。钻(挖)孔灌注桩由于施工设备和工艺问题,斜桩用的很少。

(a) 竖向桩   (b)单向斜桩   (c)多向斜桩

图 4.3　不同轴向的桩基础

(四)按土对桩的支承力性质

土对桩作用的支承力分为两种,一是桩周土与桩壁之间的摩阻力;一是桩底土的竖向支承力。如果桩所穿过是较弱的土层并支承在各种压缩性土中,此时桩主要依靠作用在桩壁侧面的摩阻力来承受竖向荷载,而桩底土的支承力所占比重很小,甚至可以忽略不计,这种桩称为摩擦桩(图 4.4(a))。

(a)摩擦桩　(b)柱桩

图 4.4　摩擦桩和柱桩

反之,如果桩底支承在岩层或坚硬土层(如密实的大块卵石层)等非压缩性土层上,此种桩主要依靠桩底土层的土抗力来支承竖向荷载,因桩的沉降只有桩身累积弹性压缩变形,而认为摩阻力可忽略不计,这种桩称为柱承桩,或者称柱桩(图 4.4(b))。但对较长的柱承桩,因受荷后桩身弹性压缩变形也会较大,故在设计时也可适当考虑摩阻力。

柱承桩承载力大,基础沉降小,较安全可靠,但若岩层埋置很深,采用柱承桩很不经济,就需采用摩擦桩。在设计摩擦桩时,也应尽可能将桩底埋置于较好的土层中。柱承桩与摩擦桩由于它所在地基土中的工作条件不同,其桩土的共同作用特点和破坏机理也不同,在设计计算时所采用的方法和参数也不一样。

(五)按施工方法分

基桩的施工方法不同,不仅采用的机具设备和工艺过程不同,而且影响桩基础的结构型式、桩土之间的工作状态。桥梁桩基础按施工形式主要分为沉入桩(预制桩)和就地灌注桩。

1.沉入桩

将预制的钢筋混凝土桩、预应力混凝土桩、木桩及螺旋桩等(我国采用较多的是前两种),采用适当的方法将桩沉入土中的桩称为沉入桩。设计时应考虑它在起吊,运输及沉入过程中可能承受的荷载。桩的预制工作可在工地或工厂进行,长度较大者需分节制造,沉入时再拼接;分节长度可根据施工条件确定,但应尽量减少接头数;在沉桩和使用中,接头不得松动,其强度不应低于桩身强度。当土层中有大孤石、大树干或其他障碍物时,可能影响其沉入,不宜采用这种桩。

沉桩的方法主要有:锤击沉桩法、振动沉桩法、压入法、射水沉桩法、钻孔插入法、旋入法等。其中锤击法适用范围较广,也较为常用;射水法常与锤击法和振动法配合使用;钻孔插入法常用于多年冻土地区;旋入法仅用于螺旋桩。各种方法对桩周土的影响不同,桩的承载力也会因此而出现差别。

2.就地灌注桩

就地灌注桩简称灌注桩。在现场土中钻(挖)桩孔达到设计标高后,孔中灌注混凝土或钢筋混凝土而成的桩。有钻孔灌注桩、挖孔灌注桩等多种类型,其区别主要在成孔的施工机具和方法或成桩工艺不同。

钻孔灌注桩是用动力驱使钻头在土中钻进成孔。主要工序是钻孔、清孔、下钢筋笼和灌注混凝土。钻进方式分为冲击钻孔法、冲抓钻孔法和旋转钻孔法,根据土质和设备条件选用。混凝土需在水下灌注,常用的是导管法,也可用混凝土泵自下而上灌注。桩径决定钻头直径,一般不小于 1 000 mm,我国大直径钻机的钻孔直径已达 2 500 ~ 3 000 mm,目前已设计的 KD3 000 型动力头式钻机成孔直径已达 $\phi5 000$ mm;岩石达 $\phi3 000$ mm。钻孔灌注桩适用于各种类型土层,对于易坍孔土质及可能发生流砂或有承压水的地基土,施工前应做试桩以取得经验。钻孔灌注桩在我国桥梁基础中应用非常广泛,我国钻孔桩施工最大深度已超过百米。

挖孔灌注桩是用人工或以机械配合成孔的就地灌注桩。随着桩基础向大直径无承台型式发展,我国大直径挖孔空心桩直径已达 $\phi5 500$ mm。挖孔桩的特点是不受设备限制,施工简单,质量容易得到保证,为增大桩底支承力,可用开挖办法扩大桩底。但施工中必须注意防止孔内有害气体、坍孔等危及孔内人员安全。

3.管柱基础

由钢筋混凝土、预应力混凝土或钢制成薄壁管状开口构件,各管节在工地用螺栓、电焊或其他方法拼接,沉入土中后上端连以钢筋混凝土承台形成的基础称为管柱基础。

管柱最下端装有环形钢刃脚,以利于切土下沉。柱底一般落在坚实土层或嵌入岩层中,适用于深水、岩面不平整、覆盖土层厚薄不一的大型桥梁基础。其下沉方法具有特殊性,采用特殊措施强迫管柱下沉,常用的方法是:以大型振动锤进行上、下振动或用摇晃机扭摆下沉;在管内用抓土斗或水力机械排土;必要时,还可在管内外进行高压射水,以减少下沉阻力。

这种基础首先在 1955 年应用于我国武汉长江大桥,采用钢筋混凝土管柱,直径为 1.55 m,嵌入岩盘 2 ~ 7 m,随后在南京长江大桥改用预应力混凝土管柱,直径 3.6 m,管壁厚 140 mm,用先张法预施应力,节长 7.5 m,用法兰盘联结,入土深度 47 m,其中嵌入岩盘 3.5 m (图 4.5)。在国外常用钢管柱,近年还发展有锁口钢管柱(桩)基础。

二、桩基础分类

桩基础分类除可按前面所介绍基桩分类考虑外,从设计计算和施工考虑,可以分为高桩承台基础和低桩承台基础(简称高桩承台和低桩承台)。高桩承台是指承台底面位于地面线(无冲刷)或局部冲刷线以上,还可细分为露出水面以上的高桩承台和埋藏在水面以下的高桩承台(图 4.6(a)、(b));低桩承台是指承台底面位于地面线(无冲刷)或局部冲刷线以下(图 4.6(c))。高桩承台的结构特点是基桩部分桩身埋入土中,上面有部分桩身露出在地面线或局部冲刷线以上,这段外露桩长称为桩的自由长度,桩的受力计算时要考虑它的影响。低桩承台则基桩全部埋入土中(桩的自由长度为零),而且承台也埋入土中一定深度,所以在计算低桩承台承受水平力的土抗力时,还要考虑承台侧面土抗力参加工作。

图 4.5　南京长江大桥主墩管柱基础

图 4.6　承台的类型

高桩承台由于承台位置较高,故能减少墩台坊工量,减轻自重,施工较为方便,也较为经济。由于高桩承台的承台与桩的自由长度段周围无土固结共同受力,使基础整体刚度小,基桩受力不利,桩身内力和位移较大,稳定性方面也不如低桩承台。一般跨河的大桥,由于冲刷较深,修筑低桩承台工程量太大,所以一般都还是采用高桩承台。近年来由于大直径钻孔灌注桩的推广应用,桩的刚度、强度都较大,因而高桩承台在桥梁基础工程中是一种广泛采用的型式。

三、桩与桩基础的构造要求

(一) 单桩的构造要求

1.预制钢筋混凝土桩

预制钢筋混凝土桩最常用是实心方桩,断面尺寸多为 300 mm × 300 mm ~ 600 mm × 600 mm,可在现场或工厂预制,现场制作桩长可达 25 ~ 30 m,工厂预制一般不超过 12 m。分节制作的桩应保证桩头质量,满足桩身承受轴力、弯矩和剪力要求。接桩的方法有:钢板角钢焊接、法兰盘螺栓和硫磺胶泥锚固等。

桩身混凝土标号不低于 C25,桩身配筋应按起吊、运输、沉桩和使用各阶段的内力要求通长配筋。其具体配筋必须满足规范关于配有纵向受力钢筋和普通箍筋或螺旋箍筋(焊接环形箍筋)时的轴心受压构件的要求。

桩的两端处箍筋应加密,一般间矩为 50 mm。桩头直接受锤击,故在桩头一般需放三层方格网片以加强;在桩尖处把主筋弯在一起焊在一根蕊棒上,以利于克服阻力穿透土层。桩内需预埋直径为 20 ~ 25 mm 的钢筋吊环,吊点位置通过计算确定(图 4.7 所示)。

2.预应力钢筋混凝土桩

预应力钢筋混凝土桩是通过对桩身混凝土施加预压应力,以提高桩的抗锤(冲)击能力与抗弯能力。预应力钢筋混凝土桩简称预应力桩,其截面可分为圆形、方形或多边形,通常为空心桩(图 4.8)。

图 4.7 预制钢筋混凝土方桩配筋图

图 4.8 预应力混凝土桩

方形桩和直径较小的管桩一般用先张法预加应力(即将钢筋混凝土桩的部分或全部主筋作为预应力筋张拉),下端带有桩尖;直径较大的管桩常采用后张法穿束施加预应力,下端做成开口并带有钢刃脚。

桩身混凝土强度等级一般不低于 C35,现制作的高强预应力管桩,混凝土强度等级已达 C60 以上。目前常用的预应力空心方桩规格为 500 mm × 500 mm 和 600 mm × 600 mm 两种;预应力空心管桩外径为:ϕ500 ~ ϕ1 000 mm,壁厚 90 ~ 130 mm,桩段长 4 ~ 15 m,钢板电焊或螺栓连接。

3.钢桩

结构材料全部为钢材的预制桩,主要有钢管桩、H 型钢桩、钢轨桩以及其他各种轧制型钢焊成的钢桩(图 4.9)。钢桩其自身强度高,设计时应注意使其具有较大的桩周摩阻力,以获得较高的承载能力。若周围介质的 PH 值大于 9.5

图 4.9 钢桩截面形状

或小于 4.0,以及当其处于填土中时,除按常规验算桩身强度外,应根据使用期限内钢材受到的腐蚀程度加大桩壁厚度,或者采取防护措施,如刷防腐涂料,用混凝土包裹等。

钢管桩可以采用焊接管或无缝管,其外径以往工程采用约为 ϕ150 ~ ϕ1 600 mm,壁厚约 5 ~ 15 mm。原则上外径小则壁厚也小,反之则壁厚大。同一根桩,可以根据受力分段采用不同的壁厚和力学性质不同的钢材。沉入时桩下端可以是开口,若桩径不大沉入较深时,也可焊接厚钢板或桩尖使之封闭。沉入后常用混凝土将管内填实,甚至用爆破法在桩尖处造成扩大体,以提高桩的刚度和承载力。H 型钢桩其截面为 H 形,一般采用专为适应锤击沉桩需要而轧制的 H 形钢材,其特点是翼缘宽度大,厚度与腹板相同,使在两个互相垂直的主轴上的截面惯性矩大致相等;常用的截面高度为 180 ~ 400 mm。工程实践证明,采用锤击法可将其沉入密实的卵石和漂石层及页岩等软质岩层,是一种很好的高承载力的长柱钢桩。但由于截面形状关系,不宜做摩擦桩。

4.就地灌注钻(挖)孔桩

钻孔桩设计直径(即钻头直径)不宜小于 800 mm,一般常用 1 000 ~ 2 000 mm;挖孔桩直径或最小边宽度不宜小于 1 200 mm。桩身混凝土强度等级不低于 C15,水下混凝土不应低于 C20。

钻(挖)孔桩配筋是按内力大小分段配筋。由于钻(挖)孔桩截面布筋要均匀,现在一般都按两段配筋:首先按最大内力(弯矩)配置钢筋,随着深度增加桩身内力(弯矩)减小,待经过试算配筋只需原配筋量的 1/2 或稍低于 1/2 时,就可将原配筋数量减半,余下钢筋仍为均匀布筋;桩身弯矩很小不需配筋的下端桩段也可采用素混凝土。当内力计算表明该桩不需要配筋时,也应在桩顶 3 000 ~ 5 000 mm 内设构造钢筋。为防止钢筋骨架在成形或吊装过程中产生太大的变形,规范规定,钻(挖)孔桩桩身配筋主筋直径不宜小于 14 mm,每桩的主筋不宜少于 8 根,主筋净距不得小于 80 mm,保护层净距不小于 50 mm。箍筋直径不小于 8 mm,箍筋中距为 200 ~ 400 mm。对于直径较大的桩或较长的钢筋骨架,为了增加钢筋骨架的刚度,可在钢筋骨架上每隔 2 000 ~ 2 500 mm 设置直径 14 ~ 18 mm 的加劲箍一道。为确保主筋有足够的保护层厚度,钢筋笼四周可设置凸出的定位钢耳朵、定位弧形混凝土块或其他定位措施。钢筋笼底部的主筋宜稍向内弯曲,作为导向。

就地灌注桩常用的含钢率为 0.2% ~ 0.6%,比一般预制桩、管柱均低。

目前我国钻(挖)孔桩有向大直径发展的趋势,现已应用到 $\phi 4\ 000$ mm 的大直径桩,并采用空心结构型式,充分发挥就地灌注桩的承载力高、刚度大、自重轻的优点,成为发展的新方向。对于大直径钻(挖)孔桩的具体配筋要求,请参考有关资料文献。

5.桩的布置

(1)群桩基础桩的平面布置应符合下述原则

①桩的中距及边桩外侧与承台边缘的距离应符合规范要求;

②应使群桩所围面积形心尽量与外荷载合力作用点重合或接近;

③一般可采用均匀布置(如行列式、梅花式、环形等),当承受较大弯矩时,为使各桩受力均匀,也可不等矩布置;

④在满足桩距要求情况下,应尽可能将桩布置在承台外围,以增加桩基础的整体惯矩。

(2)规范规定桩的中距要求(图 4.10)

①摩擦桩:锤击沉桩,在桩尖处的中距不得小于桩径(或边长)的 3 倍,对于软土地基宜适当增大;震动沉入砂土内的桩,在桩尖处的中距不得小于桩径(或边长)的 4 倍。桩在承台底面处的中距均不得小于桩径(或边长)的 1.5 倍。钻(挖)孔桩中距不得小于成孔直径的 2.5 倍。管柱中距可为管柱外径的 2.5 ~ 3.0 倍。

②柱桩:支承在基岩上的沉入桩中距,不宜小于桩径(或边长)的 2.5 倍;支承或嵌固在

图4.10 基桩布置示意图

基岩中的钻(挖)孔桩中距,不得小于成孔桩径的2.0倍。嵌入基岩中的管柱中距,不得小于管柱外径的2.0倍,当计算管柱内力不考虑覆盖层的抗力作用时,其中距可酌情减小。

(3) 规范规定边桩外侧与承台边缘距离

对于直径(或边长)小于等于1 000 mm的桩,不得小于0.5倍桩径(或边长)并不小于250 mm;对于直径大于1 000 mm的桩,不得小于0.3倍桩径(或边长)并不小于500 mm。桩柱外侧与盖梁边缘的距离不受此限。

(4) 桥台桩基础中基桩的布置应尽可能减少直接承受桥台后面路基土压力的基桩,这样对桩基础受力有利。一般最好布置成图4.10(a)的形式,而不布置为(b)的形式,但必须进行技术、经济比较。

6.桩与承台、盖梁的连接

当采用预制桩时,往往采取桩顶直接埋入承台的连接方式(图4.11(a))。桩顶伸入承台座板内的长度 a 应根据桩顶受力(轴向力、弯矩和剪力)大小来确定;通常,对于承受压力荷载的钢筋混凝土桩,当桩径(或边长)小于600 mm时,埋入长度 $a \geqslant 2D(b)$;当桩径(或边长)为600 ~ 1 200 mm时,$a \geqslant 1 200$ mm;当桩径(或边长)大于1 200 mm时,$a \geqslant D(b)$。

图4.11 桩与承台的连接

对于就地钻(挖)孔灌注桩,往往采用桩顶主筋伸入承台或盖梁的连接方式(图4.11(b))。桩身嵌入承台内的深度应为150 ~ 200 mm,对于盖梁,桩身可不嵌入。伸入承台或盖梁内的桩顶主筋可做成喇叭形(与竖直线约成15°角,盖梁若受尺寸限制,可部分主筋做成喇叭形)。伸入承台或盖梁内的主筋长度,光圆钢筋不小于 $30d$(设弯钩,d 为主筋直径),螺纹钢筋不小于 $40d$(不设弯钩);伸入承台的光圆钢筋与螺纹钢筋长度均不宜小于600 mm。承台或盖梁内主筋所设箍筋或螺旋筋间距要比桩身小,一般为 100~200 mm,直径与桩身箍筋相同。

对于管柱应将管壁中的螺纹主筋竖直伸入承台(图 4.11(c)),其长度不小于 $50d$(不设弯钩)。

对于承受拔力荷载的桩,桩的主筋伸入承台座板的连接长度必须满足抗拔力验算要求。

当墩柱较高时,为了增强桩(柱)之间的整体性,可设置横系梁。横系梁的高度可取 0.8~1.0 倍桩(柱)直径,宽度可取 0.6~1.0 倍桩(柱)直径。

横系梁的主钢筋应伸入桩内并与桩内主筋连接,横系梁可不做内力计算,钢筋数量按横系梁载面面积的 0.10%确定并按构造设置即可。

承台座板的厚度和配筋,应根据基桩受力大小计算确定。从构造上有如下要求:承台座板的厚度宜为桩直径的 1.0~2.0 倍,且不宜小于 1 500 mm,混凝土强度等级不低于 C20 号;承台的顶面和侧面应设置表层钢筋网,每个面在两个方向的截面面积均不宜小于每米 400 mm²,钢筋间距不应大于 400 mm;承台在其底部应布置一层钢筋网,在每 1 m 宽度内(按每一方向)钢筋量为 1 200~1 500 mm²,钢筋直径采用 $\phi 14 \sim \phi 18$ mm;当基桩的桩顶主筋伸入承台连接时,此钢筋网须通过桩顶不得截断,并与桩顶主筋连接;当桩顶直接埋入承台,桩顶作用于承台的压应力超过承台混凝土容许压应力时,应在桩顶面上增设 1~2 层局部钢筋网,钢筋直径不小于 12 mm,钢筋网每边长度不小于桩径的 2.5 倍,网孔为 100 mm × 100 mm ~ 150 mm × 150 mm。

《公钢桥规》对承台配筋还规定:当桩中心距离不大于 3 倍桩直径时,承台受力钢筋应均匀布置于承台全宽之内;当桩中心距离大于 3 倍桩直径时,受力钢筋应均匀布置于距桩中心 1.5 倍桩直径范围内,在此范围以外应布置配筋率不小于 0.1%的构造钢筋(图 4.12)。如承台仅有一个方向的受力钢筋时,垂直受力方向,应设直径不小于 12 mm,间距不大于 250 mm 的构造钢筋。对钢筋层距的要求是,当钢筋为三层及以下时,不应小于 30 mm,且不小于钢筋直径;当为三层以上时,不应小于 40 mm 且不小于钢筋直径的 1.25 倍。承台的桩中距等于或大于桩直径的 3 倍时,宜在两桩之间,距桩中心各一倍桩直径的中间区段内设置吊筋(图 4.12),其直径不应小于 12mm,间距不应大于 200 mm。

图 4.12 承台布筋图

第三节　桩基础施工

一、就地灌注桩施工

(一)钻孔灌注桩施工

钻孔灌注桩是采用机械成孔的施工方法,具有造价低、无噪音、无冲击、无振动、无污染等优点,已被我国桥梁工程施工广泛采用。一般钻孔灌注桩成孔机械按其钻进过程中的泥浆循环和排渣方式可分为正循环钻机和反循环钻机。其具体选用适当的钻进方法,要根据土层性质、桩径大小、入土深度及已有施工机具设备而定。表4.1为我国《公路桥梁施工技术规范》提供的一般适用范围,随着钻孔设备的不断改进,设备功率的增强,成孔直径和孔深范围将会逐渐增大。

表4.1　钻孔灌注桩各种成孔设备(方法)适用范围参考表

编号	成孔设备(方法)	适用范围			
		土　层	孔径/cm	孔深/m	泥浆作用
1	机动推钻	粘性土,砂土,砾石粒径小于10 cm,含量少于30%	60~160	30~40	护壁
2	正循环回转钻机	粘性土,砂土,砾、卵石粒径小于2 cm,含量少于20%的碎石土,软岩	80~200	30~100	浮悬钻渣并护壁
3	反循环回转钻机	粘性土,砂土,卵石粒径小于钻杆内径2/3,含量少于20%的碎石土,软岩	80~250	泵吸<40 气举100	护壁
4	正循环潜水钻机	淤泥,粘性土,砂土,砾卵石粒径小于10 cm,含量少于20%的碎石土	60~150	50	浮悬钻渣并护壁
5	反循环潜水钻机	各类土层	60~150	泵吸<40 气举100	护壁
6	全护筒冲抓和冲击钻机	各类土层	80~200	30~40	不需泥浆
7	冲抓锥	淤泥、粘性土、砂土、砾石、卵石	60~150	20~40	护壁
8	冲击实心锥	各类土层	80~200	50	浮悬钻渣并护壁
9	冲击管锥	粘性土、砂土、砾石、松散卵石	60~150	50	浮悬钻渣并护壁
10	冲击、振动沉管	软土、粘性土、砂土、砾石、松散卵石	25~50	20	浮悬钻渣

注:① 土的名称按照《公路桥涵地基与基础设计规范》JTJ024—85 的规定;
　　② 单轴极限抗压强度小于 30 MPa 的岩石称软岩;大于 30 MPa 的称硬岩;小于 5 MPa 的称极软岩;
　　③ 正反循环回转钻机(包括潜水钻机)附装竖硬牙轮钻头,可钻抗压强度达 100 MPa 的硬岩;
　　④ 表中所列各种钻孔设备(方法)适用的成孔直径和孔深,系指国内一般情况下的适用范围,随着钻孔设备不断改进,设备功率增强,辅助措施提高,成孔直径和孔深的范围将逐渐增大。

钻孔灌注桩施工工序多,每个工序都有严格的技术要求,要连续不间断的施工,这样才能保证钻孔桩的施工质量。图4.13是钻孔灌注桩施工工艺流程图。

以下介绍主要工艺的技术要求。

图 4.13 钻孔灌注桩施工工艺流程图

1.埋设护筒

埋设护筒是钻孔灌注桩准备工作中的一个最主要环节。护筒为圆形,可用木、钢板、钢筋混凝土制作(图 4.14),要求坚实耐用、不变形不漏水,并应能重复使用,所以目前木制护筒已基本不用。

护筒作用是:保护孔口不坍;固定桩位钻孔时起导向作用;隔离地面水并保持护筒内水位高度,保护孔壁不坍。护筒埋设方法有:挖埋式护筒,适用于旱地或岸滩,当地下水位在地面以下大于 1.0 m 时,可采用挖埋法(图 4.15(a));填筑式护筒,适用于桩位处地面浅水或地下水位在地面以下小于 1.0 m 时,可填筑土岛埋设(图 4.15(b));围堰筑岛护筒和深水平台架设护筒均适用深水中护筒埋设(图 4.15(c)、(d))。

埋设护筒应满足以下要求。

①护筒直径应比钻头直径大 100～400 mm,依据成孔方式来定;

②护筒顶标高要高出地面或岛面 300～500 mm,高于地表水面或地下水面 1.5～2.0 m;

③护筒底应用粘土夯填,不得漏水跑浆;

图 4.14 护筒示意图

1—连接螺栓孔;2—连接钢板;3—纵向钢筋;4—连接钢板或刃脚

图 4.15 护筒埋设方法

1—护筒;2—夯实粘土;3—砂土;4—施工水位;5—工作平台;6—导向架;7—脚手架

④平面位置准确,偏差不宜大于 50 mm,护筒斜度的偏差应不大于 1%。

2.泥浆制备

泥浆是用作护壁用,由水、粘土(或膨润土)和添加剂组成。泥浆的作用:增大孔内向外的静水压力,并在孔壁形成一层泥皮,隔断孔内外水流起着护壁作用;用作悬浮钻渣,润滑钻头,减少钻进阻力。

调制的泥浆应根据钻孔方法和地层情况采用合适的性能指标,一般可参照表 4.2 选用。泥浆要备有足够的用量。

表 4.2　泥浆性能指标要求表

钻孔方法	地质情况	泥浆性能指标						
		相对密度	粘度 /(Pa·s)	静切力 /Pa	含砂率 /%	胶体率 /%	失水率 /(mL/30 min)	酸碱度 pH
正循环回转、冲击	粘性土	1.05 ~ 1.20	16 ~ 22	1.0 ~ 2.5	< 8 ~ 4	> 90 ~ 95	< 25	8 ~ 10
	砂土 碎石土 卵石 漂石	1.2 ~ 1.45	19 ~ 28	3 ~ 5	< 8 ~ 5	> 90 ~ 95	< 15	8 ~ 10
推钻、冲抓	粘性土	1.10 ~ 1.20	18 ~ 24	1 ~ 2.5	< 4	> 95	< 30	8 ~ 11
	砂土 碎石土	1.2 ~ 1.4	22 ~ 30	3 ~ 5	< 4	> 95	< 20	
反循环回转	粘性土	1.02 ~ 1.06	16 ~ 20	1 ~ 2.5	< 4	> 95	< 20	8 ~ 10
	砂土	1.00 ~ 1.10	19 ~ 28	1 ~ 2.5	< 4	> 95	< 20	8 ~ 10
	碎石土	1.10 ~ 1.15	20 ~ 35	1 ~ 2.5	< 4	> 95	< 20	8 ~ 10

注:① 地下水位高或其流速大时,指标取高限,反之取低限;
② 地质较好、孔径或孔深较小的,指标取低限;
③ 孔壁泥皮厚除正循环旋转冲击的砂类土等应≤2 mm外;其余均应≤3 mm;
④ 用推钻、冲抓、冲击方法钻进时,可用粘土碎块投入孔内,由钻锥自行造浆固壁;
⑤ 若当地缺乏优质粘土,不能调出合格泥浆时,可掺用添加剂以改善泥浆性能;
⑥ 在不易坍塌的粘性土层中,使用推钻、冲抓、反循环回转方法钻进时,可用清水提高水头(≥2 m)维护孔壁;
⑦ 对遇水膨胀或易坍塌的地层如泥页岩等,其失水率应 < (3 ~ 5) mL/30 min;
⑧ 泥浆性能各种指标测定法见施工规程;
⑨ 相对密度是泥浆密度4 ℃纯水密度之比。

3.钻孔

钻孔的方法主要根据地质条件,采用不同的成孔机械。一般现常用的成孔方法如下:

(1)旋转钻孔法　用动力驱动钻头旋转切削地层,利用泥浆循环排渣成孔的旋转钻机钻孔。钻渣可用泥浆正循环法或泥浆反循环法排出,用水排渣法只能采用反循环法。

正循环旋转钻进是泥浆由泥浆泵压进泥浆笼头,通过钻杆从底端钻头射出而输入孔底,泥浆挟钻渣上升,从护筒顶溢流口不断流出排至沉淀池内,钻渣沉淀,泥浆流入泥浆池循环使用(图 4.16)。

反循环旋转钻进是泥浆循环与正循环相反,泥浆先注入孔内,当钻头在孔底切削钻进时,钻渣和泥浆一起利用吸抽泵从钻头吸入经钻杆排出至沉淀池,钻渣沉淀而泥浆流入泥浆池循环使用。

(2)冲抓钻孔法　利用冲抓锥的自重冲击破碎地层并抓取钻渣成孔的冲抓钻机成孔。冲抓锥具的形式很多,钻头抓土工作原理与一般抓土斗相同(图 4.17),下落时,抓瓣上的刃口对土石有较强的冲击破碎作用。

图 4.16　正循环旋转钻进示意图
1—钻机;2—钻架;3—泥浆笼头;4—护筒;5—钻杆;6—钻头;7—沉淀池;8—泥浆池;9—泥浆泵

图 4.17　冲抓锥

图 4.18　冲击钻头

(3)冲击钻孔法　利用冲击钻机的钻头自重冲击破碎地层,用抓斗、取渣筒或用泥浆排渣成孔。冲击钻头一般以铸钢、锻钢或钢板铆焊制成,冲锥钻刃型式分为一字型、十字型和多刃型(图 4.18),在反复的冲击中,钻头不断转动,最终形成圆形或近似圆形的孔。

实践证明,在钻孔过程中,会迁到各种不同类型土层,成孔时就要采用不同的钻进方式。有时,即使在同一孔中钻进,也需要用不同的成孔方法。例如上面细粒土适用旋转成孔,但对下面卵砾石、硬岩地层又要用冲抓或冲击成孔。

钻孔过程中,要注意以下几个问题。

①钻进过程中要随时检查进尺和土质情况,并做好记录;

②在钻进过程中要随时检查孔径和垂直度,当发生严重的斜孔、弯孔、缩孔时要进行必要的修孔;

③在钻进过程中,要注意护筒内水头高度的稳定性,以防坍孔;

④经常检查钻具、钻杆、钢丝绳和联结装置,对卡钻、掉钻要及时处理;

⑤在钻进过程中常发生坍孔事故,要注意观察,当发现孔内水位骤降并有气泡上冒;出渣量显著增加而不见进尺;钻机负荷显著增加或显出埋钻迹象时,都表明发生了坍孔,要马

上停钻,查明坍孔位置及时处理。

4.清孔

钻孔达到设计标高后,应立即进行清孔。清孔的目的是减小孔底沉淀土层厚度,以达到设计要求,保证桩尖土的承载力;为灌注水下混凝土创造良好条件,保证水下混凝土灌注质量。

清孔方法应根据设计要求、钻孔方法、机具设备条件和土层情况决定。一般有如下方法:

(1)抽浆清孔法　直接用反循环钻机、空气吸泥机、水力吸泥机或离心吸泥泵等将孔底含钻渣泥浆吸出达到清孔目的。此法清孔较彻底,适用于各种方法钻孔的柱桩和摩擦桩。

(2)换浆清孔法　钻孔完成后,提升钻锥距孔底 100～200 mm 空钻不进尺,以相对密度较低(1.1～1.2)的泥浆压入,把钻孔内的悬浮钻渣和相对密度较大的泥浆换出,此法适用于正循环钻孔的摩擦桩。

(3)掏渣清孔法　用掏渣筒(图 4.19)、大锅锥或冲抓钻清掏孔底粗钻渣,仅适用于机动推钻、冲抓、冲击钻孔的各类土层摩擦桩的初步清孔。

图 4.19　掏渣筒

(4)喷射清孔法　在灌注混凝土前对孔底进行高压射水或射风数分钟,使剩余少量沉淀物飘浮后立即灌注水下混凝土,可作为配合其他清孔方法使用。

清孔时应注意以下事项:

①不论采用何种清孔方法,在清孔排渣时,必须注意保持孔内水头稳定,防止坍孔;

②柱桩采用抽浆法清孔,清孔后将取样盒(即开口铁盒)吊到孔底,待灌注水下混凝土前取出检查沉淀在盒内的渣土厚度,不得超出设计要求;

③用换浆或掏渣法清孔后,孔口、孔中部和孔底提出的泥浆平均值应符合质量标准要求;灌注水下混凝土前,所测孔底沉淀土层厚度应不大于设计规定;

④不得以加深孔底深度的方法代替清孔。

5.钢筋骨架组装和吊安

钻孔灌注桩的钢筋笼要提前制作组装,长桩情况下钢筋笼长度很长应分节制作,每节长度以 8～9 m 为宜。在加工制作和组装时,要注意其施工精度,并应有较高的刚度。具体有以下几点要求。

(1)钢筋笼制作的允许偏差要满足表 4.3 的要求,对于分节制作的钢筋笼,其接头宜采用焊接,并要求主筋错开,同一截面主筋接头数不超过 50%;

表 4.3　钢筋笼制作允许偏差

项次	项目	允许偏差/mm
1	主筋间距	±10
2	箍筋间距	±20
3	直径	±10
4	长度	±50

（2）吊装、安放钢筋笼时，应防止变形，对准孔位，避免碰撞孔壁，并保证有足够的保护层厚度。钢筋笼保护层厚度允许偏差：水下灌注混凝土桩为 ± 20 mm，非水下灌注混凝土桩为 ± 10 mm。

（3）为了防止钢筋笼在灌注混凝土上拔导管时上浮，钢筋骨架要牢固定位于孔口，可在钢筋笼底部加焊 $\phi 6 \sim 8$ mm 钢筋于部分主筋上，并作成弯钩，上套一定数量的混凝土块，以增大钢筋笼底部锚固力。

6.灌注水下混凝土

水下混凝土一般采用刚性导管法灌注。刚性导管用钢管制作，导管内径一般为 200 ~ 350 mm，导管使用前应进行必要的水密、承压和接头抗拉等试验。开始灌注混凝土时，应在漏斗底口处设置可靠的隔水设施。

首批灌注混凝土的数量，应满足图 4.20 的要求。

图 4.20　首批灌注混凝土数量计算图

导管初次埋置深度 $h_3 \geqslant 1.0$ m，填充导管底部间隙高度 $h_2 \approx 400$ mm，按下式计算，即

$$V = h_1 \frac{\pi d^2}{4} + (h_2 + h_3) \frac{\pi D^2}{4}$$

式中　V——首批混凝土所需体积(m³)；

$\quad\quad h_1$——导管内混凝土柱平衡导管外水压所需高度 $h_1 = H_\mathrm{W} \cdot \gamma_\mathrm{W} / \gamma_\mathrm{h}$；

$\quad\quad H_\mathrm{W}$——孔内混凝土面以上水或泥浆深度(m)；

$\quad\quad \gamma_\mathrm{W}$————孔内水或泥浆密度(kN/m³)；

$\quad\quad \gamma_\mathrm{h}$——混凝土拌合物的密度(kN/m³)；

$\quad\quad d$——导管内径(m)；

$\quad\quad D$——钻孔直径(m)。

灌注水下混凝土要注意以下几点。

（1）开始灌注混凝土之前，应在漏斗底口处设置可靠的隔水设施；

（2）混凝土拌合物应有良好的和易性，在运输和灌注过程中无显著离析、泌水，有足够的

流动性;

（3）灌注工作开始后要连续作业不得间断，并尽可能缩短拆除导管的间隔时间;

（4）要随时量测孔内混凝土标高与导管埋入混凝土的深度（不小于 2.0 m 或不大于 6.0 m）提升导管不可过猛，以防导管与混凝土脱离而发生断桩;

（5）要注意灌注中途故障处理，导管不得进水，导管堵塞要及时通导，处理无效时应拔出导管、钢筋笼，重新清孔灌注混凝土;

（6）当灌注混凝土面接近钢筋骨架时，宜使导管保持稍大的埋深，并放慢灌注速度，以减小混凝土对钢筋笼的冲击力，避免上浮;

（7）灌注混凝土控制桩顶标高应比设计标高预加一定高度，一般为 0.5～1.0 m，这部分混凝土是最先与孔底沉淀土混杂在一起的先浇部分，应予以凿除，确保桩顶混凝土质量。

（二）沉管灌注桩施工

沉管灌注桩实际上是一种全护筒工艺成孔，分下述两种成桩方法:

一种是对小直径桩（一般桩径不超过 600 mm），用重锤的冲击或是振动器的激振力，先将闭口的钢套管（闭口部分又称桩靴）冲击或振动沉入设计标高，然后下钢筋笼，边浇注混凝土边拔出钢管成桩。对于较大直径桩采用直径为 1.0～2.0 m 不等的常备式钢套管，施工的成孔工艺是:使套管边左右轮流反复旋转摇动的同时，边用左右的油压千斤顶将其压入地基中，用锤式抓斗破碎套管内的土并抓出，而不断向下钻进。按此方法周而复始，一直将桩孔掘凿到设计规定的地基深度以后，放入钢筋笼，安放混凝土导管，灌注混凝土并抽拔钢套管，建成大孔径灌注桩（图 4.21）。

图 4.21 套管法灌注桩施工

①插入第 1 节套管;②抓泥并晃管下沉;③安装第 2 节;④安装钢筋骨架;

⑤插入导管;⑥灌筑混凝土并上拔套管;⑦基桩完成

1.沉管灌注桩具有如下优点

（1）除含有大卵石、孤石等地质条件外，一切土层都适用，尤其对软地基，有承压水和流砂等不良地质土层，由于是全套管施工，可做到安全施工;

（2）由于套管都是超前于钻具（甚至不用钻具采用挤入沉管），所以不会引起桩周地基土松动，桩身混凝土混入泥渣的可能性小;

（3）能确保不坍孔，不断桩，适合进行斜桩施工。

2.沉管灌注桩施工应注意以下几点

(1)钢筋混凝土预制桩尖或活瓣桩尖应设置在设计位置,桩管竖直套入预制桩尖,两者的轴线应竖向重合一致,如有移位或倾斜超过允许偏差,应即时纠正,必要时应拔出重新沉管;

(2)灌注的混凝土标号和坍落度要符合设计规定,每次向管内灌注混凝土时应尽量多灌,当管长大于桩长时,混凝土可一次灌足;

(3)在开始拔管时,对用活瓣桩尖振动沉入的管桩,应先振动片刻再拔管,在测得桩管尖活瓣确已张开,混凝土确已从桩管中流出以后,方可继续拔出桩管;

(4)对用混凝土桩尖锤击沉入的桩管,拔管时采用振动锤倒打法拔出,倒打的打击频率不宜小于 70 次/min,使在拔管时起到振动密实混凝土作用;

(5)拔管速度应均匀,应边振(打)边拔,用锤击倒打拔管时,拔管速度不宜大于 0.8～1.0 m/min;用振动拔管时,不宜大于 1.0～1.5 m/min,每拔出 0.5～1.0 m 要停拔并振动 5～10 次,如此反复直至桩管全部拔出;

(6)在淤泥及含水量饱和的软土层振动拔管时,应采用反插法施工,即每次拔管高度0.5～1.0 m,再往下反插深度 0.3～0.5 m,如此拔插,直至桩管全部拔出。

(三) 挖孔桩施工

挖孔桩最早是在旱地施工发展起来的,后来用于城市跨线桥、立交桥。城市桥梁挖孔桩除了可以节省钻孔机具外,还可以避免钻机的噪声和泥浆对环境的污染。以后逐渐发展到水中也采用挖孔桩,直径也由最初的 1.0～1.5 m 发展到 4～6 m,深度也发展到超过 20 m,并由小直径的挖孔实心桩发展到大直径的挖孔空心桩。

1.小直径挖孔桩施工要点

(1) 孔壁支护

挖孔桩的施工方法比较单一,所不同的是护壁方法的不同。一般孔壁支护现都采用预制混凝土护圈或钢护圈支护,也可采用现浇或喷射混凝土护壁。挖孔与支护孔壁交错进行,开挖一段,支护一段。

一般采用护筒保护孔口,护筒宜略高出地面 200 mm,除保护孔口不坍塌外,还可防止表面水或地面泥土、杂物等滑落孔中。

第一节护圈也可做成钢筋混凝土刃脚状,下面挖土后,使钢筋混凝土护圈及其上所加预制混凝土护圈下沉,直至设计桩底标高为止(图 4.22)。

采用现浇钢筋混凝土护壁成孔是人工掘进一段深度(设计护壁的每段高度,一般为1.20～1.50 m)后,进行支模板,现浇钢筋混凝土,当强度达到设计强度 70%时,拆模完成第一阶段施工,如此循环,一直挖到基底设计标高。

护壁钢筋笼的制作如图 4.23 所示,一般在地面上成型,成型时留口,制作成不封闭的圆筒形,下孔时卷缩成稍小的圆筒,孔下张开绑扎成型或电焊成型。

孔中井壁宜设置预埋钢筋做爬梯,每孔对称两排布置,以便一旦发生危险,孔中挖土的两人可同时离开。爬梯还有利于护壁和桩身混凝土的共同工作,增加桩的承载力。钢板护壁可用 2～3 mm 厚钢板卷制成护圈,每节高 1.0 m,竖向分成 3 块,每块四周边镶以∠40×40 mm 的角钢焊接而成。角钢上钻孔,用螺栓或销钉联接成环形,每挖 1.0 m 深的土方,组装

图 4.22　钢筋混凝土护圈(单位:mm)

单位:mm

图 4.23　护壁钢筋笼

一节护圈。

(2)挖土施工

挖孔桩开挖过程中,开挖和护壁两个工序必须连续作业。挖土应均匀、对称、同步进行。挖孔时应注意施工安全,如有水渗入,应及时加强孔壁支护,防止水在井壁浸流造成坍孔。挖孔较深时应向孔内鼓风以保证工人施工所需的新鲜空气,同时采用矿工灯或其他照明方式,以方便施工。

挖孔达到设计深度后,应进行孔底处理。清底工作一定要按要求清出曲线底面,有可能将桩底扩孔呈大头桩,以提高桩的承载力。桩底要清到无松渣、淤泥、沉淀等虚土。

(3)灌注混凝土

清底工作经检查合格后,即可放入钢筋笼。钢筋笼制作、运输、安放入孔与钻孔灌注桩要求相同。

孔内的混凝土灌注应连续快速进行,防止污水泥土杂物掉进孔内,造成人为断桩。若施工接缝不可避免时,应按施工缝处理要求办理。

采用在空气中灌注混凝土方法时,应注意掌握灌注速度,混凝土应分层灌注分层振捣,每层最深不得超过400 mm。空气中灌注的桩如为摩擦桩,且土质较好,短时期无支护不致引起孔壁坍塌时,可在灌注过程中逐步由下至上拆除支护。

2.大直径挖孔桩施工要点

大直径挖孔桩不仅施工工艺和设备比较简单,而且质量好,速度快,采用变截面桩身使桩的受力更加合理。由于桩的刚度增大,可取消承台,大大降低工程成本,实践证明,可比钻孔桩降低达30%~40%的造价。

(1)成孔技术

对于旱地上的大直径挖孔桩成孔过程的开挖支护,可以采用小直径挖孔桩的方法,采用全深护筒法(预制钢筋混凝土或钢护圈等)。目前我国在水中进行大直径挖孔桩的施工技术获得很大成功,具体方法有如下3种:

①钢护筒法 沉入钢护筒在筒内开挖,护筒脚最好能进入不透水的粘土层或风化岩层中。如在透水层中且在地下水位以下时,宜配备适当的排水设备如潜水泵等。

②钢筋混凝土套筒法 具体做法是在河床上先筑岛,在墩位处就地浇筑外径为320~520 cm,厚10 cm的钢筋混凝土套筒,用大功率抽水机在邻孔抽水来降低水位,人工在套筒内开挖。

③沉井内挖孔桩 筑岛将圆形沉井下沉至6~8 m的风化岩面后,用水下混凝土和旋喷工艺封住刃脚,止水后人工在风化岩中完成大直径挖孔桩。

挖孔桩用钢筋混凝土与沉井刃脚固结,而沉井内不填混凝土,作为空心墩的组成部分,形成沉挖空心墩新结构。图4.24为湖南省桃源沅水大桥 $\phi750/\phi500$ (cm)沉挖空心墩(桩)5号主墩构造图。该桥主桥跨径为 2×100 m 钢管混凝土中承拱桥,全桥19个中墩全部采用沉井($\phi750 \sim 500$) cm 内挖孔桩新工艺,仅用一年时间完成全部下部结构施工,充分显示出沉挖空心墩(桩)的优越性。

(2)排水和止水方法

一般挖孔桩是在预估渗水量甚小时才采用,但在水中挖孔总难免遇到渗水,尤其是井底渗水。除一般采用潜水泵抽水外,如果渗水量较大,尚需先采取止水措施再挖进。实践中采用如下几种止水措施:

①内套筒压浆止水

如果刃脚附近及以下皆为粗砂砾石层,则可放入直径比沉井或外套筒小1.0 m左右的钢内套筒,使与井壁之间有50 cm的空隙,用空压机吹砂等方法沉至岩面,中间插1~2 m间距压浆管(450 mm),将空隙用砾石填满,顶面用纤维袋装混凝土封闭,然后从井上压注水泥浆,将砂砾石固结封水。沉放内套筒等工序可在抽水情况下进行,而压浆则宜在静水状态下进行,以免水泥浆流失。如果必须在抽水状态进行时,水泥浆应加速凝剂(如盐类、水玻璃等)。

图 4.24　湖南桃源大桥 ϕ750 cm沉挖空心墩(桩)

②内套筒填灌混凝土止水

当沉井或外套筒在下沉过程因抽水而有大量粉细流砂涌入刃脚,或刃脚尚难下到风化层,其间的地层尚夹杂粉细颗粒,既不宜抽水,又不宜压浆时,则应采用静水沉放内套筒,向井内灌水使水位高于井外,由潜水员下到刃脚,将刃脚与内套筒之间的流沙等清除干净,从井上用套管将不分散混凝土(或砂浆)灌下封闭止水。这个作业需潜水员三班连续进行,进度较慢但止水效果较好,一次即成功。

③井壁预凿钻孔,旋喷止水

沉井较大时,事先在沉井壁中预留钻孔(ϕ30 cm)通过刃脚,当沉井抽水不干时,用地质钻机在井面向下钻孔,并旋喷水泥浆,将刃脚以下砂砾、粘性土等与水泥浆通过水力搅拌形成混凝土,强度可达 5 MPa 左右。旋喷有效范围视土质而异,一般为 60～100 cm,因而预留孔间距不宜过大。如果一次旋喷完成后抽水时还有较大漏水情况,还可在沉井之外进行补钻旋喷。

(四) 大直径钻埋空心桩的成桩工艺

当前世界桥梁深桩基础工程的发展趋势是大直径和预拼工艺。显然在大直径桩中唯有采用空心结构才有实际经济价值。经过多年探讨实践,一种将预制桩和钻孔桩相结合的新型大直径钻埋空心桩研制成功。

通过实践总结出钻埋空心桩具有如下一些优点:

(1)直径大,可达4.0~5.0 m,采用分级扩孔钻成,无需振动下沉管柱那样的繁重设备;

(2)水下混凝土的用量可减少40%,同时又可以减轻自重;

(3)通过桩周和桩底二次压注水泥浆来加固地基,使承载力比一般钻孔桩提高达30%~40%;

(4)孔内采用预制空心桩壳,增加预制工作,加快工程进度;

(5)采用碎石压浆易于确保质量,不会发生灌注水下混凝土的断桩事故;

(6)应用大直径空心桩结构,可取消小直径群桩基础的承台结构,大幅度降低工程造价。

图4.25为钻埋空心桩成桩工序示意图,主要工序为在已成孔内沉放桩壳、桩侧压浆、桩底压浆,现分述如下:

图4.25 钻埋空心桩成桩工序(单位:cm)

1.成桩工艺

(1)桩壳预制

桩壳预制是采用拆一留一的方法,即当Ⅰ层空心桩壳 A 浇筑后,其模板不拆,接着装Ⅱ层模板,Ⅱ层模板浇筑桩壳 B 后,又随着 B 吊放到下层,在上又装Ⅰ层模板浇筑桩壳 C(图4.26),以确保桩壳外形竖直,接缝平顺无错缝。

桩壳的底节与其他各节不同,带有底板,底板上要留孔,以便安插桩底压浆管。下沉时底板要承受相当大的浮力,因此底节的底板要加设钢板和斜撑加强(图4.27)。

由于每根桩壳都是对接预制,因此要编号堆码存放。

(2)成桩工艺

钻埋空心桩成桩工艺参见图4.25。

图 4.26 预制桩壳顺序

10号槽钢

钢板
$\delta=12$ mm

平面

$\phi 350$

匚 10
$L=118$ cm

II

匚 10
$L=100$ cm

$r=100$

II

匚 10
$L=336$ cm

封底钢板
$\delta=12$ mm

预留孔
$(\phi=4.8$ cm$)$

单位：cm

图 4.27 桩壳底节构造

①桩底抛石 当钻孔到达设计标高,并经检查成孔质量符合要求进行清孔后,就可进行桩底抛石。抛入的卵石粒径要求大于 40 mm,对粒径小于 40 mm 的砂砾要筛除。卵石要求清洗干净,从孔口的四周均匀抛入。桩底抛石的厚度按设计要求确定,一般不小于 1.0 m,如桩底土为卵砾石时则可减至 0.5 m。

②桩壳拼接 在孔口设置钢井字架作定位用,在吊桩壳时可使用专用抱箍。先将底节吊起,套上连接器再吊入二节,在预制桩壳拼接前要把上下端面用丙酮清洗干净,涂刷一层环氧树脂砂浆,桩壳按设计要求布置带锥形螺纹粗钢筋,根数由结构计算决定,可采用多次张拉、多次拧紧方法来扭紧螺母,按不同高度相错张拉锚固和接长。

③灌水下沉落床 两节桩壳通过环氧树脂和竖向粗钢筋的预应力张拉后形成整体。如此拼接至一定高度后,便可灌水下沉。由于吊入孔内的空心桩柱是有底的,而且连接面均密封不漏水,这样形成一个柱形容器状而产生浮力,要向空心桩灌水才能克服浮力下沉,以便

继续拼接,直至下沉落床。

④浇注隔离层 桩节拼接到井底并对中定位后,在桩的四周抛投 0.5~1.0 m 厚的细砂和细碎石,然后浇注 0.5~1.0 m 厚的隔离层混凝土。其目的是要把桩周与桩底隔开,防止桩周压浆时水泥砂浆渗入桩底。

⑤空心桩周设置压浆管 桩周压浆管可根据桩径的大小确定根数,分层均匀地分布在桩身四周。压浆管径的大小可根据压浆机的排量和压力来定,一般用 $\phi50$ mm 钢管即可。压浆管的连接要做到外表面平顺无突变,拔管较容易可重复使用。

⑥桩周抛石 压浆管设置定位后,就可向桩周 15~20 cm 空隙内均匀抛下粒径大于40 mm 的卵石,直至护筒内桩顶设计接高处。

(3)桩侧压浆

空心桩壳周边填石后要通过压注水泥浆形成水下填石压浆混凝土,将土壤与预制桩壳紧密地粘结起来形成侧摩阻力,这是保证空心桩承载力的重要环节。其工序如下。

①桩周清孔 先从压浆管中压入清水来检查压浆机械设备的完备程度。在管道通畅后通过压浆机压入优质泥浆,直到排浆管流出新鲜泥浆为止。清孔工作结束后用尼龙袋装好粘性土压在护筒中填石上面,起封闭层作用。

②桩侧压浆 桩周清孔符合要求后,由压浆机将按一定比例配制的水泥浆通过压浆管压入桩侧填石空隙中。在压浆过程中,可采用类似水下混凝土浇注的方法,用四根管道交替压浆和抽拔直至排浆管孔口流出纯水泥浆为止。

③操作要求 在开始桩侧压浆工作前要做好各种准备工作,要连续作业一气呵成;及时做好拔管和摘管工作;为了防止意外,桩侧压浆管按 10 m 高度放一层备用。

(4)桩底压浆

通过桩底压浆,在桩底形成蒜头状的固化区,从而可极大地提高桩尖部分的承载力。另外,桩底压浆的反作用力使桩身上抬,这相当于给桩底施加了一个反方向的预应力,减小了空心桩沉降的绝对值。

①接桩底压浆管 一般预制桩底节下面的钢板加工有管孔,三根压浆管和一根回流管,压浆管比回流管长一些,约伸出桩底 0.5~1.0 m。在底节的压浆管和回流管上要各接一闸阀与法兰,用来封闭管道以避免杂物堵塞。在接上部压浆管时,压浆管和回流管的闸阀先关闭,使桩底泥浆水不会冒出。在压浆管的顶部装有压力表,压浆管和压浆机相连通,这样就可测量压浆的压力。

②桩底清孔 通过压浆机的压浆管和回流管来清理孔底,其方法与桩侧清孔方法相同。一般采用正循环,其步骤是:由压浆机压注的优质泥浆,通过三根压浆管先后注入孔底,使含淤泥粉砂的浑水通过回流管排出,为使清孔更彻底可靠,也可用三根压浆管中的一根,通过压缩空气来搅动桩底淤泥粉砂沉淀,从而提高清孔质量和效率。

③装好百分表 在桩孔口周围搭好独立支架,安装 8 个百分表来测量桩底压浆时空心桩的上抬量。如施工中个别表动了,要及时重安读数。有条件时要用精密水准仪测量最后上抬量来校核。

④桩底压浆 当上述工序完成并检查合格后,才能进行桩底压浆,其方法和要求与桩侧压浆基本相同。当回流管流出新鲜灰浆后,再关闭回流管继续压浆使空心桩发生上抬,此时应特别注意测量上抬量的百分表读数。

⑤操作要点　要注意观测压力表数据,若数据急剧增长,原因可能是管道被堵,要及时停机换管以免引起爆管;如压力上不去桩身未上抬,水泥浆可能渗入流砂和软弱层中,此时要停机将水泥浆加浓后再压入;进行桩底二次压浆可将桩侧原来不密实的地方给予补浆,从而提高桩侧摩阻力,为确保二次压浆成功,要设有备用压浆设备;桩底压浆待混凝土初凝后可取出护筒内的桩侧粘土袋,及早将表层松散浮渣凿除,再以干硬性混凝土封闭抛石压浆混凝土的顶部。

二、预制沉入桩施工

预制沉入桩是用动力沉桩设备的冲击能量(如锤击)将预制的钢筋混凝土桩、预应力混凝土桩、钢管桩等直接打(压)入土中的一种桩的施工方法。选择沉桩方法应依据桩重、桩型、地质情况和设备条件等确定。表4.4为几种常用的沉桩方法及适用范围,供选择时参考。

表4.4　沉桩方法适用范围参考表

项次	桩锤种类	适用范围	使用原理	优　缺　点
1	落锤	1.适用于打木桩及细长尺寸混凝土桩; 2.在一般土层及粘土层、含砾石的土层均可使用	用人力或卷扬机拉起桩锤,然后自由下落,利用锤重夯击桩顶,使桩入土	构造简单,使用方便冲击力大,能随意调整落距,但锤击速度慢(每分钟约6~20次)效率较低
2	单动汽锤	1.适宜于打各种桩; 2.最适宜于打沉拔管灌注桩	利用蒸气或压缩空气的压力将锤头上举,然后自由下落冲击桩顶	结构简单,落距小,对设备和桩头不易损坏,打桩速度及冲击力较落锤大,效率较高
3	双动汽锤	1.适宜于打各种桩,可用于打斜桩; 2.使用压缩空气时,可用于水下打桩; 3.可用拔桩,吊锤打桩	利用蒸气或压缩空气的压力将锤头上举及下冲,增加夯击能量	冲击次数多,冲击力大,工作效率高,但设备笨重,移动较困难,振动噪声较大
4	柴油桩锤	最适宜于打钢桩、混凝土桩	利用燃油爆炸,推动活塞引起锤头跳动,夯击桩顶	附有桩架、动力等设备,不需要外部能源,机架轻,移动便利,打桩快,燃料消耗少,但桩架高度低,遇硬土时不宜使用。振动、噪声较大
5	振动桩锤	1.适宜于打钢板桩、钢管桩,长度在15 m以内的沉拔管灌注桩; 2.适宜于亚粘土、松散砂土、黄土和软土。不宜于岩石、砾石和密实的粘性土地基	利用偏心轮引起激振,通过刚性联结的桩帽传到桩上	沉桩速度快,适应性强,施工操作简易安全,能打各种桩并能帮助卷扬机拔桩,但不适用打斜桩,振动较大

项次	桩锤种类	适用范围	使用原理	优 缺 点
6	射水沉桩	1.常与锤击法联合使用,适宜于打大断面混凝土方桩和空心管桩; 2.可用于多种土层,而以砂土、砂砾土或其他坚硬土层最为适宜; 3.不能用于粗卵石、极坚硬的粘土层或厚度超过 0.5 m 的泥炭层	利用水压力冲刷桩尖处土层,再配合以锤击沉桩	能用于坚硬土层,打桩效率高,桩不易损坏,但设备较多,当附近有建筑物时,水流容易使其沉陷,不能用于打斜桩
7	静力压桩机	1.适宜于软土地基中; 2.最适宜于学校、医院、市区等有防震、防噪音要求的环境	1.利用卷扬机牵引钢丝绳对桩架压梁加压,压梁将桩压入土中; 2.利用桩机的液压系统所产生的压力将桩压入土中	无振动、无噪声,桩不易损坏,但设备较笨重,由于压桩机压力较小,因此压桩深度较小

(一) 对预制桩的要求

1.制作要求

预制桩的混凝土强度应满足设计要求,表面平整、无蜂窝和碰损,并要满足表 4.5 中的允许偏差要求。

表 4.5 钢筋混凝土桩和预应力混凝土桩的允许偏差

项次	偏差名称及说明		允许偏差
1	长 度		± 50 mm
2	横截面	横截面边长	± 5 mm
3		空心桩空心(管芯)直径	± 10 mm
4		空心(管芯或管桩)中心与桩中心	± 20 mm
5	桩尖对桩纵轴线		10 mm
6	桩纵轴的弯曲矢高	按桩的长度	0.1%
		并不大于	20 mm
7	桩顶顶面与桩纵轴线倾斜偏差按桩顶横截面边长(或直径、对角线)的		1%及 ≤3 mm
8	桩顶外伸钢筋长度		± 20 mm
9	接桩处接头平面与桩轴平面垂直度		0.5%

2.接桩要求

桩的每一个接头必须能抵抗在沉桩时各种荷载产生的应力和变形。接桩可按图 4.28 采用焊接接头、管式接头、法兰盘螺栓接头及硫磺砂浆锚筋接头等形式。

钢筋混凝土桩或预应力混凝土桩接头采用法兰盘的螺栓连接时,接头螺栓在沉桩前应拧紧,并用电焊或凿毛丝扣的方法固定螺帽,然后在接头处用涂漆等方法作防腐处理。接桩

(a) 焊接接头　　　(b) 管式接头　　　(c) 硫磺砂浆锚筋接头　　　(d) 管桩法兰盘螺栓接头

图 4.28　桩的接头形式

1—钢筋；2—角钢与钢筋焊接；3—焊缝；4—预埋钢管；

5—预留孔眼；6—预埋锚筋；7—预埋法兰盘、螺栓连接

时,桩的纵向弯曲矢高不得大于每节桩长的 0.2%。

（二）桩的吊运要求

预制桩的配筋除按使用阶段受力计算配筋外,尚应考虑运输起吊时的内力作用,而且当吊点设置不合适时可能引起桩身混凝土开裂。吊环位置、数目要根据桩长、起吊设备及吊运方法通过计算确定,其原则是按均布配筋,最大正负弯矩相等确定吊环位置。预制桩吊点位置如图 4.29 所示 。图中弯矩计算式中的 K 为动力系数,一般可取 1.2 ~ 1.5。

当采用一点起吊时, $x = 0.293l$；

当采用二点起吊时, $x = 0.207l$；

当采用三点起吊时, $x = 0.13l$。

钢管桩在起吊、运输和堆存过程中,应尽量避免由于碰撞、磨擦等原因造成涂层破损、管身变形和损伤。

$M_1 = M_2 = 0.0214KqL^2$　　　　$M_1 = M_2 = 0.0429KqL^2$

图 4.29　预制桩吊点位置图

（三）桩锤重量的选择

根据现场情况及机具设备条件选定桩锤类型之后,即可进一步确定桩锤的重量大小。桩锤过大,会过多地耗费能量,造成浪费；桩锤过小,又可能打不下桩,给施工带来困难,因此选择大小恰当的桩锤,是顺利沉桩的一个重要问题。

桩锤重量可根据下式估算,即

$$E \geqslant 2.5p$$

式中　E——打入桩所需要的冲击能量(kN·m);

　　　p——桩的允许承载力(kN)。

根据初定的 E 值,再与桩锤技术参数冲击能量对比,即可选定桩锤的具体规格。

还可根据桩锤冲击能量值(E)、锤重(W)和桩重(Q)来确定桩锤规格。其经验公式为

$$K = \frac{W + Q}{E}$$

式中　K——桩锤适用系数,双动汽锤和柴油锤 K 不大于 5.0;

　　　　　单动汽锤 K 不大于 3.5;落锤 K 不大于 2.0。

当采用水冲沉桩和打桩时,桩锤的适用系数 K 可增加 50%。

(四) 沉桩过程注意事项

(1) 桩沉入前,桩锤压住桩顶后,必须检查锤的中心线与桩的中心线是否一致,桩位、桩帽有无移动,桩的垂直度或倾斜度是否符合规定,桩架及桩垫是否符合要求。

在桩的沉入过程中,应始终注意锤、桩帽和桩身是否保持在同一轴线上。

(2) 沉桩顺序,一般由一端向另一端连续进行,当桩基平面尺寸较大或桩距较小时,宜由中间向两端或四周进行(图 4.30)。如桩埋置有深有浅,应先深后浅;在斜坡地带,先坡顶后坡脚。沉斜桩时,其沉桩顺序还应考虑避免桩头相互干扰。

(a)逐排单向打设　　　　(b)由中部向边沿打设　　　　(c) 分段由中向外打设

图 4.30　几种基本打桩顺序

(3) 锤击沉桩的停锤控制标准一般是以控制贯入度决定,对硬塑粘性土、碎石土、中密以上的砂土或风化岩等土层时,贯入度达到控制贯入度即可停锤。设计桩尖标高处为一般粘性土或其地较松软土层时,应以标高控制,贯入度作为校核;当桩尖已达到设计标高,而贯入度仍较大时,应继续锤击,使其贯入度接近控制贯入度。

(4) 锤击、振动和静力压桩时,桩周土不但被挤密而且被扰动,在饱和的软土地基中,可使孔隙水压力急剧上升,有可能使场地土产生液化,造成一定范围内(可能数米甚至数百米)土体的运动,要注意对临近建筑及地下管线产生的影响。

(5) 沉桩过程中,要随时掌握桩的承载力和贯入度的关系,尤其接近设计标高时要及时准确地确定平均贯入度,表 4.6 为《公路桥涵施工技术规范》(JTJ 041—89)推荐的沉桩纪录参考表。

表4.6　坠锤、单动汽锤沉桩纪录(参考格式)

路线名称_____　　　　　冲击部分重力_____(kN)

桥　　名_____　　　　　桩帽及送桩重力_____(kN)

桩的规格尺寸_____　　　　　　　桩尖设计标高_____(m)

桩锤类型_____　　　　　设计贯入度_____(cm/击)

墩台编号	桩的编号		沉桩日期	桩入土每米锤击次数/落锤高或射水时间				射水压力/MPa	最后阶段		复打阶段			斜桩斜度		最后桩尖标高/m	桩位偏差/mm	备注
	图上编号	制桩编号		1	2	3	…		落锤高度/m	平均贯入度cm/击	复打日期	落锤高度/m	平均贯入度cm/击	设计/%	实际/%			

施工员：　　　　　施工负责人：　　　　　质量检查员：

三、深水桩与承台施工

深水中的桩基础施工,要比陆地上困难得多,其主要环节是要有一个适合水上作业的坚固稳定的施工平台。

(一) 深水桩的施工

深水中桩的施工,首先要形成一个静水的施工条件,一般采用围堰的形式。

1.围图搭设施工平台

在深水中进行钻孔桩和沉入桩施工,可利用围图搭设施工平台。拼装好的围图在浮运前应做好定位船、导向船、拖轮、锚碇设备和浮运的准备工作,定位船和导向船除考虑其结构强度外,还应有足够的面积以供设备安置和操作之用。

水上定位设施的锚碇,一般应在上游布置,其锚碇系统总体布置可参见图4.31。

为确保安全、正常施工,围图下沉前应对起吊设备进行全面检查,等围图吊高脱离拼装船后,即将拼装船撤出。在围图内插打定位桩(也可是护筒)后,就可在其上搭设工作平台安置钻机或沉桩设备。

2.驳船式施工平台

在水深流急的水域中,可利用铁驳船联成一体搭成施工平台(图4.32)。

这种施工平台因"水涨船高"受洪水期的影响较小,而且搭设方便;其缺点是固定困难,桩位难于保证,所以必须要做好驳船的固定工作。

3.预制桩架设平台

采用一定长度的临时施工用预制桩沉入河床中,再用钢筋混凝土梁将各桩连接起来,在

图 4.31　锚碇系统总体布置示意

图 4.32　驳船式施工平台

其上架设贝雷桁架,再铺设工字钢和木板形成工作平台。图 4.33 是一座海湾大桥利用埋设较深的钢护筒代替预制桩作平台立柱。该平台可供两台冲击钻机使用,护筒重约 8 t,直径为 ϕ 2 000 mm,用 10 mm 厚钢板焊接,采用装有 MB - 70 锤的打桩船施打,将护筒沉至风化岩层。此种平台可周转使用。

(二) 深水承台施工

深水承台的施工方法决定于水深和承台相对于河床的标高。

1.承台底在河床以上

当承台底在河床以上一定距离时,可用吊箱围堰来修建承台,它实际上是一个悬挂在桩上的有底箱形模板,通过吊箱侧壁与封底混凝土封闭隔断江水。可结合前面深水桩施工平

图 4.33　利用钢护筒搭设施工平台

台搭设方法进行。图 4.34 为采用驳船式平台时利用吊挂方式吊着承台模板箱。图 4.35 为采用围图和预制桩形成的框架时拼装套箱式模板。

图 4.34　驳船吊挂吊箱模板

图 4.35　在框架上拼装套箱式模板

对底板接缝处及桩位处缝隙进行封堵,然后再向箱底灌注封底混凝土(一般厚度约为0.5 m),待此封底混凝土硬化后,才可抽水形成干燥无水的施工条件,整平封底混凝土顶面绑扎承台钢筋,进行承台施工。

下面介绍一种预制混凝土承台及下放安装的施工方法,比钢板桩围堰和有底套箱施工方法工期短,而且造价也低。该方法是一座 V 形墩连续刚构箱形梁桥,桥跨组合为 70 m + 135 m + 160 m + 135 m + 70 m,承台平面呈工字形。承台在施工平台原位预制,采用吊架下放安装的施工方法(图 4.36)。其具体作法是:承台在桩位处要预留桩孔,钢筋在预留孔处断开,且预留的长度要满足接长要求。预制养生完后将承台均匀顶起 10 cm,拆除承台底板及分布梁;第一次下放至稍高于施工水位时停止下放,在承台上安装预先制作成型的挡水铁箱;第二次下放至设计标高后,固定各吊点;在 ϕ 200 cm 护筒脚与桩身之间进行压浆止水,待强度达到一定值后,把护筒内的水抽出;割除护筒,再灌筑 C25 混凝土至承台底;接回断开的承台钢筋、预埋墩身钢筋,最后填筑承台预留孔混凝土。

2.承台底在河床以下

当承台底在河床以下一定深度时,一般可用浮运套箱法施工。套箱实际上是一种在岸上或船上预制的浮运沉井,材料可用钢板或钢筋混凝土薄壁结构制成,下端有刃脚,浮运时要安装假底,到墩位处沉入河底,罩在已施工好的桩上,并根据入土深度要求使套箱下端沉

(a)承台预制

(b)承台下放到位

图 4.36 承台预制及下放

入河床一定深度,形成一个围堰结构。然后灌注水下封底混凝土,抽水施工承台(图 4.37)。浮运沉井部分详见第六章内容。

如果要重复使用,双壁钢套箱底节可灌注混凝土,以上部分注水。水较深时可分层拼

单位:标高以m计外其余为m

图 4.37 用双壁钢套箱(钢沉井)修筑钻孔桩承台。

接,每层高约 4~6 m。

　　以上介绍的是深水承台施工方法的简单概况,实际上深水中的桩基础和承台施工极易出现工程事故,而且困难多、影响因素复杂,致使工程造价很难控制。有关一些具体的结构构造、施工的操作方法、工艺过程,请参考有关资料。

第五章 桩基础的设计与计算

第一节 单桩轴向容许承载力确定

桩基础一般总是由若干根单桩组成,所以就要求桩基础在最不利的外荷载作用下,每根桩所分配到的荷载不能大于该桩的容许承载力。一般作用在单桩桩顶上的外荷载无外乎有三种力:顺桩轴线方向的力,称为轴向力;与桩轴线相垂直的力,称为横轴向力;还有一种力就是弯矩。

现通常采用的方法是将轴向力与横轴向力及弯矩在验算时分别按各自的最不利状态考虑。从单桩受力和破坏机理分析得知,桩承受的轴向力主要决定桩的入土深度(对摩擦桩)和桩身受压强度(对柱桩),这是桩基础在设计计算中首先要解决的最主要的问题;而桩承受的横轴向力和弯矩,则是使桩处于一种弯压构件的工作状态,用来确定桩身的弯压强度和配筋。

一、轴向荷载作用下,单桩工作状态分析

图 5.1 是桩在轴向荷载作用下被破坏的两种典型模式。一般情况,支承于岩石上的柱桩,多为桩身材料首先被破坏。众所周知,桩壁摩阻力是由于桩壁与周围土之间有了位移才产生,而且在正常工作状态下,摩阻力大小与位移大小成正比,对于较短的柱桩,桩身的弹性压缩变形很小,再加之岩层以上土质软弱,所以其摩阻力很小,一般都忽略不计。但对于长柱桩,累积的桩身弹性压缩变形会较大,桩侧产生的摩阻力能承受一部分轴向荷载,不考虑过于保守,所以应适当考虑摩阻力的影响。

下面我们重点研究分析摩擦桩在轴向荷载作用下单桩的工作性状,也就是要研究桩和土之间相互作用的性能及荷载传递的问题,即桩壁摩阻力与桩底支承力的产生、分布、发展情况及影响因素等。

桩土共同作用平衡轴向荷载的阻力有两部分,桩侧面与桩周土的摩阻力 R_f 和桩底支承力 R_s,即 $P = R_f + R_s$。影响 R_f 与 R_s 的因素,不仅与桩的类型、材料、沉桩方法有关,而且主要由桩周土的类别和桩土工作状态有关。图 5.2 表示在轴向荷载作用下桩壁摩阻力和桩底支承力的产生和发展情况。

当桩顶开始加荷载作用时,桩身逐段由上向下,由大至小发生弹性压缩变形,而使桩与桩壁土之间有了不大的相对位移,从而产生相当的桩壁摩阻力,此时传递荷载的只是桩身上段的一部分桩,施加于桩顶的荷载只由桩壁摩阻力承担(图 5.2 中的 a 线)。

随着桩顶荷载增大,传递荷载的桩长越来越长,荷载增大到一定数量后,除上述不大的相对位移外,还因部分荷载传至桩底,此时桩底地基土也参与平衡桩顶轴向荷载的工作中,

图5.1 轴向荷载作用下桩破坏的两种典型模式

桩底土受压渐大而产生压缩变形,使桩与土之间产生了较大的相对位移,桩壁摩阻力和桩底支承力逐渐增大,但没达到极限值。在此阶段桩底土尚未产生塑性变形(图5.2中的 b 线)。

桩顶荷载继续增加,桩的沉降加大,其中更多的是桩底土压缩变形,甚至桩底土产生了塑性变形,使摩阻力急速增长。实测资料表明,使桩侧摩阻力充分发挥并达到极限值的相对位移并不大,约为 6~9 mm,但与此成鲜明对照的是,充分发挥桩底支承力却需要较大的位移,而且随着桩径成比例增加。

根据试桩得到的荷载——沉降($p - S$)曲线规律可明确地分析出上述过程,这样不难得出,当桩的沉降达到一定量后,桩侧摩阻力首先达到极限值,但桩底支承力还未充分发挥作用,此时桩的轴向承载力也已达到极限承载力,荷载增加,桩壁与桩周土产生剪切破坏,致使摩阻力急剧下降。这样摩阻力承担的大部分轴向荷载转移给了桩底的支承力,桩底持力层的土体发生整体剪切破坏,使桩出现不停滞的大量沉降,桩就在轴向力作用下呈现破坏状态。

图5.2 桩侧摩阻力与桩底支承力产生发展图示

用最简单的三句话,可以概括摩擦桩荷载传递和破坏的规律:首先产生摩阻力;首先摩阻力达到极限值;首先摩阻力破坏。

三、单桩轴向容许承载力确定

(一)静载试桩法

《公桥基规》规定,对于特殊大桥,必要时施工前应先做试桩并进行荷载试验。就是在施工现场桥位处,对与设计的桩完全一样的试桩进行逐级加载直到其被破坏。由破坏荷载→极限承载力→轴向容许承载力。通过试桩可以获得在该桥位地质条件下基桩的实际、可靠的设计参数和依据,这是所有方法中最为准确可靠的方法。其缺点是加载设备及测试仪器比较复杂,需要耗费较多的人力、物力和时间。

1.静载试验装置

常用的一种试验装置是如图5.3所示锚桩反力梁加载装置,其工作原理是利用连接锚桩的钢筋混凝土锚梁(或工字钢叠合梁)作为反力梁,以千斤顶在试桩上分级加载,用油压表控制吨位,百分表观测试桩的沉降量。

图5.3 锚桩反力梁加载装置

锚桩可用2根或4根,锚桩承担的上拔力要有一定的储备,并保证桩身不被拔断;锚桩与试桩的间距应大于3倍试桩直径,以减少锚桩对试桩结果的影响;试桩数量应不少于2根或2%的桩数;沉降量测点数不少于2个。

2.加载方法

采用分级加载方法,包括等重加载,即每级加载增量为预计破坏荷载的1/10~1/15;递变加载,即初始加载为预计破坏荷载的1/2.5~1/5,终了时取1/10~1/15。

每一次加载后,要每隔5~20 min测读一次下沉值,一直到下沉稳定后才能加下一级荷载。下沉稳定的标准,对砂性土为30 min,对粘性土为60 min,其下沉量不超过0.1 mm。如此分级加载,直至破坏为止。根据每一组荷载沉降速率及最终沉降量即可绘出$p-S$与$S-\lg t$曲线,以此来进行承载力分析。

3.极限荷载的确定

①根据$S-\lg t$曲线沉降速率突然增大,且出现折线状,说明对应的是破坏荷载p_{BY},确

图5.4 单桩$p-S$与$S-\lg t$曲线

定其前一级荷载定为极限荷载 p_{cr}。

②根据 $p-S$ 曲线上明显的拐点确定其对应的荷载为极限荷线。

③根据桩破坏时的荷载确定极限荷载。

我国公路部门规定,当出现下列之一情况时,该级荷载即确定为破坏荷载:某级荷载的沉降增量大于前级等量荷载沉降增量的 5 倍;总沉降量大于 40 mm 时,某级荷载的沉降增量大于前级等量荷载沉降增量的 2 倍,且 24 h 沉降仍不稳定;加载后期,桩的沉降随荷载作近似直线比例增长,且总沉降量大于 75 mm。将破坏荷载前一级荷载确定为极限荷载。

4.桩的轴向容许承载力确定

按以上分析和规定获得桩的极限荷载,按常规作法,除以安全系数 K(一般为 2.0),即得试桩的轴向容许承载力。

(二) 按桥涵设计规范公式计算单桩轴向容许承载力

我国现行各种桥涵设计规范,如《公桥基规》、《铁路桥涵地基和基础设计规范》(TB10002.5—99)(以下简称《铁桥基规》)、《建筑桩基技术规范》(JGJ94—94)(以下简称《建基规》)等,都是根据全国各地大量的静载试桩资料,经过理论分析和统计整理得出设计参数,给出了半理论半经验的计算公式。对于大直径的钻(挖)孔桩来说,《公桥基规》和《铁桥基规》公式基本相同,而《建基规》则由于各种沉入桩应用较多而对其规定更细致一些,应用时可作参考。

以下以《公桥基规》为主,介绍各种基桩不同施工条件、不同受力状态,利用规范公式进行各类桩的单桩轴向容许承载力的计算方法。

1.摩擦桩单桩轴向受压容许承载力

(1) 钻(挖)孔灌注桩的单桩轴向受压容许承载力

$$[p] = \frac{1}{2}(U l \tau_p + A \sigma_R) \tag{5.1}$$

式中　$[p]$——单桩轴向受压容许承载力(kN),当按表 5.1 中 τ_i 值计算时,局部冲刷线以下桩身重力的 1/2 作为外力考虑;并要按作用与组合情况按表 3.4 对容许承载力进行提高;

　　　　U——桩的周长(m),按成孔直径计算,当无试验资料时,成孔直径可按下列规定采用:①旋转钻按钻头直径增大 3~5 cm;②冲击钻按钻头直径增大 5~10 cm;③冲抓钻按钻头直径增大 10~20 cm;

　　　　l——桩在局部冲刷线以下的有效长度(m);

　　　　A——桩底横截面面积(m^2),用设计直径(钻头直径)计算;但当采用换浆法施工(即成孔后,钻头在孔底继续旋转换浆)时,则按成孔直径计算;

　　　　τ_p——桩壁土的平均极限摩阻力(kPa),可按下式计算

$$\tau_p = \frac{1}{l} \sum_{i=1}^{n} \tau_i l_i \tag{5.2}$$

其中　n——土层的层数;

　　　　l_i——承台底面或局部冲刷线以下各土层的厚度(m);

　　　　τ_i——与 l_i 对应的各土层与桩壁的极限摩阻力(kPa),按表 5.1 采用。

表 5.1 钻孔桩桩周土的极限摩阻力 τ_i 值

土　　　　类	极限摩阻力 τ_i/kPa
回填的中密炉渣、粉煤灰	40 ~ 60
流塑粘土、亚粘土、亚砂土	20 ~ 30
软塑粘土	30 ~ 50
硬塑粘土	50 ~ 80
硬粘土	80 ~ 120
软塑亚粘土、亚砂土	35 ~ 55
硬塑亚粘土、亚砂土	55 ~ 85
粉砂、细砂	35 ~ 55
中砂	40 ~ 60
粗砂、砾砂	60 ~ 140
砾石(圆砾、角砾)	120 ~ 180
碎石、卵石	160 ~ 400

注:① 漂石、块石(含量占 40% ~ 50%,粒径一般为 300 ~ 400 mm)可按 600 kPa 采用;
　　② 砂土可根据密实度选用其大值或小值;
　　③ 圆砾、角砾、碎石和卵石可根据密实度和填充料选用其大值或小值;
　　④ 挖孔桩的极限摩阻力可参照本表采用。

σ_R——桩底土的极限承载力(kPa),可按下列公式计算,即

$$\sigma_R = 2m_0\lambda\{[\sigma_0] + K_2\gamma_2(h - 3)\} \tag{5.3}$$

$[\sigma_0]$——桩底土的容许承载力(kPa);

h——桩底的埋置深度(m),对于有冲刷的基础,埋深由一般冲刷线起算;对无冲刷的基础,埋深由天然地面线或实际开挖后的地面线起算;h 的计算值不大于 40 m,当大于 40 m 时,按 40 m 计算,或根据试验确定其承载力;

k_2——地面土容许承载力随深度的修正系数,按桩底处持力层土类选用;

γ_2——桩底以上土的密度(kN/m³);

λ——修正系数,按表 5.2 采用;

m_0——清底系数,按表 5.3 采用。

表 5.2 λ 值

l/d 桩底土情况	4 ~ 20	20 ~ 25	> 25
透水性土	0.70	0.70 ~ 0.85	0.85
不透水性土	0.65	0.65 ~ 0.72	0.72

表 5.3 清底系数 m_0 值

t/d	0.6 ~ 0.3	0.3 ~ 0.1
m_0	0.25 ~ 0.70	0.70 ~ 1.0

注:① 设计时,宜限制 $\frac{t}{d} \leqslant 0.4$,不得已才可采用 $0.4 < \frac{t}{d} \leqslant 0.6$;
　　② t、d 为桩底沉淀土厚度和桩的直径。

在此需要说明,《公桥基规》规定当用规范公式且采用规范推荐的 τ_i 值计算时,地面(无冲刷)或局部冲刷线以下桩身自重的一半作为外力考虑,这是基于如下理由:规范表 5.1τ_i

值是根据 105 根试桩实测得到的,根据试桩资料介绍,桩壁摩阻力是由桩身截面轴向力推求的。具体做法是在地面处和地面以下各土层交界面处的桩身截面内设置电阻应变钢筋计、钢弦式钢筋计、差动式钢筋计等,由于量测仪器加载时的读数是调整为零做起点读值,试桩成桩自重的读数已消除,所以单桩垂直静载试验所测各项结果(包括桩周极限摩阻力值),已扣除了桩身自重作用的影响,这样在单桩轴向受压承载力验算中本可不计桩自重的作用,但考虑桩重与外荷载一样是不利因素,在受压桩验算中是互相抵消的因素;考虑试桩资料的局限性,可能包含实际应用中的桩长、桩径等因素的不足,为安全计,规定将地面或局部冲刷线以下桩重的一半作为超载处理。

当桩底土为透水性土而采用浮容重计算对桩的支承力时,最低水位下的桩重也应扣去浮力;当桩底为不透水性土时不扣去浮力。

(2) 沉入桩的轴向受压容许承载力

$$[p] = \frac{1}{2}\left(U\sum \alpha_i l_i \tau_i + \alpha A \sigma_R\right) \tag{5.4}$$

式中　　$[p]$——单桩轴向受压容许承载力(kN),按表3.4提高,并在第一种作用组合中考虑收缩、徐变或水浮力效应时也应同样提高;

　　　　U——桩的周长(m);

　　　　l_i——承台底面或局部冲刷线以下各土层厚度(m);

　　　　τ_i——与 l_i 对应的各土层与桩壁的极限摩阻力(kPa);按表5.4采用;

　　　　σ_R——桩底处土的极限承载力(kPa),按表5.5采用;

　　　　α_i,α——震动沉桩对各土层桩周摩阻力和桩底承载力的影响系数,按表5.6采用。

　　　　　　对于锤击沉桩其值均取为1.0。

表5.4　沉桩桩周土的极限摩阻力 τ_i 值

土类	状态	极限摩阻力 τ_i/kPa
粘性土	$1.5 \geqslant I_L \geqslant 1$	15 ~ 30
	$1 > I_L \geqslant 0.75$	30 ~ 45
	$0.75 > I_L \geqslant 0.5$	45 ~ 60
	$0.5 > I_L \geqslant 0.25$	60 ~ 75
	$0.25 > I_L \geqslant 0$	75 ~ 85
	$0 > I_L$	85 ~ 95
粉细砂	稍　松	20 ~ 35
	中　密	35 ~ 65
	密　实	65 ~ 80
中　砂	中　密	55 ~ 75
	密　实	75 ~ 90
粗　砂	中　密	70 ~ 90
	密　实	90 ~ 105

注:表中 I_L 为土的液性指数,是按 76 g 平衡锥测定的数值。

其他符号同钻孔桩。

表 5.5　沉桩桩底土的极限承载力 σ_R 值

土类	状态	桩底极限承载力 σ_R/kPa		
粘性土	$I_L \geqslant 1$	1 000		
	$1 > I_L \geqslant 0.65$	1 600		
	$0.65 > I_L \geqslant 0.35$	2 200		
	$0.35 > I_L$	3 000		
		桩底进入持力层的相对深度		
		$1 > \dfrac{h'}{d}$	$4 > \dfrac{h'}{d} \geqslant 1$	$\dfrac{h'}{d} \geqslant 4$
粉　砂	中　密	2 500	3 000	3 500
	密　实	5 000	6 000	7 000
细　砂	中　密	3 000	3 500	4 000
	密　实	5 500	6 500	7 500
中、粗砂	中　密	3 500	4 000	4 500
	密　实	6 000	7 000	8 000
圆　砾砂	中　密	4 000	4 500	5 000
	密　实	7 000	8 000	9 000

注:表中 h' 为桩底进入持力层的深度(不包括桩靴), d 为桩的直径或边长。

表 5.6　系数 α_i、α 值

	粘土	亚粘土	亚砂土	砂土
$0.8 \geqslant d$	0.6	0.7	0.9	1.1
$2.0 \geqslant d > 0.8$	0.6	0.7	0.9	1.0
$d > 2.0$	0.5	0.6	0.7	0.9

沉桩当采用静力触探试验测定时,容许承载力计算中 τ_i 和 σ_R 取为

$$\tau_i = \beta_i \overline{\tau_i}$$
$$\sigma_R = \beta \overline{\sigma_R}$$

(5.5)

式中　$\overline{\tau_i}$——桩侧第 i 层土的静力触探测得的平均局部侧摩阻力(kPa),当 $\overline{\tau_i}$ 小于 5 kPa 时,
采用 5 kPa;

　　　$\overline{\sigma_R}$——桩底(不包括桩靴)标高以上和以下各 $4d$(d 为桩的直径或边长)范围内静力
触探端阻(kPa)的平均值。若桩底标高以上 $4d$ 范围内的端阻平均值大于桩底
以下 $4d$ 的端阻平均值时,则 $\overline{\sigma_R}$ 取桩底以下 $4d$ 的端阻平均值;

　　　β_i,β——侧摩阻和端阻的综合修正系数,其值按下面判别标准选用相应的计算公
式。当土层的 $\overline{\sigma_R}$ 大于 2 000 kPa,且 $\overline{\tau_i}/\overline{\sigma_R}$ 等于或小于 0.014 时:$\beta_i =$
$5.067(\overline{\tau_i})^{-0.45}$,$\overline{\tau_i}$ 以 kPa 计;$\beta = 3.975(\overline{\sigma_R})^{-0.25}$,$\overline{\sigma_R}$ 以 kPa 计。

如不满足上述 $\overline{\sigma_R}$ 和 $\overline{\tau_i}/\overline{\sigma_R}$ 条件时,则 $\beta_i = 10.045(\overline{\tau_i})^{-0.55}$;$\beta = 12.064(\overline{\sigma_R})^{-0.35}$。

上列综合修正系数计算公式不适用于城市杂填土条件下的短桩;综合修正系数用于黄
土地区时,应做试桩校核。

2.摩擦桩单桩轴向受拉容许承载力

当摩擦桩在各作用效应组合进行验算时,在诸力的综合作用下可能产生摩擦桩单桩轴
向受拉上拔状态,此时应确定摩擦桩单桩轴向受拉容许承载力。桩受拉产生向上位移时,由

于桩与周围土之间摩擦力和粘结力的作用,而使上层一定深度内的土能较自由地向地表凸起松动,从而使摩阻力比受压桩时要小,国内外拔桩试验得知,一般受拉时桩壁摩阻力要比同等条件下受压桩的极限摩阻力减少 30% ~ 40%,所以《公桥基规》规定,摩擦桩单桩轴向受拉容许承载力按下式计算,即

$$[p_l] = 0.3Ul\tau_p + G \tag{5.6}$$

式中 $[p_l]$ —— 单桩轴向受拉容许承载力(kN);

G —— 桩身重力(kN),其他符号同前。

3.支承在基岩上或嵌入基岩内单桩轴向受压容许承载力

对支承在基岩或嵌入基岩内的钻(挖)孔桩、沉入桩和管柱的单柱轴向容许承载力 $[p]$ 统一为一种表达形式,由孔壁摩阻力和桩尖承载力组成,即

$$[p] = (C_1A + C_2Uh)R_a \tag{5.7}$$

式中 R_a —— 天然湿度的岩石单轴极限抗压强度(kPa);

A —— 桩底横截面面积(m^2),对于钻孔桩和管柱按设计直径采用;

U —— 桩嵌入基岩部分的横截面周长(m),对于钻孔桩和管柱按设计直径采用;

h —— 桩嵌入基岩深度(m),不包括风化层;

C_1,C_2 —— 根据清孔情况、岩石破碎程度等因素而定的系数,按表5.7采用。

表5.7 系数 C_1、C_2 值

条 件	C_1	C_2
良好的	0.6	0.05
一般的	0.5	0.04
较差的	0.4	0.03

注:① 当 $h \le 0.5$ m 时,C_1 采用表列数值的 0.75 倍,$C_2 = 0$;

②对于钻孔桩,系数 C_1、C_2 值可降低 20% 采用。

当基桩嵌入基岩,按桩底嵌固设计时,其嵌入基岩中的深度,必须满足下式要求,即

圆形桩 $$h = \sqrt{\frac{M_H}{0.066\beta R_a D}} \tag{5.8}$$

矩形桩 $$h = \sqrt{\frac{M_H}{0.0833\beta R_a b}} \tag{5.9}$$

式中 h —— 桩嵌入基岩(不计风化层)的有效深度(m),但不得小于 0.5 m;

M_H —— 在基岩顶面处的桩身弯矩(kN·m);

β —— 系数,$\beta = 0.5 \sim 1.0$,根据岩层侧面构造而定,节理发达的取小值,节理不发达的取大值;

D —— 钻(挖)孔桩或管柱的设计直径(m);

b —— 垂直于弯矩作用平面桩的边长(m);

R_a —— 同前。

(三)锤击沉入桩的动力公式

锤击沉入桩的动力公式是以碰撞理论和能量守恒定律为理论依据,按最终锤击贯入度

与承载力之间关系建立的公式。所谓贯入度,是指在一次锤击下桩的入土深度,贯入度的大小,反映了土的阻力大小,即反映了承载力的大小。一锤打下,其所做的功基本表述如图 5.5 所示。

图 5.5　锤击沉入桩做功示意图

锤击的全部能量力

$$QH = Re + Qh + \alpha QH$$

上式意义为:锤击的全部能量 QH 在打桩的瞬间转换到三个方面:将桩锤击入土所做的功 Re,称为有效功;桩锤回弹所消耗的能量 Qh;消耗在其他方面的能量 αQH。由上述概念即可推导出桩的最后贯入度 e 与桩的承载力 $[P]$ 之间关系的动力公式。由于 α 值的影响因素很复杂,变化范围也大,很难确定,通过不同的假设和简化,产生不同形式的动力公式,现介绍一种在国内外广泛应用的动力公式,即

$$[p] = \frac{1}{K}\left[-\frac{nA}{2} + \sqrt{\left(\frac{nA}{2}\right)^2 + \frac{nAE}{e} \times \frac{Q + \varepsilon^2 q}{Q + q}} \right] \tag{5.10}$$

或控制贯入度为

$$[e] = \frac{nAE}{K[p](K[p] + nA)} \cdot \frac{Q + \varepsilon^2 q}{Q + q} \tag{5.11}$$

式中　$[p]$——桩的容许承载力(kN);

$\quad\quad$ $[e]$——控制贯入度(cm/击);

$\quad\quad$ K——安全系数,临时建筑用 1.5,永久建筑用 2;

$\quad\quad$ n——与桩和桩垫材料有关的系数,按表 5.8 选用;

$\quad\quad$ A——桩身横截面积(空心桩不扣除空心面积)(cm²);

$\quad\quad$ e——最终贯入度(或最终 10 锤平均贯入度)(cm/击);

$\quad\quad$ E——一次锤击能量,按表 5.9 选用;

Q—— 锤的冲击部分重力(kN);

q—— 桩重(包括送桩、桩帽等重力)(kN);

ε—— 锤与桩撞击时的恢复系数,按表 5.10 选用。

表 5.8　系数 n

桩的类型	桩垫情况	$n/(\mathrm{kN \cdot cm^{-2}})$
钢筋混凝土桩与	有硬木桩垫	0.15
预应力混凝土桩	有硬木桩加麻袋垫层	0.10
钢桩	无桩垫	0.50

表 5.9　E 值

锤　型	E 值
坠锤或单动汽锤	QH
筒式柴油锤	$0.9QH$
导杆式柴油锤	$0.4QH$

注:H 为锤芯落高(cm)。

表 5.10　恢复系数 ε 值

桩材料和桩帽情况	ε
有木垫的钢桩和钢筋混凝土桩	0.32
有桩帽、桩垫和锤垫的钢筋混凝土桩	0.40
铸铁锤与无桩帽的钢筋混凝土桩	0.40
无桩帽的钢桩和钢筋混凝土桩(有锤垫)	0.50

在打桩的实践过程中,常会出现这种现象,即连续锤击打桩完毕时所测得的最后一锤贯入度 e_1 与过几天再去复打该桩所测得一锤贯入度 e_2 并不相同,而最终反映桩承载力是复打的贯入度。连续锤击时承载力高(即 $e_1 < e_2$)的假象称为"假极限";显示出贯入度 $e_1 > e_2$ 承载力低的假象称为"吸入"。

在饱和的细、中、粗砂中连续锤击沉桩时,易使流动的砂紧密挤实于桩的周围,妨碍砂中水分沿桩上升,在桩尖下形成水压很大的"水垫",形成桩贯入的极大阻力。这种阻力是暂时的,经一定时间停息后自行消退,这种停息之前贯入阻力增大现象为锤击沉入桩的"假极限"。

在粘土、亚粘土中连续锤击沉桩时,由于土的渗透系数小,桩周围水不能渗透扩散而沿着桩身向上挤出,形成桩周围的润滑层,使桩周摩阻力大为减小,但沉桩完毕停息一定时间后,桩周围水层消失,桩周摩阻力恢复增大,这种停息之前的贯入阻力减少为锤击沉入桩的"吸入"。

施工中由于工期所限不能对所有的桩都进行复打,只能对试桩进行复打,得到 e_1、e_2,然后以此确定对其他不复打桩进行校正。校正系数为

$$K = \frac{e_1}{e_2} \tag{5.12}$$

则不复打的连续锤击的控制贯入度 $e_1' = K[e]$,$[e]$ 是根据承载力按式(5.11)计算得到

的控制贯入度。

（四）按桩身材料强度确定单桩轴向承载力

按桩身材料强度确定单桩轴向承载力主要是对柱承桩而言。一根柱桩在轴向力作用下，其受力状况可视为一个轴向受压构件来计算。一般可分为以下两种情况。

1.按轴心受压构件计算

桩一般是全部或绝大部分埋入土中，由于周围土体的约束作用，可按轴心受压构件计算。

（1）对配有普通箍筋的钢筋混凝土轴心受压构件（如钻（挖）孔灌注桩），其正截面抗压承载力计算，应符合下列规定，即

$$\gamma_0 N_\mathrm{d} \leqslant 0.90\varphi(f_\mathrm{cd}A + f'_\mathrm{sd}A'_\mathrm{s}) \tag{5.13}$$

式中　　N_d——轴向力组合设计值；

　　　　φ——轴压构件稳定系数，按表 5.11 采用；

　　　　A——构件毛截面面积，当纵向钢筋配筋率大于 3% 时，A 应改用 $A_\mathrm{n} = A - A'_\mathrm{s}$；

　　　　A'_s——全部纵向钢筋的截面面积。

表 5.11　钢筋混凝土轴心受压构件的稳定系数

l_p/b	≤ 8	10	12	14	16	18	20	22	24	26	28
$l_p/2r$	≤ 7	8.5	10.5	12	14	15.5	17	19	21	22.5	24
l_p/i	≤ 28	35	42	48	55	62	69	76	83	90	97
φ	1.0	0.98	0.95	0.92	0.87	0.81	0.75	0.70	0.65	0.60	0.56
l_p/b	30	32	34	36	38	40	42	44	46	48	50
$l_p/2r$	26	28	29.5	31	33	34.5	36.5	38	40	41.5	43
l_p/i	104	111	118	125	132	139	146	153	160	167	174
φ	0.52	0.48	0.44	0.40	0.36	0.32	0.29	0.26	0.23	0.21	0.19

注：①表中 l_p 为构件计算长度；b 为矩形截面的短边尺寸；r 为圆形截面的半径；i 为截面最小回转半径；

②当构件两端固定时构件计算长度 l_p 取 $0.5l$；当一端固定一端为不移动的铰时 l_p 取 $0.7l$；当两端均为不移动的铰时取 l；当一端固定一端自由时取 $2l$；l 为构件支点间长度。

在此需要说明的是，钻孔桩的成孔桩径沿轴向大小不匀，且桩周与土接触处混凝土的质量较差，为安全计，在确定 φ 和进行验算时取设计直径。

基桩在轴向力作用下的纵向挠曲与一般轴向受压构件的不同点是，由于桩埋入土中的部分受到四周土的约束作用而可以减小纵向挠曲时桩的计算长度；另外一点是由于桩两端实际的连接情况及土的密实度不同，使桩的纵向挠曲计算长度的确定比较复杂。根据上述理由，《公桥基规》在条文说明中推荐以表 5.12 来确定纵向挠曲计算长度 l_p。

表 5.12 基桩 l_p 确定表

$[\sigma_0] = 100 \sim 250$ kPa	$[\sigma_0] > 250$ kPa
$l_p = k(l_0 + \dfrac{1}{2}h)$	$l_p = k(l_0 + 2)$

表 5.13 k 值表

桩端连接情况	一端嵌固 一端自由	一端嵌固 一端铰接	两端铰接	两端嵌固
k	2.0	0.8	1.0	0.65

目前在部分规范和一些相关内容的书中,也用表 5.14 中的方法计算 l_p。

表 5.14 基桩弯压计算时确定 l_p 表

单桩与单排桩				多 排 桩			
桩底支承于非岩石土中		桩底嵌固于岩石内		桩底支承于非岩石土中		桩底嵌固于岩石内	
$h < \dfrac{4.0}{\alpha}$	$h \geqslant \dfrac{4.0}{\alpha}$	$h < \dfrac{4.0}{\alpha}$	$h \geqslant \dfrac{4.0}{\alpha}$	$h < \dfrac{4.0}{\alpha}$	$h \geqslant \dfrac{4.0}{\alpha}$	$h < \dfrac{4.0}{\alpha}$	$h \geqslant \dfrac{4.0}{\alpha}$
$l_p = 1.0 \times$ $(l_0 + h)$	$l_p = 0.7 \times$ $(l_0 + \dfrac{4.0}{\alpha})$	$l_p = 0.7 \times$ $(l_0 + h)$	$l_p = 0.7 \times$ $(l_0 + \dfrac{4.0}{\alpha})$	$l_p = 0.7 \times$ $(l_0 + h)$	$l_p = 0.5 \times$ $(l_0 + \dfrac{4.0}{\alpha})$	$l_p = 0.5 \times$ $(l_0 + h)$	$l_p = 0.5 \times$ $(l_0 + \dfrac{4.0}{\alpha})$

注:① 表中 $\alpha = \sqrt[5]{\dfrac{mb_1}{EI}}$

② 用于低桩承台时,令 $l_0 = 0$。

(2) 当采用螺旋式或焊接环式间接钢筋时的钢筋混凝土轴心受压构件(如管柱与部分沉入桩),且间接钢筋的换算截面面积 A_{so} 不小于全部纵向钢筋截面面积的 25%;间距不大于 80 mm 或 $d_{cor}/5$,构件长细比 $l_p/i \leqslant 48$ 时(i 为截面最小回转半径),其正截面抗压承载力计算应符合下列规定,即

$$\gamma_0 N_d \leqslant 0.9(f_{cd}A_{cor} + f'_{sd}A_s + kf_{sd}A_{so}) \tag{5.14}$$

$$A_{so} = \frac{\pi d_{cor}A_{so1}}{S} \tag{5.15}$$

式中　　A_{cor}——构件核芯截面面积;

　　　　A_{so}——螺旋式或焊接环式间接钢筋的换算截面面积;

　　　　d_{cor}——构件截面的核芯直径;

　　　　k——间接钢筋影响系数,混凝土强度等级 C50 及以下时,取 $k = 2.0$;C50 ~ C80 取
　　　　　　　$k = 2.0 \sim 1.70$,中间值直线插入取用;

　　　　A_{so1}——单根间接钢筋的截面面积;

　　　　S——沿构件轴线方向间接钢筋的螺距或间距。

当间接钢筋的换算截面面积、间距及构件长细比不符合要求,或按公式(5.14)算得的抗压承载力小于按公式(5.13)算得的抗压承载力时,不应考虑间接钢筋的套箍作用,正截面抗压承载力应按式(5.13)计算。

按公式(5.14)计算的抗压承载力设计值不应大于按公式(5.13)计算的抗压承载力设计值的 1.5 倍。

2.按偏心受压构件计算

一般桩顶所分配的外荷载,除轴向力外,还有横轴向力和弯矩的作用,这样就使得桩身各截面处于一个偏心受压的受力状态。此时除按轴向受压验算外,当合力偏心较大时,也会由钢筋受压达到强度极限,混凝土受压破坏而发展到破坏过程类似于正常配筋的受弯构件的破坏状态。即受拉区钢筋首先达到屈服极限,混凝土裂缝不断扩张,受压区高度逐渐减小,最后受压区混凝土及受压区钢筋应力达到强度极限,整个构件随之全部破坏。现规范计算,采用一些平面假定及其他一些简化措施,并用静力方程求解,把大小偏心受压构件的计算融为一体,形成一套计算式。

沿周边均匀配置钢筋的圆形截面偏心受压构件,其正截面抗压承载力计算,应符合下列规定(图 5.6),即

$$\gamma_0 N_d \leqslant A r^2 f_{cd} + C \rho r^2 f'_{sd} \tag{5.16}$$

$$\gamma_0 N_d e_0 \leqslant B r^3 f_{cd} + D \rho g r^3 f'_{sd} \tag{5.17}$$

式中　　e_0——轴向力的偏心距,$e_0 = M_d/N_d$,应乘以偏心距增大系数 η;

　　　　A,B——有关混凝土承载力的计算系数,由《公钢桥规》附录 C 查得;

　　　　C,D——有关纵向钢筋承载力的计算系数,由《公钢桥规》附录 C 查得;

　　　　r——圆形截面的半径;

　　　　g——纵向钢筋所在圆周的半径 r_s 与圆截面半径之比,$g = r_s/r$;

　　　　ρ——纵向钢筋配筋率,$\rho = A_s/\pi r^2$。

规范规定,计算偏心受压构件正截面承载力时,对长细比 $l_p/i > 17.5$ 的构件,应考虑构件在弯矩作用平面内的挠曲对轴向力偏心距的影响。此时,应将轴向力对截面重心轴的偏心距 e_0 乘以偏心距增大系数 η。

圆形截面偏心受压构件的偏心距增大系数可按下列公式计算,即

$$\eta = 1 + \frac{1}{1\,400 e_0/h_0}\left(\frac{l_p}{h}\right)^2 \zeta_1 \zeta_2 \tag{5.18}$$

$$\zeta_1 = 0.2 + 2.7 \frac{e_0}{h_0} \leqslant 1.0 \tag{5.19}$$

图5.6 沿周边均匀配筋的圆形截面偏心受压构件计算

$$\zeta_2 = 1.15 - 0.01 \frac{l_p}{h} \leqslant 1.0 \tag{5.20}$$

式中　　l_p——构件的计算长度,按表 5.12 或表 5.14 确定;

　　　　e_0——轴向力对截面重心轴的偏心矩;

　　　　h_0——截面有效高度,对圆形截面取 $h_0 = r + r_s$;

　　　　h——截面高度,对圆形截面取 $h = 2r$,r 为圆形截面半径;

　　　　ζ_1——荷载偏心率对截面曲率的影响系数;

　　　　ζ_2——构件长细比对截面曲率的影响系数。

(五)考虑负摩阻力作用桩的轴向承载力计算

1.负摩阻力的基本概念

图5.7　正摩阻力与负摩阻力示意图

一般摩擦桩当受到轴向荷载作用时,桩相对于桩周土向下位移,桩侧土产生一个阻止其位移,作用方向向上(与桩位移方向相反)的摩阻力,该摩阻力是摩擦桩承载力的主要组成部分,称为正摩阻力(图5.7(a))。

当桩周土比较软弱或为欠固结土,而桩底处土层非常密实(如为密实砂砾或岩石),此种情况若桩周受有大面积外荷载作用(如高路堤填土),则可能桩周土产生的压缩变形会大于桩在外荷载作用下的位移量,由于这种相对位移而产生的摩阻力是向下的,与桩的位移方向一致,致使该摩阻力不仅不是摩擦桩承载力的部分,其作用效应相当给桩施加了一个带动桩向下位移的附加荷载,这种摩阻力称为负摩阻力(图5.7(b))。

负摩阻力的产生主要与桩周土的性质、分布构成状况有关,同时也与桩的间距、埋置深度有关。一般如下情况可能产生负摩阻力:

(1) 软粘土地基土上受有高路堤填土压力而使软粘土产生过大的压缩变形;

(2) 由于大量抽取地下水而造成大面积地面沉降,导致表层土产生负摩阻力;

(3) 高路堤填土本身产生固结压缩变形;

(4) 饱和软粘土由于打桩的挤压扰动,而使桩周形成欠压密的重塑区,因而产生负摩阻力;

(5) 湿陷性黄土由于浸水沉陷造成桩周土大量下沉或多年冻土地区融化下沉,而产生负摩阻力作用。

2. 负摩阻力作用范围确定

前面已经介绍过，正、负摩阻力的形成主要由桩和桩周土的相对位移决定。通过图 5.8 得到如下几种位移计算式，即

桩周土压缩变形
$$y_1 = \frac{h'^2 r + 2hq}{2E_s} \qquad (5.21)$$

式中　　h'——桩周沉降变形土层下限深度（软弱土层厚度）；

图 5.8　中性点位置确定图

　　　　r——软弱土层密度；

　　　　q——作用桩周土上的分布荷载（一般只计恒载）；

　　　　E_s——软弱土的压缩模量。

　　　　h——桩的入土深度；

桩的沉降位移包括两部分：一是桩尖土的压缩变形 y_2，一是桩身材料的弹性压缩变形 y_3，它们的计算式如下，即

$$y_2 = \frac{P_i}{C_o A_o} \qquad (5.22)$$

式中　　P_i——桩顶作用轴向荷载；

　　　　C_o——桩尖土地基系数；

　　　　A_o——桩尖土传递荷载工作面积（按 $\phi/4$ 扩散角计算）。

$$y_3 = \frac{p_i \xi h}{AE} \qquad (5.23)$$

式中　　ξ——系数，钻（挖）孔桩 $\xi = \frac{1}{2}$，沉入桩 $\xi = \frac{2}{3}$；

　　　　A——桩身截面积；

　　　　E——桩身混凝土抗压弹性模量；

　　　　h, p_i——同前。

在某一深度 h_1 处，桩侧土的压缩变形量与该处桩的下沉位移量相当，这一位置称为中性点，该点以上桩侧土的压缩变形量大于桩的下沉位移量，产生负摩阻力；而该点以下，桩侧土的压缩变形量小于桩的下沉位移量，产生正摩阻力。利用 $y_{1h_1} = y_{2h_1} + y_{3h_1}$ 可求出中性点位置 h_1，即为产生负摩阻力的作用深度。

一般也可采用表 5.15 估算的中性点深度 h_1 与桩周沉降变形土层下限深度 h' 的比值确定产生负摩阻力的深度。

表 5.15　中性点深度比(h_1/h')

持力层性质	粘性土、粘土	中密以上砂	砾石、卵石	基岩
中性点深度比 h_1/h'	0.5 ~ 0.6	0.7 ~ 0.8	0.9	1.0

3. 负摩阻力强度

计算负摩阻力还要确定负摩阻力强度 τ_f。现一般按下式确定，即

对软质粘性土 $\tau_f = \dfrac{1}{2}q_\mu$ (5.24)

式中 q_μ——软质粘性土无侧限抗压强度。

对泥碳层 $\tau_f = 5\ \mathrm{KPa/m^2}$ (5.25)

对软弱土层上的其他土层,由于下面软弱土层下沉大而使上面其他土层也产生负摩阻力。

$$\tau_f = \gamma_i h_i K_n \tan\varphi = \xi_n \sigma_i$$ (5.26)

$$\sigma_i = \gamma_i h_i$$ (5.27)

当地面有均布荷载作用时 $\sigma_i = q + \gamma_i h_i$ (5.28)

式中 σ_i——桩周第 i 层土平均竖向有效应力;

ξ_n——第 i 层桩周土负摩阻力系数,按表 5.16 取值;

γ_i——第 i 层土有效密度;

h_i——自地面算起第 i 层土中点深度;

K_n——土的侧压力系数;

φ——计算土层土的有效内摩擦角;

q——地面均布荷载。

表 5.16 负摩阻力系数 ξ_n

土 类	ξ_n
饱和软土	0.15 ~ 0.25
粘性土、粘土	0.25 ~ 0.40
砂 土	0.35 ~ 0.50
自重湿陷性黄土	0.20 ~ 0.35

注:① 在同一类土中,沉入桩取较大值,钻(挖)孔桩取较小值;
  ② 填土按其组成取表中同类土的较大值。

按公式计得的负摩阻力值不得大于正摩阻力值,若大于则取正摩阻力值。

4. 桩的轴向承载力确定

负摩阻力作用还存在一个时效问题,但从安全考虑,一般都是按照中性点以上桩与软土的接触面积 A_f 乘以负摩阻力强度 τ_f,即

$$N_f = \tau_f A_f$$ (5.29)

验算时负摩阻力 N_f 作为外加荷载考虑,则桩的轴向承载力为

$$p_i + G + N_f \leqslant [p] = \dfrac{1}{2}(R_f + R_s)$$ (5.30)

$$[p] = \dfrac{1}{2}(R_f + R_s) - N_f$$ (5.28)

式中 p_i——桩顶作用的外荷载;

G——包括中性点以上的桩重(正摩阻力范围桩重按 1/2 计);

N_f——桩侧总负摩阻力；

$[p]$——考虑负摩阻作用单桩轴向容许承载力；

R_f——桩侧极限正摩阻力，由中性点以下算起；

R_s——桩底极限支承力。

从以上公式计算可知，若桩可能产生负摩阻力作用而没有考虑其影响，将使桩轴向承载力计算存在极大的危险性，所以必须慎重对待负摩阻力问题。一般对可能出现负摩阻力的桩基础，可采用以下措施来减少负摩阻力作用：

(1) 对于高填土桥头引道，要保证填土的密实度，待填土沉降基本稳定以后再成桩；

(2) 对软弱土层可采取预压或强夯、砂桩挤密等措施，以减少堆载后引起过大沉降；

(3) 尽量减少穿过软弱土层的桩侧面积，在可能条件下选用细长桩，以减少负摩阻力总数值；

(4) 在灵敏度高的饱和软粘土，为避免打入桩挠动而随后进一步固结压缩变形产生负摩阻力，此时选择就地钻孔灌注桩较为有利；

(5) 对位于中性点以上桩身进行表面处理(如利用沥青涂层或套管) 来减少负摩阻力。

第二节　　单桩横轴向容许承载力确定简介

一、概述

桩的横轴向承载力，是指在与桩的轴线相垂直荷载(竖直桩为水平力和弯矩) 作用下的承载力，一般简称桩的横向承载力。桩在横向力作用下，桩身必然产生横向挠曲变形，从而产生内力，这种挠曲变形受到桩侧土的阻约约束影响，所以桩的横向承载力要考虑桩和土的共同作用，也就是说，既要考虑桩的因素，又要考虑桩周土的因素，其工作状况要比轴向受力复杂。

(一) 在横向荷载作用下桩破坏的两种状况

经过试验和分析可知，影响桩横向承载力的因素从桩的角度考虑主要有桩的入土深度、桩本身的刚度(截面尺寸)、桩顶与桩底(主要是桩顶) 的固着条件；从桩周土的角度考虑，主要是桩周土的物理力学性质(紧密程度)。桩在横向荷载作用下有如下两种破坏状况：

1.桩周土体稳定性破坏

当桩的入土深度较浅，桩的截面尺寸较大，或桩周土质较松软时，桩的相对刚度较大，在横轴向力作用下，桩身可认为是一个刚体，不产生挠曲变形，随着横向力的加大而产生绕桩轴某一点转动(图5.9(a))。其最终破坏是由于桩周土体受挤压隆起，桩身翻出丧失承载力。此种状况，基桩的横向容许承载力完全由桩侧土的强度和稳定性决定，一般称为刚性桩的破坏模式。

2.桩身材料破坏

当桩的入土深度较深，截面尺寸相对较小，或周围土质较密实坚硬，此时桩的相对刚度较小，在横向力作

(a) 刚性桩　　　　(b) 弹性桩

图5.9　桩在横轴向力作用下两种破坏状况示意图

用下,由于桩周土具有足够的固着力,桩身只能发生挠曲变形(图5.9(b))。随着横向荷载不断增大,桩身挠度也随之加大,其最终破坏是在桩身最大弯矩处发生断裂,或桩因挠曲产生的侧向位移超过结构容许值。此种状况,基桩的横向容许承载力完全由桩身材料抗弯强度决定,一般称为弹性桩破坏模式。

从以上分析可知,两种不同的破坏模式,其考虑的因素和计算的基本方法是不同的,所以首先要判明是属于哪种桩土作用状态和破坏模式,才能选择合适的计算方法。

在横轴向力作用下基桩正常工作的基本要求是:桩侧土的稳定性不破坏;桩身材料不断裂;桩顶的水平位移和转角不超过结构物要求的容许值。

二、单桩横轴向承载力的静载试验法

为取得符合桩位处实际的桩、土横轴向承载力设计计算参数,对主要工程,在条件允许的情况下,可通过单桩横轴向静载试验的方法来确定桩的横向承载力。

(一) 加载装置

试桩通过反力座获得水平力。反力座根据具体情况确定,一般可用已有墩台、锚墩,也可用两根试桩互相推顶加载。加载设备与仪表装置如图5.10所示。

试验是采用千斤顶加水平力,水平力作用线应通过地面标高处(地面标高应与实际工程桩基承台底面标高一致)。在千斤顶与试桩接触处宜安置一球形铰座,以保证千斤顶作用力能水平通过桩身轴线。桩的水平位移采用大量程百分表测量。每一试桩安装两支百分表,下表测量桩身在地面处的水平位移,上表测量桩顶水平位移,根据两表位移差与两表距离的比值求得地面以上桩身的转角。固定百分表的基准桩宜打设在试桩侧靠位移的反方向,与试桩的净距不小于1倍试桩直径。

图 5.10　桩水平静载试验装置

(二) 加载方法

试验加载方法一般采用单向多循环加卸载法,对于个别受长期水平荷载的桩基也可采用慢速维持加载法(稳定标准可参照轴向静载试验)进行试验。

多循环加卸载,是取预估水平极限承载力的 $1/10 \sim 1/15$ 作为每级荷载的加载增量。每级荷载施加后,稳定 10 min 测读水平位移,然后卸载至零,停 10 min 测读残余水平位移,至此完成一个加卸载循环,如此循环 5 次便完成一级荷载的试验观测。当桩身折断或水平位移超过 $30 \sim 40$ mm(软土取 40 mm),可终止试验。

加载时要求加载时间尽量缩短,测量位移间隔时间应严格准确,试验不得中途停歇。

试验成果一般应绘制水平力 – 时间 – 位移($H_0 - T - X_0$)曲线(图5.11)、水平力 – 位移梯度($H_0 - \Delta X_0 / \Delta H_0$)(图5.12)或水平力 – 位移双对数($\lg H_0 - \lg X_0$)曲线,当测量桩身应力时,尚应绘制应力沿桩身分布和水平力 – 最大弯矩截面钢筋应力($H_0 - \sigma_g$)等曲线。

(三) 单桩横向临界荷载与极限荷载确定

单桩横向临界荷载 H_{cr} 指桩身受拉区混凝土明显退出工作前的最大荷载,一般根据绘

图 5.11　水平力 – 时间 – 位移$((H_0 - T - X_0))$曲线

制的有关试验成果曲线按下述方法综合确定：

（1）取 $H_0 - T - X_0$ 曲线出现突变(相同荷载增量的条件下，出现比前一级明显增大的位移量)点的前一级荷载为横轴向临界荷载；

（2）取 $H_0 - \Delta X_0/\Delta H_0$ 曲线第一直线段的终点或 $\lg H_0 - \lg X_0$ 曲线拐点所对应的荷载为横轴向临界荷载；

图 5.12　水平力 – 位移梯度$(H_0 - \Delta X_0/\Delta H_0)$
曲线

图 5.13　水平力 – 位移$(H_0 - X_0)$曲线

（3）当连续加载测试时，取 $H_0 - X_0$ 曲线为第一突变点前一级荷载为横轴向临界荷载。

单桩横轴向极限荷载 H_u 可根据绘制的有关试验成果曲线按下述方法综合确定：

① 取 $H_0 - t - X_0$ 曲线明显陡降的前一级荷载为极限荷载；

② 取 $H_0 - \Delta X_0/\Delta H_0$ 曲线第二直线段的终点对应的荷载为极限荷载；

③ 取 $H_0 - X_0$ 曲线陡降点前一级荷载为极限荷载(图 5.13)。

(四) 单桩横轴向容许承载力确定

将按上述方法确定的极限荷载除以安全系数(一般取 2),即得桩的横轴向容许承载力。

现行《公桥基规》在进行横轴向荷载作用下桩身内力计算时,其有关的一些参数(如土的比例系数 m 与 m_0)制定,是以结构在地面处最大位移值不超过 6 mm 为要求。所以当用水平静载试验确定单桩横轴向容许承载力时,还应注意检查确定的单桩横轴向容许承载力对应的位移是否满足该项要求。对钻孔灌注桩也可取试桩在地面处水平位移不超过 6 mm 来作为确定单桩横轴向容许承载力的判断标准。

当需要根据试验结果确定土的地基系数随深度变化的比例系数 m 时,其计算公式为

$$m = \frac{\left(\dfrac{H_{cr}}{X_{cr}} \times U_x\right)^{5/3}}{b_1(EI)^{2/3}} \tag{5.32}$$

式中　m——水平地基系数随深度变化的比例系数(MN/m^4),该数值为地面以下 $2(d+1)$(m) 深度内各土层的加权平均值;

H_{cr}——单桩横轴向临界荷载(kN);

X_{cr}——单桩横轴向临界荷载对应的位移;

U_x——桩顶位移系数,按表 5.17 取值;

b_1——桩身计算宽度(m)。

表 5.17　桩顶水平位移系数 U_x

桩顶约束情况	桩的换算埋深(αh)	U_x
铰接,自由	4.0	2.441
	3.5	2.502
	3.0	2.727
	2.8	2.905
	2.6	3.163
	2.4	3.526
固接	4.0	0.940
	3.5	0.970
	3.0	1.028
	2.8	1.055
	2.6	1.079
	2.4	1.095

三、单桩横轴向容许承载力的实用计算方法(规范法)

单桩横轴向容许承载力实用计算方法,就是《公桥基规》、《铁桥基规》和《建基规》等所推荐的"m"法计算桩在横轴向荷载作用下,考虑桩土共同作用桩身截面内力计算方法,验算

桩身材料和桩侧土的强度与稳定性,以此来评定桩的横轴向容许承载力。

(一) 基本计算假设简介

以弹性桩为例,在横轴向力的作用下,桩身将发生挠曲变形。而同时,由于桩发生挠曲变形,就必然挤压周围土体使之产生同样的变形。实际上桩周土体在桩发生变形受挤压时会产生一个对桩变形起约束抵抗作用的力,我们称之为土的横向抗力,简称土抗力。由此可知,土抗力大小既与土的性质有关,又与桩变形时对周围土体的挤压程度(即桩身挠度)有关,桩身没有挠曲变形,土体也就不会产生土抗力。

为此要解决如下两个问题:一是在横轴向荷载作用下土中的基桩挠曲变形如何计算;二是桩产生挠曲变形后桩周土产生的阻止其挠曲变形的土抗力如何计算,为此引入如下两个基本假设。

1. 弹性地基梁计算挠曲变形的基本假设

按正常使用的要求,把桩周围的土质视为弹性变形介质,把在横轴向荷载作用下桩的挠曲变形,看做是一个有限长或无限长的梁支承在无限密集的独立的弹性支座上的弯曲变形,这样就将弹性地基梁在分布荷载作用下挠曲变形的计算理论引入桩在横轴向力作用下的内力计算中。

2. 文克尔假设计算土抗力

将桩在某深度处的挠度与该处土抗力采用文克尔假设可建立如下关系,即

$$\sigma_{ZX} = X_Z \cdot C_Z \tag{5.33}$$

即桩在某一深度 Z 处的横向土抗力 σ_{ZX} 与该处桩的水平挠度(土受到的挤压变形)X_Z 成正比,其比例系数 C_Z 称为地基系数。地基系数的概念是某深度处单位面积地基土产生单位位移所需施加的力,是计算土体变形和土抗力的一个物理参数。

(二) 地基系数随深度的变化

通过以上假设可知,当桩的形状尺寸(直径、入土深度)和刚度等已定的情况下,桩在地基土中的变形和内力,仅与土的性质,也就是地基系数的大小和分布有关。C_Z 值是通过大量试桩得到的,试验表明,地基系数 C_Z 的大小,不仅与土的类别及其物理力学性质有关,而且其分布还随深度变化。地基系数沿深度的分布规律,也并不是单一规律,由于各种复杂因素的影响,即使同一种土在不同条件下,其分布规律也各不相同,所以实际计算中采用的地基系数分布规律,带有人为假设的色彩。公认的地基系数随深度变化的一般表达式为

$$C_Z = m(Z + Z_0)^n \tag{5.34}$$

式中　　m——地基系数随深度变化的比例系数;

　　　　Z_0——常数,随土的类别而变的与地面处土的地基系数有关的常数,一般土质 $Z_0 = 0$;

　　　　Z——地面线或局部冲刷线以下地基系数计算点的深度;

　　　　n——不同计算假设而变化的指数。

目前国内外使用的地基系数随深度分布规律的假设形式有如下几种,现作一简单介绍。

1. "m" 法假设

"m" 法地基系数假设为 $C_Z = mZ$,$n = 1$,即地基系数随深度成正比例增长(图

5.14(a)），m 为土的地基系数随深度变化的比例系数(kN/m^4)。中国的各类桥涵设计规范推荐采用"m"法计算基桩内力,并提供了各类土的 m 的参考值。

图 5.14　地基系数随深度的变化规律假设

2."K"法假设

地基系数用 K 表示,即 $\sigma_{ZX} = K_Z X_Z$,地基系数沿深度分两段变化,在桩身第一挠曲零点以上的地基系数按凹形抛物线变化($n = 2$),此时 K 值达最大值,以下为常数不再增加(图5.14(b))。

3."C"法假设

地基系数也分为二段变化,对 $\alpha h \leqslant 4.0$ 的定长桩采用 $n = 0.5$,地基系数随深度呈凸形曲线变化,$C_Z = CZ^{0.5}$,当换算桩长 $\alpha h > 4.0$ 的桩长段地基系数为常数(图5.14(c))。该法是我国公路部门按与"m"法相同的试桩资料推求而来,其计算结果与"m"法基本相同。

4."张有龄法"假设

假定地基系数 C 为常数,不随深度变化,即 $C = K$(图5.14(d))。

以上四种方法,都应用弹性地基梁和文克尔理论假设,实践表明,"m"法更适用于我国目前桩基础的使用状况,以下主要介绍"m"法的具体计算方法。

(三)"m"法计算的基本假定和各计算参数的确定

1."m"法的基本假定

"m"法计算的基本假定为以下几点:

① 将土看做弹性变形介质,其地基系数在地面(或局部冲刷线)处为零,并随深度成正比例增长;

② 基础在产生挠曲变形计算土抗力时,在挠曲平面内基础与土之间的粘结力和摩阻力均不考虑;

③ 在水平力和竖向力作用下,任何深度处土的压缩性均用地基系数表示,即根据地基系数的物理概念,计算土的弹性压缩变形;

④ 当 $\alpha h \leqslant 2.5$ 时,假设基础的刚度为无限大,按刚性深基础计算;当 $\alpha h > 2.5$ 时,按弹性深基础计算。

上式也是"m"法计算中刚性桩和弹性桩的判别式。其中 h 为地面(无冲刷时)或局部冲刷线以下基础(桩)的入土深度,也就是说,当桩的入土深度 $h \leqslant \frac{2.5}{\alpha}$ 时为刚性桩;当桩的入土深度 $h > \frac{2.5}{\alpha}$ 时为弹性桩。α 为土中基础(桩)变形系数,其表达式为

$$\alpha = \sqrt[5]{\frac{mb_1}{EI}} \tag{5.35}$$

式中　　m——地基土的比例系数;

　　　　b_1——基础垂直验算方向的计算宽度;

　　　　EI——基础的计算刚度。

上述各计算参数,是"m"法计算基桩内力首先要确定的参数,所以下面专门介绍各参数确定的方法和要求。

2.各计算参数的确定

(1)地基土的比例系数 m 和 m_0

地基土比例系数按表5.18取用,m 用以计算基础侧面水平方向地基系数 $C_Z = mZ$,m_0 用以计算基础底面竖直方向地基系数 $C_0 = m_0 h$。

桩侧土的比例系数 m 是一个反映桩土共同作用的综合参数,它不仅随土壤类别而不同,而且与桩的刚度等因素也有关。通过试桩得到的位移、荷载、m 值的关系可看出,随着荷载的增加,位移增大,其 m 值随之变小。规范规定的 m 值是在地面处位移值不超过6 mm确定的,当位移值较大时,应适当降低 m 值。

表 5.18　非岩石类土的比例系数 m 和 m_0 值

序　号	土 的 分 类	m 或 $m_0/(\text{MN} \cdot \text{m}^{-4})$
1	流塑粘性土 $I_L > 1$、淤泥	3 ~ 5
2	软塑粘性土 $1 > I_L > 0.5$、粉砂	5 ~ 10
3	硬塑粘性土 $0.5 > I_L > 0$、细砂、中砂	10 ~ 20
4	坚硬、半坚硬粘性土 $I_L < 0$、粗砂	20 ~ 30
5	砾砂、角砾、圆砾、碎石、卵石	30 ~ 80
6	密实粗砂夹卵石,密实漂卵石	80 ~ 120

注:本表用于结构在地面处位移最大值不超过 6 mm;位移较大时,适当降低。

根据大量试验资料得知,靠近地面越近的土层性质的改变,对桩顶水平位移的影响越大。换句话说,对桩身内力值影响大的是上层土的 m 值,一定深度以下,土层性质的改变对桩顶位移影响很小或几乎没有影响,因而在计算中选取的 m 值是在一定深度范围内的 m 值,这个深度用 h_m 表示。规范规定:

对刚性桩　　　　　　　　　$h_m = h$ 　　　　　　　　　(5.36)

对弹性桩　　　　　　　　　$h_m = 2(d + 1)$ 　　　　　　　(5.37)

式中　　h_m——地面线或局部冲刷线以下选取 m 值的深度;

　　　　h——刚性桩在地面线或局部冲刷线以下的埋深;

　　　　d——桩的直径。

当在 h_m 深度内有几种土层时,应换算成一个 m 值,其换算方法是令换算前的地基系数面积与换算后的地基系数面积相等推导而来(图 5.15)。

图 5.15　计算不同土层 m 值示意图

当为两层土时

$$m = \frac{m_1 h_1^2 + m_2(2h_1 + h_2)h_2}{h_m^2} \tag{5.38}$$

当为三层土时

$$m = \frac{m_1 h_1^2 + m_2(2h_1 + h_2)h_2 + m_3(2h_1 + 2h_2 + h_3)h_3}{h_m^2} \tag{5.39}$$

m_0 为基础(桩)底面地基土的竖向比例系数,在确定 h 处基础底面竖向地基系数 $C_0 = m_0 h$ 时,规范规定,当 $h \leqslant 10$ m 时,$C_0 = 10m_0$。

这是因为,一般认为地面处水平土抗力为零,但地面处土的竖向土抗力并不为零,根据试验结果分析,由地面至 10 m 深度处土的竖向土抗力几乎没有什么变化,基本上等于 10 m 深度处的竖向土抗力。当 $h > 10$ m 时,竖向土抗力几乎与水平土抗力相等,即 $C_0 = m_0 h$。

岩石地基的地基系数 C_0 不随岩石层面的埋置深度而变,其值按表 5.19 取用。

表 5.19　岩石地基系数 C_0 值

编号	R_a^i/kPa	$C_0/(\text{kN} \cdot \text{m}^{-3})$
1	1 000	300 000
2	$\geqslant 25\,000$	15 000 000

注:R_a^i 为岩石的单轴极限抗压强度。当 R_a^i 为中间值时,C_0 值采用内插法求得。

(2) 桩的计算宽度 b_1 的确定

在计算桩承受土抗力作用时,由于土体之间的挤密粘结作用,使桩身宽度以外一定范围的土体也参加部分作用,这种作用情况是很复杂的,影响因素较多,为简化计算,都是根据桩身截面形状和受力情况,将实际宽度或直径换算成矩形桩宽度,换算系数都是以试验分析为基础确定。其基本表达式为

$$b_1 = K_\phi \cdot K_0 \cdot K \cdot b(\text{或 } d) \tag{5.40}$$

式中　　K_ϕ——形状换算系数(表5.20);

　　　　K_0——受力换算系数,即考虑基础的实际空间工作条件不同于假设的平面工作条件,按表(5.20)取值;

　　　　K——桩柱间相互影响系数。

表 5.20　计算宽度换算系数表

名　称	符号	基　础　形　状			
形状换算系数	K_ϕ	1.0	0.9	$1 - 0.1\dfrac{d}{b}$	0.9
受力换算系数	K_0	$1 + \dfrac{1}{b}$	$1 + \dfrac{1}{d}$	$1 + \dfrac{1}{b}$	$1 + \dfrac{1}{d}$

多排桩由于在外力作用平面内有数根桩,各桩的受力将相互影响,其影响与桩间净距 L_1 有关。

当 $L_1 \geqslant 0.6h_1$ 时,$K = 1.0$;当 $L_1 < 0.6h_1$ 时

$$K = b' + \frac{1 - b'}{0.6} \cdot \frac{L_1}{h_1} \tag{5.41}$$

式中　　L_1——与外力作用方向平行的一排桩柱的桩间净距;

　　　　h_1——地面或局部冲刷线以下桩柱的计算深度,$h_1 = 3(d + 1)$;

　　　　b'——根据与外力作用方向平行的所验算的一排桩柱的桩数 n_1 而定的系数,按表5.21取值。

表 5.21　系数 b' 值

n_1	b'	n_1	b'
1	1.0	3	0.5
2	0.6	$\geqslant 4$	0.45

若与外力作用方向平行的各排桩柱数量不等,且相邻(任何方向)桩柱间的中心距等于或大于 $(d + 1)(\text{m})$ 或 $(b + 1)(\text{m})$ 时,则对所验算的各桩柱可按桩数最多一排采用同一系数 K。

对桩柱布置成梅花形,而相邻两排桩柱的中心距又小于 $(d + 1)$ 或 $(b + 1)$ 时,K 值可按投影到平行于外力作用方向的各桩柱间的距离计算。

为了不致使计算宽度发生重叠现象,要求 $b_1 \leqslant 2b(d)$。

对于桩柱直径或宽度小于 1.0 m 时,单根桩柱的计算宽度 b_1 对于矩形截面可取 $1.5b +$

$0.5(\mathrm{m})$;对于圆形截面可取 $0.9(1.5d + 0.5)(\mathrm{m})$。

在垂直于外力作用方向的 n 根桩柱的计算总宽度 nb_1,不得大于 $B + 1$,大于 $B + 1$ 时按 $B + 1$ 计算(B 为两边桩外侧边缘的距离)。

(3) 桩身抗弯刚度 EI 确定

根据《公钢桥规》有关规定,钢筋混凝土受弯构件计算变形时的截面刚度,对于简支梁等静定结构采用 $0.85E_hI_{01}$,其中 E_h 为混凝土弹性模量,I_{01} 为开裂截面的换算惯性矩;对于超静定结构采用 $0.67E_hI_0$,其中 I_0 为构件换算截面的惯性矩。

基桩内力和变形计算是简化为一个弹性地基梁来计算,属于超静定结构,所以在计算土中基础变形系数 α 时的 EI 值应取用 $0.67E_hI_h$,I_h 为按设计直径计算的桩身截面惯性矩。

(四)平面受力假设

桩基础实际上是一个空间受力状态,计算时总是将所受的荷载最后换算到承台(或盖梁)中心处的 N、M、H 三种力,将 N、M、H 分配给单桩,然后计算最不利的基桩内力、位移。在对各桩外力分配过程中,采用了平面计算假设,一般有下述两种情况:

1. 单桩或单排桩

单桩情况,全部荷载由单桩所承受,勿需分配;单排桩则是在外力作用平面内(验算平面),或将桩投影到外力作用平面(验算平面)上仅为一根桩,而在垂直外力作用平面内是由两根或两根以上桩组成,称为单排桩(图 5.16(b))。此种情况,可以将外荷载直接在垂直外力作用平面内分配给一根桩。

(a)单桩　　　(b)单排桩　　　(c)多排桩

图 5.16　单排桩与多排桩

当竖向力 N 在垂直外力作用平面内无偏心时,则各力平均分配各桩

$$p_i = \frac{N}{n} \qquad H_i = \frac{H}{n} \qquad M_i = \frac{M_y}{n} \tag{5.42}$$

当竖向力 N 在垂直外力作用平面内有偏心时,则竖向力 N 在垂直外力作用平面内按偏心受压分配,H、M_y 平均分配,即

$$p_i = \frac{N}{n} \pm \frac{M_X \cdot Y_i}{\sum Y_i^2} \qquad H_i = \frac{H}{n} \qquad M_i = \frac{M_Y}{n} \tag{5.43}$$

2. 多排桩

在外力作用平面(验算平面)内,或将桩投影到外力作用平面(验算平面)上有两根或两根以上桩时,称为多排桩(图 5.16(c))。此时在垂直外力作用平面(验算平面) 内进行各种力的分配时,不是直接分配给单桩,而是分配给与外力作用平面(验算平面) 相平行的一排桩,所以在该排桩作用平面内,还要作为一个平面受力体(为超静定结构),再通过结构力学方法进行第二次荷载分配,直至分配给单桩为止。

以上分析可知,单排桩与多排桩在外荷载的分配上是不同的,需要分别对待。

基桩的详细内力计算方法和步骤涉及的内容很多,不仅单排桩和多排桩不同,而且弹性桩和刚性桩也不相同,本书将刚性桩的计算结合沉井基础整体受力计算加以介绍,将弹性桩内力计算在下面专用两节按弹性单排桩和弹性多排桩进行介绍。

第三节 弹性单桩、单排桩的内力与变位计算

根据前述"m" 法的基本假设,在内力和位移计算时,桩的入土深度已经确定。由于基桩被土包裹,而使相应的轴向力对各截面的剪力、弯矩值影响很小,在基本计算图示中略去了轴向力的影响,对计算精度无大的影响,而使计算公式简化很多。

一、基本公式推导

在公式推导和计算中,取基本计算图示为桩顶与地面线或局部冲刷线平齐,桩顶为坐标零点,作用有水平力 Q_0、弯矩 M_0,产生水平位移 X_0、转角 φ_0,桩的入土深度 h,计算宽度 b_1,任意深度 Z 处的内力为 Q_Z、M_Z,水平挠度为 X_Z,转角 φ_Z,坐标系统如图 5.17所示。对力和位移的符号规定如下:横向位移沿 X 轴正方向为正值;转角逆时针方向为正值;弯矩左侧纤维受拉为正值;横向力沿 X 轴方向为正值;桩侧土产生土抗力为 σ_{ZX}(图 5.18)。

根据弹性地基梁基本假设,桩轴的挠度与桩上分布荷载 q 之间有如下关系式,即

$$EI \frac{d^4 X}{dZ^4} = -q = -\sigma_{ZX} \cdot b_1 = -C_Z \cdot X_Z \cdot b_1 = -mZX_Zb_1 \tag{5.44}$$

式中 EI—— 桩的弹性模量及桩身截面惯性矩;

   b_1—— 桩的计算宽度;

   m—— 桩侧土的比例系数;

   Z—— 计算深度;

   X_Z—— 桩在深度 Z 处的横向位移(即桩的挠度)。

由上式可得

$$\frac{d^4 X}{dZ^4} + \frac{mb_1}{EI}ZX_Z = 0 \tag{5.45}$$

设 $\alpha = \sqrt[5]{\dfrac{mb_1}{EI}}$,称之为土中基础变形系数,得下式,即

图 5.17　桩受横向力作用的计算图

图 5.18　力与位移的符号规定

$$\frac{\mathrm{d}^4 X}{\mathrm{d}Z^4} + \alpha^5 Z X_Z = 0 \tag{5.46}$$

上式为四阶线性变系数齐次常微分方程,可利用幂级数积分法求得其解为一非负整次幂的收敛级数为

$$X = \sum_{i=0}^{\infty} a_i Z^i \tag{5.47}$$

利用幂级数展开的方法,并结合桩顶的边界条件,经过一系列推导(具体推导参考文献14)得到任意深度处桩身截面水平位移(挠度)、转角、弯矩、剪力基本表达式为

$$X_Z = X_0 A_1 + \frac{\varphi_0}{\alpha} B_1 + \frac{M_0}{\alpha^2 EI} C_1 + \frac{Q_0}{\alpha^3 EI} D_1 \tag{5.48}$$

$$\frac{\varphi_Z}{\alpha} = X_0 A_2 + \frac{\varphi_0}{\alpha} B_2 + \frac{M_0}{\alpha^2 EI} C_2 + \frac{Q_0}{\alpha^3 EI} D_2 \tag{5.49}$$

$$\frac{M_Z}{\alpha^2 EI} = X_0 A_3 + \frac{\varphi_0}{\alpha} B_3 + \frac{M_0}{\alpha^2 EI} C_3 + \frac{Q_0}{\alpha^3 EI} D_3 \tag{5.50}$$

$$\frac{Q_z}{\alpha^3 EI} = X_0 A_4 + \frac{\varphi_0}{\alpha}B_4 + \frac{M_0}{\alpha^2 EI}C_4 + \frac{Q_0}{\alpha^3 EI}D_4 \tag{5.51}$$

以上四个基本表达式中 A_1、B_1、$\cdots$、C_4、D_4 为16个无量纲系数,已制成表格,可从附录Ⅱ附表查出,以下只要已知 X_0、φ_0、Q_0 和 M_0 四个参数即可。其中 Q_0、M_0 可根据桩顶边界条件和外力作用情况计算。而 X_0、φ_0 则是在 Q_0、M_0 作用下依据桩周地质情况及桩底边界条件求出。下面对此加以介绍。

二、Q_0、M_0 的计算

根据前面基本计算图式规定,Q_0、M_0 为地面处(或局部冲刷线处)桩截面的剪力和弯矩,可根据桩顶实际受力情况推算。

(一) 桩柱顶为自由端

一般无特殊约束时,都将桩柱顶简化为自由端计算,则对桩柱身无土压力时有

$$Q_0 = H \tag{5.52}$$

$$M_0 = M_{外} + Hl_0 \tag{5.53}$$

当桩柱身作用有梯形土压力时(桥台)有

$$Q_0 = H + \frac{1}{2}(q_1 + q_2)l_0 \tag{5.54}$$

$$M_0 = M_{外} + Hl_0 + \frac{1}{3!}(2q_1 + q_2)l_0^2 \tag{5.55}$$

(二) 桩柱顶为弹性嵌固

此种简化主要针对墩台受到上部结构约束较强,如轻型桥台(墩)用锚栓固接;或采用摩阻力较大的油毛毡支座;采用固定支座的单孔桥等,此时按图5.19计算有

$$Q_0 = H \tag{5.56}$$

$$M_0 = \frac{H[h_2^2 + 2h_1 h_2 + nh_1^2 - 2E_1 I_1 \delta_{MQ}^{(0)}]}{2[h_2 + nh_1 + E_1 I_1 \delta_{MM}^{(0)}]} \tag{5.57}$$

图5.19　桩柱顶为弹性嵌固

式中　$\delta_{MQ}^{(0)}$——单位水平力作用在地面或局部冲刷线处,桩柱在该处产生的转角;

$\delta_{MM}^{(0)}$——单位弯矩作用在地面或局部冲刷线处,桩柱在该处产生的转角。

以上计算见式(5.67)、(5.68)。其余各参数如图5.19所示。

三、X_0、φ_0 的计算

(一) 桩底为非岩石类土或支承在基岩面上

1. 桩柱底面受力情况分析

桩底为非岩石类土和支承在基岩面上,桩底将产生水平位移 X_h 和转角 φ_h,φ_h 使桩底 X 处产生竖向位移(压缩变形)$X \cdot \varphi_h$(图5.20),竖向地基系数为 C_0,则有

$$\mathrm{d}N_X = X \cdot \varphi_h \cdot C_0 \cdot \mathrm{d}A \tag{5.58}$$

其桩底总弯矩为

$$M_h = -\int_{A_0} X \cdot \mathrm{d}N_X = -\int_{A_0} X^2 \varphi_h C_0 \mathrm{d}A_0 = -\varphi_h C_0 \int_{A_0} X^2 \mathrm{d}A_0 = -\varphi_h C_0 I_0 \tag{5.59}$$

式中 A_0 —— 桩底面积;

       φ_h —— 桩底转角;

       I_0 —— 桩底面积对其重心轴的惯性矩;

       C_0 —— 桩底土的竖向地基系数, $C_0 = m_0 h$。

公式中取负号是因为 φ_h 顺时针为负,而所得弯矩使桩左侧纤维受拉为正,计算要求所加。

桩底另一个边界条件 Q_h 因假设桩与桩底之间的摩阻力忽略不计,所以 $Q_h = 0$。

2. 单位"力"作用在地面或局部冲刷线处桩柱在该处产生的变位计算

X_0、φ_0 是在 M_0、Q_0 作用下产生的变位,可采用力法推求,首先计算单位"力"作用在地面或局部冲刷线处桩柱在该处产生的变位。

图 5.20 桩底受力情况

图 5.21 $Q_0 = 1$ 时柱的变位图

(1) 当仅有 $Q_0 = 1$ 作用时(图 5.21)

根据公式(5.49)代入桩的边界条件得

$$\frac{\varphi_h}{\alpha} = X_0 A_2 + \frac{\varphi_0}{\alpha} B_2 + \frac{1}{\alpha^3 EI} D_2 \tag{5.60}$$

根据公式(5.50)代入桩的边界条件得

$$\frac{M_h}{\alpha^2 EI} = X_0 A_3 + \frac{\varphi_0}{\alpha} B_3 + \frac{1}{\alpha^3 EI} D_3 \tag{5.61}$$

根据桩底边界条件 $M_h = -\varphi_h C_0 I_0$ 及 $Q_h = 0$ 即可解出 X_0、φ_0,并 $X_0 = \delta_{QQ}^{(0)}$,$\varphi_0 = -\delta_{MQ}^{(0)}$,得

$$\delta_{QQ}^{(0)} = \frac{1}{\alpha^3 EI} \cdot \frac{(B_3 D_4 - B_4 D_3) + K_h(B_2 D_4 - B_4 D_2)}{(A_3 B_4 - A_4 B_3) + K_h(A_2 B_4 - A_4 B_2)} \tag{5.62}$$

$$\delta_{MQ}^{(0)} = \frac{1}{\alpha^2 EI} \cdot \frac{(A_3 D_4 - A_4 D_3) + K_h (A_2 D_4 - A_4 D_2)}{(A_3 B_4 - A_4 B_3) + K_h (A_2 B_4 - A_4 B_2)} \tag{5.63}$$

（2）当仅有 $M_0 = 1$ 作用时（图 5.22）

此时 $\varphi_0 = \delta_{MM}^{(0)}, X_0 = \delta_{QM}^{(0)}$，用上述类似的方法得到

$$\delta_{MM}^{(0)} = \frac{1}{\alpha EI} \cdot \frac{(A_3 C_4 - A_4 C_3) + K_h (A_2 C_4 - A_4 C_2)}{(A_3 B_4 - A_4 B_3) + K_h (A_2 B_4 - A_4 B_2)} \tag{5.64}$$

$$\delta_{QM}^{(0)} = \delta_{MQ}^{(0)} \tag{5.65}$$

其中 $K_h = \frac{C_0 I_0}{\alpha EI}$ 表示桩柱底面土因桩底转动而产生的竖向土抗力对 $\delta_{QQ}^{(0)}$、$\delta_{MQ}^{(0)} = \delta_{QM}^{(0)}$、$\delta_{MM}^{(0)}$ 的影响系数。当桩底置于非岩石类土上，且 $\alpha h \geqslant 2.5$；或置于岩石上，且 $\alpha h \geqslant 3.5$ 时，K_h 影响很小，可令 $K_h = 0$。

图 5.22　$M_0 = 1$ 作用时桩
　　　　　的变位图

图 5.23　桩底嵌入基岩内时桩的变位图

（二）桩底嵌入基岩内时

由于桩底嵌入基岩内一定深度，此时认为桩底因嵌固无水平位移和转角，即桩底边界条件为：$X_h = 0$；$\varphi_h = 0$。仍然利用上面介绍的类似方法得到单位"力"作用在地面或局部冲刷线处（图 5.23）桩柱在该处产生的变位计算式为

$$\delta_{QQ}^{(0)} = \frac{1}{\alpha^3 EI} \cdot \frac{B_2 D_1 - B_1 D_2}{A_2 B_1 - A_1 B_2} \tag{5.66}$$

$$\delta_{MQ}^{(0)} = \delta_{QM}^{(0)} = \frac{1}{\alpha^2 EI} \cdot \frac{A_2 D_1 - A_1 D_2}{A_2 B_1 - A_1 B_2} \tag{5.67}$$

$$\delta_{MM}^{(0)} = \frac{1}{\alpha EI} \cdot \frac{A_2 C_1 - A_1 C_2}{A_2 B_1 - A_1 B_2} \tag{5.68}$$

（三）X_0、φ_0 计算

在 Q_0、M_0 作用下，地面线或局部冲刷处桩的变位 X_0、φ_0 计算如下

$$X_0 = Q_0 \delta_{QQ}^{(0)} + M_0 \delta_{QM}^{(0)} \tag{5.69}$$

$$\varphi_0 = -(Q_0 \delta_{MQ}^{(0)} + M_0 \delta_{MM}^{(0)}) \tag{5.70}$$

计得 X_0、φ_0 后，即可用式（5.48）～式（5.51）计得桩身任意截面的内力和变位。

实际在应用中,主要计算桩身各截面弯矩,并绘制出弯矩沿深度的分布图($M_Z - Z$ 图),从中找出最大弯矩截面位置及相应的 M_{max} 值,进行桩身截面强度验算和配筋设计。

计算表明,桩身在地面或局部冲刷线以下入土深度 $h \geqslant 4.0/\alpha$ 时,h 以下桩身部分的内力 M_Z、Q_Z 均已很小接近为零,所以规范规定,$h > 4.0/\alpha$ 以下桩身内力可不计算。

四、桩柱底最大压应力验算

桩柱底最大压应力验算,应不超过桩底土层的容许承载力,用公式表达为

$$\widehat{\sigma_{max}} = \frac{N_h}{A_0} + \frac{M_h}{W_0} \leqslant K[\sigma_h] \tag{5.71}$$

式中　　N_h——桩柱底面的轴向力,对于非岩类地基 $N_h = p + G - T$;对于岩石类地基 $N_h = p + G$;

p——桩柱顶面处轴向力;

G——全部桩柱自重力,当计算非岩石类地基的 N_h 时,对于钻(挖)孔桩,局部冲刷线以下部分的桩身自重力按 1/2 考虑;

T——局部冲刷线以下桩柱侧面土的容许摩阻力总和;

M_h——桩柱底弯矩,由 M_Z 公式令 $Z = h$ 计得,当 $\alpha h \geqslant 4.0$ 时,采用 $M_h = 0$;

A_0——桩柱底面积;

W_0——桩柱底截面抵抗矩;

$[\sigma_h]$——桩底土层容许承载力,因 $[\sigma_h] = \sigma_R/2$,按式(5.3)由 $\sigma_R/2$ 计算;

K——地基土允许承载力提高系数。

对置于非岩石类土或置于岩石面上的桩柱,当 $\alpha h > 3.5$ 时,以及对嵌入岩石中的桩柱,当 $\alpha h > 4.0$ 时,均可不验算桩柱底压应力。

对于支承在基岩面上的桩柱,当 $e > \rho$ 时(e 为外力偏心矩,ρ 为桩柱底面核心半径),则应考虑桩柱底的应力重分布;对于嵌入基岩中的桩柱还应验算嵌固处截面强度。

图 5.24　桩顶位移计算图式

五、桩柱顶水平位移计算

一般在地面线或局部冲刷线以上都有一段桩柱长度(图 5.24)。当计得桩柱在地面线或局部冲刷线处截面的水平位移 X_0 和转角 φ_0 后,则可用下式计算桩柱顶的水平位移 Δ 为

$$\Delta = X_0 - \varphi_0(h_1 + h_2) + \Delta_0 \leqslant [\Delta] \tag{5.72}$$

式中　　h_1——在地面或局部冲刷线以上桩柱上段长度;

h_2——在地面线或局部冲线以上桩柱下段长度;

Δ_0——将桩柱视为在地面线或局部冲刷线处弹性嵌固,由桩柱顶荷载 H、$M_外$ 作用引起的柱顶弹性挠曲位移,其计算式如下

$$\Delta_0 = \frac{H}{E_1 I_1} \left[\frac{1}{3} (nh_2^3 + h_1^3) + nh_2 h_1 (h_1 + h_2) \right] +$$

$$\frac{M_{外}}{2E_1 I_1} \left[h_1^2 + nh_2 (2h_1 + h_2) \right] \tag{5.73}$$

其中 $E_1 I_1$—— 桩柱上段的弹性模量和惯性矩的乘积;

         n—— 桩柱上段与下段的刚度比, $n = E_1 I_1 / EI$。

六、弹性单桩、单排桩设计计算程序

(1) 单桩、单排桩基础的初步设计方案拟定

根据上部结构的类型、荷载标准、水文地质资料、施工技术条件等情况综合分析考虑,初步拟定桩柱直径、材料、根数及排列布置,柱顶和桩顶标高等。

(2) 单桩所受外荷载的分配

要注意单桩轴向容许承载力验算(确定桩长)时所受轴向力 P_i 与进行桩身内力和变位计算时的 M_i、H_i 分配不是同一种作用布置组合。

(3) 单桩轴向容许承载力的验算

根据地质条件桩长可确定时,直接进行单桩轴向容许承载力验算;当根据地质条件桩长不可确定时,可按单桩轴向容许承载力公式反算桩长。

(4) 参数计算

计算确定 m、b_1、EI,然后计算土中基础变形系数 α,并判断是刚性桩还是弹性桩。

(5) 桩身内力计算

按着 Q_0、$M_0 \rightarrow \delta_{QQ}^{(0)}$、$\delta_{QM}^{(0)} = \delta_{MQ}^{(0)}$、$\delta_{MM}^{(0)} \rightarrow X_0$、$\varphi_0 \rightarrow M_Z \rightarrow$ 绘制 $M_Z - Z$ 图的顺序进行内力计算(包括确定最大弯矩截面相对应的轴向力)。

(6) 桩柱底最大压应力验算

(7) 桩柱顶水平位移验算

(8) 桩身强度验算与配筋设计

七、单排桩基础算例

(一) 基本设计资料

河床标高为 78.32 m,桩顶与河床平齐,一般冲刷线标高为 75.94 m,局部冲刷线标高为 73.62 m。

地基土为中密砂砾土,地基土比例系数 $m = 10\,000$ kN/m⁴;地基土极限摩阻力 $\tau = 60$ kPa;地基容许承载力 $[\sigma_0] = 400$ kPa,内摩擦角 $\Phi = 20°$,土的密度 $r' = 11.80$ kN/m²(已考虑浮力)。

(二) 墩柱及桩的尺寸

采用双柱式墩(图 5.25)。墩帽盖梁顶标高为 84.72 m,墩柱顶标高为 83.32 m;桩顶标高为 78.32 m。墩柱直径 1.30 m;桩的直径 1.50 m。桩身用 C20 混凝土;其受压弹性模量 $E_h = 2.6 \times 10^7$ kPa。

(三) 荷载计算

上部结构为 30 m 预应力钢筋混凝土 T 梁,桥面净宽 9 m + 2 × 0.75 m,设计汽车荷载为

图 5.25 双柱式墩计算图

公路 I 级,人群荷载标准值为 3.0 kN/m²。以顺桥向计算为例,计得至盖梁顶的各作用值见表5.22。

表 5.22 作用值计算表(盖梁顶)

荷 载 情 况			p/kN	H/kN	M/(kN·m)
顺桥方向	结构重力(两跨)		2 936.00		
	汽车双列双孔		1 562.43		141.38
	人群双孔		134.97		0.0
	汽车双列单孔		1 163.17		488.53
	人群单孔		65.61		27.56
	单孔制动力			165	
	风力	盖梁 风力		5.3	距桩顶力臂 5.8 m
		墩柱 风力		5.4	距桩顶力臂 2.5 m
横桥方向	汽车双列双孔		1 562.43		2 421.77
	人群双孔		134.97		0.0
	汽车双列单孔		1 163.17		1 802.91
	人群单孔		65.61		0.0

注:单孔汽车荷载计算时,考虑了冲击系数的影响。

根据表 5.22,经计算求得作用一根桩顶荷载为:

双跨结构重力 $p_1 = 1\ 468.00$ kN

盖梁自重反力 $p_2 = 264.60$ kN

一根墩柱自重 $p_3 = 165.92$ kN

系梁自重反力 $p_4 = 67.50$ kN

每一延米桩重 $q = 26.51$ kN/m(已考虑浮力)

两跨双列汽车荷载反力　　　$p_5 = 1\,184.84$ kN(考虑横桥向偏心影响,计算桩长用,取大值)

两跨人群荷载反力　　　$p_6 = 67.49$ kN

单跨双列汽车荷载反力　　　$p_7 = 281.10$ kN(考虑横桥向偏心影响,计算内力用,取小值)

单跨人群荷载反力　　　$p_8 = 32.81$ kN

单跨双列汽车荷载弯矩　　　$M_1 = 118.06$ kN·m

单跨人群荷载弯矩　　　$M_2 = 13.78$ kN·m

水平制动力 $H_1 = 82.5$ kN,制动力弯矩 $M_3 = 528$ kN·m

风力水平力 $H_2 = 10.70$ kN,风力弯矩 $M_4 = 44.24$ kN·m

(四) 桩长计算

由于地基土土层单一,根据地质情况桩长不可定,按单桩轴向容许承载力公式反算桩长。采用基本组合,除考虑永久作用外,还考虑汽车效应和人群荷载效应。

假设该桩埋入最大冲刷线以下深度为 h,一般冲刷线以下深度为 h_1,则

$$p = [p] = \frac{1}{2}U\sum l_i\tau_i + \lambda m_0 A\{[\sigma_0] + K_2 r_2(h_1 - 3)\}$$

式中　p——一根桩所受全部外荷载,最大冲刷线以下桩重一半作为外荷载计,即

$$p = p_1 + p_2 + p_3 + p_4 + p_5 + l_0 q + \frac{1}{2}qh =$$

$$1\,468.00 + 264.60 + 165.92 + 67.50 + 1\,184.84 + 67.49 + 26.51 \times 4.7 +$$

$$\frac{1}{2} \times 26.51 \times h = 3\,342.95 + 13.26h$$

计算 $[P]$ 时各参数如下取值:

桩的设计直径为 1.50 m,冲抓锥成孔直径为 1.60 m,桩周长 $U = 5.03$ m, $A = 1.77$ m^2, $\lambda = 0.7$, $m_0 = 0.8$, $K_2 = 3$, $[\sigma_0] = 400$ kPa, $\tau = 60$ kPa, $\gamma = 11.80$ kN/m^2,则

$$[p] = \frac{1}{2} \times 5.03 \times 60 \times h + 0.7 \times 0.8 \times 1.77[400 + 3 \times 11.80 \times (h + 2.32 - 3)] =$$

$$185.99h + 372.62$$

则有

$$3\,342.95 + 13.26h = 185.99h + 372.62$$

$$h = 17.20 \text{ m}$$

取 $h = 17.50$ m,桩底标高为 56.12 m。

(五) 桩身内力及变位计算

1.最大冲刷线处 P_0、H_0、M_0 计算

汽车按一跨布荷考虑,由于内力是按承载能力极限状态下作用基本组合的效应组合计算,除汽车荷载效应外还考虑人群荷载、汽车制动力、风荷载的可变效应,即

$$\gamma_0 S_{ud} = \gamma_0 \left[\sum_{i=1}^{m} \gamma_{Gi} S_{Gik} + \gamma_{Q_1} S_{Q1k} + \psi_c \sum_{j=2}^{n} \gamma_{Qj} S_{Qjk} \right]$$

式中 $\gamma_{Gi} = 1.2$, $\gamma_{Q_1} = 1.4$,组合中除汽车荷载外,还包括人群、制动力、风荷载三项可变作用, $\psi_c = 0.6$, $\gamma_{Qj} = 1.4$(但风荷载 $\gamma_{Qj} = 1.1$), P_0 计算时汽车荷载取用横桥向非偏心方向竖向力。

$$p_0/\text{kN} = 1.2 \times (1\,468.00 + 264.60 + 165.92 + 67.50 + 26.51 \times 4.7) +$$
$$1.4 \times 281.10 + 0.6 \times 1.4 \times 32.81 = 2\,929.84$$

$$H_0/\text{kN} = 0.6 \times (1.4 \times 82.5 + 1.1 \times 10.70) = 76.36$$

$$M_0/(\text{kN} \cdot \text{m}) = 1.4 \times 118.06 + 0.6 \times (1.4 \times 13.78 + 1.4 \times 528 + 1.4 \times 82.5 \times 4.7 +$$
$$1.1 \times 44.24 + 1.1 \times 10.7 \times 4.7) = 1\,008.48$$

2. 桩的各参数确定及 α 计算

确定桩的计算宽度 $b_1/\text{m} = K_f(d + 1) = 0.9(1.5 + 1) = 2.25$

地基土比例系数 $m = 10\,000\ \text{kN/m}^4$

桩身截面惯性矩 $I/\text{m}^4 = 0.049 \times 1.5^4 = 0.248$

计算土中基础变形系数 $\alpha = \sqrt[5]{\dfrac{mb_1}{EI}} = \sqrt[5]{\dfrac{10\,000 \times 2.25}{0.67 \times 2.6 \times 10^7 \times 0.248}} = 0.349$

$$\alpha h = 0.349 \times 17.50 = 6.11 > 2.5$$

为弹性桩。

3. 单位"力"作用在局部冲刷线处,桩柱在该处产生变位计算

由于 $\alpha h = 6.11 > 4.0$,按 $\alpha h = 4.0$ 查附表 2.1 参数,得:

$$\delta_{QQ}^{(0)}/(\text{m} \cdot \text{kN}^{-1}) = \frac{1}{\alpha^3 EI} \times \frac{(B_3D_4 - B_4D_3)}{(A_3B_4 - A_4B_3)} = \frac{2.441}{0.349^3 \times 0.432 \times 10^7} = 0.133 \times 10^{-4}$$

$$\delta_{MQ}^{(0)}/\text{kN}^{-1} = \delta_{QM}^{(0)} = \frac{1}{\alpha^2 EI} \times \frac{(A_3D_4 - A_4D_3)}{(A_3B_4 - A_4B_3)} = \frac{1.621}{0.349^2 \times 0.432 \times 10^7} = 0.031 \times 10^{-4}$$

$$\delta_{MM}^{(0)}/(\text{kN} \cdot \text{m})^{-1} = \frac{1}{\alpha EI} \times \frac{(A_3C_4 - A_4C_3)}{(A_3B_4 - A_4B_3)} = \frac{1.751}{0.349 \times 0.432 \times 10^7} = 0.011\,6 \times 10^{-4}$$

4. 局部冲刷线处桩柱变位计算

$$X_0/\text{mm} = H_0\delta_{QQ}^{(0)} + M_0\delta_{QM}^{(0)} = 76.36 \times 0.133 \times 10^{-4} + 1\,008.48 \times 0.031 \times 10^{-4} =$$
$$0.414 \times 10^{-2} = 4.14 < 6$$

$$\Phi_0/\text{rad} = -(H_0\delta_{MQ}^{(0)} + M_0\delta_{MM}^{(0)}) = -(76.36 \times 0.031 \times 10^{-4} + 1\,008.48 \times 0.011\,6 \times 10^{-4}) =$$
$$-0.141 \times 10^{-2}$$

5. 局部冲刷线以下深度 Z 处桩身各截面内力计算

弯矩 $M_Z = \alpha^2 EI\left(X_0 A_3 + \dfrac{\Phi_0}{\alpha}B_3 + \dfrac{M_0}{\alpha^2 EI}C_3 + \dfrac{H_0}{\alpha^3 EI}D_3\right) =$

$$\alpha^2 EIX_0A_3 + \alpha EI\Phi_0 B_3 + M_0C_3 + \frac{1}{\alpha}H_0D_3$$

计算得 $\alpha^2 EIX_0 = 0.349^2 \times 0.432 \times 10^7 \times 0.414 \times 10^{-2} = 0.218 \times 10^4$

$$\alpha EI\Phi_0 = 0.349 \times 0.432 \times 10^7 \times (-0.141 \times 10^{-2}) = -0.213 \times 10^4$$

$$1/\alpha H_0 = \frac{1}{0.349} \times 76.36 = 218.80$$

则得 $M_Z = 0.218 \times 10^4 A_3 - 0.213 \times 10^4 B_3 + 1\,008.45 C_3 + 218.80 D_3$

桩身截面配筋只需弯矩,不会发生剪力破坏,在此只计弯矩。

A_3、B_3、C_3、D_3 可从附录Ⅱ中按 αZ 查取,其计算列于表 5.23 中,绘制的桩身弯矩图见图

5.26。

表 5.23　桩身弯矩计算表

αZ	Z	A_3	B_3	C_3	D_3	M_Z
0.2	0.57	− 0.001 33	− 0.001 33	0.999 99	0.200 00	1 052.16
0.4	1.15	− 0.010 67	− 0.002 13	0.999 74	0.399 98	1 077.01
0.6	1.72	− 0.036 00	− 0.010 80	0.998 06	0.599 74	1 082.27
0.8	2.29	− 0.085 32	− 0.034 12	0.991 81	0.798 54	1 061.62
1.0	2.87	− 0.166 52	− 0.083 29	0.975 01	0.994 45	1 015.26
1.4	4.01	− 0.455 15	− 0.319 33	0.865 73	1.358 21	858.19
1.8	5.16	− 0.955 64	− 0.867 15	0.529 97	1.611 62	650.82
2.2	6.30	− 1.693 34	− 1.905 67	− 0.270 87	1.575 38	439.12
2.6	7.45	− 2.621 26	− 3.599 87	− 1.877 34	0.916 79	260.71
3.0	8.60	− 3.540 58	− 5.999 79	− 4.687 88	− 0.891 26	138.45
3.5	10.03	− 3.919 21	− 9.543 67	− 10.340 40	− 5.854 02	75.19
4.0	11.46	− 1.614 28	− 11.730 66	− 17.918 60	− 15.075 50	− 98.11

从表 5.23 中可知,最大弯矩设计值为 $M_d = 1\ 082.27\ \text{kN}\cdot\text{m}$,$Z = 1.72\ \text{m}$,其轴向力设计值

$$N_d/(\text{kN}\cdot\text{m}) = 2\ 929.84 + (\frac{1}{2} \times 26.51 \times 1.72 - \frac{1}{2} \times 5.03 \times 60 \times 1.72) \times 1.2 = 2\ 645.74$$

则可根据 M_d 和 N_d 按偏心受压构件进行配筋设计。具体配筋计算略。

6. 桩柱顶水平位移验算

$$\Delta = X_0 - \Phi_0(h_1 + h_2) + \Delta_0$$

$$\Delta_0 = \frac{H}{E_1 I_1}[\frac{1}{3}(nh_1^3 + h_2^3) + nh_2 \cdot h_1(h_1 + h_2)] + \frac{M_{外}}{2E_1 I_1}[h_2^2 + nh_1(2h_2 + h_1)]$$

式中　$H/\text{kN} = 82.5 + 5.3 = 87.80$

$M_{外}/(\text{kN}\cdot\text{m}) = 118.06 + 13.78 + 82.5 \times 1.4 + 5.3 \times 0.8 = 251.58$

$E_1 I_1 = 0.67 \times 2.6 \times 10^7 \times 0.049 \times 1.3^4 = 0.244 \times 10^7$

$n = \dfrac{E_1 I_1}{EI} = \dfrac{1.3^4}{1.5^4} = 0.564$

$h_1 = 4.7\ \text{m}, h_2 = 5.0\ \text{m}$

则有

$$\Delta_0/\text{m} = \frac{87.8}{0.244 \times 10^7}[\frac{1}{3}(0.564 \times 4)^3 + 5.0^3) + 0.564 \times 4.7 \times 5.0 \times (4.7 + 5.0)] +$$

图 5.26　桩身弯矩图

$$\frac{251.58}{2 \times 0.244 \times 10^{7}}[5.0^{2} + 0.564 \times 4.7(2 \times 5.0 + 4.7)] = 1.012\,6 \times 10^{-2}$$

$\Delta/mm = 0.414 \times 10^{-2} + 0.141 \times 10^{-2}(5.0 + 4.7)) + 0.101\,26 \times 10^{-2} = 2.79 \times 10^{-2} = 27.9$

水平位移容许值为$[\Delta]/mm = 5.0\sqrt{L} = 27.4$虽然$\Delta > [\Delta]$,但不超过5%,符合要求。

第四节 弹性多排桩的内力与变位计算

多排桩由于在力的作用平面内有两根或两根以上桩,这样桩与承台在验算平面内就构成一个超静定刚架结构,使每一根桩进行外作用力的分配计算时,必须经过一个结构力学解超静定结构的计算过程。承台结构在外荷载作用下的变位是可求的,从而使各桩顶的变位也成为可求,所以采用位移法可以完成各桩的外作用力分配工作。至于每根桩柱顶作用的外作用力 P_i、M_i、H_i 计得之后,就可用与前面的单排桩同样的方法来计算内力和变位。

一、桩顶变位的确定

多排桩在确定承台与桩的相互变位关系(图 5.27)时,首先要作如下假定:① 承台为一绝对刚体,在外作用力作用下本身不产生变形;② 桩与承台的连接视为刚性嵌固连接,即承台与桩的连接处没有相对的变位。

现已知承台底面中心处0作用有作用力 N、M、H,承台底面中心点 O 则产生水平位移 a_0、竖向位移 b_0、承台底面转角 β_0,其中 a_0、b_0 以坐标轴正方向为正,β_0 以承台底面顺时针转动为正。

根据上述假定及承台底面中心点 O 与各桩柱顶的几何相互关系,可求出各桩顶水平位移 a_i,竖向位移 b_i,桩顶截面转角 β_i 为

图 5.27 承台与桩顶变位的相互关系示意图

$$\begin{cases} a_i = a_0 \\ b_i = b_0 \pm X_i \sin \beta_0 = b_0 \pm X_i \beta_0 \\ \beta_i = \beta_0 \end{cases} \tag{5.74}$$

在已知各桩顶变位的条件下,从结构力学中的变形法可知,此时只要求出使桩顶产生单位变位所需作用的力就可以了。它仅与桩的几何尺寸、材料性质等有关,与外力无关,是可求的。

二、单桩桩顶刚度系数确定

设　ρ_1——桩顶仅产生单位轴向位移($b_i = 1$)时,在桩顶引起的轴向力;

ρ_2——桩顶仅产生单位横轴向位移($a_i = 1$)时,在桩顶引起的横轴向力;

ρ_3——桩顶仅产生单位横轴向位移($a_i = 1$)时,在桩顶引起的弯矩;

桩顶仅产生单位转角（$\beta_i = 1$）时，在桩顶引起的横轴向力；

ρ_4——桩顶仅产生单位转角（$\beta_i = 1$）时，在桩顶引起的弯矩。

（一）ρ_1 的求解

桩顶在轴向力作用下产生的轴向位移 b_i 由两部分构成：桩身材料的弹性压缩变形 δ_C 和桩尖土的压缩变形 δ_K。

在计算桩身材料弹性压缩变形时应考虑桩侧土的摩阻力影响。由于基桩施工方法不同而使桩侧摩阻力的分布不同，作如下简化考虑：对打入桩和震动下沉桩，摩阻力沿桩长呈三角形分布；对钻（挖）孔桩为均匀分布。现以桩侧摩阻力按三角形分布为例推导如下（图 5.28）。

(a) 打入桩　　(b) 灌注桩

图 5.28　单桩轴向力作用下轴向位移计算示意

设桩底摩阻力强度为 τ_h，桩周长为 U，桩底承受的作用力与桩顶总作用力 p 之比为 γ'，则有 $p(1 - \gamma') = \frac{1}{2}Uh\tau_h$，因此有

$$\tau_h = \frac{2p(1 - \gamma')}{Uh}$$

作用于地面以下 Z 深度处桩身截面上的轴向力 p_Z 为 $p_Z = p\left[1 - \frac{Z^2}{h^2}(1 - \gamma')\right]$，则

$$\delta_C = \frac{pl_0}{EA} + \frac{1}{EA}\int_0^h p_Z dZ = \frac{p}{EA}(l_0 + \zeta h) \tag{5.75}$$

式中　EA——桩身受压弹性模量与桩身截面之乘积；

　　　l_0——地面线或局部冲刷线以上桩柱自由长度；

　　　ζ——系数，$\zeta = 2/3(1 + \gamma'/2)$（简化为 $\zeta = 2/3$），当摩阻力均匀分布时，$\zeta = 1/2(1 + \gamma')$（简化为 $\zeta = 1/2$）。

计算桩底平面地基土压缩变形时，认为桩底土受压面积 A_0 是按 $\varphi/4$ 角扩散至桩底的面积（φ 为土的内摩擦角，多层土时取 $\overline{\varphi}$），并采用地基系数 C_0 计算，则有

$$\delta_K = \frac{p}{C_0 A_0} \tag{5.76}$$

$$b_i = \delta_C + \delta_K = \frac{p(l_0 + \xi h)}{AE} + \frac{p}{C_0 A_0} \tag{5.77}$$

当 $b_i = 1$ 时 p 即为 ρ_1，因此可得

$$\rho_1 = \frac{1}{\dfrac{l_0 + \zeta h}{AE} + \dfrac{1}{C_0 A_0}} \tag{5.78}$$

（二）ρ_2、ρ_3、ρ_4 的求解

ρ_2、ρ_3、ρ_4 的物理意义如图 5.29 所示，当桩顶仅产生单位横轴向位移 $a_i = 1$ 时（$\beta_i = 0$），

以 δ_{HH} 表示桩顶作用单位横轴向力时在桩顶产生的横轴向位移；

δ_{MH} 表示桩顶作用单位横轴向力时在桩顶产生的转角。

图 5.29 ρ_2、ρ_3、ρ_4 计算图示

δ_{HM} 表示桩顶作用单位弯矩时在桩顶产生的横轴向位移；

δ_{MM} 表示桩顶作用单位弯矩时在桩顶产生的转角。

根据桩顶边界条件可得

$$\rho_2 \cdot \delta_{HH} - \rho_3 \cdot \delta_{HM} = 1$$

$$\rho_2 \cdot \delta_{MH} - \rho_3 \cdot \delta_{MM} = 0$$

解得

$$\rho_2 = \frac{\delta_{MM}}{\delta_{HH}\delta_{MM} - (\delta_{MH})^2} \tag{5.79}$$

$$\rho_3 = \frac{\delta_{MH}}{\delta_{HH}\delta_{MM} - (\delta_{MH})^2} \tag{5.80}$$

同样当桩顶仅产生单位转角 $\beta_i = 1$ 时($a_i = 0$)，根据桩顶边界条件可得

$$\rho_4 \delta_{MM} - \rho_3 \cdot \delta_{MH} = 1$$

$$\rho_4 \delta_{HM} - \rho_3 \cdot \delta_{HH} = 0$$

解得

$$\rho_4 = \frac{\delta_{HH}}{\delta_{HH}\delta_{MM} - (\delta_{MH})^2} \tag{5.81}$$

$$\rho_3 = \frac{\delta_{HM}}{\delta_{HH}\delta_{MM} - (\delta_{MH})^2} \tag{5.82}$$

δ_{HH}、$\delta_{MH} = \delta_{HM}$、$\delta_{MM}$ 则可通过图 5.30 的计算图示得到如下结果，即

$$\delta_{HH} = \frac{l_0^3}{3EI} + \delta_Q^{(0)} + 2\delta_{MQ}^{(0)} \cdot l_0 + \delta_{MM}^{(0)} \cdot l_0^2 \tag{5.83}$$

$$\delta_{MH} = \delta_{HM} = \frac{l_0^2}{2EI} + \delta_{MQ}^{(0)} + \delta_{MM}^{(0)} \cdot l_0 \tag{5.84}$$

$$\delta_{MM} = \frac{l}{EI} + \delta_{MM}^{(0)} \tag{5.85}$$

三、承台位移的计算

当承台仅产生单位竖向位移时($b_0 = 1$)，各桩顶亦产生 $b_i = 1$，则所有各桩柱顶产生的

图 5.30 δ_{HH}、$\delta_{MH} = \delta_{HM}$、$\delta_{MM}$ 计算图示

竖向反力之和为 $\gamma_{bb} = -n\rho_1$;

当承台仅产生单位水平位移($a_0 = 1$)时,各桩顶亦产生 $a_i = 1$,则所有各桩柱顶产生的水平反力之和 $\gamma_{aa} = -n\rho_2$;

当承台仅产生单位水平位移($a_0 = 1$)时,所有各桩柱顶产生的反弯矩之和为 $\gamma_{\beta a} = -n\rho_3$;

当承台仅产生单位转角($\beta_0 = 1$)时,各桩顶截面除产生 $\beta_i = 1$ 的转角外,不同位置的桩还将产生不同量的竖向位移 $b_i = X_i\beta_0 = X_i$,由此引起竖向反力为 $\rho_1 X_i$,该力对承台底面中心处的弯矩为 $\rho_1 X_i^2$(其中,X_i 为各桩至承台中心处的距离),则所有各桩柱顶产生的弯矩之和为 $\gamma_{\beta\beta} = n\rho_4 + \rho_1 \sum_1^m K_i X_i^2$(式中,$m$ 为在验算平面内桩的排数;K_i 为每排的桩数);

当承台仅产生单位转角时,所有各桩柱顶产生的水平反力之和为 $\gamma_{a\beta} = n\rho_3$。

取承台为计算体,承台底面中心处在外力 N、M、H 作用下产生竖向位移 b_0、水平位移 a_0 和转角 β_0,根据力的平衡可得

$$\sum N = 0 \qquad b_0\gamma_{bb} - N = 0$$

$$\sum H = 0 \qquad \gamma_{aa} \cdot a_0 + \gamma_{a\beta} \cdot \beta_0 - H = 0$$

$$\sum M = 0 \qquad \gamma_{\beta a} \cdot a_0 + \gamma_{\beta\beta} \cdot \beta_0 - M = 0$$

可解出

$$b_0 = \frac{N}{\gamma_{bb}} \tag{5.86}$$

$$a_0 = \frac{\gamma_{\beta\beta}H - \gamma_{a\beta}M}{\gamma_{aa}\gamma_{\beta\beta} - (\gamma_{a\beta})^2} \tag{5.87}$$

$$\beta_0 = \frac{\gamma_{aa}M - \gamma_{a\beta}H}{\gamma_{aa}\gamma_{\beta\beta} - (\gamma_{a\beta})} \tag{5.88}$$

四、第 i 根桩柱顶变位与"作用"力的计算

已知承台中心点的位移后,各桩顶的变位可如下计算

$$b_i = b_0 \pm X_i\beta_0 \qquad a_i = a_0 \qquad \beta_i = \beta_0 \tag{5.89}$$

第 i 根桩桩顶"作用"力,即为各桩所分配的外荷载,可依据前面计得的桩顶刚度系数计算,有

$$\begin{cases} p_i = (b_0 \pm X_i\beta_0)\rho_1 \\ H_i = a_0\rho_2 - \beta_0\rho_3 = \dfrac{H}{n} \\ M_i = \beta_0\rho_4 - a_0\rho_3 \end{cases} \qquad (5.90)$$

至此就将单桩所分配外荷载计得,然后将 H_i、M_i 推算至地面或局部冲刷线处桩身截面"作用"力,则以下计算完全同单排桩的计算方法。

五、斜桩计算简介

当有斜桩时,其计算实质与竖直桩完全一样,只是承台变位与桩顶变位的几何关系要考虑斜桩角度影响,并且在计算过程中承台的坐标系统与各斜桩的斜轴向和横轴向坐标系统不同。其坐标符号有如下规定:承台在外荷载作用下产生的位移采用 XOZ 坐标系统;并设 b_{i0}、a_{i0}、β_{i0} 为第 i 排斜桩桩顶沿 XOZ 坐标系产生的相应位移;b_i、a_i、β_i 分别代表桩的斜轴向,横轴向位移及转角(图 5.31)。当斜桩斜轴线与竖直线角度为 φ_i 时,则其关系为

$$b_{i0} = b_0 + X_i\beta_0 \qquad a_{i0} = a_0 \qquad \beta_{i0} = \beta_0$$

$$b_i = a_{i0}\sin\varphi_i + b_{i0}\cos\varphi_i = a_0\sin\varphi_i + (b_0 + X_i\beta_0)\cos\varphi_i \qquad (5.91)$$

$$a_i = a_{i0}\cos\varphi_i - b_{i0}\sin\varphi_i = a_0\cos\varphi_i - (b_0 + X_i\beta_0)\sin\varphi_i \qquad (5.92)$$

$$\beta_i = \beta_{i0} = \beta_0 \qquad (5.93)$$

图 5.31　斜桩的承台变位与桩变位示意图

当承台中心仅产生竖向位移($b_0 = 1$)时,各斜桩产生的斜轴向位移为 $b_i = b_0\cos\varphi_i = \cos\varphi_i$;同时产生横轴向位移 $a_i = b_0\sin\varphi_i = \sin\varphi_i$(图 5.32);相应产生的斜轴向力为 $p_i = \rho_1\cos\varphi_i$;横轴向力 $Q_i = \rho_2\sin\varphi_i$;换算为 XOZ 坐标系,p_i、Q_i 同时有竖向力得 $p_{i0} = \rho_1\cos^2\varphi_i + \rho_2\sin^2\varphi_i$;

所以此时有

$$\gamma_{bb} = \sum_{i=1}^{m} K_i (\rho_1 \cos^2 \varphi_i + \rho_2 \sin^2 \varphi_i) \qquad (5.94)$$

同理可得

$$Q_{i0} = (\rho_1 - \rho_2) \sin \varphi_i \cos \varphi_i \qquad (5.95)$$

$$\gamma_{ab} = \sum_{i=1}^{m} K_i (\rho_1 - \rho_2) \sin \varphi_i \cos \varphi_i \qquad (5.96)$$

图 5.32　承台产生 $b_0 = 1$ 时斜桩桩顶变位计算图

同理第 i 根桩产生之弯矩为竖向力 p_{i0} 乘力臂 X_i,再加上当产生横轴位移 $\sin \varphi_i$ 产生的弯矩 $\rho_3 \sin \varphi_i$ 可得

$$\gamma_{\beta b} = \sum_{i=1}^{m} K_i [(\rho_1 \cos^2 \varphi_i + \rho_2 \sin^2 \varphi_i) X_i + \rho_3 \sin \varphi_i] \qquad (5.97)$$

用上述同样分析可得,由于承台中心仅产生单位水平位移($a_0 = 1$)时的 $\gamma_{ba} = \gamma_{ab}$,则

$$\gamma_{aa} = \sum_{i=1}^{m} K_i (\rho_1 \sin^2 \varphi_i + \rho_2 \cos^2 \varphi_i) \qquad (5.98)$$

$$\gamma_{\beta a} = \sum_{i=1}^{m} K_i [(\rho_1 - \rho_2) X_i \sin \varphi_i \cos \varphi_i - \rho_3 \cos \varphi_i] \qquad (5.99)$$

由于承台仅绕中心轴产生单位转角($\beta_0 = 1$)时的 $\gamma_{b\beta} = \gamma_{\beta b}$、$\gamma_{a\beta} = \gamma_{\beta a}$,则

$$\gamma_{\beta\beta} = \sum_{i=1}^{m} K_i [(\rho_1 \cos^2 \varphi_i + \rho_2 \sin^2 \varphi_i) X_i^2 + 2 X_i \rho_3 \sin \varphi_i + \rho_4] \qquad (5.100)$$

同样取承台为计算体,列出下列平衡方程式,即

$$\sum N = 0 \qquad a_0 \gamma_{ba} + b_0 \gamma_{bb} + \beta_0 \gamma_{b\beta} - N = 0 \qquad (5.101)$$

$$\sum H = 0 \qquad a_0 \gamma_{aa} + b_0 \gamma_{ab} + \beta_0 \gamma_{a\beta} - H = 0 \qquad (5.102)$$

$$\sum M = 0 \qquad a_0 \gamma_{\beta a} + b_0 \gamma_{\beta b} + \beta_0 \gamma_{\beta\beta} - M = 0 \qquad (5.103)$$

联解以上三式可求得承台中心变位 b_0、a_0、β_0,然后计得各桩顶的斜轴向、横轴向位移和转角,即可得到各桩顶所"作用"力 p_i、M_i、H_i,则以后按前述单排桩计算即可。

六、群桩基础的整体验算

(一) 单桩与群桩的工作特点

桩基础一般情况都是由若干根桩组成的群桩基础,但在计算时都是以单桩来计算其承载力,实践证明,有时单桩的工作状况不同于群桩的工作状况,还要考虑群桩承力效应,它与桩的类型、间距、入土深度及土的性质等因素有关。

1. 柱桩单桩与群桩的工作特点

柱桩由于桩底土层为坚硬土层(一般为岩石),所以桩顶所受荷载主要是通过桩身直接传给桩底坚硬土层,桩身各截面相对桩周土的位移量仅为桩身材料的弹性压缩变形,所以相对位移量很小,致使桩身侧面摩阻力很小而可忽略不计。在这种情况下,荷载传递过程基本不扩散,桩底压力只作用在桩底截面范围内,而且桩与桩之间荷载传递也互不影响(图

5.33),群桩基础中各基桩的工作状态近同于单桩。由此可以认为,柱桩群桩基础的承载力等于各单桩承载力之和,其群桩整体沉降变形等于单桩沉降变形量,完全可以用单桩的计算结果代替,而不再考虑群桩效应。

图 5.33　柱桩单桩和群桩的工作特点

2.摩擦桩单桩与群桩的工作特点

摩擦桩主要是由桩侧摩阻力将荷载传到深层地基土中,在桩的侧面形成一个锥状扩散面,所以在桩底处水平面上各桩与地基土作用面积要比桩底接触面积大得多。对群桩来说,当桩距较大,大到在桩底处水平面上各桩与地基土作用面积彼此不相重合,则群桩的承载力等于单桩之和。但若桩距较小,桩底处作用面彼此有一部分重合,则群桩桩底处水平面上压力经过叠加后,地基土单位面积受到的压力要比单桩大,这样群桩的沉降量要比单桩之和大,而承载力也不等于单桩之和,要小于单桩之和(图 5.34)。

（a）群桩与单桩底平面上的应力比较　　　　　（b）群桩与单桩的压缩层比较

图 5.34　摩擦桩单桩和群桩的工作特点

由以上分析可知,群桩的效应主要是对摩擦桩而言,而且由桩的入土深度和桩距来控制。严格说来,桩底土水平面上的压应力分布规律是相当复杂的一个问题,现一般认为桩底面最大压应力分布范围的直径为 $D = \sqrt{2dl\tan\varphi}$(式中 d 为桩直径;l 为桩的入土深度;φ 为桩侧土的内摩擦角),当桩的间距大于 D 值时可不考虑群桩效应。我国现行《公桥基规》规定,对摩擦桩群桩在桩底平面内桩距小于 6 倍桩径时,应考虑群桩效应。

(二) 群桩作为整体基础的验算内容

摩擦桩的群桩效应就是把桩与桩间土视为一个整体基础,要进行整体基础验算,一般视为图 5.35 中 *acde* 范围内的实体基础计算。实体基础按承台底面处桩基平面轮廓的宽度 B_0 和长度 L_0,按基桩所穿过土层的加权平均内摩擦角 $\dfrac{\Phi}{4}$ 计算基底工作面积 A(图 5.35)。

图 5.35　群桩整体验算示意图

1.桩底平面处最大压应力验算

验算式为

$$\sigma_{max} = \overline{\gamma}l + \gamma h - \frac{BL\gamma h}{A} + \frac{N}{A}\left(1 + \frac{eA}{W}\right) \leqslant K[\sigma] \tag{5.104}$$

式中　σ_{max} —— 桩底平面处的最大压应力(kPa);

$\overline{\gamma}$ —— 承台底面至桩底平面土的平均密度,包括桩的重力在内(kN/m³);

l —— 桩埋于土中的深度(m);

γ —— 承台底面以上土的密度(kN/m³);

N —— 作用于承台底面合力的垂直分力(kN);

e —— 垂直分力 N 对桩底面处的计算面积重心轴的偏心距(m);

A —— 假想的实体基础在桩底面处的计算面积(m²);

W —— 假想的实体基础在桩底平面处的抵抗矩(m³)

B —— 承台宽度(m);

L —— 承台长度(m);

K —— 地基土容许承载力提高系数;

· 218 ·

$[\sigma]$——桩底平面处地基土的容许承载力(kPa)。

当桩基底面以下有软弱土层时,还应验算软弱土层顶面的承载力。

2.沉降量验算

按实体基础进行沉降量计算仍然是采用分层总和法,作用于桩底平面附加应力可近似按平均附加应力用下式计算,即

$$\sigma_{h+e} = \frac{N - BL\gamma h}{A} + (\overline{\gamma} - \overline{\gamma_0})l \qquad (5.105)$$

式中　$\overline{\gamma_0}$——桩底面以上至承台底面土的平均容重(不包括桩重),其他符号意义同前。

沉降量验算的具体方法和要求,请参见第三章第四节有关内容。

七、低桩承台式基础计算

承台底面位于地面线或局部冲刷线以下的低桩承台式基础,计算基桩在横向力作用下的桩身内力和变形时,不仅要考虑桩侧的土抗力,还要考虑承台侧面的土抗力。一般计算时不考虑承台底面的竖向土抗力和与验算平面平行的承台侧面的摩阻力。而计算作用于桩身侧面土的弹性抗力时,地基系数 $C_z = mZ$,其 Z 由承台底面算起。

图 5.36　承台侧面土抗力计算图示

按图 5.36 所示,承台埋入地面线或局部冲刷线以下 h_n 深度,承台底面处的水平地基系数为 C_n,若承台在外力作用下 0 点产生水平位移 a_0 和转角 β_0,则承台侧面任意点的水平位移为 $a_0 + \beta_0 Z$(Z 为任意点距承台底面高度的绝对值),承台侧面任意点处水平地基系数为 $C_Z = C_n/h_n \cdot (h_n - Z)$,以 E_X 表示承台侧面土作用于单位宽度上的水平土抗力,以 M_X 表示 E_X 对垂直 $X0Z$ 平面并通过 0 点轴的弯矩,则有

$$E_X = \int_0^{h_n} (a_0 + \beta_0 Z) \cdot \frac{C_n}{h_n}(h_n - Z)\mathrm{d}Z = a_0 \frac{C_n h_n}{2} + \beta_0 \frac{C_n h_n^2}{6} = a_0 F^c + \beta_0 S^c$$

$$(5.106)$$

$$M_X = \int_0^{h_n} Z(a_0 + \beta_0 Z) \frac{C_n}{h_n}(h_n - Z)\mathrm{d}Z = a_0 \frac{C_n h_n^2}{6} + \beta_0 \frac{C_n h_n^3}{12} = a_0 S^c + \beta_0 I^c$$

$$(5.107)$$

式中　F^c——承台侧面地基系数 C_n 图形面积;

S^C——承台侧面地基系数 C_n 图形面积对其底边的静矩；

I^C——承台侧面地基系数 C_n 图形面积对其底边的惯性矩。

取承台为计算体计算 $\gamma_{\alpha\alpha}$、$\gamma_{\alpha\beta}$($\gamma_{\beta\alpha}$)、$\gamma_{\beta\beta}$ 时应考虑承台侧面土抗力，则

$$\gamma_{\alpha\alpha} = n\rho_2 + b_1 F^C \tag{5.108}$$

$$\gamma_{\alpha\beta} = \gamma_{\beta\alpha} = -n\rho_3 + b_1 S^C \tag{5.109}$$

$$\gamma_{\beta\beta} = n\rho_4 + \rho_1 \sum_{i=1}^{m} K_i X_i^2 + b_1 I^C \tag{5.110}$$

其中，b_1 为与水平力相垂直的承台底边的计算宽度。

以下单桩桩顶刚度系数计算、承台位移及外荷载分配等计算同前。

设计时，若低桩承台桩基础所承受的水平力较大，为增大座板侧面的土抗力，减小基桩承受的水平力，从而降低工程造价，可采取加深承台座板侧面深度的措施(图5.37)。在计算承台侧面土抗力时，其 F^C、S^C、I^C 按实际加深后的 h_n 计算。设计应保证座板加深部分的强度，加深部分应进行配筋，以免座板产生破坏。基桩的计算分析可与未加深座板深度的情况一样进行。

图 5.37　加深侧面的承台座板

八、桥台桩柱直接承受梯形土压力时的计算

图 5.38 所示，高桩承台式桥台基础，地面以上桩柱段直接承受桥头引道填土的梯形土压力作用，在计算桩顶荷载分配时，应考虑梯形土压力的影响。

填土压力在桩顶产生的 M_q、Q_q，其方向如图 5.38 所示方向(方向如果不同，计算结果一样，因为 Q_{l0}、M_{l0} 也发生变化)，其中 q_1、q_2 为作用于桩柱顶与地面处的土压力强度；M_q、Q_q 为直接承受的土压力在桩柱顶(承台底)产生的弯矩和剪力；M_{l0}、Q_{l0} 为直接承受的土压力在桩柱地面处截面内产生的弯矩和剪力；X_{l0}、φ_{l0} 为直接承受的土压力使桩柱在地面处产生的水平位移(挠度) 和转角。

以直接承受土压力的桩柱段为结构计算对象(图5.38(c))，可得上、下端内力关系如下

$$M_{l0} = M_q + Q_q l_0 + \left(\frac{q_1}{2} + \frac{q_2 - q_1}{6}\right) l_0^2 \tag{5.111}$$

$$Q_{l0} = Q_q + \left(q_1 + \frac{q_2 - q_1}{2}\right) l_0 \tag{5.112}$$

再按桩柱上端固结(图5.38(b))，利用材料力学公式，可计得由 M_{l0}、Q_{l0} 及土压力 q_1 和

图 5.38 直接承受梯形土压力计算示意图

q_2 的作用使下端产生的位移(挠度)和转角为

$$X_{l0} = \frac{M_{l0}l_0^2}{2EI} - \frac{Q_{l0}l_0^3}{3EI} + \frac{q_1 l_0^4}{8EI} + \frac{11(q_2 - q_1)l_0^4}{120EI} \tag{5.113}$$

$$\varphi_{l0} = \frac{M_{l0}l_0}{EI} - \frac{Q_{l0}l_0^2}{2EI} + \frac{q_1 l_0^3}{6EI} + \frac{(q_2 - q_1)l_0^3}{3EI} \tag{5.114}$$

再以桩入土部分为结构计算对象,利用力法原理可计得在地面处作用弯矩 M_{l0}、水平力 Q_{l0} 时桩顶位移(挠度) 和转角为(图 5.38(b))

$$X_{l0} = M_{l0}\delta_{QM}^{(0)} + Q_{l0}\delta_{QQ}^{(0)} \tag{5.115}$$

$$\varphi_{l0} = -(M_{l0}\delta_{MM}^{(0)} + Q_{l0}\delta_{MQ}^{(0)}) \tag{5.116}$$

式中　　$\delta_{QQ}^{(0)}$、$\delta_{MQ}^{(0)}$——单位水平力作用地面线处桩顶时,桩顶产生的水平位移和转角;

$\delta_{QM}^{(0)}$、$\delta_{MM}^{(0)}$——单位弯矩作用地面线处桩顶时,桩顶产生的水平位移和转角。

利用两个结构计算对象得到的 X_{l0}、φ_{l0} 相等条件得到两个方程式,应用 M_{l0}、Q_{l0} 与 M_q、Q_q 的关系,即可解出 M_q、Q_q。

以承台为计算对象,考虑直接承受梯形土压力在桩顶(承台底)产生的 M_q、Q_q 的影响,计算承台竖向位移 b_0、水平位移 α_0 和转角 β_0 时的公式为

$$\begin{cases} b_0\gamma_{bb} - N = 0 \\ \alpha_0\gamma_{\alpha\alpha} + \beta_0\gamma_{\alpha\beta} - (H - \sum Q_q) = 0 \\ \alpha_0\gamma_{\beta\alpha} + \beta_0\gamma_{\beta\beta} - (M - \sum M_q) = 0 \end{cases} \tag{5.117}$$

然后用以前介绍的方法计得桩顶分配的荷载 Q_i、M_i。

桩顶水平力为

$$Q_i' = Q_i + Q_q \tag{5.118}$$

桩顶弯矩则为

$$M_i' = M_i + M_q \tag{5.119}$$

地面线或局部冲刷线处桩柱截面上作用的水平力 Q_0' 和 M_0' 为

$$Q_0' = Q_i + Q_q + \left(\frac{q_1 + q_2}{2}\right)l_0 \tag{5.120}$$

$$M_0' = M_i + M_q + (Q_i + Q_q)l_0 + \left(\frac{2q_1 + q_2}{6}\right)l_0^2 \tag{5.121}$$

然后用前述方法计算桩身内力和变位,进行强度、位移验算和配筋。

九、多排桩设计计算要点简介

桩基础的设计同其他基础的设计步骤一样,首先收集有关的设计资料,根据上部结构的形式和使用要求、结构的设计技术标准和所受各种作用情况、水文地质条件、材料供应及施工技术设备等,拟定初步的设计方案(包括选择基桩类型、桩径、桩数、桩长及桩的布置等),然后进行各项验算。根据验算结果,再进行必要的修改,直至符合各项要求为止,最后确定一个较佳的设计方案。

根据多排桩的特点,将其设计要点简介如下。

(一) 多排桩的选择原则

多排桩基础的选择,必须根据桥梁的跨径、结构受力要求及桩的数量等因素来确定。多排桩稳定性好,承载力高,基础整体抗弯刚度大,能承受较大的水平荷载,可根据需要调整桩的数量和排数。

一般多排桩应用于上部结构较大的桥梁中,有时对一些中等跨径的桥台,当承受较大的土压力时,也常使用多排桩基础。对基础变形反应敏感要求高的外超静定结构,如拱桥桥台、制动墩或单向推力墩等也多采用多排桩基础。对一些荷载大而集中的桥梁基础,如连续梁、连续T构及索体系桥梁的塔墩基础,必须采用大型的多排桩基础。

多排桩的设置会增大承台的尺寸,增加施工的难度,尤其深水中的多排桩,承台的施工会增加很大的工程量,为此,目前在条件合适的地方,有采用大直径钻(挖)孔桩代替多排桩的工程实践,所以采用多排桩基础需要进行多方案的技术、经济论证来确定。

(二) 承台标高的确定

对于多排桩基础来说,承台标高的确定直接影响各基桩的受力情况和施工的难度。所以承台标高(主要是承台底标高),应根据结构整体受力对基础的要求和地形、地质、水流、施工等条件来确定。

承台底面标高越低,对于各基桩的受力情况越好,稳定性也越高,所以一般在旱地或无水的地方,应尽量将承台埋置于地面以下。对冻胀性土层,应将承台座板底面置于冻结线以下不小于0.25 m。在水中由于施工难度较大,只对水深较浅,冲刷较小的河流中采用低桩承台式桩基础,将承台底面置于局部冲刷线以下。而对于常年有水且水较深,施工时不易排水或河床冲刷深度较深时,一般应考虑高桩承台式桩基础。

高桩承台式桩基础承台底面标高,主要根据基桩受力要求、施工难易程度及河流特点等确定,但设计中在综合各方面条件基础上,承台应尽量放低一些。在有流冰的河道上,承台底面标高应在最低冰层底面以下不小于0.25 m。当有强大的流冰、流筏或其他漂流物时,承台底面标高应保证基桩不受直接撞击损伤。

承台的顶面标高,作为隐蔽的基础工程,应在地面以下或最低水位以下。其平面尺寸主要依据墩台身尺寸或桩的数量和布置确定。桩的平面布置要求请参见第四章第二节的有关内容。

(三) 桩的根数估算

桩的根数估算实际上受桩长的影响。桩长的大小,在桩径已定的情况下,主要受地质土层条件的影响,所以桩的根数确定分以下两种情况。

1.根据地质条件桩长可定的情况

根据地质条件,在合适的深度内,具有可选择作为持力层的岩层或较坚实的土层,后一种土层为摩擦桩获得较大的承载力和产生较小的沉降量。这样,可以根据地质条件确定单桩轴向容许承载力,用下式估算桩数,即

$$n = \mu \frac{N}{[p]} \tag{5.122}$$

式中 n——桩的根数;

       N——作用在承台底面以上的竖向力(kN);

       $[p]$——单桩轴向容许承载力(kN);

       μ——考虑承台底面竖向力 N 为偏心荷载时各桩受力不均而增加桩数的经验系数,一般取 $\mu = 1.2 \sim 1.4$。

2.根据地质条件桩长不可定的情况

此时,在较合适的深度内,各土层性质相近,没有明显合适的土层作为桩底的持力层,此时,可在已确定的承台尺寸内,按布桩的原则和构造要求先布置桩,在布桩的过程可先调整桩数、桩距和承台尺寸等有关数据,待桩的布置确定后可如下先确定单桩所受轴向力,然后根据单桩轴向容许承载力公式反算桩长。

当竖向力有偏心作用时 $$p_i = \frac{N}{n} \pm \frac{M_y X_i}{\sum X_i^2} \tag{5.123}$$

当应考虑竖向力双向偏心作用时 $$p_i = \frac{N}{n} \pm \frac{M_y X_i}{\sum X_i^2} \pm \frac{M_x Y_i}{\sum Y_i^2} \tag{5.124}$$

式中 p_i——在偏心竖向力 N 作用下各基桩所受竖向力(kN);

       M_x, M_y——作用于承台底面形心处(或桩群形心处)的 y、x 轴的弯矩(kN·m);

       X_i, Y_i——第 i 根基桩至 y、x 轴的距离(m)。

令 $p_{i(\max)} = K[p]$,其中 $p_{i(\max)}$ 为基桩最大竖向力;K 为荷载组合系数,根据上式可以反算出桩长。

(四) 参数计算

同单排桩一样,计算确定 m、b_1、EI,然后计算土中基础变形系数 α,并判断是刚性桩还是弹性桩。

(五) 单桩所受外荷载的计算

参见图 5.39 计算框图。

(六) 桩身内力、变位计算与配筋

计算方法和步骤与单排桩相同。

图 5.39　多排桩中单桩所受外荷计算框图

（七）多排桩的整体验算（略）

（八）承台座板的受力计算与配筋（见本章第五节）

十、多排桩算例

（一）设计资料

1.水文地质资料

如图 5.40 所示，砂粘土地基比例系数 $m = 15\,000$ kN/m⁴；砂夹卵石地基比例系数 $m_0 = 60\,000$ kN/m⁴；地基土容许承载力 $[\sigma_0] = 1\,000$ kPa；砂粘土极限摩阻力 $\tau = 80$ kPa；土的单位容重 $\gamma = 19.00$ kN/m³（未计入浮力）；土的内摩擦角（考虑浮力影响）$\varphi = 24°$。

根据地质条件确定桩在局部冲刷线以下入土深度 18 m，深入砂夹卵石层 0.77 m。

2.基础方案设计

桩基础采用高桩承台，根据地质条件为摩擦桩，直径 $d = 1.3$ m，旋转钻施工。

桩的布置顺桥向为两排桩，横桥向为 3 排桩，总计 6 根桩，其具体排列见图 5.40。

3.作用资料

上部结构为 35 m 预应力简支 T 梁，车道宽 9.0 m，公路 – Ⅰ 级车道荷载。各种作用力均

图 5.40　多排桩算例计算图

已计算至承台底面重心处,并按计算桩长时的容许作用力和桩身内力计算时的承载能力极限状态基本组合效应值分别计算。而且在计算桩长时是取用横桥向偏心侧桩顶轴向力,而对计算桩身内力时是取用横桥向非偏心侧桩顶轴向力设计值。示出顺桥方向计算(表 5.24)。

表 5.24　作用计算表

组合内容	荷载项目	N/kN	H/kN	$M/(\text{kN} \cdot \text{m})$
结构重力	计算桩长	9 120.32		
	计算内力	10 944.30		
公路－Ⅰ级车道荷载单孔(包括人群荷载)布载	计算桩长	1 339.23		669.62
	计算内力	1 874.91		937.47
公路－Ⅰ级车道荷载双孔(包括人群荷载)布载	计算桩长	1 734.12		391.55
	计算内力	2 427.77		548.17
单孔汽车制动力和风力			431.50	4 118.74

(二) 单桩轴向容许承载力验算(略)

(三) 单桩所受作用的计算

1.桩的各计算参数确定

桩身采用强度等级为 C20 钢筋混凝土,桩身受弯刚度为

$$EI/(\text{kN} \cdot \text{m}^2) = 0.67E_hI = 0.67 \times 2.6 \times 10^7 \times 0.049 \times 1.3^4 = 2.44 \times 10^6$$

桩的计算宽度

$$b_1/\text{m} = K_j \cdot K_O \cdot K \cdot d = 0.9(d+1) \cdot (0.6 + \frac{1-0.6}{0.6} \times \frac{2.5}{6.9}) =$$

$$0.9 \times (1.3 + 1) \times 1.015 = 2.10$$

2. 桩的变形系数 α 计算

$$\alpha/\text{m}^{-1} = \sqrt[5]{\frac{mb_1}{EI}} = \sqrt[5]{\frac{15\,000 \times 2.10}{2.44 \times 10^6}} = 0.419$$

桩在最大冲刷线以下深度为 18 m，则 $\alpha h = 18 \times 0.419 = 7.54 > 2.5$，为弹性桩。

3. 单位"力"作用局部冲刷线处，桩在该处变位 $\delta_{QQ}^{(0)}$、$\delta_{QM}^{(0)} = \delta_{MQ}^{(0)}$、$\delta_{MM}^{(0)}$ 计算

因桩底为非岩类土，且 $\alpha h > 2.5$，所以 $K_h = 0$，按 $\alpha_h = 4.0$ 查表

$$\delta_{QQ}^{(0)}/(\text{m} \cdot \text{kN}^{-1}) = \frac{1}{\alpha^3 EI} \cdot \frac{B_3 D_4 - B_4 D_3}{A_3 B_4 - A_4 B_3} = \frac{2.441}{0.419^3 \times 2.44 \times 10^6} = 0.136 \times 10^{-4}$$

$$\delta_{QM}^{(0)}/\text{kN}^{-1} = \delta_{MQ} = \frac{1}{\alpha^2 EI} \cdot \frac{B_3 C_4 - B_4 C_3}{A_3 B_4 - A_4 B_3} = \frac{1.625}{0.419^2 \times 2.44 \times 10^6} = 0.038 \times 10^{-4}$$

$$\delta_{MM}^{(0)}/(\text{kN} \cdot \text{m}) = \frac{1}{\alpha EI} \cdot \frac{A_3 C_4 - A_4 C_3}{A_3 B_4 - A_4 B_3} = \frac{1.751}{0.419 \times 2.44 \times 10^6} = 0.017 \times 10^{-4}$$

4. 单位"力"作用桩顶时桩顶变位 δ_{HH}、$\delta_{HM} = \delta_{MH}$、$\delta_{MM}$ 计算

$$\delta_{HH} = \frac{l_0^3}{3EI} + \delta_{QQ}^{(0)} + 2\delta_{MQ}^{(0)} + \delta_{MM}^{(0)} l_0^2 =$$

$$\frac{4.3^3}{3 \times 2.44 \times 10^6} + 0.136 \times 10^{-4} + 2 \times 0.038 \times 10^{-4} + 0.017 \times 10^{-4} \times 4.3^2 =$$

$$0.635 \times 10^{-4}$$

$$\delta_{HM} = \delta_{MH} = \frac{l_0^2}{2EI} + \delta_{MM}^{(0)} + \delta_{QM}^{(0)} = \frac{4.3^2}{2 \times 2.44 \times 10^6} + 0.017 \times 10^{-4} + 0.038 \times 10^{-4} =$$

$$0.093 \times 10^{-4}$$

$$\delta_{MM} = \frac{l_0}{EI} + \delta_{MM}^{(0)} = \frac{4.3}{2.44 \times 10^6} + 0.017 \times 10^{-4} = 0.035 \times 10^{-4}$$

5. 桩顶发生单位变位时桩顶产生内力 ρ_1、ρ_2、ρ_3、ρ_4 计算，$\zeta = \frac{1}{2}$，则

$$C_O = m_0 h = 60\,000 \times 18 = 1.08 \times 10^6$$

$$h \times \tan \frac{\varphi}{4} = 18 \times \tan 6° = 18 \times 0.095 = 1.71 < \frac{3.8}{2}$$

所以 $A_0 = \pi \times 1.71^2 = 9.18 \text{ m}^2$。

桩身截面为

$$A/\text{m}^2 = \frac{\pi d^2}{4} = \frac{3.14 \times 1.3^2}{4} = 1.33$$

$$\rho_1/(\text{kN} \cdot \text{m}^{-1}) = \frac{1}{\dfrac{l_0 + \zeta h}{EA} + \dfrac{1}{C_0 A_0}} =$$

$$\frac{1}{\dfrac{4.3 + 0.5 \times 18}{2.6 \times 10^7 \times 1.33} + \dfrac{1}{1.08 \times 10^6 \times 9.18}} = 2.058 \times 10^6$$

$$\rho_2/(\text{kN} \cdot \text{m}^{-1}) = \frac{\delta_{MM}}{\delta_{HH} \cdot \delta_{MM} - (\delta_{MH})^2} = \frac{0.035 \times 10^{-4}}{0.635 \times 10^{-4} \times 0.035 \times 10^{-4} - (0.093 \times 10^{-4})^2} =$$

$$2.574 \times 10^4$$

$$\rho_3/\text{kN} = \frac{\delta_{MH}}{\delta_{HH} \cdot \delta_{MM} - (\delta_{MH})^2} = \frac{0.093 \times 10^{-4}}{0.635 \times 10^{-4} \times 0.035 \times 10^{-4} - (0.093 \times 10^{-4})^2} =$$

$$6.834 \times 10^4$$

$$\rho_4/\text{kN} \cdot \text{m} = \frac{\delta_{HH}}{\delta_{HH} \cdot \delta_{MM} - (\delta_{MH})^2} = \frac{0.635 \times 10^{-4}}{0.635 \times 10^{-4} \times 0.035 \times 10^{-4} - (0.093 \times 10^{-4})^2} = 4.669 \times 10^5$$

6.承台发生单位变位时,所有桩顶对承台作用反力之和 γ_{bb}、$\gamma_{\alpha\alpha}$、$\gamma_{\alpha\beta} = \gamma_{\beta\alpha}$、$\gamma_{\beta\beta}$ 计算

$$\gamma_{bb}/(\text{kN} \cdot \text{m})^{-1} = n\rho_1 = 6 \times 2.058 \times 10^6 = 12.348 \times 10^6$$

$$\gamma_{\alpha\alpha}/(\text{kN} \cdot \text{m})^{-1} = n\rho_2 = 6 \times 2.574 \times 10^4 = 15.444 \times 10^4$$

$$\gamma_{\alpha\beta}/\text{kN} = \gamma_{\beta\alpha} = -n\rho_3 = -6 \times 6.838 \times 10^4 = -41.028 \times 10^4$$

$$\gamma_{\beta\beta}/\text{kN} = n\rho_4 + \rho_1 \sum K_i X_i^2 = 6 \times 4.669 \times 10^5 + 2.058 \times 10^6 \times 6 \times 1.9^2 = 47.377 \times 10^6$$

7.承台变位 b_0、a_0、β_0 计算

$$b_0/\text{m} = \frac{N}{\gamma_{bb}} = \frac{10\,944.30 + 1\,874.91}{12.348 \times 10^6} = 1.038 \times 10^{-3}$$

$$a_0/\text{m} = \frac{\gamma_{\beta\beta} \cdot H - \gamma_{\alpha\beta} M}{\gamma_{\alpha\alpha} \cdot \gamma_{\beta\beta} - \gamma_{\alpha\beta}^2} = \frac{47.377 \times 10^6 \times 431.50 - [-41.028 \times 10^4 \times (937.47 + 4\,118.74)]}{15.444 \times 10^4 \times 47.377 \times 10^6 - (-41.028 \times 10^4)^2} = 3.15 \times 10^{-3}$$

$$\beta_0/\text{rad} = \frac{\gamma_{\alpha\alpha} \cdot M - \gamma_{\alpha\beta} \cdot H}{\gamma_{\alpha\alpha} \cdot \gamma_{\beta\beta} - \gamma_{\alpha\beta}^2} = \frac{15.444 \times 10^4 \times 5\,056.21 - (-41.028 \times 10^4 \times 431.50)}{15.444 \times 10^4 \times 47.377 \times 10^6 - (-41.028 \times 10^4)^2} = 0.134 \times 10^{-3}$$

8.任一桩顶分配作用效应组合设计值 p_i、H_i、M_i 计算

$$p_i/\text{kN} = (b_0 \pm \beta_0 X_i)\rho_1 = (1.038 \times 10^{-3} \pm 0.134 \times 10^{-3} \times 1.9) \times 2.058 \times 10^6 \genfrac{}{}{0pt}{}{2660.17}{1612.24}$$

$$H_i/\text{kN} = a_0\rho_2 - \beta_0\rho_3 = 3.15 \times 10^{-3} \times 2.574 \times 10^{-4} - 0.134 \times 10^{-3} \times 6.834 \times 10^4 = 71.65$$

$$M_i/\text{kN} \cdot \text{m} = \beta_0\rho_4 - a_0\rho_3 = 0.134 \times 10^{-3} \times 4.669 \times 10^5 - 3.15 \times 10^{-3} \times 6.834 \times 10^4 = -152.71$$

校核 $\quad \sum np_i/\text{kN} = 3 \times (2\,660.17 + 1\,612.24) = 12\,900.51 \approx 12\,819.21$

$$nH_i/\text{kN} = 6 \times 71.651 = 429.906 \approx 431.50$$

$$\sum p_i X_i + nM_i/\text{kN} \cdot \text{m} = 3 \times 1.9 \times (2\,660.17 - 1\,612.24) + 6 \times (-152.706) = 5\,056.96 \approx 5\,056.21$$

求得 p_i、H_i、M_i 后,就可按前面介绍的单排桩计算程序进行单桩内力计算和配筋设计,然后再进行群桩整体基础的验算。

第五节　承台座板计算

多排桩的承台是一种板式结构,是在各基桩下沉或就地浇筑注完成后,现浇混凝土而形成。它将各基桩联结成整体,把上部结构和墩台的荷载传递给各基桩。承台座板受力复杂,尤其是高桩承台座板,所受外力各方向都有,是一个空间受力结构物。为保证其正常工作,一般都把承台座板与桩的联结设计为刚性联结,座板本身的刚度也视为刚体结构。

一、承台座板按其各种受力状态的计算

承台座板一般可按其各种受力状态进行局部受压、抗冲剪、抗弯和抗剪验算。其计算中

的各种受力是按规范规定用分项安全系数计得的极限状态外力。

(一) 桩顶承台混凝土局部受压验算

该项验算是对于桩顶直接埋入承台的预制桩而言。一般承台混凝土标号低于桩身混凝土标号,应验算桩顶处承台混凝土的局部受压。计算时不考虑桩身与承台混凝土间的粘结力,具体验算方法按第二章第三节式(2.8)进行计算。

(二) 埋入承台部分桩顶处桩侧与承台座板混凝土受压验算

已知作用于承台座板底面处的桩截面上的轴向力为 P_i,弯矩为 M_i,剪力为 Q_i,P_i 作用下的验算已按桩顶承台混凝土局部受压进行,下面考虑 M_i、Q_i 作用下的验算。

桩埋入承台座板内的长度为 l_1,则作用于 $l_1/2$ 处的弯矩为 $M_i' = M_i - Q_i l_1/2$,剪力为 $Q_i' = Q_i$。在 M_i' 作用下压应力计算如图 5.41 所示,则

$$M_i' = \frac{1}{2}\sigma_1 \cdot \frac{l_1}{2} \cdot \frac{2}{3}l_1 \cdot d = \frac{1}{2} \cdot \frac{\sigma_{1max}}{\zeta} \cdot \frac{l_1}{2} \cdot \frac{2}{3}l_1 \cdot d$$

$$\sigma_{1max} = \frac{6\zeta M_i'}{l_1^2 d} \tag{5.125}$$

在 Q_i' 作用下

$$Q_i' = l_1 d \frac{\sigma_{2max}}{\zeta}$$

$$\sigma_{2max} = \frac{\zeta Q_i'}{l_1 d} \tag{5.126}$$

上两式中 ζ 为考虑桩截面形状对桩侧应力的影响系数,圆桩 $\zeta = 1.27$;方桩 $\zeta = 1.0$,其余符号同前。最终验算式为

$$\sigma_{max} = \sigma_{1max} + \sigma_{2max} \leqslant \frac{f_{cd}}{\gamma_0} \tag{5.127}$$

式中　f_{cd}——桩顶或承台混凝土的抗压强度设计值(取两者强度等级低者);

　　　　γ_0——桥梁结构重要性系数,按式(1.1)、(1.2)规定取值。

图 5.41　承台受力验算图示

(三) 承台悬出部分验算

当承台悬出墩身外,边桩的中心位于墩身底面以外,距墩台柱边缘大于承台高度时,应验算在承台悬出部分的桩对承台的作用,现一般近似地将承台座板悬出部分作为悬臂梁来计算,其计算项目如下。

1.单桩对承台的冲切承载力验算

当承台悬出墩身之外较大,承台与桩之间会产生冲切作用,应进行冲切承载力验算。其具体验算分以下两种情况:

(1) 墩、台柱向下冲切破坏验算

墩、台柱向下冲切的破坏锥体应采用自墩台柱边缘至相应桩顶边缘连线构成的锥体;桩顶位于承台顶面以下 1 倍有效高度 h_0 处。锥体斜面与水平面的夹角不应小于 45°,当小于 45° 时取用 45°。

墩台柱向下冲切承台的冲切承载力按以下规定计算(图 5.42(a)),即

$$\gamma_0 F_{id} \leqslant 0.6 f_{td} h_0 [2\alpha_{pX}(b_y + a_y) + 2\alpha_{pY}(b_x + a_x)] \tag{5.128}$$

$$\alpha_{pX} = \frac{1.2}{\lambda_x + 0.2} \tag{5.129}$$

$$\alpha_{pY} = \frac{1.2}{\lambda_y + 0.2} \tag{5.130}$$

式中　F_{id}——作用于冲切破坏锥体上的冲切力设计值,可取墩台柱的竖向力设计值(包括承台破坏锥体的重力)减去锥体范围内桩的反力设计值;

b_x, b_y——墩台柱作用面积的边长;

a_x, a_y——冲跨,冲切破坏锥体侧面顶边与底边间的水平距离,即墩台柱边缘到桩边缘的水平距离,其值不应大于 h_0;

λ_x, λ_y——冲跨比,$\lambda_x = a_x/h_0$,$\lambda_y = a_y/h_0$,当 $a_x < 0.2h_0$ 或 $a_y < 0.2h_0$ 时,取 $a_x = 0.2h_0$ 或 $a_y = 0.2h_0$;

α_{pX}, α_{pY}——分别与冲跨比 λ_x、λ_y 对应的冲切承载力系数;

f_{td}——混凝土轴心抗拉强度设计值。

(2) 承台周边桩向上冲切破坏验算

此种情况是指墩台柱向下冲切破坏锥体以外的周边桩(角桩和边桩),向上冲切承台的冲切承载力按以下规定计算(图 5.42(b)):

① 角桩　　$$\gamma_0 F_{ld} \leqslant 0.6 f_{td} h_0 [\alpha'_{pX}(b_r + \frac{a_y}{2}) + \alpha'_{pY}(b_x + \frac{a_x}{2})] \tag{5.131}$$

$$\alpha'_{pX} = \frac{0.8}{\lambda_x + 0.2} \tag{5.132}$$

$$\alpha'_{pY} = \frac{0.8}{\lambda_y + 0.2} \tag{5.133}$$

式中　F_{ld}——角桩竖向力设计值;

b_x, b_y——承台边缘至桩内边缘的水平距离;

a_x, a_y——冲跨,为桩边缘至相应柱或墩台柱边缘的水平距离,其值不应大于 h_0;

λ_x, λ_y——冲跨比,$\lambda_x = a_x/h_0$,$\lambda_y = a_y/h_0$,当 $a_x < 0.2h_0$ 或 $a_y < 0.2h_0$ 时,取 $a_x = 0.2h_0$ 或 $a_y = 0.2h_0$;

$\alpha'_{pX}, \alpha'_{pY}$——分别与冲跨比 λ_x 和 λ_y 对应的冲切承载力系数。

② 边桩　　当 $b_y + 2h_0 \leqslant b$ 时

$$\gamma_0 F_{ld} \leqslant 0.6 f_{td} h_0 [\alpha'_{PX}(b_p + h_0) + 0.667 \times (2b_x + a_x)] \tag{5.134}$$

(a) 柱、墩台下冲砌破坏锥体   (b) 角桩和边桩上冲砌破坏锥体

1—柱、墩台；2—承台；3—桩；4—破坏锥体；   1—柱、墩台；2—承台；3—角桩；4—边桩；

5—角桩上破坏锥体   6—边桩上冲砌破坏锥体

图 5.42   承台冲切破坏锥体

式中 F_{ld}——边桩竖向力设计值；

       b_x——承台边缘至桩内边缘的水平距离；

       b_p——方桩的边长；

       a_x——冲跨，为桩边至相应墩台柱边缘的水平距离，其值不应大于 h_0。

上述计算对圆形桩，其圆形截面可换算为边长等于 0.8 倍桩直径的方形截面桩。

当承台为变厚度时，公式(5.128)中的 h_0 取沿墩台柱边缘垂直截面的承台有效高度；公式(5.131)、(5.134)中的 h_0 取承台边缘截面的有效高度。

2.承台悬臂抗弯验算

现行《公钢桥规》规定：当承台下面外排桩中心距墩台身边缘大于承台高度时(图 5.43 中的 $X_i > h_s$)，承台正截面(垂直于 x 轴和 y 轴的竖向截面)抗弯承载力可作为悬臂梁按一字"梁式体系"计算。

图 5.43   按悬臂梁承台抗弯抗剪验算图

承台抗弯验算截面为悬出部分墩身底边缘截面，见图 5.43 的 $I - I$ 截面。

上缘混凝土抗压验算

$$M_1 - M_2 \leqslant W_h f_{cd}/\gamma_0 \tag{5.135}$$

式中 M_1——悬出部分各桩柱顶轴向力(承台底面处)N_{ia} 对验算截面的计算弯矩设计值 (kN·m)；

       M_2——悬出部分承台自重及上面土重、水柱重对验算截面的弯矩设计值；

       W_h——承台验算截面对混凝土受压边缘的换算截面抵抗矩(m^3)；

       f_{cd}——混凝土抗压强度设计值；

       γ_0——桥梁结构的重要性系数。

下缘钢筋抗拉验算为

$$M_1 - M_2 \leqslant W_g f_{sd}/\gamma_0 \qquad (5.136)$$

式中　W_g——承台验算截面对受拉钢筋重心处的换算截面抵抗矩(m^3)；

　　　　f_{sd}——钢筋抗拉强度设计值；

　　　　其余符号意义同前。

3.斜截面抗剪验算

承台的斜截面抗剪承载力计算应符合下列规定：

$$\gamma_0(\sum N_{id} - G) \leqslant \frac{0.9 \times 10^{-4}(2 + 0.6P)\sqrt{f_{cu,k}}}{m}b_s h_0 \qquad (kN) \qquad (5.137)$$

式中　N_{id}——承台悬臂下面每排桩的竖向力设计值，取其中一根最大值乘以该排桩的根数；

　　　　G——验算截面以外承台悬出部分自重及其上水柱、土柱重力设计值；

　　　　$f_{cu,k}$——边长为150 mm的混凝土立方体抗压强度标准值(MPa)；

　　　　P——斜截面内纵向受拉钢筋百分率，$P = 100\rho$，$\rho = A_s/bh_0$，当$P > 2.5$时，取$P = 2.5$，其中A_s为承台截面计算宽度内纵向受拉钢筋截面面积；

　　　　m——剪跨比，$m = a_{xi}/h_0$或$m = a_{yi}/h_0$，当$m < 0.5$时，取$m = 0.5$，其中a_{xi}和a_{yi}分别为沿x轴和y轴墩台边缘至计算斜截面外侧第i排桩边缘的距离；当为圆形截面桩时，可换算为边长等于0.8倍圆桩直径的方形截面桩；

　　　　b_s——承台计算宽度(mm)；

　　　　h_0——承台有效高度(mm)。

当承台的同方向可作出多个斜截面破坏面时，应分别对每个斜截面进行抗剪承载力计算(具体规定和计算要求参见《公钢桥规》)。

二、承台座板按"撑杆 – 系杆"模式计算配筋

《公钢桥规》规定，当外排桩中心距墩台柱边缘等于或小于承台高度时，承台属短悬臂结构，提出采用"撑杆 – 系杆"的比拟桁架模式计算，简便合理。

其原理是将相对尺寸较小的墩身，认为是以集中力的形式作用于承台上，模型中是以抗拉系杆模拟受拉钢筋，以抗压撑杆模拟主压应力轨迹，比拟桁架的模式就是将墩身作用的荷载N，通过抗压撑杆将推力传到桩上，而要维持桩顶节点的受力平衡，必须有一比拟拉杆来承受水平分力T，则T由承台底面的受拉钢筋承受(图5.44)。

图5.44　比拟桁架模拟承台结构计算图

以图5.44为例简单计算，可得$\dfrac{T}{N/2} = \dfrac{l}{h_0}$，则

$$T = \frac{Nl}{2h_0} \qquad (5.138)$$

式中　l——承台计算跨径(即桩的中心距离)的一半；

h_0—— 承台顶面至拟设的下层钢筋重心的距离,即为前面的承台计算高度。

设计中以 T 作为承台底层两桩之间计算受拉钢筋的拉力。

《公钢桥规》对承台短悬臂按"撑杆 – 系杆"模式计算撑杆的抗压承载力(图 5.45)规定如下

$$\gamma_0 D_{id} \leqslant t b_s f_{cd,s} \tag{5.139}$$

$$f_{cd,s} = \frac{f_{cu,k}}{1.43 + 304\varepsilon_1} \leqslant 0.48 f_{cu,k} \tag{5.140}$$

$$\varepsilon_1 = \left(\frac{T_{id}}{A_s E_s} + 0.002\right) \cot^2 \theta_i \tag{5.141}$$

$$t = b \sin \theta_i + h_a \cos \theta_i \tag{5.142}$$

$$h_a = s + 6d \tag{5.143}$$

式中　　D_{id}—— 撑杆压力设计值,包括 $D_{1d} = N_{1d}/\sin \theta_1$, $D_{2d} = N_{2d}/\sin \theta_2$,其中 N_{1d} 和 N_{2d} 分别为承台悬臂下面"1"排桩和"2"排桩内该排桩的根数乘以该排桩中最大单桩竖向力设计值,按公式(5.139)计算撑杆抗压承载力时,式中 D_{id} 取 D_{1d} 和 D_{2d} 两者较大者;

　　　　$f_{cd,s}$—— 撑杆混凝土轴心抗压强度设计值;

　　　　t—— 撑杆计算高度;

　　　　b_s—— 撑杆计算宽度,取承台计算宽度;

　　　　b—— 桩的支撑宽度,方形截面桩取截面边长,圆形截面桩取直径的 0.8 倍;

　　　　$f_{cu,k}$—— 边长为 150 mm 的混凝土立方体抗压强度标准值;

　　　　T_{id}—— 与撑杆相应的系杆拉力设计值,包括 $T_{1d} = N_{1d}/\tan \theta_1$, $T_{2d} = N_{2d}/\tan \theta_2$;

　　　　A_s—— 在撑杆计算宽度 b_s(系杆计算宽度)范围内系杆钢筋截面面积;

　　　　s—— 系杆钢筋的顶层钢筋中心至承台底的距离;

　　　　d—— 系杆钢筋直径,当采用不同直径的钢筋时, d 取加权平均值;

　　　　θ_i—— 撑杆压力线与系杆拉力线的夹角,包括 $\theta_1 = \arctan \dfrac{h_0}{a + x_1}$, $\theta_2 = \arctan \dfrac{h_0}{a + x_2}$。其中, h_0 为承台有效高度; a 为撑杆压力线在承台顶面的作用点至墩台边缘的距离,取 $a = 0.15h_0$; x_1 和 x_2 为桩中心至墩台边缘的距离。

计算系杆抗拉承载力可按下列规定计算,即

$$\gamma_0 T_{id} \leqslant f_{sd} A_s \tag{5.144}$$

式中　　T_{id}—— 系杆拉力设计值,取 T_{1d} 与 T_{2d} 两者较大者;

　　　　f_{sd}—— 系杆钢筋抗拉强度设计值;

在垂直于系杆的承台全宽内,系杆钢筋布置应符合《公桥基规》和《公桥钢规》要求。在系杆计算宽度 b_s 内的钢筋截面面积应符合受弯构件受拉钢筋最小配筋百分率。

(a) "撑杆—系杆"力系   (b) 撑杆计算高度

图 5.45 承台按"撑杆－系杆体系"计算
1— 墩台身；2— 承台；3— 桩；4— 系杆钢筋

第六章 沉井基础

第一节 概 述

沉井是一柱体形井筒状结构,一般四周井壁是刚度很大的钢筋混凝土或少筋混凝土预制而成。如果平面尺寸较大井筒中间可设支承隔墙。它是以井孔内挖土,依靠自身重力或主要依靠自身重力来克服井壁与周围土之间的摩阻力下沉,至设计标高后,经混凝土封底井孔填塞后形成一个整体基础(图6.1)。

(a) 沉井下沉示意　　　　　(b) 沉井基础

图6.1 沉井基础示意图

沉井是一种刚性深基础,施工时不需板桩围护,本身就具有挡土和挡水的围堰功能,施工技术比较稳妥可靠,操作简便,下沉深度可以很大(大型沉井基础可以下沉几十米深),没有理论上的限制。沉井基础整体性强、稳定性好,有较大的承载面积,能承受很大的垂直荷载和水平荷载,尤其在深水中有较大卵石不便桩基础施工,以及需要承受巨大的水平力和上拔力时,多采用沉井基础。首座南京长江大桥9个主孔桥墩中6个采用大型沉井基础;江阴长江大桥悬索桥主缆的北锚碇采用长69 m、宽51 m,下沉深度58 m,带有36个隔仓的巨型钢筋混凝土沉井(图6.2)。同时沉井还可作为施工中事故处理、组合基础的一部分来应用。所以沉井基础也是桥梁工程中应用较为广泛的一种基础型式,沉井也常用做矿用竖井、地下泵房、油库等。

沉井的缺点是:施工期较长;当遇有流砂、大孤石、树干或老桥基等难以清除的障碍物时,下沉困难易产生偏斜;河床覆盖层下是倾斜度较大的岩层时,也会增加沉井施工的困难,使沉井基础的稳定性不好,故上述情况应尽量避免采用沉井基础。

选择沉井基础,一定要对桥位处地质情况进行详细的勘察,根据施工可行、经济合理的原则进行分析比较。一般下列情况可以采用沉井基础:

图 6.2　江阴长江大桥北锚碇沉井一般结构图

（1）沉井底必须埋置于坚实的持力层中，所以当上部结构荷载较大，稳定性要求高，而在一定深度下才有好的持力层，不宜使用扩大基础，而采用沉井基础较其他深基础使用可靠和经济合理时；

（2）在深水大河或山区河流中，虽土质较好，但冲刷大，或河中有较大卵石不便桩基础施工时；

(3) 岩石表面平坦埋置浅,但河水较深采用扩大基础施工围堰困难时;可采用浮运沉井。

第二节　沉井基础的类型和构造要求

一、沉井基础的类型

(一) 根据沉井制作材料分

1.无筋或少筋混凝土沉井

用于小尺寸沉井,井壁较厚,适用于覆盖层较松软的地质条件,一般下沉深度不超过 7~8 m。

2.钢筋混凝土沉井

这种沉井施工时结构各部分受力好,可以制作大型沉井,下沉深度可以很大;当下沉深度不大时,可将底节沉井或刃脚部分做成钢筋混凝土结构,上部分井壁用混凝土制作;浮运沉井当用钢筋混凝土制作时,采用薄壁结构。钢筋混凝土沉井可根据具体情况要求做成各种合理的结构形状和厚度。

3.钢沉井

用钢材制造沉井,其强度高质量轻,易于拼装施工快,一般做浮运沉井,尽量重复使用。

(二) 根据沉井施工方法分

1.现浇预制沉井

这种沉井是在设计的基础位置处就地浇注预制沉井,待达到一定的强度后,在井孔内挖土下沉。对水中基础,需先在水中筑岛,再在岛上筑井下沉。

2.浮运沉井

利用钢板或钢丝网水泥将井壁做成双层空壁沉井结构,能自浮于水中,待浮运就位后,向双壁内均匀灌注水或混凝土,落入河床稳定后,在井孔内挖土下沉。

(三) 根据沉井平面形状分

沉井平面形状主要有圆形、圆端形和矩形等(图 6.3)。根据井孔布置方式和多少,又可分单孔、双孔及多孔沉井。多孔沉井主要是对平面尺寸较大的沉井,根据结构受力要求以及下沉需要,在其中设隔墙形成。井孔布置应对称,以便均匀取土。

(四) 根据沉井的立面形状分

沉井外壁立面形状主要有竖直式、台阶式和斜坡式三种形式(图 6.4)。竖直式井壁下沉中不易倾斜,但井壁上土的摩阻力较大,一般在入土不深或松软土层中使用。当沉井下沉深度较大而周围土质较密实时,为减小下沉时的摩阻力,沉井外壁可做成台阶式和斜坡式,台阶宽度一般为 100~200 mm,斜坡采用 1/30~1/50 的斜度,一般多采用台阶式。

(a) 单孔沉井　(b) 双孔沉井　(c)多孔沉井　　(a)竖直式　(b)台阶式　(c)台阶式　(d)斜坡式

图 6.3　沉井的平面形状　　　　　图 6.4　沉井外壁立面形式

二、沉井的构造

沉井一般由井壁、刃脚、隔墙、井孔、凹槽、封底混凝土、顶盖板等构成,如采用助沉措施时,尚应在井壁中预埋一些助沉所需的管组(图 6.5)。

(一)刃脚

刃脚是井壁下端的斜形尖利部分,用以切土下沉。刃脚受力复杂集中,要有足够的强度和刚度,同时应以型钢(角钢或槽钢)加强,以免下沉时损坏。刃脚混凝土强度等级不低于 C20。

沉井刃脚根据地质情况,可采用尖刃脚或带踏面的刃脚(图 6.6)。刃脚踏面宽度可为 100~200 mm,软土可适当放宽。刃脚斜面与水平面交角不小于 45°,井内隔墙底面比刃脚底面至少应高出 500 mm,刃脚高度一般不小于 1.0 m。当沉井需要下沉至稍有倾斜的岩石上时,在掌握岩层高低差变化的情况下,可将刃脚做成与岩面的倾斜度相适应的高低刃脚。

(二)井壁

井壁是沉井的主体结构,形成沉井基础的外形尺寸;施工中围水挡土,并获得顺利下沉的重力。为减小井壁周围土的摩阻力,沉井外壁可做成台阶或斜坡面。沉井较高时,可根据沉井整体构造和施工要求分节预制下沉,节高一般不宜高于 5 m。

图 6.5　沉井构造图

图 6.6　刃脚的构造

井壁厚度按强度、下沉需要的自重和便于取土、清基而定,一般为 800~1 500 mm,钢筋混凝土薄壁沉井及钢制薄壁浮运沉井的壁厚不受此限。井壁混凝土强度等级不低于 C15,沉井底节混凝土的含钢率,对钢筋混凝土不宜小于 0.1%,少筋混凝土不宜小于 0.05%。

(三)隔墙

当沉井平面尺寸较大时,一般设隔墙(内壁)将沉井分成若干井孔,其作用是缩短井壁跨度,减小井壁挠曲应力,并增强沉井整体刚度,便于掌握井孔挖土位置和速度,以控制下沉方向。隔墙间距一般要求不大于 5 ~ 6 m,厚度可比井壁小 200 ~ 400 mm。

隔墙底面距刃脚踏面高度,既要考虑支承刃脚,使刃脚悬臂和水平框架共同起作用,同时又要避免隔墙底面搁住沉井阻碍其下沉,一般要求不小于 500 mm。为增强隔墙与刃脚的连接,可设垂直埋肋。排水下沉的沉井,宜在隔墙下部设过人孔,以便于施工。

(四)井孔

又称取土井,是沉井下沉取土的通道。井孔的布置必须与沉井轴线对称,以便于均匀取土和纠偏。井孔的大小应满足取土机具所需净空和便于取土操作的要求,井孔最小边长,当采用抓泥斗抓土时一般不宜小于 3.0 m。

(五)凹槽

为增强封底混凝土与井壁的联接强度,以更好地将封底混凝土所受到的地基反力传递给井壁,一般在沉井外壁内侧离刃脚踏面一定高度处(一般为 2.0 m)做一水平槽状结构,称为凹槽。凹槽深度约为 150 ~ 250 mm,高度约为 1.0 m。当井孔准备用混凝土或圬工填实时,也可不设凹槽 。

(六)封底混凝土

沉井下沉至设计标高后,为使沉井形成一个整体受力结构,将井底的地基反力传至井壁,要浇注一层混凝土封住井底,这就是封底混凝土。封底混凝土底面承受施工中的地基反力和水的浮力作用,若沉井为空心沉井,则按营运中地基反力和水的浮力计算其所需厚度。封底混凝土顶面应高出凹槽不小于 500 mm。沉井封底混凝土一般是在水下浇注,为保证封底质量,并具有一定的安全度,要求水下封底混凝土强度等级不宜低于 C20,岩石地基可降为 C15。

(七)顶盖板

沉井井孔内是否需要填实,填什么材料,应根据沉井受力和稳定性的要求来确定。有时为节省混凝土圬工量,减轻基础自重,在井孔内也可不填充任何东西,做成空心沉井基础,或仅填以砂砾。此时应在井顶设置钢筋混凝土顶盖板,其上修筑墩台身。顶盖板厚度一般为 1.5 ~ 2.0 m,钢筋配置由计算决定。

(八)预埋管组

当预估沉井下沉阻力较大无法正常下沉时,可采用如射水法和空气幕法等助沉措施,此时应按助沉设计要求在井壁内预埋管组,并在井壁外侧设置射水嘴或气龛。

第三节　沉井基础施工

沉井施工,除应充分掌握基础位置处的土质和土层情况外,主要还应了解施工过程的水文变化情况,如水深、流速、冲刷等,尤其需要在施工中渡汛、渡凌的沉井,应对洪汛、凌汛等有关资料作好调查研究,制定必要的施工措施,确保安全。

一般在旱地或岸滩,施工期间无地表水且土质较好时,可直接平整场地,就地预制沉井挖土下沉。对位于浅水或可能被水淹没的岸滩上的沉井,宜就地筑岛制做沉井。对位于深水中的沉井,筑岛困难,可采用浮运式沉井的施工方法。下面按以上三种情况加以介绍。

一、旱地上沉井施工

在旱地上的沉井,一般施工较容易,其主要工序如下(图6.7)。

图 6.7 旱地沉井施工示意

(一)平整场地铺设垫木

如天然地面土质较好,只需将地面杂物清掉并整平地面,就可在其上制作沉井。若地下水位较低,可开挖基坑制作沉井,坑底应高出地下水位 0.5~1.0 m。如土质松软,则应在平整场地夯实后,铺垫 0.3~0.5 m 的砂砾层。

为扩散第一节沉井制作时刃脚踏面的集中应力,要求在刃脚踏面处对称地铺设垫木以加大支承面积,使沉井重量在垫木下产生的压应力不大于 100 kPa,并以此确定垫木尺寸。

(二)制作底节沉井

制作底节沉井首先要支立沉井模板,要求模板、支撑应具有足够的强度和较好的刚度,内隔墙与井壁连接处垫木应联成整体,底模应支承在垫木上,以防不均匀沉裂(图6.8)。

在支立模板同时要将刃脚加强角钢及配置的钢筋帮扎就位。外模板应平滑以利下沉。支立完模板后,即可浇筑混凝土。混凝土应对称均匀并一次连续浇完。

(三)拆模和抽垫木

沉井混凝土强度达到70%的设计强度时可拆除模板,达到设计强度后方可抽撤垫木。垫木应按分区、依次、对称、同步抽

图 6.8 沉井刃脚立模

出,一般是：抽撤内隔墙下的垫木,再抽沉井短边下的垫木,最后抽长边下的垫木。抽撤长边下的垫木时,以设计的定位支点垫木为中心,对称地由远到近抽除,最后同时抽除定位垫木。抽垫木时要随抽随用砂土回填捣实,并应注意防止沉井偏斜。

(四)挖土下沉

抽完垫木后,就可在井孔中挖土。挖土可用人力或机械。沉井挖土下沉可分为排水下沉和不排水下沉,人工挖土必须采用排水下沉。当采用人工开挖时,要事先充分查明通过土层中有无"承压水层",以防井内涌水翻砂危及人身安全。机械挖土当用吸泥机时,由于吸泥机在工作时是连泥带水一起吸出井外,使井内水位不断下降,所以应该在吸泥同时,不断向井内灌水,使井内水位比井外高出1~2 m,以避免发生流沙现象。

(五)沉井接高

当第一节沉井顶面沉至离地面0.5~1.0 m时,应停止挖土下沉接筑第二节沉井。接高前首先对第一节沉井应尽量纠正倾斜,保持井位正确,使第二节沉井竖向中轴线与第一节中轴线相重合。接高沉井的模板不得支承在地面上,并应预防沉井接高后使模板及支撑与地面接触。为防止沉井在接高时突然下沉或倾斜,应均匀对称地浇注接高混凝土。两节沉井混凝土施工接缝应清洗凿毛,并按设计要求布置接缝锚固钢筋。

(六)地基检验和处理

沉井沉至设计标高后,应进行基底检验,不排水下沉的沉井,应由潜水员进行必要的检验。检验的主要内容是地质情况和承载力是否与设计要求相符;检查基底面是否平整,以保证水下混凝土浇注质量和厚度满足要求。清除基底浮泥软土,防止封底混凝土和基底间掺入有害夹层;基底为岩层时,岩面残留物(风化岩碎快、卵石、砂)应清除干净;岩石基底为倾斜面时,应凿成台阶或榫槽,清渣封底。

(七)沉井封底及浇注顶盖板

基底检验合格后应及时浇注封底混凝土。对排水下沉的沉井,在清基时若渗水量较小可按普通混凝土浇注方法进行封底;对渗水量大和不排水下沉的沉井,可采用刚性导管法浇注水下混凝土或水下压浆混凝土封底。

井孔填充与否,应按设计要求处理。不排水封底的沉井,应在封底混凝土强度满足抽水后的受力要求时方可抽水。沉井为空心沉井或井孔仅填以砂砾时,沉井顶面应浇灌钢筋混凝土顶盖板。

二、水中沉井施工

(一)筑岛法

沉井位于浅水或可能被水淹没的岸滩上时(一般施工期间最大水深不超过4~5m)宜采用就地筑岛制作沉井。对人工筑岛要求如下。

(1)岛面标高应比施工期最高水位高出0.5~0.7 m,有流冰时,应再适当加高。

(2)筑岛平面尺寸应满足沉井制作及抽垫木等施工要求,无围堰筑岛,一般须在沉井周围设置不小于2 m宽的护道;有围堰筑岛其护道宽度 b 可按下式确定,即

$$b \geqslant H\tan(45° - \frac{\varphi}{2}) \tag{6.1}$$

式中　H——筑岛高度；

　　　φ——筑岛土饱和时的内摩擦角。

图 6.9　筑岛法沉井施工

护道宽度在任何情况下不应小于 1.5 m,当实际采用的护道宽度小于计算值时,则应考虑沉井重力等对围堰所产生的侧压力影响。

(3) 筑岛材料应用透水性好、易于压实的砂土或碎石土等,岛面地基土承载力应满足第一节沉井混凝土产生的最大压应力的要求。

(4) 无围堰筑岛临水面坡度,一般可采用 1:1.75 ~ 1:3。有围堰筑岛应防止围堰漏土,以免沉井制造和下沉过程中,引起岛面沉降变形危及沉井安全。

筑岛施工时,还应考虑筑岛压缩流水断面,加大流速和提高水位后对岛体稳定性的影响。筑岛完成后,就造就了一个旱地的施工条件,以下施工方法同旱地施工相同。

(二)浮运沉井施工

在深水中修筑沉井,当人工筑岛有困难时,可采用浮运沉井施工。浮运沉井就是把沉井底节做成空体结构,或采取其他办法使其在水中可以漂浮,用船支将其拖运到设计位置,再逐步用混凝土或水灌入空体内增加自重,使其徐徐沉入河底,按不排水挖土下沉。施工前必须根据河岸地形、设备条件,进行技术经济比较,确定制作场地、沉井结构及下水方案。

1.沉井制作与下水

一般岸边地形条件允许,尽可能在岸上搭设预制沉井平台(临时码头),制成后顺着岸坡铺设的滑道滑入水中(图 6.10)。

在桩支架上或浮船支架平台上制作沉井(图 6.11),两组浮船间距根据沉井尺寸和沉井顺利下沉需要而定,当浮船工作平台搭设完后即可制作浮运沉井,当沉井混凝土达到设计强度后,进行起吊、拆平台、落水、接高及浇注空腔混凝土等工序。

还可采用少量围堰工程在岸边围水(一般采用土堰),待沉井制作完后再挑开围堰使水进入堰内,沉井浮起。岸边地形条件较好,且有足够起重能力的机械设备时,亦可采用岸边制作起吊下水方案。

图 6.10　滑道法浮运沉井下水

(a) 浮式沉井制作　　　　　　　　　(b) 起吊抽除垫木

(c) 沉井落水

图 6.11　浮船搭架制作沉井

2.浮运方式

浮运沉井的浮运方式有:双壁浮运(空体自浮式)沉井、带临时性井底的沉井和带钢气筒的浮运沉井,现简介如下:

(1)双壁浮运沉井

双壁浮运沉井一般用钢、钢丝网水泥等制造,结构轻而薄,具有足够的强度和刚度,可多点平行作业,浮运就位简单。

图 6.12 为某桥采用的钢丝网水泥薄壁浮运沉井的构造示意图,是由 30 mm 的钢丝水泥制成的薄壁隔成一个个空格的壳体结构,入水后能自浮于水中,浮运就位后向井壁腔内灌水下沉落于河床上,再逐格对称的灌注水下混凝土,从而使薄壁空腔沉井变成为普通的重力式沉井。

当沉井要求入水较深,平面尺寸较大时宜采用双壁钢沉井。双壁钢沉井制造简单,安全可靠,但耗钢量较多,部分材料可回收重复使用。有关各类双壁浮运沉井制造工艺请参照有关施工规范和资料。

(2)带临时性井底的浮运沉井

这种浮运沉井是在取土井底部安装上临时性井底,使沉井成为一个浮体。临时性井底及其支撑应充分考虑在水中拆除方便,并有良好的水密性,一般多采用木料制作。

图 6.13 为带临时性井底浮运沉井示例。临时性木井底用八子形斜撑支在井孔内壁特制的檐口上。沉井浮运定位后,向井孔内灌水,使沉井逐渐下沉,当落床稳定后灌注井壁混凝土,即可拆除支撑打开临时性井底,以后按一般沉井施工。

(3)带钢气筒的浮运沉井

当河水很深,沉井很大,分孔较多时,可在井孔位置上装置若干个钢制压气筒,通过向气筒内打气来增加浮力。带钢气筒的浮运沉井多采用圆形截面构造,一般由三部构成:双壁自浮底节、单壁钢壳、钢气筒(图 6.14)。钢气筒是沉井内部的防水结构,在施工过程中,依靠压缩空气排出气筒内的水,提供所需的浮力。应用时可通过在气筒内充气或放气,及调节不同气筒内的气压使沉井可以上浮、下沉及调整偏斜,如落入河床后位置偏移过大,还可将气筒全部充气,使沉井重新浮起、定位下沉。进入河床稳定深度后,即可切割气筒顶盖,作为沉井取土孔,按一般沉井施工。

图 6.12　钢丝网水泥薄壁沉井

图 6.13　带临时性井底的浮运沉井

三、沉井下沉的助沉和纠偏

(一)沉井下沉的助沉措施

1.临时助沉措施

一般当下沉至最后阶段,沉井接高已完成,沉井自重达最大,井底已接近设计标高,此时井壁摩阻力很大,井底往往进入好土阻力也很大,下沉阻力的急剧增大而可能使下沉受阻,可采用下述临时助沉措施:

(1)压重或排水

可在井顶搭设平台压重,迫使沉井下沉。而对不排水下沉的沉井,可尽量减小浮力影响而在井孔中强制性排水,降低井孔内的水位而相对增加自重。

(2)井壁外饱水降低摩阻力

粘土的摩阻力与含水量有关,当沉井周边是粘土层时,可在上部尽可能贴着井壁挖深槽,在槽中沿井壁插管均匀射水,达到降低摩阻力助沉的目的。

(3)炮震法助沉

当刃脚下土已挖空,且沉井下沉已接近设计标高时,可在井底放少量炸药,利用炮震使沉井下沉。需注意放药量要经过计算以免震坏沉井,次数也不宜太多。

2.助沉设计

助沉设计涉及的内容很多,实际上在构造上如采用沉井外壁为台阶式或斜坡式等都是

图 6.14　带钢气筒浮运沉井

为降低井壁摩阻力而在设计中考虑的措施。下面介绍的是在设计计算时考虑,而且在沉井制造中要预先在井壁预埋管组的助沉方法。

(1)采用泥浆润滑套下沉法

泥浆润滑套下沉沉井,是在沉井外壁周围与土层之间压入泥浆隔离层而形成泥浆润滑套,以减小土壤和井壁的摩阻力,加大下沉深度。

用泥浆套下沉的沉井结构中,为保证压注泥浆并形成完好的泥浆套,需设置储浆台阶、压浆管、泥浆射口挡板和泥浆地表围圈(图 6.15)。储浆台阶多设在距刃脚底面 2 ~ 3 m 处;对面积较大的沉井,台阶可设在底节与第二节接缝处。台阶的宽度就是泥浆套的厚度,一般宜为 100 ~ 200 mm。

压浆管一般预埋在井壁内,如井壁较薄也可设置在壁外。一般管径可采用 $\phi 38 \sim \phi 50$ mm,间距 3 ~ 4 m,射口方向与井壁成 45°角。在储浆台阶上的压浆管出口,为防止泥浆直接喷射在土壁上,以防土壁局部塌落堵塞出浆口,可用角钢和钢板做成射口挡板(图 6.16)。

在地面处沉井外围要埋设保护泥浆的围壁,称为泥浆地表围圈(图 6.17)。它的作用是确保沉井下沉时泥浆套的正确宽度;防止表层土塌落在泥浆内;储存泥浆,保证在沉井下沉过程中泥浆补充到新造成的空隙内;泥浆在围圈可以流动,以调整各压浆管出浆的不均衡。地表围圈高度一般在 1.5 ~ 2.0 m 左右,顶面高出地面或岛面约 0.5 m,上加顶盖,以防土石落入或流水冲蚀。

选用的泥浆应具有良好的固壁性、触变性和稳定性。泥浆由粘土、水和适量的化学处理

图 6.15 泥浆润滑套示意

图 6.16 泥浆射口挡板

剂碳酸钠(Na_2CO_3)配制而成,关于它们的配合比和泥浆性能指标要求可按有关施工规程办理。

沉井下沉至设计标高后,应设法破坏泥浆套,排除泥浆;或用水泥砂浆换置泥浆,以恢复和增大井壁摩阻力。

施工实践证明,泥浆润滑套沉井施工进度快,特别是在细、粉砂中效果尤为显著;可以有效的减轻沉井自重,甚至可以采用薄壁轻型沉井;下沉稳定,倾斜小,容易纠偏,在旱地或浅滩上应用效果较好。存在的问题是当基底为一般土质时,因井壁摩阻力小,致使刃脚对地基压力过大,容易造成边清基边下沉的情况,应加以注意。在粗粒土层中(卵石、砾石等)应用效果较差。

图 6.17 泥浆地表围圈

(2)采用空气幕下沉法

空气幕法又称壁后压气法。通过向预埋在井壁周围的管组输入压缩空气,由井壁喷气孔(称为气龛)喷出,在水下形成气泡,再沿外井壁上升,形成一圈气压层(称为空气幕),使其周围土松动或液化,减小了井壁与土间的摩阻力,促使沉井顺利下沉。

空气幕沉井在构造上增加了一套压气设备,包括:气龛、井壁内预埋管、风压机、风包及地面风管等(图6.18)。

气龛的选型应以布设简单、不易堵塞、便于喷气扩散为原则,常见喷气孔设于150 mm×50 mm的气龛中,为 ϕ 1mm的圆孔(图6.19)。气龛的数量平均按1.0～1.6 m² 一个考虑,如条件许可,适当多设气龛效果更好。刃脚以上3m内不宜设置气龛,防止压气时气由刃脚底进入井内引起翻砂。

井壁内预埋管一般为环形管与竖管,根据施工设备条件和实际情况决定,喷气孔是设在环形管上,还是只设在竖直管上,管尾端应有防止砂粒堵塞喷气孔的储砂筒设施。

风压机应具有设计要求的风压和风量,风压应大于最深喷气孔处的水压力加送气管路损耗,一般可按最深喷气孔处理论水压的1.4～1.6倍考虑;风量可按喷气孔总数及每个喷气孔单位时间内所耗风量计算。

地面风管应尽量减少弯头、接头,以降低气压损耗。为稳定风压,在风压机与井外送气管间,应设置

图6.18 空气幕沉井压气系统构造
1—压缩空气机;2—贮气筒;3—输气管路;4—沉井;5—井壁竖直气管;6—井壁环形水平气管;7—气龛;8—气龛中的喷气孔

单位:cm

图6.19 气龛构造

必要数量的储气风包。

停气时应先停下部气龛,依次向上,最后停止上部气龛,并应缓慢减压,不得将高压空气突然停止,防止造成瞬间负压,使喷气孔内吸入泥砂而被堵塞。

空气幕沉井适用于地下水位较高的细、粉砂类土及粘土层中,其优点是:施工设备简单,经济效果较好;下沉中要停要沉容易控制;可以在水下施工,不受水深控制;下沉完毕后,土对井壁的摩阻力可基本恢复,避免了泥浆套下沉摩阻力不易恢复的缺点。空气幕法是一种先进的助沉方法,在桥梁建设中应用较多。我国著名的主跨1 385 m悬索结构的江阴长江公路大桥,其主塔北锚碇特大基础就是采用空气幕沉井(图6.2),是当今世界最大的沉井。

（二）沉井的纠编

1.沉井发生偏斜原因

沉井施工中总会发生一些偏斜，所以要随时观测沉井下沉中的位置和方向，当发现与设计位置有较大的偏差应及时纠正。纠正前，首先应分析产生偏斜的原因。

一般偏斜原因有如下几点：

(1)土岛在水下部分由于水流冲淘或板桩漏土，造成岛面一侧土体松软；或井下平面土质软硬不匀，使沉井下沉不均；

(2)未按规定操作程序对称抽除垫木或未及时填砂夯实，下沉除土不均匀，井内底面高差过大；

(3)排水下沉沉井内除土时大量翻砂，或刃脚下遇软土夹层，掏空过多，沉井突然下沉；

(4)刃脚一侧或一角被障碍物搁住，未及时发现和处理，排水下沉时没按设计要求设置支承点；

(5)井内弃土堆压在沉井外一侧，或河床高低相差过大，偏侧土压使沉井产生水平位移。

对以上产生偏斜的原因应具体分析，并采取相应的预防性措施。

2.沉井纠偏扶正

沉井发生偏斜，要进行详细检查分析，针对产生的原因，采取相应的措施，如有障碍物应首先排除，沉井如发生偏斜可采用下述方法纠正：

(1) 纠正倾斜

一般可采用偏侧除土方法，即在刃脚较高的一侧除土，在刃脚较低一侧加撑支垫(轨枕或枋木)，随着沉井下沉即可纠正。同时还可采用偏压重、顶部施加水平力强制纠偏；对空气幕沉井可采取偏侧压气纠偏。

(2) 纠正位移

可先偏侧除土，使沉井底面中心向墩位设计中心倾，然后均匀除土，使沉井底中心线下沉至设计中心线后，然后在对侧偏除土扶正。

(3) 纠正扭转

当沉井中心位置基本符合要求，仅水平角度扭转时，可在一对角线两角偏除土，在另外二角偏填土，借助于刃脚下不相等的土压所形成的扭矩，使沉井在下沉过程中逐步纠正其扭转角度。

一般大型沉井纠偏扶正都是采用多种方法并用。但对于倾斜严重的沉井施加水平力则是必不可少的惯用方法。对于施加水平力方式，其水平力大小的控制则是一个很关键的问题。

第四节　沉井基础的设计与计算

沉井基础的设计计算首先根据水文地质条件、上部结构要求、施工技术设备来选择沉井的类型和进行尺寸拟定；在初拟尺寸的基础上进行沉井在使用阶段作为整体基础的设计计算；沉井结构施工中是一挡土、挡水的结构物，此时沉井各结构部分可能处于最不利的受力状态，要进行沉井结构施工过程的验算。

一、沉井基础的尺寸拟定

(一) 沉井基础平面尺寸拟定

1.根据墩台身尺寸拟定

类似刚性扩大基础尺寸拟定方法,只是襟边的要求不同。沉井结构的襟边要求不小于沉井全高的 1/50,且不小于 200 mm,浮式沉井另加 200 mm。沉井顶部需设置围堰时,其襟边宽度应满足安装墩台身模板的需要。

2.根据地基土容许承载力确定

按地基容许承载力推算出的基底平面尺寸,一般要比墩台身底截面尺寸大的多,要求墩台身边缘尽可能支承在井壁上或顶盖板的支承面上,一般空心沉井不允许墩台身边缘全部坐落在取土井孔内。

一般还要求:在确定沉井平面形状和尺寸时,力求结构简单对称、受力合理、施工方便;矩形沉井的长边和短边之比,一般不宜大于 3,以保证下沉时的稳定性和基底应力的均匀。

3.沉井高度确定

沉井高度为基顶标高与基底标高之差。沉井井顶标高与扩大基础顶面标高确定要求相同;基底标高按持力层确定。

4.沉井各结构细部尺寸拟定

沉井各结构部分的细部尺寸,按前面构造要求初拟尺寸,经验算调整确定。

二、沉井作为刚性深基础的整体验算

当沉井基础埋置深度在地面线或局部冲刷线以下小于 5.0 m 时,可按前述刚性扩大基础验算。所以沉井作为刚性深基础的整体验算是有条件的,现一般按"m"法假设计算,要求是 $ah \leqslant 2.5$;$h > 5.0$ m(h 为沉井基础由地面线或局部冲刷线算起的深度)。其计算的基本假设主要是:认为基础的刚度无穷大,本身

(a) 实际受力情况　　(b)简化计算受力状态

图 6.20　刚性深基础受力分析

不产生挠曲变形,只产生转动;在考虑土的横向抗力固着作用计算地基压力时,一般不考虑作用在基础侧面的摩阻力;对土弹性抗力的计算假设按第五章"m"法考虑。

在水平力和弯矩作用下,由于基础的转动而使土体产生了弹性土抗力(包括侧面和底面),这种土抗力产生的反弯矩将抵消一部分外荷载作用的总力矩,而使基底的应力分布比不考虑土抗力要均匀的多。实践证明,这完全符合刚性深基础的受力状况。

(一) 非岩石类地基上刚性深基础的计算

1.基本原理

公式推导和计算中利用力的叠加和等效作用原理,将结构原来复杂的受力状态(图 6.20(a))转换为两种简单的受力状态分别计算,即在中心竖向力 ΣN_i(以后简为 N)作用下,基底应力均匀分布;将水平力和弯矩作用转换为基底以上高度为 λ 的水平力作用(图 6.20(b))。后一种情况的计算是下面要介绍的内容。

2. 水平力 H 作用高度 λ 的计算

H 为原地面线或局部冲刷线以上的水平力合力，$\lambda = \dfrac{\sum M_i}{H}$。

$\sum M_i$ 为地面线或局部冲刷线以上所有水平力、弯矩、偏心竖向力对基础底面重心的总弯矩。当仅有竖向力作用时，$\lambda = \infty$。

3. 水平力 H 作用下地基应力计算

如图 6.21 所示，在水平力 H 作用下，沉井将绕位于地面（或局部冲刷线）以下 Z_0 深度处的 A 点转 ω 角，则地面下任意深度 Z 处基础产生的水平位移 X_Z、土的水平土抗力 σ_{ZX} 和基础底面竖向土抗力（压应力）$\sigma_{D/2}$ 为

$$X_Z = (Z_0 - Z)\tan\omega \tag{6.2}$$

$$\sigma_{ZX} = C_z \cdot X_Z = mZ(Z_0 - Z)\tan\omega \tag{6.3}$$

$$\sigma_{D/2} = C_0 \frac{D}{2} \cdot \tan\omega \tag{6.4}$$

图 6.21 水平力 H 作用下的应力分布

从式（6.3）可知，基础侧面水平土抗力沿深度呈二次抛物线变化，上述公式中的 C_z、C_0、m 见前面 "m" 法弹性桩计算。

在上述三个公式中，有两个未知数 Z_0 和 $\tan\omega$，为此可建立如下两个平衡方程式求解，即

$$\sum X = 0 \quad H - \int_0^h \sigma_{ZX} b_1 \mathrm{d}Z = H - mb_1\tan\omega \int_0^h Z(Z_0 - Z)\mathrm{d}Z = 0 \tag{6.5}$$

$$\sum M_0 = 0 \quad Hh_1 - \int_0^h \sigma_{ZX} b_1 Z \mathrm{d}Z - \sigma_{D/2} W_0 = 0 \tag{6.6}$$

式中　b_1—— 基础计算宽度；

　　　W_0—— 基础底截面模量。

整理后可解得

$$Z_0 = \frac{\beta b_1 h^2(4\lambda - h) + 6DW_0}{2\beta b_1 h(3\lambda - h)} \tag{6.7}$$

$$\tan\omega = \frac{12\beta H(2h + 3h_1)}{mh(\beta b_1 h^3 + 18W_0 D)} = \frac{6H}{Amh} \tag{6.8}$$

式中　β—— 深度 h 处基础侧面土的地基系数与基础底面地基系数比，计算式为

$$\beta = \frac{mh}{c_0} = \frac{mh}{m_0 h} = \frac{m}{m_0} \tag{6.9}$$

$$A = \frac{\beta b_1 h^3 + 18W_0 D}{2\beta(3\lambda - h)} \tag{6.10}$$

将式（6.7）、式（6.8）代入式（6.3）及式（6.4）得

$$\sigma_{ZX} = \frac{6H}{Ah}Z(Z_0 - Z) \tag{6.11}$$

$$\sigma_{D/2} = \frac{3DH}{A\beta} \tag{6.12}$$

4. 应力验算

① 基底应力验算

考虑水平力 H 与竖向力 N 共同作用

$$\sigma_{min}^{max} = \frac{N}{A_0} \pm \frac{3DH}{A\beta} \qquad (6.13)$$

其中　　A_0——基础底面积。

② 基础侧面水平压应力验算

由于刚性深基础破坏是周围土体破坏,现通常假定基础一侧处于主动土压力状态,另一侧处于被动土压力状态。当基础侧面土的应力达到极限平衡状态时,基础一侧达到主动土压力,另一侧达到被动土压力,则任意深度处桩对土产生的水平压力(亦为土对桩作用的水平土抗力)σ_{ZX},均应小于相应深度处土对桩的被动土压力强度 p_b 和主动土压力强度 p_a 之差,即

$$\sigma_{ZX} \leq p_b - p_a$$

考虑上部结构类型不同及荷载作用情况不同的影响,公式引入 η_1、η_2 系数得

$$\sigma_{ZX} \leq \eta_1 \eta_2 (p_b - p_a) \qquad (6.14)$$

式中　　η_1——考虑上部结构形式的系数,对于静定结构 $\eta_1 = 1.0$,超静定结构 $\eta_1 = 0.7$;

η_2——考虑结构重力在总荷载中所占百分比的系数,$\eta_2 = 1 - 0.8\frac{M_g}{M}$;

M_g——结构重力对基础底面重心产生的弯矩;

M——全部荷载对基础底面重心产生的总弯矩。

作用于基础侧面的被动土压力和主动土压力强度分别为

$$P_b = \gamma Z \tan^2(45° + \frac{\varphi}{2}) + 2\cot(45° + \frac{\varphi}{2}) \qquad (6.15)$$

$$P_a = \gamma Z \tan^2(45° - \frac{\varphi}{2}) + 2\cot(45° - \frac{\varphi}{2}) \qquad (6.16)$$

且根据测试得知(图 6.21 所示)出现最大水平压应力的位置大致在 $Z = \frac{h}{3}$ 和 $Z = h$ 处,代入整理后得

$$\sigma_{h/3X} \leq \eta_1 \cdot \eta_2 \cdot \frac{4}{\cos\varphi}(\frac{\gamma h}{3}\tan\varphi + C) \qquad (6.17)$$

$$\sigma_{hX} \leq \eta_1 \cdot \eta_2 \cdot \frac{4}{\cos\varphi}(\gamma h \tan\varphi + C) \qquad (6.18)$$

式中　　γ——土的密度;

φ, C——分别为土的内摩擦角和粘聚力。

③ 基础截面弯矩计算

对刚性桩来说,需要验算桩身截面强度并配筋,所以还需计算地面或局部冲刷线以下深度 Z 处基础截面上的弯矩 M_Z 为

$$M_Z = H(\lambda - h + Z) - \int_0^Z mZ_1(Z_0 - Z_1)\tan\omega b_1(Z - Z_1)dZ_1 =$$

$$H(\lambda - h + Z) - \frac{Hb_1Z^3}{2hA}(2Z_0 - Z) \qquad (6.19)$$

5. 墩台顶水平位移验算

墩台顶的水平位移为

$$\Delta = (Z_0 + h_0)\tan\omega + \delta_0 \tag{6.20}$$

式中 h_0——基础以上墩身高度；

δ_0——墩身顶产生的弹性挠度。

考虑转角很小用 ω 代替 $\tan\omega$，并考虑基础和墩身实际并非刚度无穷大，考虑实际刚度影响，用系数 K_1，K_2 表示得

$$\Delta = K_1\omega Z_0 + K_2\omega h_0 + \delta_0 \leqslant [\Delta] \tag{6.21}$$

K_1，K_2 为与 αh、λ/h 有关的系数，可按表 6.1 取用

表 6.1 K_1，K_2 系数表

换算深度 $\bar{h} = \alpha h$	系数	λ/h				
		1	2	3	5	∞
1.6	k_1	1.0	1.0	1.0	1.0	1.0
	k_2	1.0	1.1	1.1	1.1	1.1
1.8	k_1	1.0	1.1	1.1	1.1	1.1
	k_2	1.1	1.2	1.2	1.2	1.3
2.0	k_1	1.1	1.1	1.1	1.1	1.2
	k_2	1.2	1.3	1.4	1.4	1.4
2.2	k_1	1.1	1.2	1.2	1.2	1.2
	k_2	1.2	1.5	1.6	1.6	1.7
2.4	k_1	1.1	1.2	1.3	1.3	1.3
	k_2	1.3	1.8	1.9	1.9	2.0
2.5	k_1	1.2	1.3	1.4	1.4	1.4
	k_2	1.4	1.9	2.1	2.2	2.3

注：① $\alpha h < 1.6$ 时，$k_1 = k_2 = 1.0$；

② 当仅有偏心竖直力作用，$\dfrac{\lambda}{h} = -\infty$。

（二）基底嵌入基岩中的刚性深基础的计算

1. 计算要点

因基底嵌入基岩中，基底无水平位移，基础转动中心与基底中心重合，即

$$Z_0 = h$$

基础在转动时，在基底嵌入基岩处基岩有一水平阻力 p 作用于基础上。由于力 p 对基底中心的力臂很小，忽略其对基础底的弯矩，但需验算在力 p 作用下嵌固处基础的抗剪强度。

2. 水平力 H 作用下地基应力计算

根据图 6.22 可计算得

$$X_Z = (h - Z)\tan\omega \tag{6.22}$$

$$\sigma_{ZX} = mZ(h - Z)\tan\omega \tag{6.23}$$

$$\sigma_{D/2} = C_0 \frac{D}{2}\tan\omega \tag{6.24}$$

上述公式只有一个未知数 ω，建立一个平衡方程即可。

对 A 点取矩，则有 $\sum M_A = 0$。

$$H(h + h_1) - \int_0^h \sigma_{ZX} b_1(h - Z)\mathrm{d}Z - \sigma_{D/2} \cdot W_0 = 0$$

解得

$$\tan\omega = \frac{H}{mhD_0} \qquad (6.25)$$

$$D_0 = \frac{b_1 \beta h^3 + 6DW_0}{12\beta\lambda}$$

将式(6.25)代入式(6.23)和式(6.24)得

$$\sigma_{ZX} = (h - Z)Z\frac{H}{D_0 h} \qquad (6.26)$$

$$\sigma_{D/2} = \frac{DH}{2\beta D_0} \qquad (6.27)$$

图 6.22 基底嵌入基岩中水平力
作用下应力分布

3.应力验算

① 基底应力验算

$$\sigma_{\min}^{\max} = \frac{N}{A_0} \pm \frac{DH}{2\beta D_0} \qquad (6.28)$$

② 基础侧面水平压应力验算

出现最大水平压应力位置在 $h/2$ 处

$$\sigma_{h/2X} \leqslant \eta_1 \cdot \eta_2 \frac{4}{\cos\varphi}\left(\frac{\gamma h}{2}\tan\varphi + C\right) \qquad (6.29)$$

③ 基础截面弯矩计算

$$M_Z = H(\lambda - h + Z) - \frac{Z^3 b_1 H}{12D_0 h}(2h - Z) \qquad (6.30)$$

④ 嵌固处水平阻力 p 计算

由 $\sum X = 0$ 求得基底嵌固处水平阻力 p 为

$$p = \int_0^h \sigma_{ZX} b_1 \mathrm{d}Z - H = H\left(\frac{b_1 h^2}{6D_0} - 1\right) \qquad (6.31)$$

三、沉井施工过程结构验算

(一)沉井下沉的自重验算

一般情况,沉井顺利下沉的重量应大于下沉时土对井壁的摩阻力,即

$$Q > T \qquad (6.32)$$

式中　Q——沉井重力,如为不排水下沉,应扣除水的浮力;

　　　T——土对沉井外壁的总摩阻力,按下式计算,即 $T = \sum f_i h_i u_i$;

　　　h_i, u_i——沉井穿过第 i 层土的厚度(m)和该段沉井的周长(m);

　　　f_i——第 i 层土对井壁单位面积的摩阻力,应根据实践经验或实测资料确定,缺乏
　　　　　上述资料时,可根据土的性质、施工措施,按表 6.2 选用。

表 6.2　井壁与土体间的摩阻力

土的名称	摩阻力 /kPa	土的名称	摩阻力 /kPa
粘性土	25 ~ 50	砂砾石	15 ~ 20
砂性土	12 ~ 25	软　　土	10 ~ 12
砂卵石	18 ~ 30	泥浆套	3 ~ 5

如不满足式(6.32)要求时,可加大井壁厚度以增加自重,否则应考虑施工中的临时助沉措施或助沉设计。

(二)第一节(底节)沉井竖向挠曲的抗裂验算

第一节沉井在抽垫木时,可将支承垫木确定在沉井受力最有利的位置处,使沉井在支点处产生的负弯矩与跨中产生的正弯矩基本相等或相近(图6.23(a))。而在下沉过程沉井支点位置应按排水和不排水两种情况分别考虑。

(a)排水下沉　　　　　　　(b)不排水下沉

图 6.23　第一节(底节)沉井竖向挠曲验算支承点位置

1.排水下沉

由于排水下沉挖土可人为控制,沉井最后支承点始终可控制在最有利位置上,同抽垫木时一样,支承点可控制在长边(0.6 ~ 0.8)L处。圆形沉井支承在相互垂直直径的4个支点上。

2.不排水下沉

由于水下挖土无法控制,可按最不利情况确定支承点,即为支承在短边角点处(产生最大正弯矩);支承在长边中点处(产生最大负弯矩)(图6.23(b))。圆形沉井支承在直径上两个支点上,按圆环梁计算弯矩验算其抗裂性。

(三)沉井刃脚的竖向和水平向强度验算

沉井刃脚在下沉过程中,有时切入土中,有时悬空(刃脚下土被挖空),是沉井受力最大、最复杂的部分。为了简化计算,现都将刃脚分别作为悬臂作用和水平框架作用两种不利状态考虑。

1.刃脚计算中的水平力分配

实际上,作用于刃脚上的外侧水平力,是由刃脚的悬臂作用和水平框架作用共同分担承

· 253 ·

受的,这就存在一个水平力分配的问题。刃脚沿竖直方向视为悬臂梁,其悬臂长度等于斜面部分的高度。当隔墙的底面距刃脚底面为500 mm,或大于500 mm而有垂直坝胁时,作用于悬臂部分的水平荷载应乘以悬臂作用折减系数 α

$$\alpha = \frac{0.1l_1^4}{h_k^4 + 0.05l_1^4} \tag{6.33}$$

式中　　l_1——支承在隔墙间的井壁最大计算跨径(m);

　　　　h_k——刃脚的高度(m)。

刃脚水平方向计算可视为闭合框架,当满足上述要求,隔墙参与框架作用,刃脚悬臂的水平力乘以分配系数 α 时,作用于框架上的水平力应乘以框架作用折减系数 β

$$\beta = \frac{h_k^4}{h_k^4 + 0.05l_2^4} \tag{6.34}$$

式中　　l_2——支承于隔墙间的井壁最小计算跨径(m),其余符号同前。

当不满足前述水平力分配条件要求时,则悬臂和水平框架分别按全部水平力进行计算。

2. 刃脚竖向内力计算

一般取刃脚为竖向单宽悬臂梁进行受力分析,悬臂固着于井壁下部,梁的跨度就是刃脚的高度。

(1) 刃脚向外挠曲计算

此种情况刃脚下沉的最不利状态为:沉井下沉途中,刃脚内斜面切入土中约1.0 m,在地面(或岛面)以上已接高一节沉井,此时,刃脚因受井孔内土体的侧向土压力而在根部产生向外弯曲的最大弯矩。刃脚所受各力:刃脚外侧的主动土压力及水压力、土对刃脚外侧摩阻力、刃脚下土的反力及刃脚自重等(图6.24)。

图6.24　刃脚向外挠曲受力情况

作用于刃脚外侧单位宽度上的土压力及水压力合力为 p_{e+w},土压力按朗金主动土压力公式计算

$$e_i = \gamma_i h_i \tan^2\left(45° - \frac{\varphi}{2}\right) \tag{6.35}$$

式中　　γ_i——h_i 高度内土的平均容量,在水位以下采用浮容重;

　　　　h_i——计算位置至地面的距离。

水压力的计算式为

$$W_i = \gamma_w \cdot h_{iw}$$

其中　　γ_w——水的密度;

　　　　h_{iw}——计算位置至水面的距离。

为不使计算的土压力与水压力过大,《公桥基规》规定:作用于井壁外侧的计算土压力和水压力的总和不大于静水压力的70%。

刃脚下土的反力,取单宽井壁计算(图6.24(a)),竖向反力 R 为

$$R = G - T_0 \tag{6.36}$$

式中　　G——单宽井壁自重,如不排水施工扣除浮力;

　　　　T_0——作用于单宽井壁上的总摩阻力,由以下二式计算,取其小者,即

$$T_0 = f_i \cdot h_i \tag{6.37}$$

$$T_0 = 0.5E' \tag{6.38}$$

式中　　E'——作用于单位宽度井壁上的主动土压力;

　　　　其他符号同前。

为计算刃脚底反力在斜面上的水平分力 H,令 $R = V_1 + V_2$,V_1 为作用踏面上的竖向反力,其应力均匀分布,即 $V_1 = \sigma a$,V_2 为作用斜面上的竖向分力,其应力按三角形分布,即 $V_2 = \frac{1}{2}\sigma b$,$a$ 为踏面宽度,b 为切入土中1.0 m刃脚斜面的水平投影,$b = \cos\alpha$,则有 $\frac{V_2}{V_1} = \frac{b}{2a}$,$V_2 = R - V_1$,得

$$V_1 = \frac{2a}{2a+b}R$$

$$V_2 = \frac{b}{2a+b}R$$

则

$$H = V_2\tan(\alpha - \delta) \tag{6.39}$$

其中　　δ——土与刃脚斜面间的外摩擦角,可取 $\delta = \varphi$,φ 为土的内摩擦角。

H 的作用点距刃脚底面 1/3 m处。

作用在刃脚外侧单位宽度上的摩阻力 T_1,也按下面二式计算,但取其大者。

$$T_1 = f h_k \tag{6.40}$$

$$T_1 = 0.5E \tag{6.41}$$

其中　　E——刃脚外侧单位宽度主动土压力,其他符号同前。

单位宽度刃脚自重 g 为 $\qquad g = \frac{\lambda + a}{2}h_k \cdot \gamma_k \tag{6.42}$

式中　　λ——井壁厚度;

　　　　γ_k——钢筋混凝土刃脚容重,不排水施工应扣除浮力。

根据以上各力对刃脚根部中点求出弯矩 M、剪力 Q、及轴向力 N,然后进行强度验算和配筋设计。一般刃脚钢筋配筋率不宜小于0.1%,悬臂部分的竖直钢筋应伸入悬臂根部以上 $0.5l_1$ 的高度,并在悬臂全高按剪力和构造设置箍筋。

(2) 刃脚向内挠曲计算

此种情况刃脚下沉的最不利状态为:沉井已沉至(接近)设计标高,刃脚踏面下土已挖

空,尚未浇注封底混凝土,此时刃脚外侧作用最大的土压力和水压力,产生向内弯曲的最大弯矩。刃脚所受各力:刃脚外侧的主动土压力及水压力、土对刃脚外侧摩阻力、刃脚自重等(图6.25)。

图 6.25　刃脚向内挠曲受力情况

作用于刃脚外侧单位宽度井壁上的主动土压力及水压力、刃脚自重等计算同前。计算的外侧土压力和水压力应按规定考虑悬臂分配系数 α。水压力按下列情况计算:不排水下沉时,井壁外侧水压力值按 100% 计算,内侧水压力值按 50% 计算,也可按施工中可能出现的水头差计算;排水下沉时,在不透水的土中,可按静水压力的 70% 计算,在透水性土中,可按静水压力的 100% 计算。

作用在刃脚外侧单位宽度上的摩阻力,仍按 $T_1 = fh_k$ 和 $T_1 = 0.5E$ 来计算,但应取其小者。最后强度验算和配筋计算与向外挠曲相同。

3. 刃脚的水平内力计算

刃脚在水平面内产生最大内力的沉井下沉最不利状况为:沉井已沉至设计标高,刃脚踏面下的土已挖空,尚未浇注封底混凝土。这时刃脚是作为一个封闭的水平框架计算,受有最大的均布水平力(图6.26)。当刃脚作为单宽悬臂梁计算已考虑水平力悬臂折减系数 α 时,作用于水平框架上的水平力应乘以折减系数 β。

关于框架内力计算,有很多设计计算手册可供参考,现将单孔和双孔矩形和圆端形框架计算列于表6.3中,供设计时参考。

弯矩　　　轴力

图 6.26　水平框架计算图

算出控制截面上的弯矩 M、轴向力 N 和剪力 Q 后,可根据内力设计刃脚的水平钢筋。当框架跨度很小时,水平钢筋可不必按正负弯矩进行弯起,而按正负弯矩的需要布置成内外两圈钢筋。

(四) 井壁计算

井壁计算同刃脚一样,也分竖向验算和水平向验算两种情况

1. 井壁竖向拉力验算

沉井下沉过程中,当刃脚下的土已挖空,而上层土摩阻力较大,可能将沉井箍住,此时沉井处于悬吊状态,这样在下部分沉井自重作用下井壁处于受拉状态,需要验算井壁的竖向拉力而配置竖向受拉钢筋,及沉井分节之间的锚固钢筋。

(1) 根据地质条件可明确判断软硬土层位置时

此时,上层土较坚硬,摩阻力也大,沉井最大拉力 S_{max} 发生在硬土层与软土层的界面处(图6.27),即

$$S_{max} = Q'_{max} - T' \qquad (6.43)$$

式中　　Q'_{max}—— 硬土与软土交界面处以下部分沉井的最大重力;

　　　　T'—— 土层界面处以下井壁与土之间的摩阻力。

图 6.27　硬软土层明显时井壁拉力计算图

表 6.3　沉井框架内力计算表

沉井简化图形	M_A	M_B	M_C	M_D	N_1	N_2	N_3	N_4	乘数
单孔矩形	$\dfrac{1}{24}(-2K^2+2K+1)$	$-\dfrac{1}{12}(K^2-K+1)$	$\dfrac{1}{24}(K^2+2K-2)$		$0.5\times(pa)$	$0.5\times(pb)$			pb^2
双孔矩形	$\dfrac{K^3-6K-1}{12(2K+1)}$	$-\dfrac{K^3+3K+1}{24(2K+1)}$	$-\dfrac{2K^3+1}{12(2K+1)}$	$\dfrac{2K^3+3K^2-2}{24(2K+1)}$	$0.5\times(pa)$	$\dfrac{K^3+3K+2}{4(2K+1)}\times(pb)$	$\dfrac{2+5K-K^3}{4(2K+1)}\times(pb)$		pb^2
单孔圆端形	$\dfrac{K(12+3\pi K+2K^2)}{6\pi+12K}$	$\dfrac{2K(3-K^2)}{3\pi+6K}$	$\dfrac{K(3\pi-6+6K+2K^2)}{3\pi+6K}$		pr	$P(r+L)$	pr		pr^2
双孔圆端形	$\dfrac{\zeta\delta_1-\rho\eta}{\delta_1-\eta}$		$M_A+N_1L-P\dfrac{L^2}{2}$	$M_A+N_1(L+r)-PL\left(\dfrac{L}{2}+r\right)$	$\dfrac{\zeta-\rho}{\eta-\delta_1}$	$2N_1$	pr	$P(L+r)-\dfrac{N_2}{2}$	pr^2

注：矩形沉井式中 $K=a/b$，a 为短边长度，b 为长边长度。

圆端形沉井 $K=L/r$，r 为圆心至圆端形井壁中心轴的距离

$$\zeta=\frac{L\left(0.25L^3+\dfrac{\pi}{2}rL^2+3r^2L+\dfrac{\pi}{2}r^2\right)}{L^2+\pi rL+2r^2}\qquad \eta=\frac{\dfrac{2}{3}L^3+\pi rL^2+4r^2L+\dfrac{\pi}{2}r^2}{L^2+\pi rL+2r^2}$$

$$\rho=\frac{\dfrac{1}{3}L^3+\dfrac{\pi}{2}rL^2+2r^2L}{2L+\pi r}\qquad \delta_1=\frac{L^2+\pi rL+2r^2}{2L+\pi r}$$

(2) 当沉井周围土质较均匀时

此时不能明确判断产生最大摩阻力土层位置，可近似的假定井壁上的摩阻力沿井壁为倒三角分布，也就是说，按某深度累积总摩阻力等于该深度以下的三角形面积（即地面处 $\tau = \dfrac{2T}{h}$，T 为总摩阻力）(图 6.28)。

取单宽井壁计算，单宽井壁自重为 q，由井底算起 x 处截面拉力为

$$S_x = q\,\frac{x}{h} - \frac{1}{2}\tau_x x = q\,\frac{x}{h} - \frac{\tau x^2}{2h} \qquad (6.44)$$

图 6.28　土质均匀情况下井壁拉力计算图

由于沉井呈悬吊状态，摩阻力大于沉井自重，即

$$\frac{1}{2}h\tau \geqslant q$$

按 $\tau = \dfrac{2q}{h}$ 代入式(6.44) 得

$$S_x = \frac{qx}{h} - q\,\frac{x^2}{h^2}$$

求最大拉力，可令 $\dfrac{\mathrm{d}S_x}{\mathrm{d}x} = 0$，得

$$\frac{\mathrm{d}S_x}{\mathrm{d}x} = \frac{q}{h} - \frac{2q}{h^2}x = 0$$

求得

$$x = \frac{1}{2}h$$

得

$$S_{\max} = \frac{q}{h} \cdot \frac{h}{2} - \frac{q}{h^2}\left(\frac{h}{2}\right)^2 = \frac{q}{4} \qquad (6.45)$$

根据计得的 $S_{\max}$ 就可以计算井壁是否需设竖向受拉钢筋。对不排水下沉，由于浮力作用使井壁受到的竖向拉力很小，可不进行此项验算。

沉井节与节接缝处拉力，要根据实际下沉情况计算。现一般计算，都是假定接缝处混凝土不承受拉力而由接缝处的钢筋承受，此时钢筋的抗拉安全系数可采用 1.25，同时并须验算钢筋的锚固长度。

2.井壁水平内力计算

沉井在下沉过程中，井壁始终承受着水平方向的土压力和水压力作用，而且这种水平压力是由上到下随深度增加。所以其计算的最不利下沉状况是：沉井已沉至设计标高，刃脚下土已挖空尚未封底时。计算图式与刃脚水平方向内力计算相同，也是按平面封闭框架计算，井壁上的土压力和水压力计算时，不考虑折减系数(图 6.29)。

井壁水平受力计算，其水平框架首先选取刃脚根部以上，高度取刃脚根部厚度 λ 的框

架,它受有井壁外侧作用的最大土压力和水压力,同时在该框架的均布荷载中,还要考虑刃脚作为悬臂作用(向内挠曲),通过刃脚固端传来的水平剪力。

当分节浇注且各节井壁厚度不同时,在各变断面处,取高 1.0 m 的框架计算,控制该厚度井壁受力。

采用泥浆润滑套下沉的沉井,泥浆压力要大于土压力和水压力,所以井壁压力应按泥浆压力(即泥浆容重乘以泥浆高度)计算。采用空气幕下沉的沉井,井壁压力与普通沉井的计算相同。

单位:cm

图 6.29 井壁框架计算示意图

(五)内隔墙的验算

主要验算底节沉井内隔墙。要根据内隔墙与井壁的相对刚度来确定内隔墙与井壁的连接。

一般当 t_2 小于 t_1 很多,两者的抗弯刚度($t_2^3/l_2 : t_1^3/l_1$)相差很大时,可将隔墙视为两端铰支于井壁上的梁来计算。当两者抗弯刚度相差不大时,隔墙与井壁可视为固接梁来计算(图 6.30)。

图 6.30 隔墙计算图示

底节沉井隔墙最不利状态是隔墙下的土已挖空,其作用的荷载除底节隔墙自重外,尚应考虑灌注第二节沉井时内隔墙混凝土的重力作用。排水下沉的沉井一般隔墙挖有过人孔,减弱了隔墙截面抗弯能力,此时隔墙还可能受有由于刃脚悬臂作用(向外挠曲)而传来的附加弯矩,致使隔墙下缘产生很大的拉力而极易产生裂缝拉坏。我国一座桥梁沉井基础,就是由于隔墙设计没有考虑附加弯矩而造成隔墙开裂,使整个沉井裂成几块,造成很大施工事故。

(六)混凝土封底层及顶盖板的计算

1.混凝土封底层验算

沉井封底混凝土在施工封底时,主要承受沉井自重作用产生的基底均布反力和向上的水压力(浮力),不排水施工,则可不考虑水压力;若使用阶段不用混凝土或坼工填塞井孔时,要考虑营运阶段基础承受的最大设计反力来验算封底层厚度,如有其他填塞物(如水、砂石等),可计入其对封底混凝土的压重作用。

封底混凝土的厚度,主要由板的中心弯矩控制。一般按支承于凹槽或隔墙底面刃脚斜面上的周边支承双向板计算,荷载按均布考虑。周边支承的双向板(矩形沉井)承受均布荷载最大弯矩计算,可参考表 6.4 计算。

表 6.4 均布荷载作用下周边支承板计算系数表

l_x/l_y	M_x	M_y	l_x/l_y	M_x	M_y
0.50	0.0965	0.0174	0.80	0.0561	0.0334
0.55	0.0892	0.0210	0.85	0.0506	0.0348
0.60	0.0820	0.0242	0.90	0.0456	0.0358
0.65	0.0750	0.0271	0.95	0.0410	0.0364
0.70	0.0683	0.0296	1.00	0.0368	0.0368
0.75	0.0620	0.0317			

弯矩 = 表中系数 × ql^2
式中 l 取用 l_x 和 l_y 中之较小者

表中弯矩系数是按泊桑比 $\mu = 0$ 的一种实际上并不存在的假想材料计算而得。实际上混凝土和钢筋混凝土 $\mu = \frac{1}{6}$，其最后计算弯矩应按下式计算，即

$$M_{x(\mu)} = M_x + \mu M_y \qquad (6.46)$$

$$M_{y(\mu)} = M_y + \mu M_x \qquad (6.47)$$

周边支承的圆板在均布荷载作用下，板中心点弯矩为

$$M = \frac{qd^3}{16}(3 + \mu) \qquad (6.48)$$

式中 d—— 圆板计算直径(取刃脚斜面一半计)。

除按上面板中心点弯矩确定板厚外，尚应考虑在井孔范围内封底混凝土沿刃脚斜面高度截面上的剪力验算(图 6.31)。如不满足要求，应增加封底混凝土厚度以加大抗剪面积。

图 6.31 封底混凝土剪力验算图

2.沉井顶盖板计算

对于不是混凝土或圬工填实的沉井，要在井顶修筑钢筋混凝土顶盖板。顶盖板同封底混凝土一样，可看作支承在井壁和隔墙上的双向板或圆板计算。其计算可分下述两种情况：

(1) 当墩身底面积有相当大的部分支承在井壁上时，顶盖板按只承受浇注墩身混凝土的均布荷载来计算板的内力;同时，还应验算墩身承受全部最不利作用的作用下支承墩身的井壁和隔墙的抗压强度。

(2) 当墩身底面全部位于井孔之内时，除按前面第一种情况的规定计算外，还应按最不利作用组合验算墩身边缘处(图 6.32(b) 中 $a - a$ 截面)的抗剪强度。

四、浮运沉井浮运时的稳定性验算

薄壁浮运沉井作为一个浮体，其在浮运过程中的稳定性，是沉井安全施工的必要条件。

图 6.32 墩身底在位于井孔之内的盖板计算

（一）正浮状态稳定性验算

正浮状态就是要求浮体处于一个正常稳定的浮运状态,其表现在稳定方面的必要条件是

$$\rho - y > 0 \qquad (6.49)$$

式中　ρ—— 浮运沉井处于正浮状态下的定倾半径,即定倾中心至浮心的距离;

　　　y—— 沉井重心至浮心的高差,重心在浮心之上时为正;重心在浮心之下为负,浮心是浮运沉井吃水部分体积的重心。

当处于绝对的水平状态时,浮心是位于沉

图 6.33　浮运沉井稳定计算图

井的对称轴上。但沉井浮运过程总是要产生倾斜的,此时浮心的位置就要发生变化,如图 6.33 所示。浮运沉井在倾斜且保证稳定状态下,沉井的对称轴也必然随之产生倾斜,浮心的垂直线和沉井的对称轴线的交点称之为定倾中心,只有该点位于沉井重心之上时浮体才是处于稳定状态。浮心与定倾中心的连线为定倾半径。

（1）y 的计算

以图 6.34 钢筋混凝土薄壁沉井为例,说明 y 的计算方法,以验算浮运沉井的稳定性。

从底板算起的吃水深度为

$$h_0 = \frac{V_0}{A_0} \tag{6.50}$$

式中　　V_0——沉井底板以上部分排水体积,$V_0 = V - V_1 - V_2$;

　　　　V——总排水体积(按沉井重量为排开水的重量计出);

　　　　V_1——底板以下刃脚体积;

　　　　V_2——底板以下隔墙体积;

　　　　A_0——沉井吃水线截面面积,倾斜角度很小,不考虑其影响,直接用吃水线处沉井
　　　　　　　水平截面积。

以 y_1 来表示浮心位置距隔墙底的距离,则浮心位置距刃脚底为 $h_3 + y_1$,应用各排水体积重心对刃脚底的体积矩(即各排水体积与体积重心至刃脚底距离的乘积)来求得浮心位置。有

$$h_3 + y_1 = \frac{M_{\mathrm{I}}}{V} \tag{6.51}$$

M_{I} 分别为各排水体积 V_0、V_1、V_2 的体积矩,计算如下

$$M_0 = V_0\left(h_1 + \frac{h_0}{2}\right) \tag{6.52}$$

$$M_1 = V_1 \cdot \frac{h_1}{3} \cdot \frac{2\lambda' + a}{\lambda' + a} \tag{6.53}$$

$$M_2 = V_2\left(\frac{h_4}{3} \cdot \frac{2\lambda_1 + a_1}{\lambda_1 + a_1} + h_3\right) \tag{6.54}$$

$$M_{\mathrm{I}} = M_0 + M_1 + M_2 \tag{6.55}$$

式中　　h_1——底板至刃脚踏面的距离;

　　　　h_3——隔墙底距刃脚踏面的距离;

　　　　h_4——底板下的隔墙高度;

　　　　λ'——底板下井壁的厚度;

　　　　λ_1——隔墙厚度;

　　　　a_1——隔墙底面宽度;

　　　　a——刃脚踏面的宽度。

重心的位置引用上面同样的方法求得。重心位置距刃脚踏面为 Y_2,则有

$$y_2 = \frac{M_{\mathrm{II}}}{V} \tag{6.56}$$

式中　　M_{II}——沉井各部分体积与其重心至刃脚踏面距离的乘积。最后计算得

$$y = y_2 - (h_3 + y_1) \tag{6.57}$$

(2)ρ 的计算

定倾半径 ρ 为定倾中心到浮心的距离,可由下式计算

$$\rho = \frac{I}{V_0} \tag{6.58}$$

图 6.34　计算浮心位置示例

式中　　I——吃水截面积对该截面上的倾斜轴线的惯性距,按沉井轮廓面积计算,对矩形

沉井为 $I = \frac{1}{12}LB^3$,L、B 为矩形截面的长、宽边;

V_0——沉井排水体积。

对于带钢气筒的浮运沉井,其 I 值的计算很复杂,要按沉井轮廓面积,并考虑气筒布置及是否连通的情况(各气筒互不连通时,I 值为最大)和各阶段沉井入水深度计算。

(二)倾斜角度验算

实际上,浮式沉井在浮运过程中总要受到牵引力、流水压力、风力等作用,所以沉井必然要产生倾斜,这是不可避免的。在沉井稳定性验算时,除应满足 $(\rho - y) > 0$ 外,尚要求控制倾斜角度。按下式验算

$$\varphi = \arctan \frac{M}{\gamma_w V_0 (\rho - y)} \leqslant 6° \tag{6.59}$$

式中　　φ——沉井浮体稳定倾斜角;

M——各种外力对浮心产生的外力矩($kN \cdot m$);

V_0——排水体积(m^3);

γ_w——水的容重,取 10 kN/m^3;

ρ——定倾半径(m);

y——沉井重心至浮心距离(m)。

(三)井壁出水高度验算

在沉井浮运验算中,一般还要验算沉井倾斜后露出水面的高度,以保证沉井在拖运中的安全。其验算式为

$$h = H - h_0 - h_1 - B\tan\varphi \geqslant [h] \tag{6.60}$$

式中　　H——浮运时沉井高度;

h_0——由底板算起的吃水深度;

h_1——底板至刃脚踏面距离;

B——为矩形或圆端形沉井的宽度;

$[h]$——浮运时发生最大倾斜时,井顶出水高度的安全值,一般取 0.5 ~ 1.0 m;
其余符号同前。

第五节　沉井基础算例

一、基本设计资料

某桥实体中墩沉井基础设计,地质资料、各种标高见图 6.35。土的物理力学性质见表 6.5。

基本设计数据:上部结构重力与汽车荷载总竖向作用值 9 080 kN,弯矩 1 740 kN·m,水平力 120 kN;

墩身重力 3 500 kN,墩身底尺寸 4.0 m × 7.30 m。

图 6.35　沉井竖向标高与地质资料图

表 6.5　地基土性质表

土类	$\gamma/(\text{kN}\cdot\text{m}^{-3})$	$\gamma_{浸}/(\text{kN}\cdot\text{m}^{-3})$	φ	$\varphi_{水下}$	$m/(\text{kN}\cdot\text{m}^{-4})$	备　注
细砂	16.5	6.5			10 000	疏松饱和
中砂	17.8	7.8	35°	25°	15 000	中密饱和
砂砾	20.0	10.0	37°	27°	40 000	密实饱和

二、沉井尺寸拟定

拟定用钢板桩围堰修筑人工砂岛,在岛上预制沉井不排水施工,砂岛用中砂填筑。

基础顶面标高取最低水位下 0.5 m,即标高为 29.50 m。

基础底面标高根据地质条件,持力层取砂砾层面以下 0.5 m,标高 13.50 m。

沉井高度 H = 29.50 – 13.50 = 16.00 m,入土深度 h = 24.50 – 13.50 = 11.00 m

沉井襟边取 0.5 m,故沉井平面尺寸为 5.00 m × 8.30 m。

沉井分三节接长,为减小摩阻力,逐节每边加宽 10 cm,沉井底面尺寸为 5.20 m × 8.50 m,井壁、隔墙及刃脚等尺寸见图 6.36。

三、沉井作为整体刚性深基础的验算

沉井入土深度超过 5.0 m,考虑土的水平抗力作用,按 $ah \leqslant 2.5$ 的刚性深基础验算地基强度和稳定性。

水平力作用高度为

$$\lambda/\text{m} = \frac{\Sigma M}{H} = \frac{1\ 740 + 120(36.70 - 13.50)}{120} = 37.9$$

m 值计算:$h_m = h$,h_m 范围内有三层土,则

$$m/(\text{kN}\cdot\text{m}^{-4}) = \frac{m_1 h_1^2 + m_2(2h_1 + h_2)h_2 + m_3\,(2h_1 + 2h_2 + h_3)h_3}{h_m^2} =$$

图 6.36　沉井尺寸构造图

$$\frac{10\,000 \times 1.5^2 + 15\,000(2 \times 1.5 + 9) \times 9 + 40\,000 \times (2 \times 1.5 + 2 \times 9 + 0.5) \times 0.5}{11^2} =$$

$17\,460$

$$m_0/(\mathrm{kN \cdot m^{-4}}) = 40\,000$$

$$\beta = \frac{m}{m_0} = \frac{17\,460}{40\,000} = 0.436$$

$$W_0/\mathrm{m^3} = \frac{bh^2}{6} = \frac{8.5 \times 5.2^2}{6} = 38.3$$

计算宽度　　　　　　$b_1/\mathrm{m} = b + 1 = 8.5 + 1 = 9.5$

$$A = \frac{\beta b_1 h^3 + 18 d W_0}{2\beta(3\lambda - h)} = \frac{0.436 \times 9.5 \times 11^3 + 18 \times 5.2 \times 38.3}{2 \times 0.436 \times (3 \times 37.9 - 11)} = 105$$

$$\omega = \frac{6H}{Amh} = \frac{6 \times 120}{105 \times 17460 \times 11} = 35.7 \times 10^{-6}$$

$$Z_0/\mathrm{m} = \frac{\beta b_1 h^2(4\lambda - h) + 6 d W_0}{2\beta b_1 h(3\lambda - h)} =$$

$$\frac{0.436 \times 9.5 \times 11^2 \times (4 \times 37.9 - 11) + 6 \times 5.2 \times 38.3}{2 \times 0.436 \times 9.5 \times 11 \times (3 \times 37.9 - 11)} = 7.64$$

局部冲刷线以下深度 Z 处基础截面上的弯矩和基础水平侧压应力计算为

$$M_Z = H(\lambda - h + Z) - \frac{Hb_1 Z^3}{2hA}(2Z_0 - Z)$$

$$\sigma_{ZX} = \frac{6H}{Ah}Z(Z_0 - Z)(详细计算见表 6.6)$$

刚性桩要依据弯矩配筋,而对沉井可不算弯矩。

(一) 水平压应力验算

验算 $h/3 = 4.0$ m, $h = 11.0$ m 处

$$\sigma_{h/3} \leqslant \frac{4}{\cos \varphi}\left(\frac{\gamma}{3}h\tan\varphi + C\right)\eta_1\eta_2$$

式中　φ—— 土的内摩擦角,近似取 $\varphi_{水下} = 25°$;

γ—— 透水性土,按 $\gamma_{浸}/(kN \cdot m^{-3}) = \dfrac{6.5 \times 1.5 + 7.8 \times 2.5}{4} = 7.3$(计算 h 处时取

$\gamma_{浸} = 7.8$ kN/m³);

C—— 粘聚力,砂 $C = 0$;

η_1—— 静定结构 $\eta_1 = 1.0$;

η_2—— 等跨中墩基础,恒载弯矩 $M_g = 0$, $\eta_2 = 1$。

$$\frac{4}{\cos 25°}\left(\frac{7.3}{3} \times 11\tan 25°\right) = 55.10 > \sigma_{h/3}/(kN \cdot m^{-2}) = 9.06$$

$$\sigma_h/(kN \cdot m^{-2}) \leqslant \frac{4}{\cos \varphi}(\gamma h\tan\varphi + C)\eta_1\eta_2 = \frac{4}{\cos 25°}(7.8 \times 11 \times \tan 25°) = 176.6 > 23.00$$

满足要求。

表 6.6　沉井作为刚性深基础计算表

$\frac{Z}{m}$	弯　矩						水平侧压力		
	$\lambda - h + Z$ m	$H(\lambda - h + Z)$ (1)	$2Z_0 - Z$	$\frac{Hb_1 Z^3}{2hA} = 0.493 Z^3$	$\frac{Hb_1 Z^3}{2hA} \times (2Z_0 - Z)$ (2)	$(1) - (2)$ kN·m	$\frac{6H}{Ah} \cdot Z$ (1)	$Z_0 - Z$ (2)	$(1) \times (2)$ kN
0	26.9	3 228	15.28	0	0	3 228	0	7.64	0
1	27.9	3 348	14.28	0.493	7.04	3 340.96	0.623	6.64	4.13
2	28.9	3 468	13.28	3.944	52.38	3 415.62	1.246	5.64	7.02
3	29.9	3 588	12.28	13.311	160.99	3 427.01	1.869	4.64	8.60
4	30.9	3 708	11.28	31.552	355.91	3 352.09	2.492	3.64	9.06
5	31.9	3 828	10.28	61.625	633.51	3 194.49	3.115	2.64	8.22
6	32.9	3 948	9.28	106.488	988.21	2 959.79	3.738	1.64	6.12
7	33.9	4 068	8.28	169.099	1 400.14	2 667.86	4.361	0.64	2.79
8	34.9	4 188	7.28	252.416	1 837.59	2 350.41	4.984	− 0.36	− 1.79
9	35.9	4 308	6.28	359.397	2 257.01	2 050.99	5.607	− 1.36	− 4.70
10	36.9	4 428	5.28	493.000	2 603.04	1 824.96	6.230	− 2.36	− 14.70
11	37.9	4 548	4.28	656.183	2 808.46	1 739.54	6.853	− 3.36	− 23.00

(二) 基础底面竖向压应力验算

沉井自重(包括贫混凝土填心,并扣除低水位浮力) $W = 9\ 600$ kN;

作用基底 $\sum N/kN = 9\ 080 + 3\ 500 + 9\ 600 = 22\ 180$;

沉井底面积 $A_0/m^2 = 8.5 \times 5.2 = 44.20$；

砂砾持力层允许承载力为

$$[\sigma] = [\sigma_0] + K_1\gamma_1(b-2) + K_2\gamma_2(h-3)$$

其中 $[\sigma_0] = 400 \text{ kN/m}^2$ $\gamma_1 = 10 \text{ kN/m}^3$

$$\gamma_2/(\text{kN} \cdot \text{m}^{-3}) = \frac{6.5 \times 1.5 + 7.8 \times 9 + 10 \times 0.5}{11} = 7.72$$

$$b = 5.2 \text{ m} \quad h = 11 \text{ m} \quad K_1 = 3.0 \quad K_2 = 5.0$$

$$[\sigma]/(\text{kN} \cdot \text{m}^{-2}) = 400 + 3.0 \times 10 \times (5.2 - 2) + 5.0 \times 7.72 \times (11 - 3) = 804.8$$

$$\sigma_{\min}^{\max}/(\text{kN} \cdot \text{m}^{-2}) = \frac{\sum N}{A_0} \pm \frac{3dH}{A\beta} = \frac{22180}{44.20} \pm \frac{3 \times 5.2 \times 120}{105 \times 0.436} = 502 \pm 41 = \begin{matrix}543\\461\end{matrix} < [\sigma]$$

验算通过。

四、沉井施工过程各种验算

(一)沉井顺利下沉自重验算

$$p > T$$

式中 p——井壁自重，不排水施工扣除浮力，$p/\text{kN} = 12\,000 - 4\,800 = 7\,200$；

T/kN——井壁摩阻力，计入井顶围堰筑岛摩阻力；

$T = 2 \times (8.5 + 5.2) \times 16.0 \times 15 = 6\,576 < 7\,200$ 满足要求。

(二)第一节沉井验算

由于不排水施工，在下沉时可能发生的最不利情况为：

(1)在长边中间搁住，危险断面为隔墙外边缘 1—1 处(图 6.36)，井壁在 1—1 断面处截面形心位置。

$$Y_{\text{上}}/m = \frac{1.30 \times 6.00 \times 3.00 - 1.15 \times 1.40 \times 1/2 \times (4.60 + 2/3 \times 1.40)}{1.30 \times 6.00 - 1/2 \times 1.15 \times 1.40} = 2.71$$

$$Y_{\text{下}}/m = 6.00 - 2.71 = 3.29$$

惯性矩

$$I/m^4 = \frac{1}{12} \times 1.30 \times 6.00^3 + 1.30 \times 6.00 \times (3.00 - 2.71)^2 - \frac{1}{36} \times$$

$$1.15 \times 1.40^3 - \frac{1}{2} \times 1.15 \times 1.40 \times (3.29 - \frac{1.40}{3})^2 = 21.695$$

$$W/m^3 = I/Y_{\text{上}} = \frac{21.695}{2.71} = 8.006$$

计得 $Q_1 = 906 \text{ kN}$；$Q_2 = 438 \text{ kN}$，作用点距 1—1 面分别为 3.15 m 与 1.25 m(图 6.36)，效应分项系数取 1.2 得

$$M_d/(\text{kN} \cdot \text{m}) = 1.2 \times (906 \times 3.15 + 2 \times 438 \times 1.25) = 5\,399.28$$

依据以上计算结果进行验算，根据混凝土自身承载能力，确定是否配置第一节沉井上缘水平钢筋或仅从构造配筋(具体验算略)。

(2)在短边四角搁住，危险断面仍为 1—1，按简支梁计算弯矩。支反力为

$$R/\text{kN} = 2Q_2 + Q_1 = 2 \times 438 + 906 = 1\,782(\text{隔墙自重忽略})$$

$$M_d/(\text{kN·m}) = 1.2(1782 \times 3.8 - 906 \times 3.15 - 2 \times 438 \times 1.25) = 3\ 125.80$$

依据以上结果验算,确定是否配置第一节沉井下缘水平钢筋或仅考虑构造配筋。

(三)刃脚计算

1.刃脚向井外挠曲验算

此时最不利状态为刃脚沉至中途,刃脚切入土中 1.0 m,沉井已全部接长,产生向外最大挠曲弯矩。

刃脚标高约为 $32.50 - \dfrac{32.50 - 13.50}{2} = 23.00$ m

取刃脚 1 m 宽计算,受力情况如图 6.37,具体计算见表 6.7。

表 6.7　刃脚向外挠曲单宽悬臂梁受力计算表

计算项目		单位	计算式		附注
土压力	$e_1 = \gamma H_1 \tan^2(45° - \frac{\varphi}{2})$	kN/m²	$17 \times 0.5 \times \tan^2(45° - \frac{35°}{2})$	2.3	岛面下施工水位处
	$e_2 = e_1 + \gamma_{浸} H_2 \tan^2(45° - \frac{\varphi_{水下}}{2})$	kN/m²	$2.3 + 6.5 \times 7.6 \times \tan^2(45° - \frac{25°}{2})$	23.9	刃脚根部处
	$e_3 = e_2 + \gamma_{浸} H_3 \tan^2(45° - \frac{\varphi_{水下}}{2})$	kN/m²	$2.39 + 7.8 \times 1.4 \tan^2(45° - \frac{25°}{2})$	28.3	刃脚底面处
静水压力	$W_2 = 0.5\gamma_水 H_2'$	kN/m²	$0.5 \times 10 \times 7.6$	38.0	不排水施工按 50% 扣除井内水压
	$W_3 = \gamma_水 H_3'$	kN/m²	$0.5 \times 10 \times 9.0$	45.0	
总压力	$q_2 = e_2 + W_2$	kN/m²	$23.9 + 38 = 61.9,\ 0.7 \times 10 \times 7.6 = 53.2,\ 53.2$ (取小值)		规定:总压力不超过静水压力的 0.7
	$q_3 = e_2 + W_3$	kN/m²	$28.3 + 45 = 73.3,\ 0.7 \times 10 \times 9.0 = 63.0,\ 63.0$ (取小值)		
每米宽度井壁自重 q(含刃脚)		kN	$(16.0 - 1.4) \times 1.3 \times 25 + \frac{1}{2}(1.3 + 0.15) \times 1.4 \times 25,\ 500$		
每米宽井壁浮力 Q		kN	$[(9.0 \times 1.3) - \frac{1}{2} \times 1.4 \times 1.15] \times 10,\ 109.8$		
井壁全部高度上的土压力 $E = \frac{1}{2}e_1 H_1 + \frac{e_2 + e_3}{2}(H_2 + H_3)$		kN	$\frac{1}{2} \times 2.3 \times 0.5 + \frac{2.3 + 28.3}{2}(7.6 + 1.4),\ 138.7$		
井壁上全高度 $T = 0.5E$ 上的摩阻力 $T = \Omega f$		kN / kN	$0.5 \times 138.7 = 69.4$ / $15 \times 9.5 \times 1 = 143.0$	69.4 (取小值)	使土的反力 R 大
刃脚部分总土压力 $E' = \frac{1}{2}(e_2 + e_3)h_k$		kN	$\frac{1}{2}(23.9 + 28.3) \times 1.4$	36.5	
刃脚部分 $T' = 0.5E'$ 外壁摩阻力 $T' = \Omega f$		kN / kN	$0.5 \times 36.5 = 18.3$ / $15 \times 1.4 \times 1 = 21.0$	21.0 (取大值)	为使向外弯矩最大
刃脚部分总水、土压力 $P_{w+e} = \frac{h_k}{2}(q_2 + q_3)$		kN	$\frac{1}{2} \times 1.4(53.2 + 63.0)$	81.3	
P_{w+e} 的作用点离踏面高度 $X = \frac{h_k}{3}(\frac{q_3 + 2q_2}{q_3 + q_2})$		m	$\frac{1.4}{3}(\frac{63.0 + 2 \times 53.2}{63.0 + 53.2})$	0.68	
刃脚部分自重(扣除浮力)G		kN	$\frac{1}{2}(1.3 + 0.15) \times 1.4 (25 - 10)$	15.3	距离刃脚外壁 0.435 m
$R = q - Q' - T$		kN	$500 - 109.8 - 69.4$	320.8	
$b = Z c \tan\alpha$		m	$1 \times \frac{115}{140}$	0.82	刃脚切入土中斜面的水平投影宽
$V_2 = \frac{Rb}{b + 2a}$		kN	$\frac{320.8 \times 0.82}{0.82 + 2 \times 0.15}$	234.9	
$V_1 = R - V_2$		kN	$320.8 - 234.9$	85.9	
$H = V_2 \tan(\alpha - \beta)$		kN	$234.9 \times \tan(50.6° - 30°)$	88.3	取 β 为 30°
R 作用点距外下边缘距离 $Y = \frac{1}{R}[V_1 \frac{a}{2} + V_2(a + \frac{b}{3})]$		m	$\frac{1}{320.8}[85.9 \times \frac{0.15}{2} + 234.9 \times (0.15 + \frac{0.82}{3})] = 0.33$		

2. 刃脚向井内挠曲验算

此时最不利情况是沉井沉至设计标高,刃脚下的土已挖空准备封底之前(图6.38)。

图 6.37　刃脚向外挠曲计算　　　　　图 6.38　刃脚向内挠曲计算

取 1 m 宽刃脚进行计算,具体计算见表6.8。

以上刃脚计算的水平力分配系数为

$$\alpha = \frac{0.1 l_1^4}{h_k^4 + 0.05 l_1^4} = \frac{0.1 \times 3.9^4}{1.4^4 + 0.05 \times 3.9^4} = 1.5$$

因 $\alpha > 1.0$,刃脚作为悬臂梁计算取 $\alpha = 1.0$。

以上沉井刃脚竖向验算的最终结果见表6.9。

表6.8　刃脚向内挠曲单宽悬臂梁受力计算

计 算 项 目		单 位	计 算 式		附 注
土压力	$e_1 = \gamma H_1 \tan^2\left(45° - \dfrac{\varphi}{2}\right)$	kN/m²	$17 \times 0.5 \times \tan^2\left(45° - \dfrac{35°}{2}\right)$	2.3	砂砾层只0.5 m 未分开计算
	$e_2 = e_1 + \gamma_浸 H_2 \tan^2\left(45° - \dfrac{\varphi_{水下}}{2}\right)$	kN/m²	$2.3 + 7.8 \times 17.1 \times \tan^2\left(45° - \dfrac{25°}{2}\right)$	56.4	
	$l_3 = l_2 + \gamma_浸 H_3 \tan^2\left(45° - \dfrac{\varphi_{水下}}{2}\right)$	kN/m²	$56.4 + 7.8 \times 1.4 \times \tan^2\left(45° - \dfrac{25°}{2}\right)$	60.8	
静水压力	$W_2 = 0.5 H'_2 \gamma_水$	kN/m²	$0.5 \times 17.1 \times 10$	85.5	
	$W_3 = 0.5 H'_3 \gamma_水$	kN/m²	$0.5 \times 18.5 \times 10$	92.5	
总压力	$q_2 = e_2 + W_2$	kN/m²	$56.4 + 85.5$	141.9	
	$q_3 = e_3 + W_3$	kN/m²	$60.8 + 92.5$	153.3	
刃脚部分上总土、水压力 $P_{w+e} = \dfrac{h_k}{2}(q_2 + q_3)$		kN	$\dfrac{1.4}{3} \times (141.9 + 153.3)$	206.6	
P_{w+e} 作用点离踏面高度 $X = \dfrac{h_k}{3}\left(\dfrac{q_3 + 2q_2}{q_3 + q_2}\right)$		m	$\dfrac{1.4}{2}\left(\dfrac{153.3 + 2 \times 141.9}{153.3 + 141.9}\right)$	0.69	
刃脚部分总土压力 $E' = \dfrac{h_k}{2}(e_2 + e_3)$		kN	$\dfrac{1.4}{2} \times (56.4 + 60.8)$	82.0	
刃脚外壁摩阻力 $T' = 0.5 E'$		kN	$0.5 \times 82.0 = 41.0$	取小值	为使向内弯矩最大
$T'' = f h_k$		kN	$1.5 \times 1.4 \times 1.0 = 21.0$	21.0	
刃脚部分自重(扣除浮力)G		kN	$\dfrac{1}{2}(1.3 + 0.15) \times 1.4 \times (25 - 10)$	15.3	距离刃脚外壁 0.435 m

表 6.9　刃脚为单宽悬臂的弯矩和剪力计算表(对刃脚根部中点)

项　　目	沉井下沉至中途向外挠曲				沉井沉至设计标高向内挠曲			
	水平力 kN	垂直力 kN	力臂 m	弯矩 kN－m	水平力 kN	垂直力 kN	力臂 m	弯矩 kN·m
水压力及土压力 (aP_{w+e})	－81.3	—	$h_k-X=1.4-0.68=0.72$	－58.5	－206.6	—	0.72	－148.8
土的水平反力 H	＋88.3	—	$h_k-1/3=1.4-0.33=1.07$	＋94.5	—	—	—	—
土的垂直反力 R		＋320.8	$\dfrac{1.3}{2}-Y=0.65-0.33=0.32$	＋102.7	—	—	—	—
刃脚部分外侧摩阻力 T'		＋21.0	$\dfrac{1.3}{2}=0.65$	＋13.7	—	＋21.0	0.65	＋13.7
刃脚部分自重 G		－15.3	$0.65-0.435=0.215$	－3.3	—	－15.3	0.215	－3.3
总　计	＋7.0	＋326.5		＋149.1	－206.6	＋5.7		－138.4

3. 刃脚作为水平框架计算

刃脚作为水平框架计算最不利情况是沉井沉至设计标高,刃脚下的土已挖空准备封底之前,其外侧水平力分配系数为

$$\beta=\frac{h_k^4}{h_k^4+0.05l_2^4}=\frac{1.4^4}{1.4^4+0.05\times3.6^4}=0.314$$

具体计算见表 6.10。

表 6.10　刃脚、井壁水平框架内力计算表

离踏面高度 m	距施工水位距离 h_w/m	土压力 e (kN·m^{-2})	水压力 w (kN·m^{-2})	$q_i=e+w$ (kN·m^{-2})	井壁框架位置	断面高度 m	框架上均布荷载 P/(kN·m^{-1})	沉井四角弯矩 M_A (kN·m)	内隔墙处弯矩 M_D (kN·m)	长边井壁中点弯矩 M_B (kN·m)	短边井壁轴向力 N_C kN	长边井壁轴向力 N_B kN	内隔墙轴向力 N_D kN
0	18.5	60.8	92.5	153.3	第一节沉井　$l_1=3.9$ m　$l_2=3.6$ m								
1.4	17.1	56.4	85.5	141.9	0~1.4 (刃脚)	1.4	$\beta P=65.6$	－79.1	－66.7	45.3	127.9	131.2	229.1
2.7	15.8	52.3	79.0	131.3	1.4~2.7 (刃脚)	1.3	$Q+P=384.2$	－463.1	－390.4	265.0	749.2	768.4	1341.6
3.7	14.8	49.2	74.0	123.2	2.7~3.7 第一节沉井	1.0	127.3	－153.4	129.3	89.9	248.2	254.6	444.5
6.0	12.8	41.9	62.5	104.4	第二节沉井　$l_1=3.85$ m　$l_2=3.55$ m								
7.0	11.5	38.7	57.5	96.2	6.0~7.0 第一节沉井底部	1.0	100.3	－117.6	－99.1	67.4	193.1	200.6	345.4
11.0	7.5	26.0	37.5	63.5	第三节沉井　$l_1=3.8$ m　$l_2=3.50$ m								
12.0	5.5	22.9	32.5	55.4	110~120 第三节沉井底部	1.0	59.5	－67.8	－57.1	38.8	113.1	119.0	202.0

注:(1)刃脚根部以上井壁水平框架尚需承担刃脚悬臂作用向内挠曲时传来的剪力,即

$$(P+Q)/(\text{kN·m}^{-1})=\frac{141.9+131.3}{2}\times1.3+206.6=384.2$$

(2)土压力按 $e=2.3+7.8\times h_W(45°-\dfrac{25°}{2})=2.3+3.165h_W$ 计算。

(四)井壁计算

1.井壁水平计算

井壁水平向计算最不利位置是沉井沉至设计标高,其平面为双孔对称矩形框架,验算位置为刃脚根部以上及各变断面处。

图 6.39　刃脚、井壁水平框架计算图

$$K = l_1/l_2 = \frac{3.9}{3.6} = 1.083$$

沉井四角弯矩

$$M_A = -\frac{2K^3 + 1}{12(2K + 1)} pl_2^2 = $$
$$-\frac{2 \times 1.083^3 + 1}{12(2 \times 1.083 + 1)} \cdot pl_2^2 = -0.093 pl_2^2$$

内隔墙处井壁弯矩

$$M_D = -\frac{1 + 3K - K^3}{12(2K + 1)} pl_2^2 = -\frac{1 + 3 \times 1.083 - 1.083^3}{12 \times (2 \times 1.083 + 1)} pl_2^2 = -0.0784 pl_2^2$$

井壁长边中点弯矩

$$M_B = \frac{2K^3 + 3K^2 - 2}{24(1 + 2K)} pl_1^2 = \frac{2 \times 1.083^3 + 3 \times 1.083^2 - 2}{24 \times (1 + 2 \times 1.083)} pl_2^2 = 0.053\ 3 pl_2^2$$

井壁短边轴向力

$$N_C = \frac{1}{2} pl_1 = 0.5 pl_1$$

井壁长边轴向力

$$N_B = pl_2 - \frac{1}{2} N_D = 0.515 pl_2$$

内隔墙轴向力

$$N_D = \frac{2 + 5K - K^3}{2(2K + 1)} pl_2 = \frac{2 + 5 \times 1.083 - 1.083^3}{2 \times (2 \times 1.083 + 1)} pl_2 = 0.97 pl_2$$

详细计算见表 6.10。

2.井壁竖向计算

单宽井壁重 500 kN,浮力 $Q = 200$ kN。

单宽井壁所受最大拉力为

$$S_{max}/kN = \frac{G - Q}{4} = \frac{500 - 200}{4} = 75$$

(五)封底混凝土与顶盖板计算(略)

以上配筋计算从略。

第七章　桥梁大型深水特殊基础

第一节　概　述

桥梁深水基础在条件适合的情况下,一般还是采用桩基础、管柱基础和沉井基础等型式。但对一些跨越大江大河,尤其是对于海湾、海峡和近海岛屿的近海深水基础,受海洋环境的影响,墩身和基础受力非常复杂而巨大,尤其所受到的水平力,如水流冲击力、船舶撞击力、大潮巨浪的拍击力等,要比浅水基础大得多。而修建的桥梁结构也都是大跨,甚至是超大跨特大型桥梁,对基础的稳定性和安全度要求很高,其设计和施工的难度很大。我国在深水基础施工方面,目前达到的只是三十、四十米。但随着本世纪路网规划的实现,在大江大河和沿海海峡、海口修建规模更大的桥梁势在必行,其水深在 50 m 以上,甚至超过百米,这就需要桥梁工作者进一步学习各国已有的深水基础的先进成果和技术,并结合我国实际情况和具体桥梁工程进行认真分析、研究,才能保证我国桥梁深水基础的技术水平持续发展。

在展望桥梁海上深水基础发展前景时,不能不提及近年来发展迅速的海上石油平台基础、原油贮油平台基础和海上灯塔基础等深海基础工程技术。这些海洋深水基础构思新颖巧妙,结构合理先进,技术成熟可靠,其深度和难度也远远超过了桥梁基础。下面简要介绍几座有代表性的此类基础,作为桥梁深水大型基础在设计和施工中参考和借鉴。

一、重力式钻井平台基础

重力式钻井平台,是近、深海应用较多的一种平台形式,其基础是一座具有若干井筒式油罐并可以自浮的混凝土结构(图 7.1)。外形和结构类似桥梁基础中的带气筒的可浮式沉井,但井筒式油罐有盖又有底,不能从井孔中挖土,施工原理又类似有底沉箱,地基处理主要是靠自重挤压沉入将裙板压入土中。图 7.1 所示是英国北海油田重力式平台的主要构造类型,称为康蒂普(Condeep)型平台基础。1989 年完成的另一种重力式平台基础为陶立斯(Doris)型平台基础,它的特点是油罐的构造与布置是按同心圆分层分格,且油罐最外圈装有一层带孔的防浪圆筒形板(图 7.2)。油口处水深 139 m,最大波浪高 31.2 m,平台基底平面直径 140 m。此一平台共用混凝土 14 万 m^3,钢筋 1.9 万 t,预应力钢丝 4 000 t,结构总重 44 万 t。最大波浪力 1.029×10^6 kN,倾覆力矩 4.18×10^7 kN·m。

二、钢塔钻井平台的大直径桩基础

一般以钢桁架为平台台身的钻井平台,基础多采用大直径深桩。由于海洋水深浪大加之飓风影响,在巨大的水平力作用下不可能设置临时打桩导向架或围堰围笼等设施,只能依靠可以稳立于海底上的正式井架来导向,在平台柱脚打桩然后与平台连成整体形成基础,实

(a) 透示图

(b) 平台立面　（单位 m）

图 7.1　康蒂普型重力式平台

(a) 透示图

(b) 聂聂安油田中心平台

图 7.2　陶立斯型平台基础

际上是采用逆作施工法。钢桁架是先预制成型,高度要沉入海底还要露出平面足够的高度,然后加气筒浮运至井位处沉入海底,并依靠自重嵌入海底一定深度,然后在井架柱上所附的导向管内插桩、打桩,全部基桩打完之后,在护管内灌浆以便井架和桩基联结成一个整体。

图 7.3 所示为英国北海福蒂斯(Forties)油田高岛号钻井平台,平台处水深 128 m,波浪高 29 m,风速 58 m/s。海底表层为 15 m 厚的软泥,以下为 150 m 厚的硬粘土层。井架每根支腿柱下端设置有 12 根导向套管,在其中 9 根套管中打入 $\phi1.37$ m 的钢管桩,管桩壁厚 50.4 mm,桩长 126.8 m(打桩时 210 m)。平台自重及设备共重 5.7 万吨,风、浪作用于平台的水平力约为100 MN。

目前这种类型钻井平台下沉水深最深为美国墨西哥湾的古尔夫油田建成的朱和特(Jolliet)平台,水深达到 536 m,而美国墨西哥湾比利温克(Biliwinkle)石油钻井平台,下沉水深达 412 m。

三、自浮移式钻井平台基础

基础为钢制箱形筏基,其制造、浮运等方法,与上述重力式平台大致相似,只是在下沉时,除油罐可供灌水加重外,筏基箱格内也可灌水,可大大增加筏基预压力,使筏基可以很好地挤走淤泥而压入土中。

我国渤海 6 号自升沉筏式钻井平台就属此种结构,只是因水浅而结构简单化。

四、管形筏式基础

该种基础是采用预应力混凝土管形筏式基。如挪威弗利格(Frigg)油田的总控制台是一座在深海中高达 140 m 的钢塔。基础每侧由两

图 7.3 英国北海福蒂斯油田高岛号平台基础布置示意图

根长 41.5m,内径为 6.5 m 的预应力混凝土大管组成,两组管的距离为 45.74 m,两端用内径 5.7 m 的管连接在一起,并在中部设置一箱形横梁作为荷载分配梁。

由以上介绍可知,桥梁深海基础和海上钻井平台基础是非常相似的工程,只是桥梁上部结构受力尤其风荷载作用较钻井平台复杂,从现在钻井平台已施工的资料可以预计,有望在 200 m 以下水深中修建桥梁基础是可能的。

本章以下内容主要结合我国现已建成的大跨桥梁深水基础建设情况,将除桩基础、管柱基础和沉井基础外的特殊基础形式,包括近几年应用较多的地下连续墙基础、锁口管柱基础、双承台管柱基础和预制设置基础加以简要介绍,以供大家学习参考。

第二节　地下连续墙基础

要了解地下连续墙(以后简称地连墙)基础,首先要知道地下连续墙的有关概念。

地连墙技术起源于欧洲。它是利用各种挖槽机械,利用泥浆护壁作用,在地下挖出窄而深的沟槽,并在其内浇注混凝土而形成一道具有防渗(水)、挡土和承重功能的连续的地下墙体结构,称为地下连续墙。初期主要用于高透水性地基中建造防渗墙,后来发展成要求能承受垂直和水平荷载,具有足够刚度的大型高层建筑的外墙基础。在1950~1960年的10年间,地连墙技术随着第二次世界大战结束后经济建设的需求而得到迅速发展。

日本于1955年引进了地连墙施工技术,并投入了大量的人力物力进行开发研究和创新工作,从设计理论到开挖机械和施工技术方面,达到了世界先进水平,并于1979年首先将该技术应用到桥梁工程的基础中,通过对现在世界上最大跨度(主跨1 990 m)的日本明石海峡大桥的勘探研究,以及通过对气压沉箱、沉井及地连墙三种施工方案比较,最后对1号锚墩采用了圆形井筒结构地连墙作为支挡结构,并最后形成基础的方案,成为现今世界最大的地连墙基础(图7.4)。

图7.4　日本明石海峡大桥1A号锚墩地连墙基础结构示意图(尺寸单位:m)

其具体作法是:

①用地连墙构成直径为85.0 m的圆形井筒,把它视为挡土墙;

②以深抽水降低筒内水位,挖除筒内土体;

③挖土时采用逆砌作法砌成侧墙以加固地连墙,挖至基底后以素混凝土填充井筒。

地连墙施工快速、工效高、成本低,适用广泛。施工深度已由开始的20 m左右发展至今120~170 m。由于强大的刚性和与地基土密着性好的特性,非常适于大跨桥梁基础应用。

地连墙引入我国也较早,是在20世纪50年代末,应用于北京密云水库白河主坝,主要用做防渗墙,后用于工业与民用建筑中。20世纪90年代从修建虎门大桥开始在桥梁基础中应用,获得良好结果,并在修建我国最大跨度悬索桥润扬长江公路大桥也采用地连墙锚碇基础(图7.5)。

图7.5 润扬大桥北锚碇地连墙基础立面图

润杨大桥悬索桥北锚碇基础距长江大堤仅70 m,基岩风化严重,裂隙发育,锚区内断裂带、破碎带分布广泛,岩面起伏大。以淤泥质亚粘土和粉细砂为主的覆盖层厚度约50 m,地下水位高。在如此复杂的地质水文条件下,北锚碇要承受主缆传递的约680 000 kN的拉力,基础结构形式的选取是关键。通过带案招标,由专家评审选取了有利于施工和结构受力的矩形地连墙基础。基础平面尺寸 69 m×51 m,开挖深度达50 m,而作为支挡防渗结构的地连墙体仅厚1.2 m。共分42幅槽段施工,其中 A 型槽段 4 个,B 型槽段 16 个,C 型槽段 8 个,D 型槽段 12 个,E 型槽段 2 个(图 7.6)。深基坑开挖过程中,最后用 12 道钢筋混凝土内支撑,其支撑节点处为 16 根 $\phi1.2$ m 和 16 根 $\phi0.6$ m 钢管混凝土立柱共同构成地连墙的围护结构。

通过以上工程实例可知,应用于桥梁基础的地连墙,其平面形式一般多为闭合断面,划分为先钻墙段和后钻墙段(也称为墙桩),利用构造接头(图 7.7),将地连墙的墙段连接成一个外形为矩形、多边形或圆环形,其内部可分为一个或多个空格的整体结构(图 7.8)。下面简要介绍地连墙有关施工和设计的几个问题。

一、地连墙基础分类

我们现在应用地连墙代替桩基,代替沉井,由于大型沉井施工速度和安全问题,这种趋势在不断发展。从受力传力考虑和应用计算方法来分类,可分为刚性体基础和弹性体基础,这与沉井基础相似。日本道路协会于1992年7月提出了《地下连续墙基础设计施工指针》,1996年又进行了修订,下面介绍的内容是以指针为基础。

地连墙基础的刚性基础判别要求是 $\beta h < 1.0$,且各单元墙段之间只采用刚性接头时,才算为刚性体基础;否则,即使 $\beta h < 1.0$ 的承受水平荷载的基础也不是绝对的刚性体基础。

其中 h—— 基础的入土深度(应由局部冲刷线算起 —— 笔者注)(cm);

β—— 基础的特性参数(cm^{-1});

(a) 地连墙槽段平面布置图

5.64m凹槽段(B形) 5.5m凹槽段(C形) 5.7m凹槽段(B形) 5.48m凹槽段(E形)

3.3m槽段(A4形) 3.3m槽段(A3形) 3.3m槽段(A1形) 3.3m槽段(A2形)

(b) 地连墙槽形结构图

图7.6 润扬大桥北锚碇地连墙槽段划分构造图

$$\beta = \sqrt[4]{\frac{K_H D}{4EI}} \tag{7.1}$$

式中　　EI——基础的抗弯刚度($kN \cdot cm^4$)；

　　　　D——基础的宽度或直径(cm)；

　　　　K_H——基础的水平地基反力系数(N/cm^3)；

$$K_H = \frac{p}{\delta} = \nu \cdot \frac{E}{B};$$

　　　　p——应力(kN/cm^2)；

　　　　δ——变位量；

　　　　ν——泊松比；

图 7.7　接头构造图

E—— 变形模量；

B—— 荷载宽度。

二、地连墙施工要点

地连墙施工揉合了钻孔桩与沉井施工的主要工序，其主要工序流程见图7.9。

现重点介绍以下几个工序特点。

(一)导墙(导孔)

导墙是地连墙施工必不可少的临时结构，其作用相当于钻孔桩施工中的护筒。它是标定地连墙槽口位置的基准线，为挖槽施工导向。图7.10为两种导墙的实例。钢筋混凝土导墙可分为现浇和预制两种。

图 7.8　地连墙井筒式基础平面

图 7.9　地连墙基础施工工序

(a) 单侧施工，挖方　　　单位：mm　　　(b) 双侧施工，挖方

图 7.10　地连墙导墙示意图

导孔是在地连墙成槽施工时，先在其放样轴线位置上，每隔一定的距离钻出垂直的钻孔，以保证成槽机作业的垂直度，此方法在坚硬地基上施工应用。

(二)挖槽

地连墙成槽施工方法大致归为以下三种：

先钻导孔，再钻挖修整成槽(图 7.11(a))；先钻导孔，再重复钻圆孔成槽(图 7.11(b))；一次钻孔成槽形至设计深度，经几次重复钻挖至单元槽段长度(图 7.11(c))。

各种挖槽机都有不同的挖槽深度极限和最大最小挖槽宽度，其深度可由几十米至几百米深，其厚度可由 40~60 cm 至 150~250 cm。

图 7.11 地连墙成槽施工方法

(a) 先钻导孔再钻挖整修成槽形 (b) 先钻导孔再重复钻圆孔成槽形 (c) 一次钻挖成槽形

挖槽过程的护壁、排渣、清孔,基本与钻孔桩相同。

(三)接头

在地连墙施工中,墙段接头是最需关注的问题,处理不好极易出现问题。

目前常用的接头形式如下。

1.接头管

接头管是应用最多的一种接头形式。它是把直径与墙厚大致相同的光滑圆钢管,在成槽清底后插入槽段的一端或两端,当混凝土可立住成型后(一般为浇筑三小时后),将钢管拔出形成一个半圆形弧形墙面,与再挖墙段套接一起。其具体施工程序如图7.12所示。

(a) 槽段开挖图

(b) 吊放连锁管及钢筋笼图

(c) 混凝土灌注图

(d) 接头管拔除图

(e) 已建成槽段

图 7.12 接头管施工程序图

1—导墙;2—已完工的混凝土地连墙;3—正在开挖的槽段;4—未开挖地段;
5—接头管;6—钢筋笼;7—完工的混凝土地下墙;8—接头管拔除后的孔洞

2.接头箱

接头箱是在单元槽段挖完后,于一端或两端吊放锁口管与敞口接头箱(也可用V型锁口接头箱),再吊放带堵头钢板的钢筋笼,混凝土浇筑完后拔出接头箱和接头管就形成了外伸的钢筋接头和空孔,再浇筑下一槽段混凝土时,就成为地连墙的刚性接头。其施工过程如图7.13所示。

(a)插入接头箱　　　　(c)灌注混凝土　　　　(e)放置后一段的钢筋

(b)放置钢筋　　　　(d)拔出接头箱　　　　(f)灌注后一槽段的混凝土

图7.13　接头箱法施工程序

3.隔板式接头

该方式是在先施工的一期槽段的两端以钢板为端板,板外伸出水平钢筋,端板即为隔板,使一期槽段混凝土仅在两个端板之间。为防止外漏,常采用高强度纤维布作罩布与端板一起防止混凝土外漏,形成一个水密性好,并能传递各种横向力的隔板式接头(图7.14)。

图7.14　地连墙隔板接头图

地连墙接头形式很多,除以上介绍外,还有组合式隔板接头,它是把隔板、接头箱、圆管接头等综合应用一起;预制接头,是用螺栓或插销把预制的混凝土块连接起来,吊放入接头位置,与槽孔混凝土浇筑在一起。

三、地连墙计算简介

地连墙计算可以采用桩与沉井的计算方法,把基础视为一个弹性体,把基础周边内外和底面地基等用弹簧代替,考虑基础转动的土抗力和基础侧面摩阻力进行内力和位移计算。对桥梁用井筒式地连墙基础计算模型及计算流程可参见图7.15所示。

(一)施工计算

地连墙没有填心时的施工阶段,作为施工中的支挡结构,可按单宽(或单墙段宽)围堰板

(a) 计算模型　　　　　　　　　　　　　　(b) 设计流程

图7.15　井筒式基础计算模型和设计流程图
1—井筒式基础;2—桩基础;3—沉井;4—基础侧面弹性体(刚体);5—水平弹簧;
6—铅直弹簧;7—侧面弹簧(内外面);8—底面弹簧

桩,根据开挖过程的支撑情况,进行墙体结构竖向计算。一般钢或钢筋混凝土内支撑作为弹性支撑,围护墙后(未开挖侧)受有主动土压力和水压力,围护墙前(井内开挖侧)基坑开挖面以下土体为弹性地基,简化为弹簧作用。根据井中土体开挖和逐加内支撑,将计算图式按开挖工况加内支撑弹簧和拆除地基弹簧(图7.16)。同时对水平方向如沉井一样按水平框架进行验算。

图7.16　地连墙施工内支撑计算图示

(二)使用阶段计算

使用阶段地连墙基础整体按刚性深基础进行水平承载力、抗倾覆稳定及转角和水平位移计算,竖直向地基承载力验算。由于地连墙井中土为原状土,在水平力和竖向力作用下墙的尺寸(厚度)验算修正、内力计算及配筋,按沉井进行顶板(承台)和墙支承面受压承载力验算。

第三节　锁口钢管桩与双承台管桩基础

一、锁口钢管桩基础

锁口钢管桩基础是一种应用于深水桥梁基础的结构形式。它可在墩位处打入大型锁口钢管桩,平面形成一个封闭形状,再以砂浆将锁口封闭止水防漏,此时锁口钢管桩起着挡土止水的围堰作用。在堰孔内挖土并根据情况加以支护(与地连墙相似),待到设计标高后进行水下混凝土封底,抽水后井筒内按设计要求进行隔墙支承与填心(此工序类似沉井施工),之后即可修筑顶盖板(或承台)及墩身直到水面以上。然后在围堰内回灌水,将盖板(或承台)以上锁口钢管桩切除,形成了锁口管桩井筒基础(图7.17(a))。也可用锁口管桩挡土挡水兼做模板修建群桩基础承台,称为锁口管桩承台桩基础(图7.17(b))。也可如图7.17(c)所示修筑锁口管桩井筒与桩基混合式基础。

(a) 锁口管桩井筒基础　　(b) 锁口管桩承台桩基础　　(c) 锁口管桩井筒与桩基混合式基础

图7.17　锁口钢管桩类型

锁口钢管桩基础的结构特点是:在施工过程中具有支挡结构挡土挡水类似围堰的结构作用,而管桩又可分散多点流水作业;而建成后又具有沉井那样的整体刚度大的优点,可根据需要设计成多种结构形式的基础。锁口钢管桩的平面布置形状与锁口的不同形式见图7.18所示。

1999年建成的宁波大桥大体积承台施工,在我国首次应用锁口钢管桩作为围堰进行施工,宁波大桥是一座独塔带协作体系的大跨度漂浮式预应力混凝土斜拉桥。主跨258 m,塔墩承台规模较大,承台平面尺寸为20 m×40 m,厚5.5 m,要求围堰本身除具有足够的强度和刚度外,还要保证足够的施工净空。宁波大桥位于甬江入海口,潮汐变化大,水流急,覆盖层距风化岩

锁口钢管桩的平面形状

钢管　钢管　山形钢

T形钢

P—P型　P—T型　L—T型

锁口的不同形式

图 7.18　锁口钢管桩的平面布置形状与锁口的不同形式

达 25 m ~ 33 m,并有大型木沉船和片石等障碍物,采用双壁钢围堰、吊箱围堰、筑岛开挖等均较困难,经比较决定采用锁口钢管桩围堰。该方案不需要大吨位的船舶定位和起吊设备,只需一般常规打桩设备,施工方法简单;适用各种平面形状,安装就位准确;在不良地质层和有障碍地质段管桩下沉着床比较容易;工期短,可使钻孔桩和锁口围堰同时施工。

主塔墩锁口钢管桩围堰净长 40.30 m,净宽 20.30 m,由 132 根 ϕ750 mm 中桩和 4 根 ϕ980 mm 角桩组成,每根管桩两对称外侧分别焊上钢轨和槽钢形成公、母扣锁口,管桩由 $\delta = 10$ mm 钢板卷压焊接而成(图 7.19)。

(a) 管桩围堰 1/2 平面示意图　(b) 锁口钢管桩断面图

图 7.19　宁波桥 22 号主塔墩锁口钢管桩围堰结构布置图(尺寸单位:mm)

(一)锁口钢管桩施工要点

各种不同形式的锁口管桩基础,其施工步骤和方法并无多大区别,现以一桥墩以锁口桩兼作防水围堰的锁口管桩井筒基础为例,其施工程序如图 7.20 所示。

①设置导向框环,以保证插打锁口管桩位置准确和方向垂直。②为了增加基础的刚度,需在切割线以下的管桩及其锁口内用特制的水泥砂浆灌满;为了防水止漏应在切割线以上的锁口内压注止水砂浆。这两种砂浆的质量配合比如表 7.1 所列。

图 7.20　锁口管桩井筒基础施工程序

表 7.1　特制水泥砂浆及止水砂浆配合比表（kg/m³）

名　称	σ_{28}/ MPa	水泥	砂/粘土	粉煤灰	特殊掺合剂	水
特制水泥砂浆	28.0	574	803/0	229	6.9	401
止水砂浆(粘土水泥砂浆)	0.25	48	0/514	194	6.9	682

其他有关井筒内挖土,加设支撑等工序与地连墙施工基本一样。

(二)锁口钢管桩计算要点

1.基础的整体计算

锁口管桩井筒基础整体计算,与桩基础相似,也是按弹性地基上的有限长梁图示计算,考虑水平土抗力时地基水平反力系数是按均布假设(张有龄法),其计算图式如图 7.21 所示。

基本微分方程式为

$$EI \frac{\mathrm{d}^4 X}{\mathrm{d}Z^4} = -p \tag{7.2}$$

$$p = K_H \cdot D_V \cdot X_Z \tag{7.3}$$

则有井筒基础的水平变形为:

地面以上部分:$X_0 = A_0 Z^3 + B_0 Z^2 + C_0 Z + D_0$

地面以下部分:$X_Z = e^{-\beta x}(A_1 \sin \beta x + B_1 \cos \beta x) + e^{\beta x}(C_1 \sin \beta x + D_1 \cos \beta x)$

式中 $\beta = \sqrt[4]{K_H \cdot D_V / 4EI}$；$A_0$、$B_0$、$C_0$、$D_0$ 及 A_1、B_1、C_1、D_1 为未定积分常数,可由下述边界条件求出

$$-EI = \frac{\mathrm{d}^2 X_{Z=0}}{\mathrm{d}Z_{Z=0}^2} = -M_0 \tag{7.4}$$

(a) 全部井筒支承的计算图式   (b) 筒柱混合式基础的计算图式

图 7.21 锁口管桩井筒基础的计算图式

$$- EI \frac{\mathrm{d}^3 X_{Z=0}}{\mathrm{d}Z_{Z=0}^3} = - H_0 \qquad (7.5)$$

井筒底 $Z = l$ $$- EI \frac{\mathrm{d}^2 X}{\mathrm{d}Z^2} = K_R \frac{\mathrm{d}X}{\mathrm{d}Z} \qquad (7.6)$$

$$- EI \frac{\mathrm{d}^3 X}{\mathrm{d}Z^3} = - K_S A_V X_Z \qquad (7.7)$$

图示及式中参数为

    E——锁口管桩的弹性模量;

    I——井筒之惯性矩;

    K_H——地基水平反力系数;

    K_V——地基垂直反力系数;

    K_S——地基剪切反力系数;

    K_R——地基扭转反力系数;

    D_V——井筒的宽度或直径;

    A_V——井筒内周及外周之间所构成的面

        积。

  以上各参数值计算确定请参照有关文献, 在此不详述。以下就可按图 7.22 所示的计算图 式算出井筒基础中单桩的挠度及其弯矩和剪力。

图 7.22 锁口钢管桩单桩计算图

  2. 单桩承载力验算

  单桩的垂直反力 R_i 按下式计算

$$R_i = \frac{V_0}{(n_1 + n_p)} \pm \frac{M_0}{\sum X_i^2} \qquad (7.8)$$

式中 V_0——承台底面的垂直荷载;

        M_0——作用于承台底面的力矩;

        X_i——各桩至中心轴的距离;

n_1—— 构成井筒的桩数;

n_p—— 在井筒内加打的桩数。

单桩容许承载力 R_a 按下式计算

$$R_a = \frac{1}{K}\left(q_d \cdot A_1 + \frac{1}{n_1}f_1 U_V \cdot l_1\right) \tag{7.9}$$

式中　q_d—— 桩端阻力;

A_1—— 单桩底面有效支承面积;

U_V—— 井外周的周长,为 πD_V;

l_1—— 桩的入土长度;

f_1—— 井筒管桩的桩侧土摩阻力;

K—— 安全系数,常规取 $k = 3$,地震时取 $k = 2$;

其他符号意义同前。其最终验算式为

$$R_a > R_{i\max} \tag{7.10}$$

二、双承台管桩(柱)基础

双承台管桩(柱)基础与一般高桩承台基础的差别是修筑上、下两个承台,以此加大基础的侧向刚度减小桩(柱)的计算长度。一般有两种作法:一是将下承台修筑在桩(柱)底岩面上,以保证基桩与岩面发挥更为有效的嵌固作用,避开岩层在构造上的不足。

图 7.23 为广茂铁路肇庆西江大桥水中 4 号墩的双承台钢管柱基础示意图。4 号墩处于主槽中,其局部冲刷可达岩面,由于管柱的自由长度大,由此而计算的柱底截面弯曲应力超过了设计容许值,为此设计成双承台基础。上承台厚 5.0 m,顶面露出最低水位承托墩身,自上承台底面至岩面分别由 26.6 m 的 4 根柱径为 3.1 m 管柱及岩面以上厚度为 9.0 m 的下承台组成。在下承台的底面,对应上部柱心钻孔直径 2.5 m,深为 3.0 m 的钻孔桩伸入岩盘,与下承

图 7.23　西江桥 4 号墩双承台钢管柱基础

台共同嵌固于岩盘上,而下承台顶上 5.0 m 厚的柱径放大为 3.5 m 以增加柱的承载力。

另一种作法是将下承台修筑在河床以下一定深度,将上下承台形成一体来降低桩(柱)顶标高,实际上是以减小桩(柱)计算长度为主。图 7.24 为 2004 年建成的安庆长江公路大桥塔墩基础双承台构造图。该桥主桥为 50 m + 215 m + 510 m + 215 m + 50 m 五跨连续双塔双索面全焊扁平流线形钢箱梁斜拉桥,倒 Y 形塔。

桥位处江面宽 900 ~ 1 500 m,最大施工水深 35 m,表层冲积层厚度 11.4 ~ 28.6 m,基岩为粉细砂岩、砂砾岩、粘土岩及疏松砂岩等软质岩,北南塔基处岩面标高分别为 - 31.86 ~

图 7.24　主桥基础构造图

注:括号内的数据为南塔墩

−35.61 m 和 −42.66 ～ −43.84 m。塔墩和基础除承受竖向荷载外,还有顺桥向 27 000 kN 和横桥向 13 500 kN 的船舶撞击力。通航水位 16.93 m。经分析比较,基础采用双壁钢围堰与上、下承台组成组合承台加钻孔桩的复合式基础。以 7.0 m 厚的密水性混凝土封底作下承台,起着减少桩身自由长度作用(图 7.24)。钢围堰外径 32 m,壁厚 1.5 m,顶面标高 15.00 m,底面标高北、南塔分别为 −36.00 和 −44.00 m,设计 18 根直径 3.0 m 钻孔灌注桩,上、下承台间的桩径为 3.4 m。

双承台管桩(柱)基础计算,按上述介绍的下承台的两种作用,按第五章相关内容进行计算。

第四节　　设置基础

很多跨越海峡的大桥,水深、潮急、航运频繁,在这种条件下修建桥梁深水基础现场作业特别困难。为了尽可能减少上述不利因素对施工的干扰,仿照海洋钻井平台的施工方法,现在许多国家发展了一种设置基础。这种基础是将基础分为若干部件在岸上预制,然后在深水中设置套接形成基础。比较典型的设置基础是图 7.25 所示,1996 年加拿大诺森伯兰海峡大桥基础。

由于诺森伯兰海峡冬季的气象条件恶劣,沿海岸形成的冰块因风和潮流的作用以 2 m/s 的速度移动,使桥墩要承受高达 30 MN 的横向水平力;而且结构物的施工只能在没有冰冻的 5 ～ 11 月期间进行施工,但即使是在这个期间,施工还得在强风作用下以及 4 m 的涨落潮位及 2 m 波高的海浪中进行。经过全面考虑分析,最后采用由岩层直接支承,并使用大规模预制构件来进行套接设置的基础形式。对基础的形式曾研究过如图 7.25 所示两种方案:由环状构件支承的圆锥形基础(图 7.25(a))及具有斜向加劲肋的八角形筏形基础(图7.25(b)),最后选用的是圆锥形基础。

目前设置基础形式基本上有两种,一是设置沉井基础;另一种是钟形基础,下面分别介绍。

(a) 圆锥形基础   (b) 八角形筏形基础

图 7.25　诺森伯兰海峡大桥基础方案

一、设置沉井基础

设置沉井基础就是采用大型浮运沉井,在岸边预制,浮运就位固定,灌水下沉设置在整平的岩层上,井内填石灌浆(或混凝土)至水面以上。日本 1988 年建成的北、南赞濑户公路铁路两用悬索桥 6 个海中基础及 1998 年建成的明石海峡大桥;1998 年建成的丹麦大带海峡大桥;1991 年建成的英国泰晤士河上的达特福斜拉桥等均采用设置沉井基础。图 7.26 是丹麦大带海峡悬索桥锚墩设置沉井基础及施工示意图。

(a) 在岸边预制沉井   (b) 地基处理及沉井浮运就位   (c) 沉井下沉接高

(d) 修筑锚墩墩身   (e) 架设缆索   (f) 锚墩竣工

图 7.26　丹麦大带海峡悬索桥锚墩设置沉井基础及其施工示意图

大带海峡桥的东桥长为 6.8 km,其主桥为跨度 535 m + 1 624 m + 535 m 的公路悬索桥。悬索桥的主塔墩基础均为设置深井,平面尺寸 78 m × 35 m × 20 m,质量为 30 000 t,在岸边干船坞内预制后浮运就位。其锚墩也为设置沉井基础,每个沉井自重为 36 000 t,平面尺寸为 121.5 × 54.5 m,水深 10 m,由于悬索桥的锚墩需要承受很大的水平力和力矩,所以地基为楔形碎石层,沉井的尾端填以铁矿石作为压重。

横跨希腊大陆与希腊最大半岛伯罗奔尼撒半岛之间的科林斯海湾(Rion-Antirion)的桥,桥位处的建设条件相当复杂,水深达 65 m,海床下 500 m 处仍没有岩床,软弱土层非常厚,并处于一些活动断层有可能造成强烈地震的区域。该桥采用五跨连续斜拉桥,跨径组成为 286 m + 3 × 560 m + 286 m,2004 年建成,为现今最长的斜拉桥。地基是采用 25 ~ 30 m 长,$\phi 2.0$ m 的钢管桩进行土体加固,每墩下用 250 根钢管桩,间距为 7 ~ 8 m。为了允许基础与地基之间的滑动,在钢管上面铺设 50 cm 反滤沙层,再上铺设 2 m 厚直径 8 ~ 10 cm 的鹅卵石层,最上面再铺设 50 cm 厚的碎石层。支承在加固土上的基础底盘是直径 90 m 的混凝土沉箱构成。由于沉箱尺寸较大,采用 32 片放射状布置变高梁进行加劲,每片梁厚 1.0 m,高度从中心的 13.5 m 降到边缘 9.0 m。水下基础(亦可视为水下墩身)的上半部分为底部 38 m 上端 27 m 的圆锥形结构,高度根据水深和桥墩位置从 37 ~ 53 m 不等。基础是先利用干船坞施工,每个沉箱灌注到 15 m 标高后,再被拖放至湿船坞,在那里完成锥形结构浇注,然后拖至永久墩位沉入水中。在海平面以上的桥墩呈八边形,主墩高 26 m,墩顶部是倒金字塔状结构,高 16 m,顶面为边长 40 m 正方形。再往上则是 4 根高强混凝土塔腿,至塔顶处合并为整体,塔腿顶部牢牢嵌住 35 m 高的上塔柱(图 7.27)。

二、钟铃形设置基础

钟铃形设置基础是以形状似古代钟铃的预制薄壳套箱结构,以套接的方式将套箱吊装安置在整平好的地基或基础上,然后将基础承台和套箱及上接墩身的混凝土同时浇筑形成整体。由于这一钟铃形薄壳套箱既是施工用的防水围堰,又是基础混凝土浇注模板,施工简便快捷,节省材料,前面介绍的加拿大诺森伯兰海峡大桥就是预制的钟铃形基础。

图 7.28 所示是美国俄勒岗大桥的深水双曲钟铃形设置基础,该基础的薄壳外套箱全部用钢板焊制成,打完桩后,将钟铃形钢壳浮运至墩位处后吊起,等钢筋笼套入已吊起的钢壳内,再将钟铃形钢壳连同钢筋笼在已施打完成的桩基础上准确定位后,沉入水中落底,并按设计要求准确地套在桩基础上,最后在钢壳内灌注厚度为 2.7 m 的封底混凝土,再抽水浇筑墩身混凝。当混凝土达到预定强度后,再用液压千斤顶将钟铃形钢壳顶起重复使用。这座桥的所有深水基础和墩身,都是用一个钟铃形钢壳做模板建造的。

图 7.27　科林斯海湾桥基础结构示意图
1— 钢管桩加固地基;2— 铺垫层;3— 设置沉箱;
4— 水下锥形基础

图 7.28　美国俄勒岗大桥钟铃形设置基础
① 钟铃形钢壳;② 钢筋笼;③ 打入桩;
④ 封底混凝土

第八章 人工地基

第一节 概 述

在修筑建筑基础时,常会遇到浅层地基土为软弱土和不良土,其地基承载力不足或沉降量大于容许沉降量,而从结构型式和技术经济比较来看,以修建浅基础为宜,此时,应采取人工加固处理措施,提高地基土的承载力和密实度,减小沉降量,这种加固后的地基称为人工地基。

软弱土主要包括软粘土、杂填土、冲填土、饱和粉砂土(包括部分轻亚粘土)、湿陷性黄土、泥碳土、膨胀土、多年冻土、岩溶土洞等。山区的土在某种条件下也可能是不良的土。一般也有将湿陷性黄土、膨胀土及多年冻土等称为特殊性土。

软粘土简称软土,它是第四纪后期形成的海相、泻湖相、三角州相、溺谷相和湖沼相的粘性土沉积物或河流冲积物,有的属于新近淤积物。其中最为软弱的是淤泥和淤泥质土。这类土的特点是天然含水量高、天然孔隙比大、抗剪强度低、压缩系数高、渗透系数小;在荷载作用下,承载能力低,地基沉降变形大,不均匀沉降也大,而且沉降稳定历时比较长。

杂填土是人类活动所形成的比较疏松和不均匀的堆积物,其成分复杂,成层有厚有薄、性质也不相同,如生活建筑垃圾、工业废料等。

冲填土是由水力冲填形成的。冲填土的性质与所冲填泥砂的来源及淤填时的水力条件有密切关系。含粘土颗粒较多的冲填土往往是欠固结的,其强度和压缩性指标都比同类天然沉积土差。

湿陷性黄土是一种在上覆土的自重应力作用下,或在上覆土自重应力和附加应力共同作用下,受水浸湿后土的结构迅速破坏而发生显著附加下沉的特殊性土。由于黄土湿陷而引起结构物不均匀沉降是造成黄土地区工程事故的主要原因。

膨胀土是一种吸水膨胀、失水收缩,具有较大胀缩变形性能,且变形往复的高塑性粘土。利用膨胀土作为结构物地基时,必须进行人工地基处理,否则常会给结构物造成危害。

在软弱土地基上修筑建筑物必须注意如下两个问题:

(1)强度及稳定性问题。当地基土的抗剪强度不足以支承上部结构的自重和外荷载时,地基就会产生局部或整体的剪切破坏。

(2)压缩及不均匀沉降问题。地基土在上部结构自重及外荷载作用下产生过大变形是由于软弱土压缩性大所造成的。沉降量较大时,往往不均匀沉降也较大,当超过结构容许值时,结构就可能破坏或不满足使用要求。

为此必须进行地基处理。地基处理方法,可以按地基处理原理、处理地基性质、地基处理目的与效果等不同方面进行分类。现以最基本的地基处理原理进行分类,其概要情况见

表8.1。

表 8.1　地基处理方法说明表

处理类别	具体处理方法	处 理 要 点	适 用 范 围
置换垫层法	垫层法	将一定深度软弱土层挖除,回填较好的砂砾土、碎石、中粗砂等做垫层	除湿陷性黄土膨胀土外软弱土
	深层搅拌法	在地基深处,通过机械将软土和固化剂(水泥或石灰的浆液或粉体)强制搅拌,利用其物理–化学反应形成坚硬拌和柱体	软弱粘性土尤其饱和粘性土
排水固结法	堆载预压法	在地基土上临时堆填土石,对地基加载预压,使地基排水固结	软粘土
	砂井法	在平面布置一定数量砂井,其上铺设砂垫层或砂沟,增加排水通路缩短排水距离,可辅以堆载预压	透水性低的软粘土
	真空预压法	用真空泵对在薄膜密封砂垫层及砂井抽气,使地下水位降低,同时在大气压力作用下加速地基固结	软粘土
	降低地下水位法	减少孔隙水压力,促进地基固结	饱和粉、细砂
振密、挤密法	重锤夯实法	利用重锤自由下落时的冲击能来夯实浅层土地基	无粘性土、非饱和粘性土、湿陷性黄土
	强夯法	反复多次用更重的锤夯击地基土,以冲击力和振动提高地基的强度并降低压缩性	
	振冲挤密法	依靠振冲器的强力振动使饱和砂层液化加密,同时依靠冲击形成垂直孔洞填料,使砂层挤压加密	饱和砂层
	砂桩	设置砂桩,对周围土体产生挤密与振密作用	松砂土
灌浆法	水泥灌浆法硅化液法	用气压、液压或电化学原理、把某些能固化的浆液(水泥浆、硅酸盐液等)注入各种介质的裂缝或孔隙,以改善地基土的物理力学性质	砂及砂砾石软粘土、湿陷性黄土
其他方法	加筋法	通过在土层中埋设强度较大的土工聚合物、拉筋、受力杆件等达到提高承载力减少沉降目的	人工填筑土
	冷热处理法	冻结法是通过人工冷却保持冻结或在软弱粘土中钻孔加热焙烧来提高强度减少压缩性	砂土、软粘土湿陷性黄土

　　地基的各种处理方法都有它的适用范围、局限性和优缺点。因此,对每一具体工程,都应从地基条件、处理要求、机具来源等方面进行综合考虑,以确定合适的处理方法。对可行的几种处理方法,要从技术、经济、以及施工进度等方面进行比较。其具体设计程序可见图8.1所示。

第二节　置换垫层法

　　置换垫层法目前应用较广的是在软弱地基土上铺筑砂砾垫层。砂砾垫层材料应就地取材,同时又要符合强度要求。垫层以中、粗砂为主,其颗粒的不均匀系数不能小于5,砾料粒径以小于 50 mm 为宜。可掺入一定数量的碎石(碎石直径不应超过 100 mm),既能提高强

建筑结构物对地基的要求

地基处理的范围、指标

天然地层条件

地基处理方法原理

以往应用的经验

机具设备、材料条件

通过可行性研究、提出多种可行
地基处理方案

技术、经济、工期的分析评价及
环保要求

初步确定地基处理方法

必要时进行小型现场试验、
补充调查

地基处理施工设计

图 8.1 地基处理方法设计顺序

度,又易于夯实。粘土含量不应大于 3% ~ 5%,粉土含量不应大于 25%,因为这些含量过多不利排水,也不利于夯实。

一、砂垫层厚度确定

软弱地基土上的砂垫层厚度,一般是根据垫层底部软土层的容许承载力决定,即垫层传给软弱土层的压力不超过软弱土层顶部的容许承载力。应力计算图示见图 8.2 所示。

$$\sigma_H = \sigma'_H + rh + r_s h_s \leqslant [\sigma] \tag{8.1}$$

式中 σ_H ——砂砾垫层底面传给软弱土层的总压力;

$[\sigma]$ ——软弱土层顶面的容许承载力;

σ'_H ——基础底面作用的外荷载扣除基础所占土重后的外力扩散至砂砾垫层底面积计得的附加应力;

rh ——基础侧面回填土的重力;

$r_s h_s$ ——砂砾垫层的重力,在地下水位以下应扣除水的浮力。

考虑砂砾垫层基底应力按 $\Phi = 35° ~ 45°$ 扩散至砂砾垫层底面,以矩形基础为例,矩形基础砂砾垫层底面下的计算压应力 σ'_H,为全基础底面的压力除以全砂砾垫层按梯形扩散的平

图 8.2 砂砾垫层应力计算图示

均面积,得

$$\sigma'_{H} = \frac{a \cdot b \cdot \sigma}{a \cdot b + (a + b + \frac{4}{3} h_s \tan\varphi) \cdot h_s \tan\varphi}$$ (8.2)

式中 σ——基础底面的平均压应力(kPa);

      a,b——基础底面的长、宽尺寸(m);

      h_s——砂砾垫层厚度。

将式(8.2)代入式(8.1)中,即可得到所需砂砾垫层厚度 h_s。当需要的厚度超过3.0 m 时,可根据具体情况与其他加固方法(如砂桩等)结合使用。

二、砂砾垫层平面尺寸确定

砂砾垫层底面尺寸应根据垫层侧面土的容许承载力来决定,因为基础荷载在垫层中引起的应力使垫层有侧向挤出的超压,如果垫层宽度不足,四周土又比较软弱,垫层就有可能被挤压入四周软土中去,使基础沉降增大。一般可参照如下规定:当[σ]≥200 kPa 时,加宽项可采用(0~0.36) $h_s \tan\varphi$;当 200 kPa>[σ]≥120 kPa 时,采用(0.6~1.0) $h_s \tan\varphi$;当[σ]< 120 kPa时,采用(1.6~2.0) $h_s \tan\varphi$。

一般换填层侧面土容许压力较小,矩形基础的砂砾垫层底面尺寸 A、B,可按下式确定

$$\begin{cases} A = a + 2h_s \tan\varphi \\ B = b + 2h_s \tan\varphi \end{cases}$$ (8.3)

三、基础沉降量计算

软弱土地基换填砂砾垫层的总沉降量 S 主要由二部分组成,一是由基础底面砂砾垫层下软卧层产生的沉降量 S_c;一是由砂砾垫层本身产生的沉降量 S_s,以下式表示,即

$$S = S_c + S_s$$

S_c 可按第三章第四节有关内容计算,砂砾垫层因压缩而产生的沉降量,可按下式计算

$$S_c = \frac{\sigma + \sigma_H}{2} \cdot \frac{h_s}{E_s} \tag{8.4}$$

式中 E_s——砂砾垫层的压缩模量,如无实测资料时,可采用 12~24 MPa。

在此需要说明,若砂砾垫层侧面土较软弱时,地基土会因垫层侧面土的侧向变形而引起沉降。所以为满足建筑物的沉降要求,不但应考虑基底竖向压缩变形,而且还要计入砂砾垫层引起的侧面土压缩变形的影响。

第三节　排水固结法

一、排水固结法原理

工程实践表明,在饱和软粘土地基上加载后,孔隙中的水会慢慢排出,使孔隙比也随之减小,地基发生固结变形。同时,随着超静水压力逐渐消减,有效应力逐渐提高,地基土的承载力就逐渐提高,其三者有如下关系

$$\sigma' = \sigma - U \tag{8.5}$$

式中 σ'——某点的有效应力;
σ——某点的总应力;
U——孔隙水压力。

通过试验得到的孔隙比 e 与固结压力 σ'_c 的压缩曲线,及抗剪强度与固结压力关系曲线上可明确分析出工作原理(图 8.3)。设土样天然固结压力为 σ'_0,其对应孔隙比为 e_0,曲线上是 a 点,当压力增加 $\Delta\sigma'$ 固结终了时,对应曲线上为 c 点,孔隙比减小 Δe,与此同时,抗剪强度与固结压力成比例地由 a 点提高至 c 点。由此可知,土体在受压固结时,由于水的排出孔隙比减小产生压缩,另一方面由于土的固结抗剪强度也得到提高。上述效果是由于孔隙中的水的排出,静水压力消减产生的。如从 c 点卸除压力 $\Delta\sigma'$,则土样发生膨胀,由 c 点经 e 点胀至 f 点,图中 cef 为卸载膨胀曲线,如从 f 点再加压 $\Delta\sigma'$,土样会发生再压缩,沿虚线经 g 变化到 c',在 b 图中相应剪力强度曲线为 fgc'。从 a 图中再压缩从曲线 fgc' 可清楚地看出,固结压力同样从 σ'_0 增加 $\Delta\sigma'$,而孔隙比减小值为 $\Delta e'$,可以看出,$\Delta e'$ 要比 Δe 小得多。这说明,如果在拟建结构物地基上先加一个和结构物相同的压力进行预压,使土层固结(相当于压缩曲线上从 a 点变化到 c 点),然后卸除荷载(相当于膨胀曲线上由 c

图 8.3 排水固结法工作原理图

点变化到 f 点),再建造结构物(相当于再压缩曲线上从 f 点变化到 c' 点),这样,结构物所引起的沉降即可大大减少。如果预压荷载大于结构物荷载,所谓超载预压,则效果更好。

以上为排水固结法的工作原理。排水固结法是由排水系统和加压系统两部分共同组合

而成,即

以下重点介绍最常用的砂井堆载预压排水固结法。

二、砂井堆载预压排水固结法

砂井堆载预压排水固结法如图8.4所示。

通过上砂垫层和砂井组成水平和竖向的排水通路,缩短排水距离,提高排水效果。

(a) 竖向排水情况   (b) 砂井地基排水情况

图8.4　砂井预压排水图示

(一) 砂井构造设计

砂井构造设计包括砂井深度、直径和间距、布置等内容,现简述如下。

1.砂井深度

当软土层不太厚时,应打穿软土层;如软土层较厚,地基中夹有砂层,则应打到砂层;若软土层很厚又无砂夹层时,因附加应力的扩散作用,地基深处的附加压力很小,砂井的作用也很小,因此不必打穿整个压缩层,可采用试算法确定一个最经济的深度。其方法可先选定一个砂井深度、砂井直径和间距,通过沉降和固结度的计算,预计经过一段时间预压后可能剩留的沉降量,如这一沉降量不能满足结构物的要求,则另行选择砂井尺寸重新试算,直至满足要求为止。

2.砂井的直径和间距

砂井直径和间距主要取决于粘性土层的固结特性和施工方法、施工工期的要求。经研究比较,缩短砂井间距比增大砂井直径效果更好,所以,一般应采用"细而密"的方案。工程上常用的砂井直径为 $d = 200 \sim 300$ mm,井间中心距为$(6 \sim 8)d$。

3.砂井布置

砂井平面布置形式有等边三角形和正方形两种。当砂井为正方形排列时,砂井的有效排水范围为正方形;等边三角形排列时为六边形(图8.5所示),在实际进行固化计算时,简化为一个等面积圆。等效圆的直径 d_e 与砂井间距 l 的关系如下,即

等边三角形排列时

$$d_e = \sqrt{\frac{2\sqrt{3}}{\pi}} l = 1.050l \qquad (8.6)$$

正方形时

$$d_e = \sqrt{\frac{4}{\pi}} l = 1.128l \qquad (8.7)$$

显然,等边三角形的排列比较紧凑,实际工程中较常采用。

图8.5 砂井平面布置

4.排水砂垫层

一般在砂井顶面应铺设排水砂垫层,以连通砂井引出从土层排入砂井的渗流水。其厚度一般为0.3~0.5 m(水下砂垫层厚度为1.0 m左右)。如砂料缺乏时,可采用连通砂井的纵横砂沟代替整片砂垫层。

(二)砂井地基固结度计算

固结度的计算是砂井地基设计中一个很重要的内容。只有知道各级荷载下不同时间的固结度,才可推算出地基强度增长情况,及加荷期间地基的沉降量,从而确定相应的加载计划和预压荷载的期限。砂井地基的固结理论都是假定荷载是瞬时加载,实际上分级加载可在此基础上进行修正。

1.瞬间加荷条件下砂井地基固结度计算

砂井有效排水影响范围以圆柱体代替(图8.6),以圆柱坐标表示,设任意点(r,z)处的孔隙水压为 u,并考虑水平向渗透系数 K_h 和竖向渗透系数 K_v 不等,则固结微分方程为

$$\frac{\partial u}{\partial t} = C_v \frac{\partial^2 u}{\partial z^2} + C_h \left(\frac{\partial^2 u}{\partial r^2} + \frac{1}{r} \cdot \frac{\partial^2 u}{\partial r} \right) \qquad (8.8)$$

式中　t——时间;

　　　C_v——竖向固结系数;

　　　C_h——径向固结系数(或称水平向固结系数)。

并假定荷载是均布的;土体仅有竖向压密度时,土的压缩系

图8.6 砂井柱体影响计算图示

数和渗透系数是常数；土体完全饱和,加荷开始时,荷载所引起的全部应力由孔隙水承担。将式(8.8)用分离变量法分离为竖向固结和径向固结两个微分方程,根据边界条件分别求解,最后再求出竖向和径向排水联合作用时整个砂井影响范围内土柱体的平均总固结度。

$$\frac{\partial u_Z}{\partial t} = C_v \frac{\partial^2 u_Z}{\partial z^2}$$

$$\frac{\partial u_Z}{\partial t} = C_h \left(\frac{\partial^2 u_r}{\partial r^2} + \frac{1}{r} \cdot \frac{\partial u_r}{\partial r} \right) \tag{8.9}$$

(1)竖向排水平均固结度

对于土层为双面排水条件时,某一时间竖向固结度的计算式为

$$\overline{U}_Z = 1 - \frac{8}{\pi^2} \sum_{m=1,3\cdots}^{m=\infty} \frac{1}{m^2} e^{-\frac{\pi^2 m^2}{4} T_v} \tag{8.10}$$

$$T_v = \frac{C_v t}{H^2} \tag{8.11}$$

式中　m——正奇整数$(1,3,5\cdots)$。

当 $\overline{U}_Z > 30\%$ 时,可采用下式计算

$$\overline{U}_Z = 1 - \frac{8}{\pi^2} e^{-\frac{\pi^2 T_v}{4}} \tag{8.12}$$

式中　$\overline{U}_Z$——竖向排水平均固结度(%)；

　　　e——自然数,取 $e = 2.718$；

　　　T_v——竖向固结时间因数(无因次)；

　　　t——固结时间(s)；

　　　H——土层的竖向排水距离(cm),双面排水时 H 为土层厚度一半,单面排水时为土层厚度。

$\overline{U}_Z$ 与 T_v 关系曲线如图8.7所示。

(2) 径向排水固结度

$$\overline{U}_r = 1 - e^{-\frac{8T_h}{F(n)}} \tag{8.13}$$

$$T_h = \frac{C_h}{d_e^2} \cdot t \tag{8.14}$$

图8.7　双面排水 $\overline{U}$ 与 T_v 关系曲线

$$F(n) = \frac{n^2}{n^2-1}\ln(n) - \frac{3n^2-1}{4n^2} \tag{8.15}$$

式中　T_h——径向固结时间因数(无因次)；

　　　C_h——径向固结系数；

　　　t——时间；

　　　n——井径比$(n = d_e/d)$。

井径比 n 与 $F(n)$ 的关系可查表。径向平均固结度$\overline{U}_r$ 与 T_h 及 n 的关系曲线如图8.8所示。

图 8.8 $\overline{U}_r$ 与 T_h、n 的关系曲线

（3）总固结度

砂井地基总的平均固结度 $\overline{U}_{rz}$ 是由竖向排水和径向排水所引起的,总的平均固结度按下式计算

$$\overline{U}_{rz} = 1 - (1 - \overline{U}_Z)(1 - \overline{U}_r) \qquad (8.16)$$

当砂井未打穿整个压缩土层时,总平均固结度可按下式计算

$$\overline{U} = \eta\,\overline{U}_{rz} + (1 - \eta)\,\overline{U}_Z \qquad (8.17)$$

$$\eta = \frac{H_1}{H_1 + H_2} \qquad (8.18)$$

式中 H_1——砂井部分土层厚度;

H_2——砂井以下压缩层范围内土层厚度。

一般要求在不太长的时间内,地基土能达到80%以上的固结度。

2.逐渐加荷条件下地基固结度的计算

以上计算固结理论的公式都是假设荷载是一次瞬间加足的。实际工程中,荷载总是分级施加的,因此,根据上述理论方法求得的固结时间关系或沉降时间关系都必须加以修正。一般用以下两种修正公式

（1）改进的太沙基法

$$\overline{U}_t{'} = \sum_1^n \overline{U}_{rZ\left(t - \frac{t_n + t_{n-1}}{2}\right)} \cdot \frac{\Delta p_n}{\sum \Delta p} \qquad (8.19)$$

式中 $\overline{U}_t{'}$——多级等速加荷,t 时刻修正后的平均固结度;

$\overline{U}_{rZ}$——瞬间加荷条件的平均固结度;

t_{n-1},t_n——分别为每级等速加荷的起点和终点时间(从0时间点算起),当计算某一

级荷载加荷时间 t 时刻的固结度时,则 t_n 改为 t;

Δp_n—— 第 n 次荷载增量。

(2) 改进的高木俊介法

$$\overline{U_t}' = \sum_1^n \frac{q_n}{\sum \Delta p}\left[(T_n - T_{n-1}) - \frac{\alpha}{\beta}e^{-\beta t}(e^{\beta T_n} - e^{\beta T_{n-1}}\right] \tag{8.20}$$

式中 q_n—— 第 n 次荷载的加荷速率;

$\sum \Delta p$—— 各级荷载的累加值;

T_{n-1}, T_n—— 分别为第 n 次荷载起始和终止时间,当计算第 n 次荷载加荷过程中时间 t 的固结度时,将 T_n 改用 t;

α, β—— 参数,对不同排水条件可按表 8.2 计算。

表 8.2 不同条件的固结度计算公式

序号	条件	平均固结度计算公式	α	β	备注
1	竖向排水固结 $(\overline{U}_Z > 30\%)$	$\overline{U}_Z = 1 - \frac{8}{\pi^2}e^{-\frac{\pi^2}{4}\frac{C_v}{H^2}t}$	$\frac{8}{\pi^2}$	$\frac{\pi^2 C_v}{4H^2}$	Terzaghi 解
2	向内径向排水固结	$\overline{U}_r = 1 - e^{-\frac{8}{F(n)}\frac{C_h}{d_e^2}t}$	1	$\frac{8C_h}{F(n)d_e^2}$	Barron 解
3	竖向和向内径向排水固结(砂井地基平均固结度)	$\overline{U}_{rz} = 1 - (1 - \overline{U}_Z)(1 - \overline{U}_r) =$ $1 - \frac{8}{\pi^2}e^{-(\frac{8}{F(n)}\frac{C_h}{d_e^2} + \frac{\pi^2}{4}\frac{C_v}{H^2})t}$	$\frac{8}{\pi^2}$	$\frac{8C_h}{F(n)d_e^2} +$ $\frac{\pi^2 C_v}{4H^2}$	
4	砂井未贯穿受压土层的平均固结度	$\overline{U} = \eta\overline{U}_{rz} + (1 - \eta)\overline{U}_Z \approx$ $1 - \frac{8\eta}{\pi^2}e^{-\frac{8}{F(n)}\frac{C_h}{d_e^2}t}$	$\frac{8}{\pi^2}\eta$	$\frac{8C_h}{F(n)d_e^2}$	$\eta = \frac{H_1}{H_1 + H_2}$ H_1— 砂井长度;H_2—砂井以下压缩土层厚度
5	向外径向排水固结 $(\overline{U}_r > 60\%)$	$\overline{U}_r = 1 - 0.692\,e^{-\frac{5.78C_h}{R^2}t}$	0.692	$\frac{5.78C_h}{R^2}$	R— 土柱体半径
6	普遍表达式	$\overline{U} = 1 - ae^{-\beta t}$			

三、其他方法简介

(一) 真空预压法

真空预压法是在需要加固的软粘土地基内设置砂井(或袋装砂井)或塑料排水板,然后在地面铺设砂垫层。施工时在砂垫层上铺三层比垫层面积稍大的塑料薄膜,四周埋入沟槽中,填粘土封闭;膜的四周设高度为 400 ~ 600 mm 的土围堰,堰内灌水封闭;膜内砂垫层中设有真空滤管,构成网络管路和控制系统,采用真空泵或射流真空泵进行真空抽气,将膜内空气排出,这样就在密封膜的内外产生一个气压差 —— U_s,这个气压差即变成作用于地基上的荷载,相当于堆载预压。

图 8.9　真空预压法示意图

同时,真空所产生的负压加速地基土的孔隙水的排出,由于孔隙水排出过程渗流速度的增大,由渗流力引起的附加应力也随之增大,提高了加固速度和效果。随着膜内真空压力逐渐提高,土的排水固结程度也提高,一般要使膜内形成水银柱 600 mm 的负压,相当于堆载预压强度为 70 kPa。当达到预定真空度后,可采取自动控制间隔抽气措施,直到达到 80% 固结度为止。抽真空前,土中的有效应力等于自重压力,抽真空后,土体固结完成时,真空压力完全转化为有效应力。

以上可知真空预压不需要堆载,省去大量加载和卸载工序;且预压控制简单易于操作,便于大面积施工;孔隙渗流水的流向及渗流力引起的附加应力均指向被加固土体,所以土体加固过程中侧向变形很小,不会发生剪切破坏,非常适用于软弱粘性土的加固。

(二) 电渗固结法

电渗固结法是一种利用电场作用使土中的水从阳极流向阴极,这种现象称为电渗,如将水在阴极排除而在阳极不予补充的情况下,土就会固结并引起土的压缩,达到提高承载力和减少压缩变形的目的。也可以利用电场作用,使化学物质(溶液、胶体)定向流动,胶结土粒而达到地基加固目的。

电渗固结法可分为铝电极法和通电注液法两种。前者用铝棒作为插入土中的电极材料,利用电渗现象产生脱水作用,在排水固结的同时,电解后的铝离子沉淀至土粒孔隙中,与土紧密结合,也起着固结作用。后者是人工在电极附近注入各种固化剂,利用电渗现象使固化剂分散到土粒孔隙中,以达到固结土体的目的。

该方法主要适用于饱和粉土或粉质粘土。工程上也常用于降低粘土中的含水量或地下水位来提高土坡或基抗边坡的稳定性。也可配合堆载预压加速饱和粘性土地基固结,提高强度等。

(三) 降低地下水位法

降低地基中的地下水位,地基中的软弱土层就相当承受了下降水位高度的水柱重量的附加应力,从而产生固结。一般采用井点法排水来降低水位,其原理可参考第三章第五节基坑排水有关内容。

一般井点降水结合堆载预压其效果更为显著。多用于砂或砂质土,或在软粘土层上存在砂或砂质土的情况;对于深厚的软粘土层,为加速其固结,往往设置砂井并采用井点法降低地下水位。

第四节　振密、挤密法

一、砂桩挤密加固法

一般用振动打桩机将桩管打入土中,桩管底部装有自动脱落的混凝土桩靴,桩管打至设计深度后,在管桩内灌填砂料,随着打桩机振动拔出桩管,将砂料振实留在土中形成砂桩。

在松散砂土中,成桩过程对周围砂层产生挤密和振密作用提高承载力减小沉降量,同时可防止振动液化。在软弱粘性土中,砂桩取代了同体积软弱粘土(置换作用)形成"复合地基",使承载力提高,地基沉降变小;同时,砂桩也像砂井一样起排水作用,加快地基的固结,减小沉降速率。

(一) 桩材料和尺寸

砂桩一般采用中粗混合砂,含泥量不大于5%。软弱粘土中,也可采用砂和角砾混合料。

砂桩直径一般为 300 ~ 700 mm,在软弱粘性土中尽可能采用较大直径。

砂桩长度要根据软土层厚度或根据工程要求通过计算确定:

(1) 当软土层厚度不大时,砂桩长度可按软土层厚度确定;

(2) 当软土层厚度较大时,对按稳定性控制的工程来说,砂桩长度不应小于最危险滑动面的深度;对按沉降控制的工程来说,可根据容许沉降量计算确定;

(3) 当使用砂桩处理易振动液化的饱和松散砂土时,砂桩长度应达到可能发生液化的砂层底部。

(二) 成桩方法

用振动打桩机成桩有以下三种形式:

(1) 一次拔管成桩　　桩管内灌砂后,边振动边缓慢拔出桩管。

(2) 逐步拔管成桩　　桩管内灌砂后,拔起一定高度后,停拔而继续振动若干秒后,再振动上拔,如此重复多次,直至把桩管拔出。就砂桩质量和其周围变密程度而言,该法效果较好。

(3) 重复压拔管成桩　　在振动条件下上拔 h 高度后,使砂下落,然后再将桩管压下 h_1 深度($h_1 < h$),使桩径扩大,并将落入桩孔内的砂压实,如此重复进行直到桩管拔出地面。

(三) 砂桩面积与桩距计算

1.砂桩面积计算

需要挤密砂桩面积 A_1 按下式计算

$$A_1 = \frac{e_0 - e}{1 + e_0} A \tag{8.21}$$

式中　　A—— 地基土的面积,一般按基础尺寸加大0.5 ~ 1.0 m;

e_0—— 加固前地基土的孔隙比;

e——加固后的地基土孔隙比，要根据加固后承载力和沉降量要求确定。

2.桩矩计算

根据单根砂桩面积，算出桩数。砂桩按三角形、正方形布置。

按正三角形布置时
$$l = 0.95d\sqrt{\frac{1 + e_0}{e_0 - e}} \qquad (8.22)$$

按正方形布置时
$$l = 0.89d\sqrt{\frac{1 + e_0}{e_0 - e}} \qquad (8.23)$$

式中 l——桩距(cm)；

d——桩直径(cm)；

其余符号同前。

（四）砂桩的灌砂量

为了保证加固后地基达到设计要求的密实度，施工时必须控制每根砂桩灌入足够的砂量 $Q(kN)$

$$Q = A_1'l\gamma = \frac{A_1'lD_r}{1 + e_0}(1 + 0.01\omega) \qquad (8.24)$$

式中 A_1'——砂桩面积(m²)；

l——砂桩长度(m)；

γ——加固后土的孔隙比 e 的砂土容重(kN/m³)；

D_r——土的密度(kN/m³)；

ω——灌入砂的含水量(%)。

二、楔形桩挤密加固法

楔形桩是一种钢筋混凝土短桩，采用振动或锤（冲）击入土，改变桩周土的天然结构状态，提高承载力。其特点是利用桩的楔形侧面发挥桩——土间的共同作用，使其承载力要比同等长度等截面桩(按单位体积计)提高 50% 以上，可见其加固效果的显著。

（一）工作原理

在沉桩过程中，楔形桩起物理楔的作用，打桩能量几乎全部通过桩体侧面传递给桩周围土体，从而在桩周形成一个如图 8.10 所示的挤密区。桩周挤密土体对桩身侧面产生的抗力 Q 是主要支承力，是侧面法向力 N 和摩阻力 F 的合力。挤密区在桩上半部范围大，桩尖段范围较小；紧靠桩侧面的土体密度增大最大，远离桩侧面的密度增加较小。挤密区水平最大影响直径 d_c 约为$(2 \sim 3.5)d$。最大挤密位置在$(0.4 \sim 0.5)l$ 深度处。在土质条件和桩体积相同情况下，桩的锥角 α 大小是影响挤密区大小的主要因素，锥角大时挤密区亦大，桩上垂直荷载向地基的传力面积也随之增大。由于挤密作用的存在，在垂直荷载作用下楔形桩能够通过锥面向桩周围土体传递法向和切向力，使其承载力增大。

图 8.10 楔形桩与土相互作用
示意图

（二）单桩容许承载力计算

$$[p_a] = \frac{1}{2}\left[RA + \sum U_i l_i (f_i + f_{oi})\cos\alpha \right] \tag{8.25}$$

式中　　R——桩尖平面处的极限承载力(kPa/m^2)；

　　　　A——桩尖横截面面积(m^2)；

　　　　U_i——第 i 层土中桩身中间处桩的周长(m)；

　　　　l_i——第 i 层土中桩身长度(m)；

　　　　f_i——第 i 层土中桩身与土的极限摩阻力(kPa/m^2)；

　　　　f_{oi}——第 i 层土中由桩侧面法向土压力 σ_i 产生的抗力(kPa/m^2)，其值按下式计算

$$f_{oi} = 2\sigma_i(\tan\alpha + \tan\varphi) \tag{8.26}$$

　　　　α——锥角（度）；

　　　　φ——土的内摩擦角（度）；

　　　　σ_i——第 i 层土中桩周土对桩侧面施加的法向土压力(kPa/m^2)，其值按下式计算

$$\sigma_i = \frac{E_{ci}}{K} \cdot \frac{s \cdot \sin\alpha}{r_{oi}} \tag{8.27}$$

　　　　E_{ci}——第 i 层土的变形模量(kPa/m^2)

　　　　γ_{oi}——第 i 层土中桩身中间处边长之半（方锥桩）或半径（圆锥桩）(cm)；

　　　　S——容许荷载作用下桩产生的竖向位移(cm)。对砂质土取 1 cm，对粘性土取 2 cm；

　　　　K——土的密度程度系数，一般取 1。

以下即可依照以前内容确定桩数，按桩距 $l \geq 3d$ 来进行布桩。

三、强力夯实法

强力夯实法简称强夯法，最早于 1970 年在法国创立使用，1979 年引进我国，被认为是当前最好的加固新技术之一。

强夯法是用大吨位的起重机械，把 80～250 kN 的巨型锤提至空中，从 8～25 m 高处自由下落，对地基重复施加强力夯击的地基加固方法。

（一）工作原理

强夯法的工作原理是，通过强力夯击使土体内产生冲击波和巨大的应力，迫使土体孔隙压缩和局部液化；夯击点四周发生裂隙，成为良好的排水通道，让孔隙水渗出。经几遍夯击，土层可迅速固结，承载能力可提高 2～5 倍，影响深度可达 10 m 以上。

此法是在重锤夯实法基础上发展起来的，适用于碎石土、砂土、粉土、低饱和度粘性土、湿陷性黄土等地基，也可用于大面积、软土层较厚的地基加固工程。

（二）强夯设计

强夯加固地基的有效深度 Z 与强夯功有关，可按下面经验公式计算

$$Z = \alpha\sqrt{WH} \tag{8.28}$$

式中　　W——锤重（以 10 kN 为单位）；

　　　　H——落距(m)；

α——系数,与地基土的性质有关,粘性土 $\alpha = 0.4 \sim 0.5$;饱和砂土 $\alpha = 0.5 \sim 0.6$;黄土 $\alpha = 0.3 \sim 0.7$。

夯点间距是根据单夯点的侧向影响范围确定,根据测得的容重等值线表明侧向加密宽度约为 $3.5 \sim 4.5$ m,考虑相邻夯点侧向影响的相互搭接,选用夯点间距为 $5 \sim 6$ m,约为夯锤直径的 $1.7 \sim 2.0$ 倍。夯点布置采用正方形排列。

第五节 化学加固法

化学加固法是利用化学溶液或胶结剂,灌入土的孔隙中,把土颗粒胶结起来,以提高地基强度,减少沉降量的一种加固方法。目前使用的化学浆液主要有:

(1) 水泥浆液,即用高标号的硅酸盐水泥和速凝剂组成的浆液,应用较为广泛。

(2) 以硅酸钠(即水玻璃)为主的浆液,常用水玻璃和氯化钙溶液。

从加固的施工方法来划分,有高压喷射注浆法、深层搅拌法和灌浆法等。

一、高压喷射注浆法

高压喷射注浆,就是利用钻机把带有喷咀的注浆管钻进至土层的预定位置后,以高压设备使浆液成为 $20 \sim 40$ MPa 的高压流从喷咀中喷射出来,冲击破碎土体。土体剥落下来的土粒与浆液搅拌,在冲击力、离心力和重力等作用下重新排列,待浆液凝固后,便在土中形成一个固结体。固结体的形状和喷射流移动方向有关,一般分为旋转喷射(简称旋喷)和定向喷射(简称定喷)两种注浆形式。旋喷时,由于喷咀一面旋转和提升一面喷射加固,固结体呈圆柱状。除用以加固地基外,还可用高压旋喷注浆形成旋喷桩,使之在原基础下形成新的桩基础来加固浅基础,提高基础承载力。

(一) 注浆材料的使用数量

浆量计算方法有二种,即体积法和喷量法,取其大者作为喷射浆量。

1. 体积法

$$Q = \frac{\pi}{4} D_r^2 K_1 h_1 (1 + \beta) + \frac{\pi}{4} D_o^2 K_2 h_2 \tag{8.29}$$

式中　　Q——需要用的浆量(m^3);

　　D_r——旋喷体直径(m);

　　D_o——注浆管直径(m);

　　K_1——填充率($0.75 \sim 0.90$);

　　h_1——旋喷长度(m);

　　K_2——未旋喷范围土的填充率($0.5 \sim 0.75$);

　　h_2——未旋喷长度(m);

　　β——损失系数($0.1 \sim 0.2$)。

2. 喷量法

以单位时间喷射的浆量及喷射持续时间,计算出浆量,计算公式为

$$Q = \frac{H}{V} q(1 + \beta) \tag{8.30}$$

式中　　V——提升速度(m/min);

　　　　H——喷射长度(m);

　　　　q——单位时间喷浆量(m^3/min)。

根据计算所需的喷浆量和设计的水灰比,即可确定水泥的使用数量。

(二) 喷射压力与距离关系

当喷咀出口压力为 20 MPa,喷咀直径为 2 mm 时,通过实践并经实验结果验证,

在空气中喷射时　　　　　　$H_L = 8.3 d^{0.5} \dfrac{H_0}{L^{0.2}}$ 　　　　　(8.31)

在水中喷射时　　　　　　$H_L = 0.16 d^{0.5} \dfrac{H_0}{L^{2.4}}$ 　　　　(8.32)

式中　　H_L——距离为 L 时,轴流压力水头(m);

　　　　H_0——喷咀出口的压力水头(m);

　　　　d——喷咀直径;

　　　　L——自喷咀起的距离(m)。

从公式可知,在空气中和在水中喷射水头压力的差别是很大的。一般情况粘性土固结强度为 5 MPa,砂性土固结强度为 10 MPa。

(三) 布孔形式及孔距

对堵水防渗工程,最好按双排或三排三角形布孔。旋喷桩孔距应为$0.866R_0$(R_0 为旋喷设计半径),排距为$0.75R_0$为最经济(图 8.11(a))。若想增加每一排旋喷桩的交圈厚度,应适当缩小孔距,可按图 8.11(b) 用下式计算,即

$$e = 2\sqrt{R_0^2 - (L/2)^2} \tag{8.33}$$

式中　　e——旋喷桩的交圈厚度(m);

　　　　L——旋喷桩孔位的间距(m)。

对地基加固工程,旋喷桩之间不必交圈,距离可适当加大,其孔距 L 以旋喷桩直径的 2 ~ 3 倍为宜,这样可以充分发挥土的作用。布孔形式按工程需要而定。

(a) 布孔距离　　　　　　　　　(b) 旋喷注浆固结体交圈图

图 8.11　旋喷注浆孔距布置示意

二、深层搅拌法

深层搅拌法是利用水泥、石灰等材料作为固化剂的主剂,通过特制的深层搅拌机械(如GZB – 600型深层搅拌机),在地基深度就地将软土和固化剂(粉体或浆液)强制搅拌,利用固化剂与软土之间所产生的一系列物理 – 化学反应,使软土硬结成具有整体性、水稳定性和一定强度的地基。

深层搅拌法最适宜于加固各种成因的饱和软粘土。目前国内加固的土质有淤泥、淤泥质土、粘土和亚粘土等,加固深度可达 12 m。采用粉体喷射搅拌法,不向地基土中注入附加水,使固化剂充分吸收周围软土中的水分,对于含水量高的软土加固效果尤为显著,称为"粉喷桩"加固法。

(一)工作原理

软土与水泥采用机械搅拌加固的基本原理,是基于水泥加固土的物理化学反应过程,它与混凝土的硬化机理有所不同。混凝土的硬化主要是水泥在粗填充料中进行水解和水化作用,所以凝结速度较快,而水泥加固土,由于水泥的掺量很小(仅占被加固土的7% ~ 15%),水泥的水解和水化反应完全是在具有一定活性的介质 —— 土的围绕下进行,所以硬化速度缓慢且作用复杂。

水泥的水解和水化反应把大量的自由水以结晶水的形式固定下来,这对高含水量的软粘土的强度增长有特殊意义,使土中自由水的减少量约占水泥杆菌生成量的46%。当水泥的各种水化物生成后,有的自身继续硬化,形成水泥石骨架,有的则与其周围具有活性的粘土颗粒发生反应。上述反应能够形成水泥土的团粒结构,封闭各土团之间的空隙,形成坚固的联接,凝硬反应则慢慢生成不溶于水的稳定的结晶化合物,逐渐硬化,增大了水泥土的强度。

(二)粉喷桩的计算

1.单桩承载力计算

一般根据土质条件、施工因素等限制搅拌加固深度时,可先确定桩长 L,根据桩长按下式计算粉喷桩单桩承载力$[p_a]$和水泥土的抗压强度 q_u

$$[p_a] = f \cdot u_a \cdot L \tag{8.34}$$

$$q_u = \frac{2K \cdot [p_a]}{A} \tag{8.35}$$

式中　f—— 桩侧面土的平均极限摩阻力(kPa);

u_a—— 搅拌桩周长(cm);

A—— 桩身截面积(cm^2);

K—— 水泥土强度安全系数,一般取1.5。

当搅拌深度不受限时,可根据室内配合比试验资料,根据确定的水泥参入比确定的桩身强度,按下式计算单桩承载力$[p_a]$和桩长 L 为

$$[p_a] = \frac{q_u}{2K} \cdot A \tag{8.36}$$

$$L = \frac{[p_a]}{f \cdot u_a} \tag{8.37}$$

2.置换率和桩数计算

根据设计要求的地基承载力 σ_{sp} 及单桩承载力 $[p_a]$，即可按下式计得搅拌桩的置换率 a_c 和总桩数 n 为

$$a_c = \frac{\sigma_{sp} - \eta\sigma_s}{\dfrac{[p_a]}{A} - \eta\sigma_s} \tag{8.38}$$

$$n = \frac{A_s a_c}{A} \tag{8.39}$$

式中　σ_s——搅拌桩桩间土的容许承载力(kPa)；

　　　η——桩间土的承载力折减系数：当桩端为软土时，$\eta = 0.5 \sim 1.0$；当桩端为硬土时，$\eta < 0.5$；当不考虑桩间土作用时，$\eta = 0$；

　　　A_s——地基加固的面积(cm^2)。

粉喷桩要布置在基础范围以内，并以桩距最大和便于施工为原则。桩尖以下的软弱下卧层地基验算，仍按群桩作用原理，在此不述。

三、灌浆法

灌浆法是用灌浆泵将浆液灌注到松散砂砾层或破碎的岩层内，或者压注入松散土体的孔隙或缝隙中，待浆液凝结后，把松散的土体或裂隙胶结成一体，进而提高地基的强度、防渗透等物理力学性能。

灌浆材料常用的粒状材料是水泥浆或水泥砂浆；化学浆材是硅酸盐(水玻璃)。

纯水泥浆由水泥和水组成，所用水泥品种依地基条件而异，在地下水无侵蚀性的条件下，一般采用高标号普通硅酸盐水泥就可。水泥浆的优点是能形成强度较大和渗透性较小的结石，既可用于防渗又可用来加固地基，而且原材料成本较低，没有毒性和污染环境问题，被广泛采用。

硅酸盐类浆材是以含水硅酸钠(又称水玻璃)为主剂，另加入胶凝剂以形成凝胶。它具有渗入性能好、价格低廉、无毒等优点，是主要的化学灌浆材料。

在地基处理中，灌浆工艺所依据的理论主要有以下四类：

1.渗入性灌浆

在灌浆压力下，浆液克服各种阻力而渗入孔隙和裂隙，压力越大，吸浆量及浆液扩散距离就越大。这种理论假定，在灌浆过程中地层结构不受扰动和破坏时，所用的灌浆压力相对较小。

2.劈裂灌浆

在灌浆压力作用下，浆液克服地层的初始应力和抗拉强度，引起岩石或土体结构的破坏和扰动，使地层中原有孔隙或裂隙扩张，或形成新的裂缝或孔隙，从而使低透水性地层的可灌性和浆液扩散距离增大。这种灌浆法所用的灌浆压力相对较高。

3.压密灌浆

通过钻孔向土层压入浓浆，随着土体的压密和浆液的挤入，在压浆点周围形成灯泡形空间，并因浆液的挤压作用而产生辐射状上抬力，从而引起地层局部隆起，许多工程利用这一原理纠正了地面建筑物的不均匀沉降。

4.电动化学灌浆

当在粘土地基中插入金属电极并通以直流电后,就在土中引起电渗、电泳和离子交换等作用,促使在通电区域中的含水量显著降低,从而在土中形成渗浆"通道"。此时若在通电的同时向土中灌注硅酸盐浆液,就能在"通道"上形成硅胶,并与土粒胶结成具有一定力学强度的加固体。

在灌浆设计中,主要有如下几个内容:

(1)灌浆标准:是指设计者要求地基灌浆后应达到的质量指标。灌浆标准的高低,影响到工程量、进度、造价和建筑物的安全。包括防渗标准、强度和变形标准等。

(2)灌浆材料:浆材及配方设计的技术要求很多,对不同的灌浆理论其对浆液的要求不同,需要加以注意。

(3)浆液影响半径:浆液影响(扩散)半径是一个重要参数,它对灌浆工程量和造价有重要影响,如果选用的不合适,还将降低灌浆效果甚至导致灌浆失败。浆液影响半径根据不同的灌浆理论有不同的近似计算方法,当地基条件较复杂或计算参数不易选准时,应通过现场灌浆试验确定。

(4)钻孔布置:根据浆液影响半径和灌浆体设计厚度,确定合理的孔距、排距、孔数和排数。

(5)灌浆压力:浆液的扩散能力与灌浆压力的大小密切相关,一般情况采用较高的灌浆压力有助于提高可灌性,提高软弱材料的密度、强度和不透水性,还有助于挤出浆液中的多余水分,使浆液结石强度提高。一般可用理论公式或经验数值来确定容许灌浆压力,或在现场通过灌浆试验确定,然后在灌浆过程中根据具体情况作适当的调整。

(6)灌浆效果评估:灌浆效果与灌浆质量的概念不尽相同,灌浆质量高不等于灌浆效果好。灌浆加固效果的检查方法是在灌浆体内钻孔取样,检测各主要物理力学指标,对灌浆效果作出比较确切的评价。

上述各项内容具体作法,可参考有关文献资料,在此不做详细介绍。

第九章　　冻土地区地基与基础

第一节　　冻土的基本概念

含有水的土或岩石(简称岩土),当温度降至0℃以下时,所含的水会从液态转变为固态的冰,由于水的这种相变,使其产生很大的物理力学性质的变化,如体积膨胀,产生强大的胶结力(冻结力)等,岩土的固体矿物颗粒被冰所胶结,改变了过去正温下的松散状态,而呈现了一些固态岩体的物理力学性质,这就是冻土。

具有0℃或负温,但不含冰的岩土称为寒土。含有冰粒、冰片、冰包裹体,但与岩土固体矿物颗粒不呈胶结状态的称为松散寒土。

综上所述,冻土的定义为:温度为0℃或负温,含有冰且与土颗粒呈胶结状态的土称为冻土。

根据冻土冻结延续时间可分为季节冻土和多年冻土两大类。

季节冻土:冬季冻结,夏季全部融化,冻结延续时间一般不超过一个季节,该土层称为季节冻结层。其下边界线称为冻深线或冻结线。

多年冻土:冻结延续时间在三年或三年以上。其表层受季节影响而发生年周期冻融变化的土层称为季节融化层。最大融化深度的界面线称为多年冻土的上限。当修筑人工构造物后所形成的新上限称为人为上限。多年冻土冬季冻结后,季节融化层与多年冻土间夹有融土层者称为不衔接多年冻土;反之为衔接多年冻土。

多年冻土与季节冻土的过渡段,即冬季冻结,1~2年内不融化的冻土也可称为隔年冻土。

冻土层的分布直接受气候、海拔高度、地形、地质构造因素影响,季节冻土与多年冻土的地温变化可用图9.1表示。

一般我们把某一深度的地温在一年中变化幅度的一半称为地温年较差,图中 t 即为 z 深度处的年较差值。可以看出地温年较差在地表最大,随着深度增加而减小,至某一深度处为0,年较差为0的地温称为平均地温 t_{cp}。在多年冻土地区,t_{cp} 为负值,且其值越低,则冻土层越厚,t_{cp} 升高,说明多年冻土在退化,t_{cp} 下降,说明多年冻土在发展。季节性冻土 t_{cp} 为正值。

多年冻土上部季节融化层下边界线称为多年冻土上限;多年冻土下部地温为0℃边界线称为多年冻土下限,上下限之间的距离即为多年冻土层厚度。季节性冻土冬季冻结深度发展至最大时地温为0℃的深度线为冻结线,深度 z_0 为冻深。

季节冻土在我国分布很广,东北、华北、西北是季节冻结层厚0.5m以上的主要分布地区;多年冻土主要分布在黑龙江的大小兴安岭和青藏高原部分地区与甘肃、新疆的高山、内蒙纬度较高的地区,其厚度自不足1m至几十米。

图 9.1　冻土地温变化图

图中 z_0 为季节冻土层厚度，z_1 为多年冻土季节融化层厚度，z_3 为多年冻土层厚度

冻土是由土的矿物颗粒、未冻水、冰、气体等所组成的多相成分的复杂体系。虽然冻土与普通土的物理力学性质有着密切的联系和共同性，但由于土冻结时水的相变化及其对土结构的影响，使冻土会发生许多不同于普通土的变化。如：冻结过程水的迁移；冰的析出；土的冻胀和融沉等。地基土这些变化会给冻土地区的结构物带来不同程度的危害。因而对冻土地区结构物的地基基础，除按一般地区的要求进行设计计算外，还要考虑冻土的特殊要求进行设计和施工。

第二节　冻土的工程分类

一、季节冻土按冻胀性的分类

根据大量调查资料得知，季节冻土地区结构物的破坏很多是由于地基土冻胀造成的。水相变为冰后体积约增大 9%；尤其含粘土和粉土颗粒较多的土，在冻结过程中，由于负温梯度产生土中水分向冻结峰面的迁移，不仅增大了冻胀量，甚至新增加的孔隙水超过孔隙容积，冻结时形成大量冰晶体，这些都造成冻土体积膨胀。

当无特殊地质构造时，冻土可视为空间半无限体，单元体之间侧向膨胀作用相互平衡，冻胀只能在垂直方向显示出来。一般可认为垂直方向的冻胀使下卧的暖土层产生压缩变形，但由于长期的自然作用已经完成，所以土的冻胀仅反映在体积向上的增量上。

根据对季节冻土地基上结构物的观测分析，将地基土按冻胀变形量大小及对结构物的危害程度分为五类，并以野外冻胀观测得出的平均冻胀率 K_d 为分类指标。

$$K_d = \frac{\Delta h}{z_0} \times 100\% \tag{9.1}$$

式中　　Δh—— 地面冻胀量(m)；

　　　　z_0—— 标准冻结深度(m)，一般采用地表无积雪和植被等覆盖条件下，多年实测最

大冻深的平均值,在无实测资料时,可参照"冻土地区建筑地基基础设计规范"(JGJ 118—98)(以下简称"冻基规")给出的全国标准冻深线图确定。

表 9.1　季节冻土的冻胀性分类

土的名称	冻前天然含水量 ω/%	冻结期间地下水位距冻结面的最小距离 h_w/m	平均冻胀率 K_d/%	冻胀类别	冻胀等级
碎(卵)石,砾、粗、中砂(粒径小于 0.074 mm 的颗粒含量不大于 15%),细砂(粒径小于 0.074 mm 的颗粒含量不大于 10%)	不考虑	不考虑	$K_d \leqslant 1$	不冻胀	I
碎(卵)石,砾、粗、中砂(粒径小于 0.074 mm 的颗粒含量大于 15%),细砂(粒径小于 0.074 mm 的颗粒含量大于 10%)	$\dot{\omega} \leqslant 12$	> 1.0	$K_d \leqslant 1$	不冻胀	I
		≤ 1.0	$1 < K_d \leqslant 3.5$	弱	II
	$12 < \omega \leqslant 18$	> 1.0			
		≤ 1.0	$3.5 < K_d \leqslant 6$	冻胀	III
	$\omega > 18$	> 0.5			
		≤ 0.5	$6 < K_d \leqslant 12$	强	IV
粉　砂	$\omega \leqslant 14$	> 1.0	$K_d \leqslant 1$	不冻胀	I
		≤ 1.0	$1 < K_d \leqslant 3.5$	弱冻胀	II
	$14 < \omega \leqslant 19$	> 1.0			
		≤ 1.0	$3.5 < K_d \leqslant 6$	冻胀	III
	$19 < \omega \leqslant 23$	> 1.0			
		≤ 1.0	$6 < K_d \leqslant 12$	强冻胀	IV
	$\omega > 23$	不考虑	$K_d > 12$	特强冻胀	V
粉　　土	$\omega \leqslant 19$	> 1.5	$K_d \leqslant 1$	不冻胀	I
		≤ 1.5	$1 < K_d \leqslant 3.5$	弱冻胀	II
	$19 < \omega \leqslant 22$	> 1.5			
		≤ 1.5	$3.5 < K_d \leqslant 6$	冻胀	III
	$22 < \omega \leqslant 26$	> 1.5			
		≤ 1.5	$6 < K_d \leqslant 12$	强冻胀	IV
	$26 < \omega \leqslant 30$	> 1.5			
		≤ 1.5	$K_d > 12$	特强冻胀	V
	$\omega > 30$	不考虑			
粘　性　土	$\omega \leqslant \omega_p + 2$	> 2.0	$K_d \leqslant 1$	不冻胀	I
		≤ 2.0	$1 < K_d \leqslant 3.5$	弱冻胀	II
	$\omega_p + 2 < \omega \leqslant \omega_p + 5$	> 2.0			
		≤ 2.0	$3.5 < K_d \leqslant 6$	冻胀	III
	$\omega_p + 5 < \omega \leqslant \omega_p + 9$	> 2.0			
		≤ 2.0	$6 < K_d \leqslant 12$	强冻胀	IV
	$\omega_p + 9 < \omega \leqslant \omega_p + 15$	> 2.0			
		≤ 2.0	$K_d > 12$	特强冻胀	V
	$\omega > \omega \leqslant \omega_p + 15$	不考虑			

注:①ω_p— 塑限含水量(%);ω— 冻前天然含水量在冻层内的平均值;

　　②盐渍化冻土不在表列;

　　③塑性指数大于 22 时,冻胀性降低一级;

　　④粒径小于 0.005 mm 的颗粒含量大于 60% 时为不冻胀土;

　　⑤碎石类土当填充物大于全部质量的 40% 时其冻胀性按填充物土的类别判定。

I 类不冻胀土:$K_d \leqslant 1\%$,冻结时基本无水分迁移,冻胀变形很小,对各种浅埋基础均无任何危害。

Ⅱ类弱冻胀土：$1\% < K_d \leqslant 3.5\%$，冻结时水分迁移很少，地表无明显冻胀隆起，对一般浅埋基础亦无危害。

Ⅲ类冻胀土：$3.5\% < K_d \leqslant 6\%$，冻结时有较多的水分迁移，形成冰夹层，若结构自重轻，基础埋置过浅，会产生较大的冻胀变形，冻深大时会产生较大的切向冻胀力而使基础上拔。

Ⅳ类强冻胀土：$6\% < K_d \leqslant 12\%$，冻结时有大量水分迁移，形成较厚较密的冰夹层，冻胀严重，即使基础埋深超过冻结线，也可能因切向冻胀力过大而向上拔起，甚至会在薄弱处拔断。此外当$12\% < K_d$时，称为Ⅴ类特强冻胀土，其冻胀量最大，是影响桥梁基础冻胀上拔破坏的主要原因。

地基土的冻胀变形，除与负温条件有关外，主要与土的颗粒组成、冻前含水量和地下水的补给条件有关，因此也可按表9.1确定其冻胀类别。

二、多年冻土按融沉性的分类

多年冻土以融化下沉系数作为分类的直接指标。

$$\delta_0 = \frac{h_1 - h_2}{h_1} = \frac{e_1 - e_2}{1 + e_1} \times 100 \tag{9.2}$$

式中　h_1, e_1——冻土试样融化前的高度(mm)和孔隙比；

　　　h_2, e_2——冻土试样融化后的高度(mm)和孔隙比。

Ⅰ类土(不融沉)：$\delta_0 \leqslant 1$，是仅次于岩石的地基土，对在其上修筑结构物可不考虑融沉问题。

Ⅱ类土(弱融沉)：$1 < \delta_0 \leqslant 3$，是多年冻土中较好的地基土，一般可直接作为结构物的地基，当控制基底最大融化深度在 3 m 以内时，结构物不会遭受明显融沉破坏。

Ⅲ类土(融沉)：$3 < \delta_0 \leqslant 10$是一种过渡类型土，具有较大的融化下沉压缩量，而且冬季回冻时有较大的冻胀量。作为地基时，一般基底融深不得大于 1 m。并需进行冻胀和融沉验算。

Ⅳ类土(强融沉)：$10 < \delta_0 \leqslant 25$，此类地基在施工及运营时应采取措施防止基底融化，或采用深基础。

Ⅴ类土(融陷)：$25 < \delta_0$，不允许基底发生融化，而且认为其承载力为零，不能直接做地基。

根据我国多年室内外冻土观测试验资料，也可采用影响冻土融沉变形主要因素：颗粒组成、含水(冰)量等确定，其具体分类如表9.2所示。

表 9.2　多年冻土的融沉性分类

土的名称	总含水量 $\omega/\%$	平均融沉系数 $\delta_0/\%$	融沉等级	融沉类别	冻土类型
碎(卵)石,砾、粗中砂（粒径小于0.074 mm 的颗粒含量不大于15%）	$\omega < 10$	$\delta_0 \leq 1$	I	不融沉	少冰冻土
	$\omega \geq 10$	$1 < \delta_0 \leq 3$	II	弱融沉	多冰冻土
碎(卵)石,砾、粗、中砂（粒径小于0.074 mm 的颗粒含量大于15%）	$\omega < 12$	$\delta_0 \leq 1$	I	不融沉	少冰冻土
	$12 \leq \omega < 15$	$1 < \delta_0 \leq 3$	II	弱融沉	多冰冻土
	$15 \leq \omega < 25$	$3 < \delta_0 \leq 10$	III	融沉	富冰冻土
	$\omega \geq 25$	$10 < \delta_0 \leq 25$	IV	强融沉	饱冰冻土
粉、细砂	$\omega < 14$	$\delta_0 \leq 1$	I	不融沉	少冰冻土
	$14 \leq \omega < 18$	$1 < \delta_0 \leq 3$	II	弱融沉	多冰冻土
	$18 \leq \omega < 28$	$3 < \delta_0 \leq 10$	III	融沉	富冰冻土
	$\omega \geq 28$	$10 < \delta_0 \leq 25$	IV	强融沉	饱冰冻土
粉　土	$\omega < 17$	$\delta_0 \leq 1$	I	不融沉	少冰冻土
	$17 \leq \omega < 21$	$1 < \delta_0 \leq 3$	II	弱融沉	多冰冻土
	$21 \leq \omega < 32$	$3 < \delta_0 \leq 10$	III	融沉	富冰冻土
	$\omega \geq 32$	$10 < \delta_0 \leq 25$	IV	强融沉	饱冰冻土
粘性土	$\omega < \omega_p$	$\delta_0 \leq 1$	I	不融沉	少冰冻土
	$\omega_p \leq \omega < \omega_p + 4$	$1 < \delta_0 \leq 3$	II	弱融沉	多冰冻土
	$\omega_p + 4 \leq \omega < \omega_p + 15$	$3 < \delta_0 \leq 10$	III	融沉	富冰冻土
	$\omega_p + 15 \leq \omega < \omega_p + 35$	$10 < \delta_0 \leq 25$	IV	强融沉	饱冰冻土
含土冰层	$\omega \geq \omega_p + 35$	$\delta_0 > 25$	V	融陷	含土冰层

注：① 总含水量 ω，包括冰和未冻水；
　　② 盐渍化冻土、冻结泥碳化土、腐殖土、高塑性粘土不在表列。

第三节　　土的冻胀力

　　土的冻胀不仅使土体积膨胀,且当这种冻胀受到人工构筑物(如基础)的约束不能自由膨胀时,就会对构筑物形成一种作用力,这种土冻结过程对人工构筑物产生的作用力称之为冻胀力。冻胀和约束是产生冻胀力的两个必要条件,缺一不可。

　　冻胀力同冻胀变形一样,是受水、土、温诸多因素影响而变化的一种冻土力学特性,同时又受外约束条件(如构筑物荷载大小、基础形状尺寸、刚度、材料的热性能、结构容许变形程度等)的影响而变化。土的冻胀力给建筑构筑物造成的危害是严重的,所以一直是人们关注和研究的核心问题。

图 9.2　基础侧面切向冻胀力形成及分布图示

一、切向冻胀力

　　切向冻胀力是土在冻结过程中产生的作用在基础侧表面向上的作用力。若土中的含水量小于起始冻胀含水量,则土中水冻结体积膨胀,也只能填充土的孔隙,不能使土颗粒产生相对位移,此时只有冻结,没有冻胀;只有冻结力,没有切向冻胀力。如果土中初始含水量高于起始冻胀含水量,尤其是冻结过程中又不断有外来水源补给时,会产生很大的冻胀变形。由于基础侧面通过冻结力约束了周围土体的冻胀,于是已冻胀的土体依赖冻结力对基础侧面产生了很大的切向冻胀力(图9.2)。若总的切向冻胀力超过了基础及一部分结构重力,则就会把基础抬起,产生冻拔破坏。

切向冻胀力沿冻深的变化趋势与冻胀量沿冻深变化基本相似,其影响因素也相同。可以说冻胀量大的土或区域,切向冻胀力亦大,反之亦然。在工程应用中常用的是单位面积切向冻胀力设计值,应用时可采用表9.3的推荐值。

表 9.3　切向冻胀力的设计值 τ_d 　　　　　　kPa

土的冻胀类别 基 础 类 别	弱冻胀土	冻胀土	强冻胀土	特强冻胀土
桩、墩基础(平均单位值)	$30 < \tau_d \leqslant 60$	$60 < \tau_d \leqslant 80$	$80 < \tau_d \leqslant 120$	$120 < \tau_d \leqslant 150$
条形基础(平均单位值)	$15 < \tau_d \leqslant 30$	$30 < \tau_d \leqslant 40$	$40 < \tau_d \leqslant 60$	$60 < \tau_d \leqslant 70$

注:① 表列数值以正常施工的预制桩为准,其表面粗糙程度系数 ψ_τ 取1.0,当基础表面粗糙时,其表面粗糙程度系数 ψ_τ 取 1.1 ~ 1.3。

　　② 水(包括泥浆)冻结成冰时 τ_d 按 150 kPa 取用。

二、法向冻胀力

法向冻胀力是作用在基础底面,且垂直于底面的冻胀力。法向冻胀力与切向冻胀力形成的机理一样,都是土的冻胀受到约束而致,是由于基底冻土层的竖向冻胀变形受到上面基础的约束而产生的。

法向冻胀力也同样受土的冻胀性影响,同时还随外约束条件的变化而不同,使法向冻胀力不是一个固定不变值,而且大小变化悬殊。

法向冻胀力随基础在冻土层的埋置深度而变化。基底在强冻胀带,法向冻胀力就大;接近冻结线,法向冻胀力最小,甚至接近零。换句话说,基础底板以下冻土层的厚度及其冻胀变形量的大小,是决定冻土对基础作用法向冻胀力值的主要因素。

现研究认为,法向冻胀力由两部分构成,一为土柱 $abcd$ 冻胀时作用于基础接触面的"纯法向冻胀力" σ_0(图9.3所示);一为基底侧面土体作用于 $abcd$ 土柱侧面的"似切向冻胀力" τ,也有的称为附加法向冻胀力。这是因为基底以下冻土柱体 $abcd$ 受约束不能冻胀,而基础以外的土体却不受约束仍向上冻胀,当冻胀达极限破坏时,其结果必然在直接受基底约束边界形成垂直的剪切破坏面,产生"似切向冻胀力" τ。基底最终法向冻胀力 σ 应为上述两力的叠加值,即

$$\sigma = \sigma_0 + \frac{\sum \tau}{F} \tag{9.3}$$

式中　F—— 基础底面积;

　　　$\sum \tau$—— 按基底周边计算的基底以下冻土柱总剪力。

图9.3 法向冻胀力作用示意图

由于σ_0与$\sum\tau$随基础埋置深度,基底残留冻土层的厚度而变化,所以其计算时首先应以设计的基底残留冻土层厚度来试算确定。其具体计算可参考"冻基规"有关规定确定。需要强调的是,在基础设计中,应尽量避免产生过大的法向冻胀力。

三、水平冻胀力

对支挡结构(桥台前墙、侧墙、挡土墙等)当墙背填土产生冻胀变形时,由于墙体表面和填土上表面两个冷峰面,发生双向导冷冻结,测得等温线如图9.4所示。

一般水平冻胀力远大于主动土压力,所以在寒冷地区按照融土主动土压力设计的支挡结构物,若墙后没有填以非冻胀土,或适当进行排水处理,多产生冻害破坏。根据填土等温线图可知,冰晶增长方向、冻胀力方向与等温线垂直,所以冻胀力与墙背面不垂直,可分解为水平和垂直两个分力,即

$$\begin{cases} \tau = p_R\sin\alpha \\ T = p_R\cos\alpha \end{cases} \quad (9.4)$$

图9.4 等温线及水平冻胀力作用图示

式中　　τ——水平冻胀力;

T——垂直冻胀力;

p_R——冻胀合力;

α——计算点等温线法向与竖向的夹角。

水平冻胀力的分布,受秋末冬初填土中含水量分布的影响,一般为倒三角形分布,三角形的顶点为冻胀终止深度。若秋雨较小且地下水位较高,属开敞系统时,亦有时测得下大上小成正三角形分布。此时虽下面冻土水平冻胀力大,但冻土土温相对较高,数值不可能达最大值,且对结构的破坏作用较之前一种小。

影响水平冻胀力的因素与前面介绍的切向冻胀力和法向冻胀力一样,在此不再赘述。水平冻胀力还随时间的延续和结构的变形而衰减,因而水平冻胀力最大值的出现是短暂的,且与长期稳定水平冻胀力相差较大,在结构允许有相对变形的情况下计算值不宜取得过大。结合国内外实测资料,建议在计算时,水平冻胀力τ_0值可按表9.4取。

表9.4　水平冻胀力 τ_c 表

土的类别 状态 水平冻胀力	粘土及亚粘土		砂砾土	
	未采取排水措施	采取排水措施	未采取排水措施	采取排水措施
τ_c/kPa	200 ~ 250	50 ~ 100	100 ~ 150	50

第四节　考虑地基土冻胀作用桥涵基础埋置深度确定

一、季节性冻土地区地基与基础

从国内外实测各类冻土冻胀资料证实,地表实测冻胀量随着冻深的增加而增加。但当冻深发展到一定深度后,冻胀量就不再继续增加或增加甚微,因为结合水的冻结、土中水的迁移需要一定的负温梯度,在接近最大冻结深度处,负温梯度较小,所以冻胀量也小。因此对有些冻胀土可将基础底面埋至设计冻结深度以上某一深度,而不需超过整个冻深,使基础下面保留的冻土层产生的冻胀量小于结构物允许变形,这个土层一般称为残留冻土层 h_d(图9.5)。则基础最小埋置深度可用下式表达

$$h = z_d - h_d \qquad (9.5)$$

式中　h——基础最小埋置深度(m);

图9.5　基础埋置深度示意

h_d——基底下容许残留冻土层厚度(m),根据我国东北地区实测资料,结合静定结构桥涵等特点,当为弱冻胀土时 $h_d = 0.24z_0 + 0.31(m)$;当为冻胀土时 $h_d = 0.22z_0$;当为强冻胀土和特强冻胀土时 $h_d = 0$;

z_d——设计冻结深度。可按下式计算

$$z_d = z_0 \psi_{zs} \psi_{zw} \psi_{zt0}$$

z_0——标准冻深;

ψ_{zs}——土质(岩性)对冻深的影响系数,按表9.5规定采用;

ψ_{zw}——湿度(冻胀性)对冻深的影响系数,按表9.6规定采用;

ψ_{zt0}——地形对冻深的影响系数,按表9.7规定采用。

表9.5　土质(岩性)对冻深的影响系数 ψ_{zs}

土质(岩性)	粘性土	细砂、粉砂、粉土	中、粗、砾砂	碎(卵)石土
ψ_{zs}	1.00	1.20	1.30	1.40

表 9.6　湿度(冻胀性)对冻深的影响系数 ψ_{zw}

湿度(冻胀性)	不冻胀	弱冻胀	冻胀	强冻胀	特强冻胀
ψ_{zw}	1.00	0.95	0.90	0.85	0.80

表 9.7　地形对冻深的影响系数 ψ_{zt0}

地形	平坦	朝阳坡	被阴坡
ψ_{zt0}	1.00	0.90	1.10

当结构物基底设置在不冻胀土层中时,基底埋深可不考虑冻结线问题。

上部结构为超静定结构时,除不冻胀土外,均应将基底埋置于冻结线以下。

对弱冻胀土和冻胀土的基础埋深也可用图9.6确定。

二、扩大基础切向冻胀力验算

由于基础埋深是依据结构物允许冻胀变形确定的,基底法向冻胀力将随着允许冻胀变形的产生而迅速减小并消失。所以按上述原则 确定基础埋深后,在对各种冻胀土验算冻胀稳定性时,法向冻胀力不考虑。对穿透季冻层以后基础侧面在非冻土部分的摩阻力一般也可不考虑。

图 9.6　基础埋置深度的确定

扩大基础侧面切向(垂直于冻结锋面,且平行于基础侧面) 冻胀力按下式验算,即

$$N + W \geqslant KT \tag{9.6}$$

式中　N—— 基础上竖向荷载,取恒载或施工中冬季最小恒载(kN);

　　　W—— 基础自重及襟边上土重(kN);

　　　K—— 安全系数,砌筑或架设上部结构前 $K = 1.1$;砌筑或架设上部结构后,对静定结构 $K = 1.2$;对超静定结构 $K = 1.3$;

　　　T—— 作用基础侧面的切向冻胀力(kN),即

$$T = n_T A \tau + A_1 \tau_1 \tag{9.7}$$

其中　A—— 在季节性冻结层中基础和墩身侧面积(m^2);

　　　τ—— 在季节性冻结层中基础和墩身侧面单位面积切向冻胀力值(kPa)(表9.3);

　　　A_1—— 河底以上冰层中墩身侧面积(m^2),当冬令期间无结冰时,$A_1 = 0$;

　　　τ_1—— 水结成冰后墩身侧面单位面积切向冻胀力(kPa);

　　　n_T—— 修正系数,考虑不同冻结深度对切向冻胀力值的影响,对基础不穿透季冻层的冻胀土,取 $n_T = 1.1$;对基础穿透季冻层的冻胀土和强冻胀土,根据标准冻深按表9.8取用。

表 9.8 n_T 值表

标准冻深 /m	$z_0 < 2.0$	$2.0 \leqslant z_0 \leqslant 3.0$	$z_0 > 3.0$
n_T	1.0	0.9	0.8

三、基桩冻拔稳定验算

在冻深较大地区的中、小梁式桥的桩基础,当桩周土为冻胀或强冻胀土时,桩常因周围土冻胀而上拔,使上部结构产生不均匀隆起,甚至破坏。因而要验算基桩抗冻拔时所需的锚固桩长。在寒冷地区,中小桥往往由抗冻拔所需桩长控制桩的入土深度。

基桩抗冻拔稳定计算基本表达式如下(图 9.7)

$$N_0 + G_0 + F \geqslant KT \tag{9.8}$$

式中 N_0—— 作用在桩顶的竖向荷载,取结构物恒载或施工中冬季最小恒载(kN);

G_0—— 桩身自重(kN),对钻(挖)孔桩当采用《公桥基规》中的 τ_i 值计算摩阻力时,冻结线以下桩重取一半计算;

F—— 桩在冻结线以下各土层的摩阻力之和(kN);

T、K 意义同式(9.6)。

图 9.7 桩的冻拔验算

在调查中还发现,有的桩在未配钢筋的素混凝土处被拉断,所以在基桩配筋时,尚应按轴心受拉构件计算桩身截面抗拉承载力,其验算应符合下式条件:

$$\gamma_0 N_d = \gamma_0 [\gamma_{0j}^T KT - \gamma_{Gi}(N_0 + G_0 + F_1)] \leqslant f_{sd} A_s + f_{pd} \cdot A_p \tag{9.9}$$

式中 N_d—— 轴向力(拉力)组合设计值;

γ_0—— 桥梁结构的重要性系数;

γ_{0j}^T—— 切向冻胀力作用效应分项系数,$\gamma_{0j}^T = 1.4$;

γ_{Gi}—— 永久作用效应的分项系数,$\gamma_{Gi} = 1.0$;

N_0—— 作用桩顶的结构重力;

G_0—— 验算截面以上桩重力;

F_1—— 验算截面以上暖土部分摩阻力;

f_{sd}, f_{pd}—— 普通钢筋与预应力钢筋抗拉强度设计值;

A_s, A_p—— 普通钢筋与预应力钢筋的全部截面面积。

其他符号意义同前。

一般中小跨径桥梁,在强冻胀土中的桩基础桩径不宜太大,并对横系梁的埋置要慎重,尽量避免横系梁承受法向冻胀力。

第五节　多年冻土地区地基与基础

一、多年冻土地区地基与基础设计原则

多年冻土地区结构物的地基基础设计,应根据冻土的类别、稳定状态、修筑结构物后地基下冻土地温及冻土上限等可能发生的变化,而分别采取以下两种原则。

(一) 保持冻结原则

保持冻结原则就是保持基础底多年冻土在施工和运营过程中始终处于冻结状态。它适用于多年冻土相对稳定地带,及地基土为融沉或强融沉土时。由于这种地基土一旦融化后其融沉变形较大,很难保证结构物的稳定,同时应经方案比选技术上可能、经济上合理。采取此原则时地基土应按冻土物理力学参数值设计。

采用保持冻结原则时基础埋入人为上限以下的最小深度:刚性扩大基础弱融沉冻土为0.5 m;融沉和强融沉冻土为1.0 m;桩基础不小于4.0 m。

(二) 容许融化原则

容许融化原则就是容许基底下的多年冻土在施工和运营期间融化。按其融化方式可分为自然融化和人工融化。对厚度薄、地温较高的不稳定状态冻土及地基土为不融沉或弱融沉冻土,因其融沉量不大,此时要保持冻结状态技术上很难作到或经济上不合理,故宜采用自然融化。对于不稳定状态的融沉和强融沉冻土地基,在砌筑基础前宜采用人工融化冻土,然后挖除换填。

采用容许融化原则设计时,地基土取用融化土的物理力学参数值进行强度和融沉变形验算;上部结构型式以静定结构为宜。

根据长期的工程实践总结,当采用冻结原则,如基础埋置深度较大时,首先应考虑桩基础。因为桩基础横截面小,施工对冻土暴露面小,热渗量少,上限下移不明显,易保持冻结。现一般施工方法多采用钻孔插入或钻孔打入桩,结合负温早强混凝土的应用,钻孔灌注也是一种可行的施工方法。

钻孔插入桩的成孔直径应比桩径增大100 mm及以上,将预制桩插入钻孔内,并以泥浆或其他填料充填。这种桩应用于桩长范围内平均温度低于 − 0.5° 的坚硬冻土地区。当桩周充填的泥浆全部回冻后,方可施加荷载。

钻孔打入桩的成孔直径应比钢筋混凝土预制桩直径或边长小150 mm,钻孔深度应比桩的入土深度大300 mm,并应将预制桩沉入设计标高,这种桩宜用于不含大块碎石的塑性冻土地带。钻孔灌注桩多应用于大片连续多年冻土及岛状融区地带。

根据我国多年冻土特点,凡是常年流水的较大河流沿岸,由于洪水的渗透和冲刷,多年冻土大都退化呈不稳定状态,甚至局部消失,因此在这些地带基础设计时一般不宜采用保持冻结原则。多年冻土地区刚性扩大基础当按逐渐融化状态设计时,地基土应为不融沉或弱融沉土;对于其他融沉等级地基土,应按保持地基土处于冻结状态设计。

二、多年冻土地基容许承载力的确定

冻土因含冰,在长期荷载作用下有明显的蠕变性,长期荷载的抗压强度要比瞬时荷载的

小,在确定其地基容许承载力时,必须适当考虑这一因素。

(一) 保持冻结状态地基的计算

地基承载力计算时,应符合下式要求,即

$$\sigma_{max} \leqslant \frac{\mu}{K} [\sigma_a] \tag{9.10}$$

式中　σ_{max}—— 基础底面边缘产生的最大压力值(kPa);

　　　K—— 荷载组合系数;

　　　μ—— 考虑荷载偏心作用的增大系数,$\mu = 1.0 \sim 1.3$;

　　　$[\sigma_a]$—— 冻土地基承载力设计值,按原位试验数据或表9.9取用。

表9.9　冻土承载力设计值 $[\sigma_a]$ 表

土　名 ＼ $[\sigma]$值/kPa ＼ 温度/℃	− 0.5	− 1.0	− 1.5	− 2.0	− 2.5	− 3.0
碎砾石类土	800	1 000	1 200	1 400	1 600	1 800
砾砂、粗砂	650	800	950	1 100	1 250	1 400
中砂、细砂、粉砂	500	650	800	950	1 100	1 250
粘土、粉质粘土、粉土	400	500	600	700	800	900

注:① 冻土"极限承载力"按表中数值乘以2取值;
　② 表中数值适用于表9.2中 Ⅰ、Ⅱ、Ⅲ 类的多年冻土类型;
　③ 冻土含水量属于表9.2中Ⅳ类冻土类型时,粘性冻土承载力取值应乘以0.8～0.6(含水量接近Ⅲ类时取0.8,接近Ⅴ类时取0.6,中间取中值)。碎石冻土和砂冻土承载力取值应乘以0.6～0.4(含水量接近Ⅲ类时取0.6,接近Ⅴ类时取0.4,中间取中值);
　④ 当含水量小于等于未冻水量时,应按不冻土取值;
　⑤ 表中温度是使用期间基础底面下的最高地温;
　⑥ 本表不适用于盐渍化冻土及冻结泥炭化土。

(二) 融化状态地基的计算

首先要进行地基沉降变形计算,其沉降量应符合下式要求,即

$$S \leqslant [S]$$

式中　S—— 地基融土的沉降变形量(mm);

　　　$[S]$—— 结构容许沉降量(mm)。

地基土融化沉降变形量,仍采用分层总和法按下式计算

$$S = \sum_{i=1}^{n} \delta_{oi}(h_i - \Delta_i) + \sum_{i=1}^{n} m_v(h_i - \Delta_i)p_{ri} + \sum_{i=1}^{n} m_v(h_i - \Delta_i)p_{oi} + \sum_{i=1}^{n} \Delta_i \tag{9.12}$$

式中　δ_{oi}——无荷载作用时,第 i 层土融化下沉系数,应由试验确定;无试验数据时可按《冻基规》附录G的规定求得;

　　　m_v——第 i 层融土的体积压缩系数,应由试验确定;无试验数据时可按《冻基规》附录G表G.0.4的规定确定;

　　　Δ_i——第 i 层冰夹层的平均厚度(mm),当 Δ_i 大于等于 10 mm 时才计取;

　　　p_{ri}——第 i 层中部以上土的自重压力(kPa);

　　　h_i——第 i 层土的厚度,h_i 小于或等于 $0.4b$,b 为基础的短边长度(mm);

　　　p_{oi}——基础中心下地基土融冻界面处第 i 层土的平均附加应力(kPa);

　　　n——计算深度内土层划分的层数。

基础中心下地基土融冻界面处的平均附加应力应按下式计算,即

$$p_{oi} = 1/2(\alpha_i + \alpha_{i-1})p_0 \tag{9.13}$$

式中 α_{i-1}, α_i——基础中心下第 $i-1$、i 层融冻界面处土的应力系数,按《冻基规》中表 6.3.3 的规定取值;

p_0——基础底面的附加压应力(kPa)。

基础底面融化压缩层计算厚度可参照基底持力层深度及融化层厚度确定。

(三)基桩承载力确定

1.单桩垂直承载力的确定

单桩垂直承载力宜通过现场静载试验确定。当不能做试验时,可用下式估算,即

$$R = q_{fp} \cdot A_p + U_p \left[\sum_{i=1}^{n} f_{ci} l_i + \sum_{j=1}^{m} q_{sj} \cdot l_j \right] \tag{9.14}$$

式中 R——单桩垂直承载力设计值(kN);

q_{fp}——桩端多年冻土层的承载力设计值(kPa),无实测资料时按表 9.10 选用;

A_p——桩身横截面面积(m^2);

U_p——桩身周边长度(m);

f_{ci}——第 i 层多年冻土桩周冻结强度设计值(kPa),无实测资料时按表 9.11 选用;

q_{sj}——第 j 层桩周土摩阻力的设计值(kPa),一般融土按正摩阻力计算;当冻结融化层土为强冻胀或特强冻胀土,在融化时对基桩产生负摩阻力时,以负值代入,若不能查取时可取 10 kPa;

l_i, l_j——按土层划分的各段桩长(m);

n——多年冻土层分层数;

m——季节融化土层分层层数。

表 9.10 桩端冻土承载力设计值

土含冰量	土名	桩沉入深度/m	不同土温/℃时的承载力设计值/kPa							
			−0.3	−0.5	−1.0	−1.5	−2.0	−2.5	−3.0	−3.5
<0.2	碎石土、粗砂、中砂、细砂、粉砂	任意	2 500	3 000	3 500	4 000	4 300	4 500	4 800	5 300
		任意	1 500	1 800	2 100	2 400	2 500	2 700	2 800	3 100
		3~5	850	1 300	1 400	1 500	1 700	1 900	1 900	2 000
		10	1 000	1 550	1 650	1 750	2 000	2 100	2 200	2 300
		≥15	1 100	1 700	1 800	1 900	2 200	2 300	2 400	2 500
	粉土	3~5	750	850	1 100	1 200	1 300	1 400	1 500	1 700
		10	850	950	1 250	1 350	1 450	1 600	1 700	1 900
		≥15	950	1 050	1 400	1 500	1 600	1 800	1 900	2 100
	粉质粘土及粘土	3~5	650	750	850	950	1 100	1 200	1 300	1 400
		10	800	850	950	1 100	1 250	1 350	1 450	1 600
		≥15	900	950	1 100	1 250	1 400	1 500	1 600	1 800
0.2~0.4	上述各类土	3~5	400	500	600	750	850	950	1 000	1 100
		10	450	550	700	800	900	1 000	1 050	1 150
		≥15	550	600	750	850	950	1 050	1 100	1 300

表9.11　冻土与基础间的冻结强度设计值

融沉等级	温度/℃						
	-0.2	-0.5	-1.0	-1.5	-2.0	-2.5	-3.0
	粉土、粘性土						
Ⅲ	35	50	85	115	145	170	200
Ⅱ	30	40	60	80	100	120	140
Ⅰ Ⅳ	20	30	40	60	70	85	100
Ⅴ	15	20	30	40	50	55	65
	砂　土						
Ⅲ	40	60	100	130	165	200	230
Ⅱ	30	50	80	100	130	155	180
Ⅰ Ⅳ	25	35	50	70	85	100	115
Ⅴ	10	20	30	35	40	50	60
	砾石土(粒径小于0.074 mm的颗粒含量小于等于10%)						
Ⅲ	40	55	80	100	130	155	180
Ⅱ	30	40	60	80	100	120	135
Ⅰ Ⅳ	25	35	50	60	70	85	95
Ⅴ	15	20	30	40	45	55	65
	砾石土(粒径小于0.074 mm的颗粒含量大于10%)						
Ⅲ	35	55	85	115	150	170	200
Ⅱ	30	40	70	90	115	140	160
Ⅰ Ⅳ	25	35	50	70	85	95	115
Ⅴ	15	20	30	35	45	55	60

注:①Ⅰ、Ⅱ、Ⅲ、Ⅳ、Ⅴ类融沉等级可按表9.2确定;
　　②插入桩侧面冻结强度按Ⅳ类土取值。

2.水平承载力的确定

由于多年冻土地区上面季节融化层与下面多年冻土力学性质相差很大,而冻土又受地温、荷载、含水量等影响而产生与时间相关的蠕变,使计算问题变得很复杂。所以对多年冻土地区重要结构的基桩水平承载力的确定,应尽量通过试桩来得到较为实际的地基系数分布图及数值,然后应用相应公式计算。目前对此研究尚很不够,试验资料也很少,建议对一般结构物可按第五章桩基础的"m"法计算,其中融化层的m值按一般融土取用,并将冻土部分也作同一规律考虑。同时认为冻土对桩下端有嵌固作用,嵌固点位置在上限以下l_t处(图9.8),l_t对粘性土取$(1.5 \sim 2.0)d$;砂性土取$(1.0 \sim 1.5)d$,d为桩的直径,其具体计算可按"m"法嵌岩桩计算。

(四)多年冻土地区基础冻拔验算

多年冻土地区当季节融化层为冻胀土或强冻胀土时,基础(包括桩基础)冻拔验算如下

$$N + W + Q_m + Q_f \geqslant KT \qquad (9.15)$$

式中　Q_m——基础与多年冻土的长期冻结力(kN),

$Q_m = U_p \sum_{i=1}^{n} f_{ci} l_i$,符号同式(9.14);

Q_f——基础侧面与融化土层之间的摩阻力(kN),衔接多年

冻土 $Q_f = 0$;不衔接多年冻土,$Q_f = U_p \sum_{i=1}^{n} q_{si} l_i$。符号

同式(9.14);

N、W、K、T 同式(9.6)。

图9.8　水平承载力简化计算图

第六节　基础防冻害措施

冻胀和融沉是冻土地区桥涵结构物冻害中最普遍、最大量的现象,而且由于反复冻融循环作用,使之一旦出现冻害现象后再采取治理措施,就很难收到预期的效果。因而要求在勘察、设计、施工中,正确确定冻土工程分类,选择合理的设计原则,并根据结构物的特点,所处冻土水文地质条件和可能发生的各种冻胀现象,进行抗冻害验算,采取一些防冻害措施。

一、防冻胀措施

目前国内外多从减小冻土对基础侧面的冻结力和改善基础周围冻土的冻胀性来防治冻胀破坏。

图 9.9　采用分离式套管的桩

(1) 基侧换土　将基侧冻胀土、强冻胀土、特强冻胀土挖除,换填较纯净的粗颗粒土(粉粘粒含量不超过 15%)。

(2) 改善基侧表面光滑程度　在季节冻土层范围尽量采用光滑基础表面,还可用工业凡士林、渣油等涂壁,或在其表面铺油毛毡,以减小冻结力。对桩基础,也可用光面混凝土护筒和分离式套管来减小或根除切向冻胀力(图 9.9)。

(3) 选用抗冻胀性基础　改变基础断面形状,利用冻胀反力的自锚作用来增加基础抵抗冻胀的能力(图 9.10)。

(a)混凝土墩式基础　　(b)锚固扩大基础　　(c)锚固爆扩桩

图 9.10　冻土地区常用的抗冻胀基础类型

此外也可用渣油表面活性剂综合处理,比单纯采用渣油表面处治,能提高和保证减小切向冻胀力效果的稳定性。活性剂采用铬盐和憎水性脂肪胺,料源充足,经济宜行,是冻土地区基础防冻胀较好措施。

二、防融沉措施

(1) 保护覆盖层　施工中尽量不破坏和少破坏地表覆盖层,尤其对结构物基础周围是天然草皮和泥炭层更应如此,以减少热渗透量。

(2) 基底土换填　对采用融化原则的基底土可换填碎、卵、砾石或粗砂等。换填厚度可至融化深度或受压层厚度。

(3) 施工季节选择　对多冰地基采用不融化原则,基础最好在冬季施工;采用融化原则时最好夏季施工。

(4) 基础型式选择　对融沉和强融沉土应尽量采用轻型墩台型式,适当增大基底面积,减小压应力。施工和养护时应保证桥涵排水通畅,不单侧积水。

(5)隔热保温措施　用保温性能好的材料或土壤换填铺覆,使之热量很少渗进多年冻土层,保持地基土处于冻结状态。

第七节　冻土地区桥台填土水平冻胀力验算

冻土地区桥台台背填土冻结过程中会产生很大的水平冻胀力,经长期观测研究得知,对于强冻胀和特强冻胀土,这种水平冻胀力远大于融土时的主动土压力几倍甚至十几倍。

调查中发现,在施工中对于中小跨径桥台,往往遇到什么土就填筑什么土,加之台后排水措施不利,有的甚至不采取排水措施(如对轻型桥台),在水平冻胀力作用下,形成了严重破坏现象。图9.11为黑龙江省某县四座轻型桥台的破坏图示。即使台后换填粗颗粒土,若不采取有效的排水措施,冻结速率较快,未冻水来不及挤出,水平冻胀力也不可能完全消失。

在冻土地区,作用于桥台结构物上的力系在冬季和夏季是不同的。在冬季,有冻结力和冻胀力作用于台背,由于冻结的土体相当于次坚岩性体,所以主动土压力、摩阻力、静水压力和浮力等可能部分消失或全部消失。在夏季,冻结力和冻胀力逐渐消失,台后填土是以主动土压力及其破坏棱体上活载等代土层土压力的作用为主。所以,对冻土地区桥台结构应按冬季和夏季两种受力状态分别进行验算,荷载组合时水平冻胀力和土压力不应同时组合。

图 9.11　轻型桥台破坏图示

一、轻型桥台水平冻胀力验算

轻型桥台是上部结构用锚栓与台帽固定,下部设置支承横梁,台身形成一个有上、下支撑的竖梁结构,当受有水平冻胀力时,由于台帽受有支承而不能产生位移,地面处水平冻胀力并不为零 ,而且很快增长至最大值(图9.12),以后随着地温及冻胀变形的减小而呈上大下小的变化,计算时可简化为图 9.12 所示的结构计算图示。τ_C 为平均最大水平冻胀力,可按表9.4确定。

图 9.12　轻型桥台水平冻胀力作用图

此时台身单宽截面最大弯矩值为:$M_{max} = 0.091 H^2 \tau_C$;

最大弯矩截面位置为:$X_0 = 0.456 H$。

二、重力式桥台稳定性验算

对于石砌或混凝土修筑的重力式 U 型桥台,由于墙体较厚,主要验算桥台在水平冻胀力作用下的稳定性。计算时考虑地面下(或河床)冻结层对基础稳定性的嵌固作用,台前冻结层水平冻胀力近似按矩形分布(图9.13)。

一般情况,重力式桥台的稳定性验算,仍为水平冻胀力所控制,这也就是斜八字墙桥台八字翼墙外倾的主要原因。

图 9.13　重力式桥台水平冻胀力作用图

附录Ⅰ 地基土的容许承载力

一、粘性土(细粒土)

(1)老粘性土的容许承载力$[\sigma_0]$,可按土的压缩模量E_s(MPa)确定,见附表1.1。

附表1.1 老粘性土的容许承载力$[\sigma_0]$

E_s/MPa	10	15	20	25	30	35	40
$[\sigma_0]$/kPa	380	430	470	510	550	580	620

注:① 老粘性土是指第四纪晚更新世(Q_4)及其以前沉积的粘性土。一般具有较高的强度和较低的压缩性。

②压缩模量
$$E_s = \frac{1 + e_1}{a_{1-2}}$$

式中 e_1——压力为0.1 MPa时,土样的孔隙比;

a_{1-2}——对应于0.1~0.2 MPa压力段的压缩系数(1/MPa);

当老粘土$E_s < 10$ MPa时,容许承载力$[\sigma_0]$按一般粘性土确定。

(2)一般粘性土的容许承载力$[\sigma_0]$,可按液性指数I_L和天然孔隙比e确定,见附表1.2。

附表1.2 一般粘性土的容许承载力$[\sigma_0]$

$[\sigma_0]$/kPa e \ I_L	0	0.1	0.2	0.3	0.4	0.5	0.6	0.7	0.8	0.9	1.0	1.1	1.2
0.5	450	440	430	420	400	380	350	310	270	240	220	—	—
0.6	420	410	400	380	360	340	310	280	250	220	200	180	—
0.7	400	370	350	330	310	290	270	240	220	190	170	160	150
0.8	380	330	300	280	260	240	230	210	180	160	150	140	130
0.9	320	280	260	240	220	210	190	180	160	140	130	120	100
1.0	250	230	220	210	190	170	160	150	140	120	110	—	—
1.1	—	—	160	150	140	130	120	110	100	90	—	—	—

注:① 一般粘性土是指第四纪全新世(Q_4)(文化期以前)沉积的粘性土,一般为正常沉积的粘性土。

② 土中含有粒径大于2 mm的颗粒质量超过全部质量30%以上的,$[\sigma_0]$可酌量提高。

③ 当$e < 0.5$时,取$e = 0.5$;$I_L < 0$时,取$I_L = 0$。此外,超过表列范围的一般粘性土,$[\sigma_0]$可按下式计算,即

$$[\sigma_0] = 57.22 E_s^{0.57}$$

式中 E_s——土的压缩模量(MPa);

$[\sigma_0]$——一般粘性土的容许承载力(kPa)。

④ 粘性土的状态按液性指数(即稠度系数)I_L划分。

(3)新近沉积粘性土的容许承载力$[\sigma_0]$,可按液性指数 I_L 和天然孔隙比 e 确定,见附表 1.3。

附表 1.3　新近沉积粘性土的容许承载力$[\sigma_0]$

$[\sigma_0]/kPa$　　I_L e	≤0.25	0.75	1.25
≤0.8	140	120	100
0.9	130	110	90
1.0	120	100	80
1.1	110	90	—

注:① 新近沉积的粘性土是指文化期以来沉积的粘性土,一般为欠固结,且强度较低。

② 新近沉积粘性土的野外鉴别方法按《公桥基规》附表 1.3 进行。

(4)残积粘性土的容许承载力$[\sigma_0]$,可按土的压缩模量 E_s(MPa)确定,见附表 1.4。

附表 1.4　残积粘性土的容许承载力$[\sigma_0]$

E_s/MPa	4	6	8	10	12	14	16	18	20
$[\sigma_0]/kPa$	190	220	250	270	290	310	320	330	340

注:本表适用于西南地区碳酸盐类岩层的残积红土,其他地区可参照使用。

二、砂土地基的容许承载力$[\sigma_0]$

砂土地基的容许承载力$[\sigma_0]$,可按附表 1.5 选用。

附表 1.5　砂土的容许承载力$[\sigma_0]$

土　名	$[\sigma_0]/kPa$　密实度 湿度	密　实	中　密	松　散
砾砂、粗砂	与湿度无关	550	400	200
中砂	与湿度无关	450	350	150
细　砂	水上	350	250	100
细　砂	水下	300	200	—
粉　砂	水上	300	200	—
粉　砂	水下	200	100	—

注:① 砂土的分类见《公桥基规》附表 1.4。

② 砂土的密实度按相对密度 D_r 确定,见《公桥基规》附表 1.5。

③ 砂土的湿度按《公桥基规》附表 1.6 划分。

三、碎石土的容许承载力[σ_0]

碎石土的容许承载力[σ_0]可按附表1.6选用

附表1.6　碎石土的容许承载力[σ_0]

[σ_0]/kPa 密实程度 土 名	密　　实	中　　密	松　　散
卵　　石	1 200～1 000	1 000～600	500～300
碎　　石	1 000～800	800～500	400～200
圆　　砾	800～600	600～400	300～200
角　　砾	700～500	500～300	300～200

注：① 由硬质组成,填充砂土者取高值,由软质岩组成,填充粘性土者取低值。
　　② 半胶结的碎石土,可按密实的同类土的[σ_0]值提高10%～30%。
　　③ 松散的碎石土在天然河床中很少遇见,需特别注意鉴定。
　　④ 漂石、块石的[σ_0]值,可参照卵石、碎石适当提高。
　　⑤ 碎石土的分类、密实度及潮湿度的划分,见《公桥基规》附表1.7、附表1.8及附表1.6。

四、岩石的容许承载力[σ_0]

岩石的容许承载力[σ_0]可按附表1.7选用。
对于复杂的岩层(如溶洞、断层、软弱夹层、易溶岩石等)应个别研究确定。

附表1.7　岩石的容许承载力[σ_0]

[σ_0]/kPa 岩石的破碎程度 岩石名称	碎　石　状	碎　块　状	大　块　状
硬质岩($R_a^j > 30$ MPa)	1 500～2 000	2 000～3 000	>4 000
软质岩($R_a^j = 5～30$ MPa)	800～1 200	1 000～1 500	>1 500～3 000
极软岩($R_a^j < 5$ MPa)	400～800	600～1 000	800～1 200

注：① 表中R_a^j为岩块单轴抗压强度。表中数值视岩块强度、厚度、裂隙发育程度等因素适当选用。易
　　软化的岩石及极软岩受水浸泡时,宜用较低值。
　　② 软质岩强度R_a^j高于30 MPa者仍按软质岩计。
　　③ 岩石已风化成砾、砂、土状的(即风化残积物),可比照相应的土类确定其容许承载力。如颗粒间
　　有一定的胶结力,可比照相应的土类适当提高。
　　④ 岩石的分类、风化程度、软化系数、破碎程度的划分见《公桥基规》附表1.9、附表1.10、附表1.11、
　　附表1.12。

附录Ⅱ 弹性桩计算用表

附表 2.1 计算 $\delta_{HH}^{(0)}$、$\delta_{HM}^{(0)} = \delta_{MH}^{(0)}$、$\delta_{MM}^{(0)}$ 的用表

$\bar{h} = \alpha z$	$B_3 D_4 - B_4 D_3$	$A_3 B_4 - A_4 B_3$	$B_2 D_4 - B_4 D_2$	$A_2 B_4 - A_4 B_2$	$A_3 D_4 - A_4 D_3$ $= B_3 C_4 - B_4 C_3$	$A_2 D_4 - A_4 D_2$ $= B_2 C_4 - B_4 C_2$	$A_3 C_4 - A_4 C_3$	$A_2 C_4 - A_4 C_2$
0	0.000 00	0.000 00	1.000 00	0.000 00	0.000 00	0.000 00	0.000 00	0.000 00
0.1	0.000 02	0.000 00	1.000 00	0.005 00	0.000 33	0.000 03	0.005 00	0.000 50
0.2	0.000 40	0.000 00	1.000 04	0.020 00	0.002 67	0.000 33	0.020 00	0.004 00
0.3	0.002 03	0.000 01	1.000 29	0.045 00	0.009 00	0.001 69	0.045 00	0.013 50
0.4	0.006 40	0.000 06	1.001 20	0.079 99	0.021 33	0.005 33	0.080 01	0.032 00
0.5	0.015 63	0.000 22	1.003 65	0.125 04	0.041 67	0.013 03	0.125 05	0.062 51
0.6	0.032 40	0.000 65	1.009 17	0.180 13	0.072 03	0.027 01	0.180 20	0.108 04
0.7	0.060 06	0.001 63	1.019 62	0.245 35	0.114 43	0.050 04	0.245 59	0.171 61
0.8	0.102 48	0.003 65	1.038 24	0.320 91	0.170 94	0.085 39	0.321 50	0.256 32
0.9	0.164 26	0.007 38	1.068 93	0.407 09	0.243 74	0.136 85	0.408 42	0.365 33
1.0	0.250 62	0.013 90	1.116 79	0.504 36	0.335 07	0.208 73	0.507 14	0.501 94
1.1	0.367 47	0.024 64	1.188 23	0.613 51	0.447 39	0.306 00	0.618 93	0.669 65
1.2	0.521 58	0.041 56	1.291 11	0.735 65	0.583 46	0.434 12	0.745 62	0.872 32
1.3	0.720 57	0.067 24	1.434 98	0.872 44	0.746 50	0.599 40	0.889 91	1.114 29
1.4	0.973 17	0.105 04	1.631 25	1.026 12	0.940 32	0.808 87	1.055 50	1.400 59
1.5	1.289 38	0.159 16	1.893 49	1.199 81	1.169 60	1.070 61	1.247 52	1.737 20
1.6	1.680 91	0.234 97	2.237 76	1.397 71	1.440 15	1.393 79	1.472 77	2.131 35
1.7	2.161 45	0.339 04	2.682 96	1.625 22	1.759 34	1.789 18	1.740 19	2.592 00
1.8	2.747 34	0.479 51	3.251 43	1.889 46	2.136 53	2.269 33	2.061 47	3.130 39
1.9	3.458 33	0.666 32	3.969 45	2.199 44	2.583 62	2.849 09	2.451 47	3.760 49
2.0	4.318 31	0.911 58	4.868 24	2.566 64	3.115 83	3.546 38	2.929 05	4.499 99
2.2	6.610 44	1.639 62	7.363 56	3.533 66	4.518 46	5.384 69	4.248 06	6.401 96
2.4	9.955 10	2.823 66	11.131 30	4.952 88	6.570 04	8.022 19	6.288 00	9.092 20
2.6	14.868 00	4.701 18	16.746 60	7.071 78	9.628 90	11.820 60	9.462 94	12.971 90
2.8	22.157 10	7.626 58	25.065 10	10.264 20	14.257 10	17.336 20	14.403 00	18.663 60
3.0	33.087 90	12.135 30	37.380 70	15.092 20	21.328 50	25.427 50	22.068 00	27.125 70
3.5	92.209 00	36.858 00	101.369 00	41.018 20	60.476 00	67.498 20	64.769 60	72.048 50
4.0	266.061 00	109.012 00	279.996 00	114.722 00	176.709 00	185.996 00	190.834 00	200.047 00

$\bar{h} = \alpha z$	$\dfrac{B_3 D_4 - B_4 D_3}{A_3 B_4 - A_4 B_3}$	$\dfrac{A_3 D_4 - A_4 D_3}{A_3 B_4 - A_4 B_3}$ $= \dfrac{B_3 C_4 - B_4 C_3}{A_3 B_4 - A_4 B_3}$	$\dfrac{A_3 C_4 - A_4 C_3}{A_3 B_4 - A_4 B_3}$	$\dfrac{B_2 D_1 - B_1 D_2}{A_2 B_1 - A_1 B_2}$	$\dfrac{B_2 C_1 - B_1 C_2}{A_2 B_1 - A_1 B_2}$ $= \dfrac{A_2 D_1 - A_1 D_2}{A_2 B_1 - A_1 B_2}$	$\dfrac{A_2 C_1 - A_1 C_2}{A_2 B_1 - A_1 B_2}$
0	∞	∞	∞	0.000 00	0.000 00	0.000 00
0.1	3 770.490	54 098.4	819 672.0	0.000 33	0.005 00	0.100 00
0.2	424.771	2 807.280	21 028.6	0.002 69	0.020 00	0.200 00
0.3	196.135	869.565	4 347.97	0.009 00	0.045 00	0.300 00
0.4	111.936	372.930	1 399.07	0.021 33	0.079 99	0.399 96
0.5	72.102	192.214	576.825	0.041 65	0.124 95	0.499 88
0.6	50.012	111.179	278.134	0.071 92	0.179 83	0.599 62
0.7	36.740	70.001	150.236	0.114 06	0.244 48	0.699 02
0.8	28.108	46.884	88.179	0.169 85	0.318 67	0.797 83
0.9	22.245	33.009	55.312	0.240 92	0.401 99	0.895 62
1.0	18.028	24.102	36.480	0.328 55	0.493 74	0.991 79
1.1	14.915	18.160	25.122	0.433 51	0.592 94	1.085 60
1.2	12.550	14.039	17.941	0.555 89	0.698 11	1.176 05
1.3	10.716	11.102	13.235	0.694 88	0.807 37	1.261 99
1.4	9.265	8.952	10.049	0.848 55	0.918 31	1.342 13
1.5	8.101	7.349	7.838	1.013 82	1.028 16	1.415 16
1.6	7.154	6.129	6.268	1.186 32	1.133 80	1.479 90
1.7	6.375	5.189	5.133	1.360 88	1.232 19	1.535 40
1.8	5.730	4.456	4.300	1.531 79	1.320 58	1.581 15
1.9	5.190	3.878	3.680	1.693 43	1.396 88	1.617 18
2.0	4.737	3.418	3.213	1.840 91	1.459 79	1.644 05
2.2	4.032	2.756	2.591	2.080 41	1.545 49	1.674 90
2.4	3.526	2.327	2.227	2.239 74	1.585 66	1.685 20
2.6	3.161	2.048	2.013	2.329 65	1.596 17	1.686 65
2.8	2.905	1.869	1.889	2.371 19	1.592 62	1.687 17
3.0	2.727	1.785	1.818	2.385 48	1.586 06	1.690 51
3.5	2.502	1.641	1.757	2.388 91	1.584 35	1.711 00
4.0	2.441	1.625	1.751	2.400 74	1.599 79	1.732 18

附表 2.2　计算 M_z、Q_z 的用表

$\bar h = \alpha z$	A_1	B_1	C_1	D_1	A_2	B_2	C_2	D_2
0	1.000 00	0.000 00	0.000 00	0.000 00	0.000 00	1.000 00	0.000 00	0.000 00
0.1	1.000 00	0.100 00	0.005 00	0.000 17	0.000 00	1.000 00	0.100 00	0.005 00
0.2	1.000 00	0.200 00	0.020 00	0.001 33	−0.000 07	1.000 00	0.200 00	0.020 00
0.3	0.999 98	0.300 00	0.045 00	0.004 50	−0.000 34	0.999 96	0.300 00	0.045 00
0.4	0.999 91	0.399 99	0.080 00	0.010 67	−0.001 07	0.999 83	0.399 98	0.080 00
0.5	0.999 74	0.499 96	0.125 00	0.020 83	−0.002 60	0.999 48	0.499 94	0.124 99
0.6	0.999 35	0.599 87	0.179 98	0.036 00	−0.005 40	0.998 70	0.599 81	0.179 98
0.7	0.998 60	0.699 67	0.244 95	0.057 16	−0.010 00	0.997 20	0.699 51	0.244 94
0.8	0.997 27	0.799 27	0.319 88	0.085 32	−0.017 07	0.994 54	0.798 91	0.319 83
0.9	0.995 08	0.898 52	0.404 72	0.121 46	−0.027 33	0.990 16	0.897 79	0.404 62
1.0	0.991 67	0.997 22	0.499 41	0.166 57	−0.041 67	0.983 33	0.995 83	0.499 21
1.1	0.986 58	1.095 08	0.603 84	0.221 63	−0.060 96	0.973 17	1.092 62	0.603 46
1.2	0.979 27	1.191 71	0.717 87	0.287 58	−0.086 32	0.958 55	1.187 56	0.717 16
1.3	0.969 08	1.286 60	0.841 27	0.365 36	−0.118 83	0.938 17	1.279 90	0.840 02
1.4	0.955 23	1.379 10	0.973 73	0.455 88	−0.159 73	0.910 47	1.368 65	0.971 63
1.5	0.936 81	1.468 39	1.114 84	0.559 97	−0.210 30	0.873 65	1.452 59	1.111 45
1.6	0.912 80	1.553 46	1.264 03	0.678 42	−0.271 94	0.825 65	1.530 20	1.258 72
1.7	0.882 01	1.633 07	1.420 61	0.811 93	−0.346 04	0.764 13	1.599 63	1.412 47
1.8	0.843 13	1.705 75	1.583 62	0.961 09	−0.434 12	0.686 45	1.658 67	1.571 50
1.9	0.794 67	1.769 72	1.751 90	1.126 37	−0.537 68	0.589 67	1.704 68	1.734 22
2.0	0.735 02	1.822 94	1.924 02	1.308 01	−0.658 22	0.470 61	1.734 57	1.898 72
2.2	0.574 91	1.887 09	2.272 17	1.720 42	−0.956 16	0.151 27	1.731 10	2.222 99
2.4	0.346 91	1.874 50	2.608 82	2.195 35	−1.338 89	−0.302 73	1.612 86	2.518 74
2.6	0.033 146	1.754 73	2.906 70	2.723 65	−1.814 79	−0.926 02	1.334 85	2.749 72
2.8	−0.385 48	1.490 37	3.128 43	3.287 69	−2.387 56	−1.754 83	0.841 77	2.866 53
3.0	−0.928 09	1.036 79	3.224 71	3.858 38	−3.053 19	−2.824 10	0.068 37	2.804 06
3.5	−2.927 99	−1.271 72	2.463 04	4.979 82	−4.980 62	−6.708 06	−3.586 47	1.270 18
4.0	−5.853 33	−5.940 97	−0.926 77	4.547 80	−6.533 16	−12.158 10	−10.608 40	−3.766 47

$\overline{h} = \alpha z$	A_3	B_3	C_3	D_3	A_4	B_4	C_4	D_4
0	0.000 00	0.000 00	1.000 00	0.000 00	0.000 00	0.000 00	0.000 00	1.000 00
0.1	− 0.000 17	− 0.000 01	1.000 00	0.100 00	− 0.005 00	− 0.000 33	− 0.000 01	1.000 00
0.2	− 0.001 33	− 0.000 13	0.999 99	0.200 00	− 0.020 00	− 0.002 67	− 0.000 20	0.999 99
0.3	− 0.004 50	− 0.000 67	0.999 94	0.300 00	− 0.045 00	− 0.009 00	− 0.001 01	0.999 92
0.4	− 0.010 67	− 0.002 13	0.999 74	0.399 98	− 0.080 00	− 0.021 33	− 0.003 20	0.999 66
0.5	− 0.020 83	− 0.005 21	0.999 22	0.499 91	− 0.124 99	− 0.041 67	− 0.007 81	0.998 96
0.6	− 0.036 00	− 0.010 80	0.998 06	0.599 74	− 0.179 97	− 0.071 99	− 0.016 20	0.997 41
0.7	− 0.057 16	− 0.020 01	0.995 80	0.699 35	− 0.244 90	− 0.114 33	− 0.030 01	0.994 40
0.8	− 0.085 32	− 0.034 12	0.991 81	0.798 54	− 0.319 75	− 0.170 60	− 0.051 20	0.989 08
0.9	− 0.121 44	− 0.054 66	0.985 24	0.897 05	− 0.404 43	− 0.242 84	− 0.081 98	0.980 32
1.0	− 0.166 52	− 0.083 29	0.975 01	0.994 45	− 0.498 81	− 0.332 98	− 0.124 93	0.966 67
1.1	− 0.221 52	− 0.121 92	0.959 75	1.090 16	− 0.602 68	− 0.442 92	− 0.182 85	0.946 34
1.2	− 0.287 37	− 0.172 60	0.937 83	1.183 42	− 0.715 73	− 0.574 50	− 0.258 86	0.917 12
1.3	− 0.364 96	− 0.237 60	0.907 27	1.273 20	− 0.837 53	− 0.729 50	− 0.356 31	0.876 38
1.4	− 0.455 15	− 0.319 33	0.865 73	1.358 21	− 0.967 46	− 0.907 54	− 0.478 83	0.821 02
1.5	− 0.558 70	− 0.420 39	0.810 54	1.436 80	− 1.104 68	− 1.116 09	− 0.630 27	0.747 45
1.6	− 0.676 29	− 0.543 48	0.738 59	1.506 95	− 1.248 08	− 1.350 42	− 0.814 66	0.651 56
1.7	− 0.808 48	− 0.691 44	0.646 37	1.566 21	− 1.396 23	− 1.613 40	− 1.036 16	0.528 71
1.8	− 0.955 64	− 0.867 15	0.529 97	1.611 62	− 1.547 28	− 1.905 77	− 1.299 09	0.373 68
1.9	− 1.117 96	− 1.073 57	0.385 03	1.639 69	− 1.698 89	− 2.227 45	− 1.607 70	0.180 71
2.0	− 1.295 35	− 1.313 61	0.206 76	1.646 28	− 1.848 18	− 2.577 98	− 1.966 20	− 0.056 52
2.2	− 1.693 34	− 1.905 67	− 0.270 87	1.575 38	− 2.124 81	− 3.359 52	− 2.848 58	− 0.691 58
2.4	− 2.141 17	− 2.663 29	− 0.948 85	1.352 01	− 2.339 01	− 4.228 11	− 3.973 23	− 1.591 51
2.6	− 2.621 26	− 3.599 87	− 1.877 34	0.916 79	− 2.436 95	− 5.140 23	− 5.355 41	− 2.821 06
2.8	− 3.103 41	− 4.717 48	− 3.107 91	0.197 29	− 2.345 58	− 6.022 99	− 6.990 07	− 4.444 91
3.0	− 3.540 58	− 5.999 79	− 4.687 88	− 0.891 26	− 1.969 28	− 6.764 60	− 8.840 29	− 6.519 72
3.5	− 3.919 21	− 9.543 67	− 10.340 40	− 5.854 02	1.074 08	− 6.788 95	− 13.692 40	− 13.826 10
4.0	− 1.614 28	− 11.730 66	− 17.918 60	− 15.075 50	9.243 68	− 0.357 62	15.610 50	− 23.140 40

参考文献

[1] 中华人民共和国行业标准.JTG D60—2004.公路桥涵设计通用规范[M].北京:人民交通出版社,2004

[2] 中华人民共和国行业标准.JTG D62—2004.公路钢筋混凝土及预应力混凝土桥涵设计规范[M].北京:人民交通出版社,2004.

[3] 中华人民共和国交通部部标准.JTJ 022—85.公路砖石及混凝土桥涵设计规范[M].北京:人民交通出版社,1998.

[4] 中华人民共和国交通部部标准.JTJ 024—85.公路桥涵地基与基础设计规范[M].北京:人民交通出版社,1998.

[5] 中华人民共和国行业标准.JB 10002.5—99.铁路桥涵地基和基础设计规范[M].北京:中国铁道出版社,2000.

[6] 中华人民共和国交通部部标准.JTJ 041—89.公路桥涵施工技术规范[M].北京:人民交通出版社,1998.

[7] 中华人民共和国行业标准.TB 10002.3—99.铁路桥涵钢筋混凝土和预应力混凝土结构设计规范[M].北京:中国铁道出版社,2000.

[8] 中华人民共和国国家标准.GB 50007—2002.建筑地基基础设计规范[M].北京:中国建筑工业出版社,2002.

[9] 中华人民共和国行业标准.JGJ 021—94.建筑桩基技术规范[M].北京:中国建筑工业出版社,1995.

[10] 中华人民共和国行业标准.JGJ 118—98.冻土地区建筑地基基础设计规范[M].北京:中国建筑工业出版社,1998.

[11] 凌治平,易经武.基础工程[M].北京:人民交通出版社,1997.

[12] 姚玲森.桥梁工程[M].北京:人民交通出版社,1985.

[13] 范立础.桥梁工程[M].北京:人民交通出版社,2000.

[14] 左名麒,胡人礼,毛洪渊.桩基础工程[M].北京:中国铁道出版社,1996.

[15] 铁道部第四勘测设计院.桥梁墩台[M].北京:中国铁道出版社,1999.

[16] 曾国熙,卢肇钧,蒋国澄,等.地基处理手册[M].北京:中国建筑工业出版社,1993.

[17] 王伯惠,上官兴.中国钻孔灌注桩新发展[M].北京:人民交通出版社,1999.

[18] 马尔立.公路桥梁墩台设计与施工.北京:人民交通出版社,1998

[19] 杨文渊,徐犇.桥梁施工工程师手册[M].北京:人民交通出版社,1997.

[20] 刘自明主编.桥梁深水基础.北京:人民交通出版社,2003.

[21] 丛蔼森编著.地下连续墙的设计施工与应用.北京:中国水利水电出版社,2001.

[22] 万明坤,程庆国,项海帆,等主编.桥梁漫笔[M].北京:中国铁道出版社,1997.

[23] 袁聚云,李镜培.基础工程设计原理[M].上海:同济大学出版社,2001.

路桥结构理论与工程系列丛书

桥梁墩台与基础工程	盛洪飞	28.00
路面力学中的工程数学	郭大智	19.00
层状弹性体系力学	郭大智	32.00
层状粘弹性体系力学	郭大智	29.00
道路勘测设计	裴玉龙	28.00
测量学	姬玉华	21.00
测量学实验及实用	孙国芳	13.00